成功打造產品力

產品管理 第4版

Product Management

戴國良 博士 著

- 包含多則國際知名企業及國內優良企業實戰案例。
- 理論與實務兼顧，學習效果倍增。
- 內容完整周全。高度實務導向。教學與實務領域皆適用。
- 爲企業打造「暢銷產品」與「強大產品力」，是本書核心思維。

五南圖書出版公司 印行

前 言 Preface

產品管理的重要性

「產品管理」(product management）是上完「行銷學」後，更進階的一門課；也是大家所熟知行銷4P裡的第一個P，亦是企業實戰中最重要的第一個P；因為這個P，代表了企業競爭致勝最關鍵的本質，即「產品力」這一件事情。而「產品管理」最終的目標，即在使「產品經理」(Product Manager, PM）能夠為公司建立一個強勁而有力的「產品力」(product power)。而「產品力」就是公司行銷競爭力的最有力保證與最根本的核心本質。我們可以來看看一些企業成功的案例，諸如像iPod、iPhone、iPad、TOYOTA LEXUS汽車、CAMRY汽車、SONY、Panasonic、Microsoft、統一企業、星巴克、LV、GUCCI、CHANEL、PRADA、統一7-ELEVEN、SAMSUNG、Canon、ASUS、GIANT、哈利波特小說、好萊塢電影、資生堂、P&G、Unilever、Nestle、花王、HTC、捷安特……等卓越公司或品牌，就是由於他們都有很強的持續性產品力表現。

本書特色

《產品管理》這本教科書，到目前為止，是國內比較缺少的，不像「行銷管理」那麼普及。本書相較於國外翻譯本或英文教科書，有以下幾點特色：

第一，本書含括五大篇十七章，其內容與架構算是比較完整、周全、豐足與充分的，應該可以充分展現出一本有用與實用的「產品管理」教科書。

第二，本書內容除了理論與架構的陳述外，更加入許多國際知名大企業及國內優良企業在產品開發、產品策略、產品行銷與產品管理的經驗及借鏡之道。因此，實務案例對照於理論架構，是本書的一大特色，也使同學們及讀者們更加容易掌握本書的內涵知識。

第三，本書是高度實務撰寫導向的。因為我深知現代企業進步的實況，早已超過學術界與理論界，特別是在商學與管理學院領域更是如此。

因此，本書內容與撰寫主軸，都力求為各位同學或上班族朋友們帶來實務上的助益，使其將來能在新產品規劃、產品策略、產品開發及產品管理等工作領域及思維訓練上，有立即的提升。

第四，本書的最終精神，是希望為企業打造出一個「暢銷產品」與「強大產品力」的整體架構體系、必要知識內涵及戰略思維理念，這是最根本的一件事情；也是閱讀本書或教授本書時，不能忽略的一個核心所在。

人生勉語

衷心感謝各位讀者購買、並且閱讀本書。本書如果能使各位讀完後得到一些價值的話，這是我感到最欣慰的。因為我把所學轉化為知識訊息，傳達給各位後進有為的大學同學及上班族朋友。能為年輕大眾種下一塊福田，是我最大的快樂來源。

在此，想提供一些話語給各位讀者共同勉勵：

1. 人生來來去去，一如春夏秋冬，一切平常心。
2. 貧者因書而富，富者因書而貴。
3. 忘記背後，努力面前，向著標竿直跑。
4. 勇於去做您覺得對的選擇。

祝福與感恩

祝福各位讀者能走一趟快樂、幸福、成長、進步、滿足、平安、健康、平凡但美麗的人生旅途。沒有各位的鼓勵支持，就沒有本書的誕生。在這歡喜收割的日子，榮耀歸於大家的無私奉獻。再次，由衷感謝大家，深深感恩，再感恩。

作者　戴國良　敬上

tai_kuo@emic.com.tw

taikuo@cc.shu.edu.tw

目錄 Contents

前言

第一篇 產品行銷致勝的基礎思維、架構與內涵

引　言 ………… 3

第 1 章 「顧客導向」的信念及實踐 ………… 9
壹 顧客導向（或行銷導向）的意涵與架構 / 10
貳 案例介紹 / 16

第 2 章 S-T-P 架構解析（市場區隔、鎖定目標客層及產品定位）…… 21
壹 S-T-P 架構總說明 / 22
貳 市場區隔 / 31
參 產品定位 / 50
肆 P-D-F 行銷致勝三大準則 / 67
伍 4P 成為「行銷組合」（Marketing Mix）的精義 / 71

第 3 章 產品行銷致勝策略的思維架構 ………… 75
壹 產品行銷致勝策略的思維架構 / 76
貳 洞見新商機 / 82
參 最新消費趨勢：低價格商品及高級、高價格商品的兩極化發展趨勢明顯 / 88
肆 思考獨特銷售賣點如何差異化、特色化 / 90
伍 產品經理人（PM）職掌及技能說明 / 98

第二篇　產品綜論

第 4 章　產品內涵概述 ………… 109

壹 產品的涵義與分類 / 110
貳 產品戰略管理 / 117
參 產品包裝 / 124
肆 產品服務 / 136
伍 產品命名 / 139
陸 產品品質 / 140
柒 產品生命週期（Product Life Cycle, PLC）/ 147
捌 產品環保 / 162
玖 評估思考「消費者價值」的七大特質 / 165
拾 強勁產品力三要件 / 167

第 5 章　產品組合的意涵與實例 ………… 169

壹 產品組合的意涵 / 170
貳 產品組合的實例 / 173

第 6 章　產品品牌的意涵與品牌操作完整架構模式 ………… 197

第 7 章　產品線策略與新產品發展策略 ………… 215

壹 產品線決策的理論分析 / 216
貳 新產品發展策略 / 226

第 8 章　零售商自有品牌（PB）時代來臨 ………… 229

第三篇　新產品開發管理

第 9 章　新產品開發管理綜述 245

壹　新產品開發的原因及其成功與失敗要因歸納 / 246
貳　新產品開發的組織體系、架構及發展步驟 / 254
參　創意發想來源 / 275
肆　產品「概念化」的各種層面探索 / 281
伍　新產品開發的「評價項目」及開發上市成功的「四大核心能力」/ 291
陸　市場調查與新產品開發 / 298
柒　新產品「品類分析管理」/ 307
捌　新產品上市後的「檢討管理」/ 312
玖　攻擊競爭對手第一品牌的新產品與行銷策略 / 315
拾　7-ELEVEN 的產品研發與行銷創新 / 317
拾壹　以多芬（Dove）卸妝乳產品開發歷程為例 / 320
拾貳　臺灣松下用消費者研究抓準產品新方向，提案通過率逾七成 / 323
拾參　3M 新產品開發流程 / 325
拾肆　荷蘭商葛蘭素史克藥廠（GSK）創新研發四大原則 / 326
拾伍　七個產品開發關鍵點 / 327

第 10 章　新產品開發到上市之流程企劃 331

第 11 章　某外商日用品集團新產品開發及上市流程步驟 345

第四篇　新產品上市整合行銷操作活動

第 12 章　產品經理「行銷實戰」暨對「新產品開發及上市」工作重點 ………… 357
壹　產品經理行銷實戰八大工作 / 358
貳　產品經理在「新產品開發及上市」過程中的工作重點 / 365

第 13 章　新產品上市的整合行銷與賣場行銷活動 ………… 375
壹　新產品上市整合行銷企劃活動完整內容 / 376
貳　整合行銷活動相關說明 / 382
參　新產品上市的賣場行銷活動 / 401

第 14 章　產品經理對業績成長的十三個行銷策略 ………… 411

第五篇　如何打造暢銷商品暨產品行銷致勝策略實務專文案例

第 15 章　如何打造暢銷商品實務專文案例 ………… 423
壹　打造暢銷商品密碼 / 424
貳　三合一黃金組合打造暢銷商品祕技 / 428
參　長銷商品的撇步 / 434
肆　掀開商品開發力的成功祕訣 / 439

第 16 章　全球各大企業產品研發案例說明 ………… 445
壹　聯合利華商品開發案例 / 446
貳　全球最大食品公司瑞士雀巢公司的商品開發 / 455
參　ZARA 服飾公司的產品開發與創新 / 461
肆　P & G（寶僑 / 寶鹼）的商品開發 / 464

伍　巴黎萊雅（L'OREAL）在中國研發與創新中心的三個「核心使用」／472
陸　雅詩蘭黛（美國第一大品牌）的產品研發／475
柒　3M 公司的商品開發／477
捌　UNIQLO 的商品研發／481

第 17 章　其他產品案例 ……………………………………………… 487

〈案例一〉　OPPO 手機：品質至上，追求完美，後來居上！／488

第一篇

產品行銷致勝的基礎思維、架構與內涵

PART 1

引　言

一、產品力的重要性

「產品」是行銷 4P 組合之首。

二、「產品力」是企業經營致勝的根基

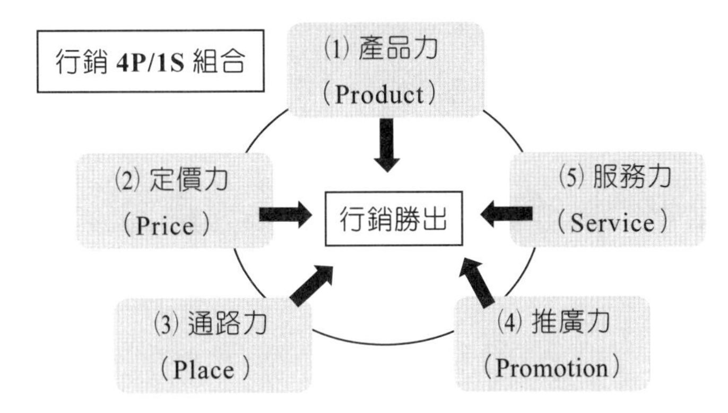

三、產品力強的例子

王品餐飲連鎖
UNIQLO 服飾
賓士汽車
BMW 汽車
LEXUS 汽車
三星 Galaxy 智慧型手機
蘋果 iPad 平板電腦
星巴克咖啡
花旗信用卡
林鳳營鮮奶
茶裏王飲料
舒潔衛生紙
SK-II
蘭蔻
資生堂
101 精品百貨公司
捷安特自行車
象印熱水瓶
膳魔師隨身瓶
日立、大金冷氣
Panasonic 家電
大同電鍋
可口可樂
LV 精品
CHANEL 精品
GUCCI 精品
Cartier 珠寶鑽石
SONY 智慧型手機
晶華大飯店
哈根達斯冰淇淋

四、很強產品力的「意涵」

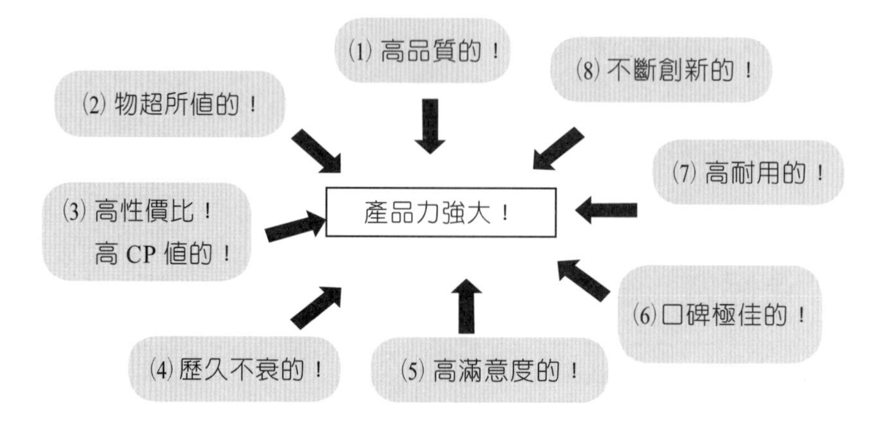

五、企業 4P/1S 競賽的關鍵點——產品力變化較大

1. 定價力→差異不大
2. 通路力→大品牌都能上架
3. 推廣力→有行銷預算，就能做得出來
4. 服務力→差距不大
5. 唯有產品力 → 差距較大！變化較大！

六、小結

產品力 = 企業生命的核心點

 七、三大單位：共同負責產品力

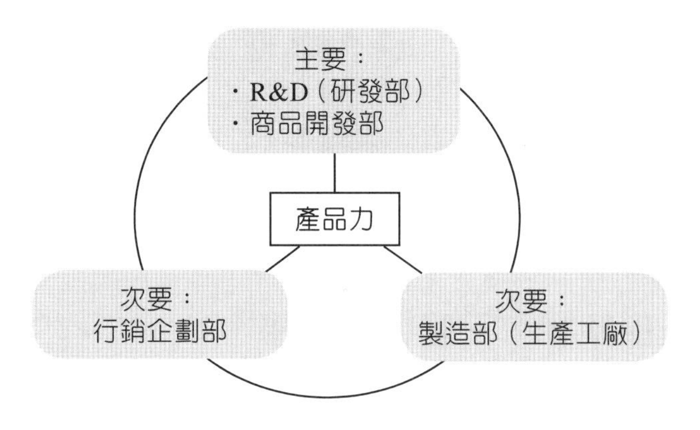

 八、「產品力」好，自然就會產生好的「口碑」！

例如：王品、陶板屋、西堤、石二鍋、85°C 、星巴克、DR.WU……等很少做電視廣告。

 九、最好的「廣告」，就是「產品」自身！

 十、高品質「產品力」五大要素

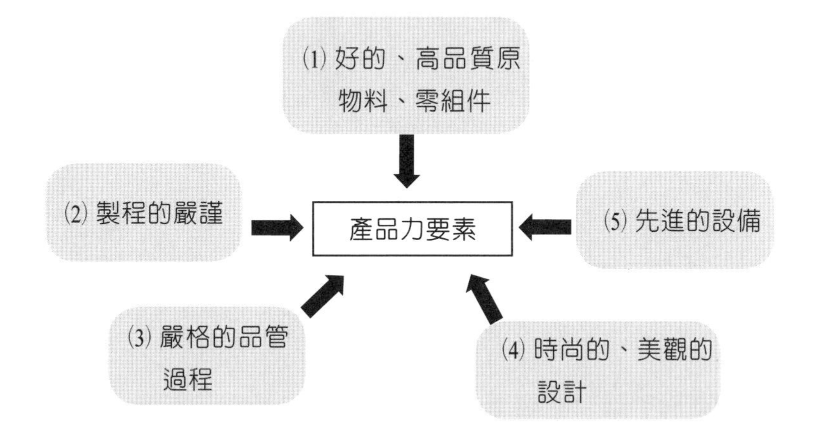

十一、從「顧客導向」看產品力

好的「產品力」
- 要能滿足消費者的需求！
- 要能為消費者創造感動！

十二、王品集團：三哇行銷哲學

產品力
- 哇！好好看！
- 哇！好好吃！
- 哇！好便宜！

十三、好產品如何歷久不衰

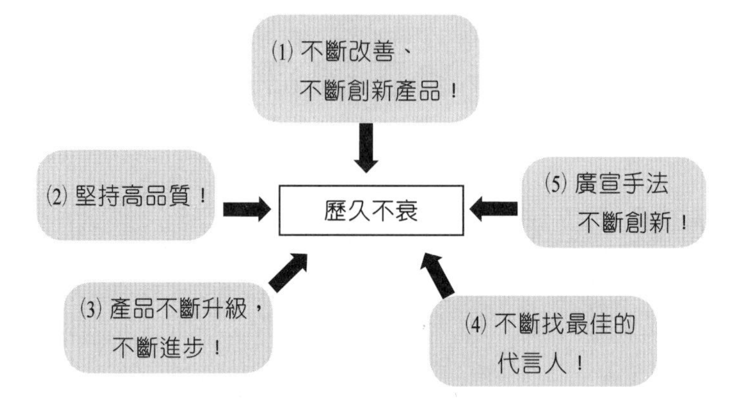

十四、歷久不衰的產品

賓士轎車	SK-II	櫻花
迪士尼樂園	資生堂	舒潔
TOYOTA 汽車	CHANEL	黑人牙膏
LV 精品	GUCCI	統一麵
Dior	花王	可口可樂

十五、產品力的研究課題

所以，要深入瞭解
1. 產品如何開發設計？
2. 產品如何管理？
3. 產品策略如何制定？
4. 產品內涵為何？
5. 產品如何革新？
6. 產品如何歷久不衰？

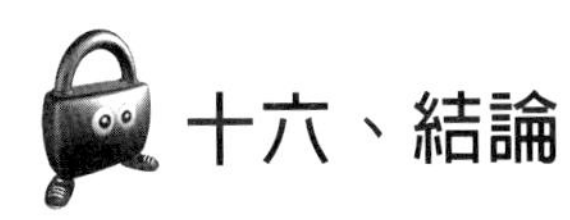

十六、結論

行銷成功的第一步！ ➡ 打造：好的產品力！

1 「顧客導向」的信念及實踐

壹　顧客導向（或行銷導向）的意涵與架構

貳　案例介紹

壹 顧客導向（或行銷導向）的意涵與架構

為什麼要研習本節？因為「顧客導向」是行銷致勝的一切根基本質與思路，也是產品競爭力的基礎所在。

一、「顧客導向」（Customer-Orientation）的意涵

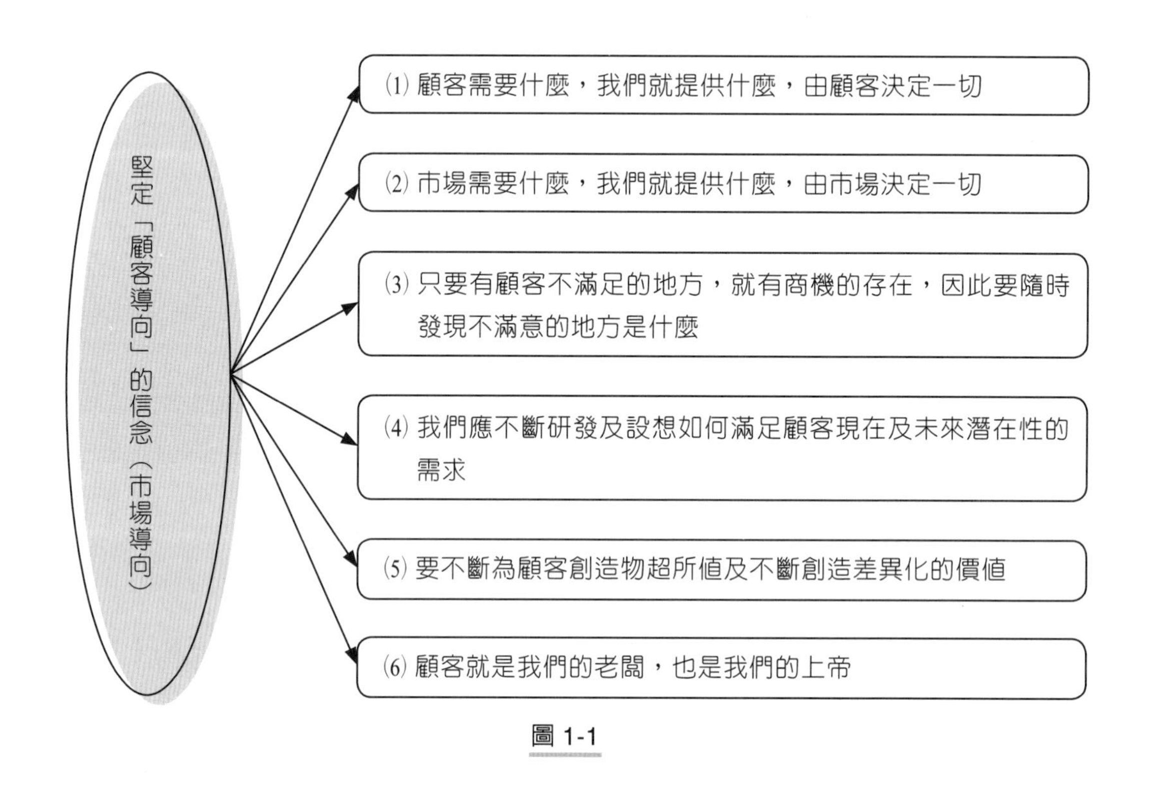

圖 1-1

前統一超商總經理徐重仁的基本行銷哲學：

「只要有顧客不滿足、不滿意的地方，就有新商機的存在。」

「所以，要不斷地發展及探索出顧客對統一 7-ELEVEN 不滿足與不滿意的地方在哪裡。」

結語：顧客導向的信念

「企業如果在市場上被淘汰出局，並不是被您的對手淘汰的，一定是被您的顧客所拋棄，因此，心中一定要有顧客導向的信念。」

➔問題思考

請問您的公司、您的長官以及您的老闆們，心中是否擁有堅定的顧客導向認知與信念？您們公司又做了哪些顧客導向的措施呢？如果沒有，那又是什麼原因呢？您的答案呢？

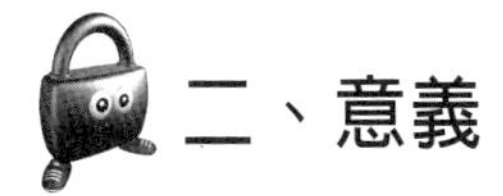

二、意義

行銷觀念在現代的企業已經被廣泛與普遍的應用，這些觀念包括：

1. 發覺顧客需求並滿足他們。
2. 製造你能銷售的東西，而非銷售你能製造的東西。
3. 關愛顧客而非產品。
4. 盡全力讓顧客感覺他所花的錢是有代價的、正確的，以及滿足的。
5. 顧客是我們活力的來源與生存的全部理由。
6. 要贏得顧客對我們的尊敬、信賴與喜歡。

三、各知名公司對顧客導向的信念

・堅守「顧客導向」的信念，並用心且用力去實踐它！

1. 日本山多利飲料公司：「要比顧客還要知道顧客。」（日記調查法）
2. 日本花王：「我們所做的一切，都是為了顧客。」
3. 日本日清公司：「顧客的事，沒有我們不知道的。」

4. 美國 P&G：「顧客是我們的老闆。」（每年 4 月 23 日訂為 P&G 顧客老闆日）
5. 臺灣統一超商：「顧客的不滿意，就是我們商機的所在。顧客永遠會不滿意的，故新商機永遠存在。」
6. 日本 7-ELEVEN：「要從心理面洞察顧客的一切。」
7. 日本豐田汽車：「滿足顧客的路途，永遠沒有盡頭。」
8. 臺灣王品餐飲公司：「每一個來店顧客，都是我們的 VIP 客戶。」
9. 日本迪士尼樂園公司：「100－1=0，不是 99 分。」（意指不容許有任何一個顧客不滿意）
10. 日本資生堂：「要永遠為顧客創造美的人生。」
11. 日本小林製藥：「全事業群部門人人每月一次新產品創意提案，即可滿足顧客需求，實踐顧客導向。」

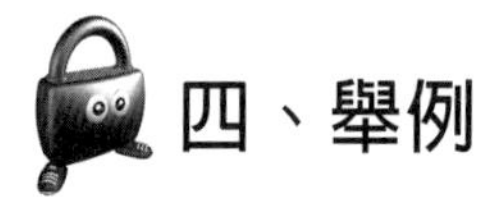

四、舉例

1. TOYOTA 汽車公司推出以六年級與七年級生為區隔對象的低價 1,500～1,600c.c. 年輕人轎車（VIOS），售價只有 45 萬元，而且還有 5 年期分期付款，滿足他們年輕就能擁有車與開車的夢想。
2. 晶華大飯店所推出的自助餐中，有中式、日式、義式等三種，在不同樓層地點，不同口味區隔，讓消費者有多重口味的自助餐選擇。
3. 巧連智兒童雜誌推出了分齡（3～9 歲）分版、不同內容的兒童月刊，可以滿足不同年齡的幼兒及兒童。
4. 國內新聞頻道經常 SNG 現場直播連線報導，滿足大眾即刻知與看的需求。
5. 信用卡公司推出必須年收入 300 萬元及 400 萬元以上的「世界卡」或「無限卡」的最高金字塔頂端人口的頂級信用卡。
6. 便利商店可以繳納交通違規罰單、停車費、水電費、電信費，有 ATM 機、有 ibon 機，以及可以寄送快遞等服務。
7. 麥當勞及便利商店提供 24 小時不打烊服務及外送服務。
8. 福特汽車公司推出「Quality Care」，在維修中心可享有較高級的休息等待服務，包括可以上網、打電話、看 TV、喝咖啡、吃東西等，猶如飛機場的貴賓等候室一樣。

9. 101 購物中心的洗手間布置非常高級，像是五星級大飯店的洗手間，讓女性能自在地整理儀容。

10. 中國信託信用卡與全鋒汽車的快速服務，滿足客戶車子壞掉有拖吊服務的需求。

11.《壹週刊》每週有一次「讀者會」，《蘋果日報》每天有「鋤報會」，就是邀請十位消費者到報社裡進行焦點座談會，說出哪個版面編得好，想看想買；哪個版面編得不好，進而不想購買。這些意見都提供給公司內部中高階主管參考，沒有立即改善的，就要馬上被資遣。

五、臺灣及日本 7-ELEVEN 對顧客導向之真正落實者

臺灣及日本 7-ELEVEN 兩位成功領導人對顧客導向的最新且共同看法與行銷理念：

1. 只要還有消費者不滿意的地方，就還有商機的存在。
2. 昨日顧客的需求，不代表是明日顧客的需要。(昨天的顧客與明天的顧客不同)
3. 經營事業要捨去過去成功的經驗，不斷地追求明天的創新。
4. 消費者不是因為不景氣才不花錢，而是因為不景氣，所以要把錢花在刀口上。
5. 要感動顧客，利益才會隨之而來。
6. 有競爭者加入，正好是展現差異化的最佳時機。
7. 業界同仁不是我們的競爭對手，我們最大的競爭對手，是顧客瞬息萬變的需求。
8. 成功行銷的關鍵，在於如何掌握每天來店顧客的心。而且是滿足「明天的顧客」，並非滿足「昨天的顧客」。
9. 必須大膽藉由「假設與驗證」的行動，去解讀「明天顧客」的心理。依據洞察所得到的「預估情報」，進行假設，再用各店內的 POS 電腦自動分析系統，加以驗證。

10. 7-ELEVEN 以引起顧客的「共鳴」為志向。
11. 不抱持追根究柢的精神進行分析，數據便不能稱之為數據。
12. 不斷提出為什麼（Why）？真是這樣嗎？如何證明？如何解決問題？我們應該為顧客做些什麼？顧客究竟所求為何？
13. 行銷知識並不只是多蒐集一些情報資訊而已，而是能針對自己的想法進行假設與驗證，並藉由實踐得到智慧。
14. 重點不是去年做了些什麼，而是今年應該做些什麼。如何設定假設，如何更改計畫……。
15. 顧客不斷地尋找新的商品，我們則要不斷地進行假設，以符合顧客的需求。一切都以顧客為主體，進行考量。
16. 各種行銷會議，就是在進行發現問題與解決問題的循環。
17. 商品開發、資訊情報系統與人，必須是三位一體。
18. 經營的本質是破壞與創新。經營者的主要任務，就是要不斷否定過去的成功經驗，並加以創新變革。
19. 先破壞，再創新，這就是 7-ELEVEN 的創業精神。
20. 日本 7-ELEVEN 每天平均與 1,000 萬人次做生意，這 1,000 萬人次的行動與心理，就是觀察自己實踐的結果。
21. 必須經由假設、驗證的嘗試錯誤中，累積經驗。
22. 必須將零售據點的「數據主義」發揮到極點，利用科學的統計數據資料，以尋找問題所在及解決方案。

註：臺灣統一 7-ELEVEN 的領導人是徐重仁總經理，日本 7-ELEVEN 的領導人是鈴木敏文董事長。上述資料是摘取自日文專書《日本 7-11 成功的統計心理學》，以及國內各報章雜誌專訪徐重仁總經理的報導。

六、銷售觀念與行銷觀念差異的比較

茲比較銷售導向與行銷導向之差異如下：

	（焦點）	（方法）	（結果）		
⑴	賣東西	銷售與促銷	經由銷售量而獲利	⟶	銷售觀念
⑵	顧客需求	整合行銷傳播	經由顧客滿足而獲利	⟶	行銷觀念

圖 1-2　銷售觀念與行銷觀念之比較

七、產品導向與行銷／顧客導向不同示例

下表列舉國外一些公司，就其產品導向與行銷／顧客導向之定義陳述。

表 1-1　「產品導向」與「行銷／顧客導向」之比較

公司	㈠產品導向定義 ⟶	㈡行銷／顧客導向定義
⑴REVLON（露華濃）	我們製造化妝品	我們銷售希望
⑵Xerox	我們生產影印設備	我們協助增加辦公室生產力
⑶STANDARD Oil	我們銷售石油	我們供應能源
⑷Columbia Picture	我們做電影	我們行銷娛樂
⑸Encyclopedia	我們賣百科全書	我們是資訊生產與配銷事業
⑹International Mineral	我們賣肥料	我們增進農業生產力
⑺Missonri Pacific	我們經營鐵路	我們是人和財貨的運輸者
⑻Disney（迪士尼樂園）	我們經營主題樂園	我們提供人們在地球上最快樂的玩樂

貳 案例介紹

案例一、聯合利華（在臺外商）瞭解消費者的心思

瞭解消費者一直是家用消費品業者最頭痛也最關心的問題，消費者的輪廓和需求愈清楚，廣告才能更精確。瞭解消費者首先必須不斷進行市場調查及測試，聯合利華非常重視消費者研究，從產品概念、研發、完成到廣告創意及策略，每階段都經過無數次的測試。光靠測試多就可以瞭解消費者，測試指出的是消費者對於產品或概念認同的程度，但為什麼認同？這得靠市場經驗的判斷。

聯合利華對如何「洞察消費者」（consumer insight）花了極大的功夫，不斷傳承累積的經驗及訓練，讓聯合利華對消費者的洞察力非常精準，並以此引導廣告創意及策略的發想。

多芬乳霜洗髮乳 2010 年平均市場占有率約達 13%，為市場第一品牌。另外，根據東方消費者行銷資料顯示，在女性消費者心中，多芬乳霜洗髮乳的支持度由原本落後，一躍成為支持度最高的洗髮用品品牌，比例達 12.2%。

聯合利華公司
資本額：新臺幣 9 億元
員工人數：710 人
家庭及個人用品項：白蘭、熊寶貝、蕊娜、麗仕、立頓、坎妮、旁氏、多芬

案例二、臺灣麥當勞 100% 顧客滿意經營

2010 年僅僅在臺灣，就有約 2 億 892 萬人次的消費者光顧麥當勞，麥當勞也因此售出了超過 1 億 5,000 萬個麥克雞塊、5,700 萬塊麥克炸雞，以及 2,760 萬個玩具。全世界知名餐飲領導品牌「麥當勞」進駐臺灣 33 年來，在臺灣已經融合本土化，並有所貢獻。其實，臺灣麥當勞的經營理念相當簡單，就是信守對顧客的承諾。這個承諾 100% 顧客滿意與 QSC&V（品質、服務、衛生與價值），

歷經多少挫折及挑戰的洗禮後，不但沒有改變，甚至沒打過任何折扣。對臺灣麥當勞而言，這些一直都是努力追求與力行的理想！換句話說，即便是未來的15 年、20 年、30 年，臺灣麥當勞堅持的內部與外部顧客 100% 顧客滿意和真正的 QSC&V，仍會持續被遵循著，進而提升個人、團隊、企業的整體形象，樹立領導品牌的典範！同時，在精益求精的共勉下，認真扮演好企業公民的角色及真心回饋社會，就是臺灣麥當勞的共同價值觀，也是臺灣麥當勞共同的願景！唯有同仁滿意及顧客滿意，公司才能持續成長，這也是麥當勞能夠保持競爭優勢的前提。在這個以顧客滿意為導向的時代，追求卓越的服務品質，是麥當勞與競爭對手樹立差異化經營的起點，同時也是麥當勞永遠贏得顧客的途徑。顧客滿意的服務品質，必須長期投資與經營，並一點一滴將顧客的需求及期望，轉化到服務的內涵與特色之中。

麥當勞經營成功最關鍵因素——100% 顧客滿意

麥當勞之所以會成為服務業中的典範，是因為其不但以提供顧客高品質的服務為榮，而且更進一步自我要求以「100% 顧客滿意」為目標。麥當勞創始人就曾經說過：「好的服務就是用顧客希望被服務的方式來服務他們。」

臺灣麥當勞服務品質經營手法，係採行 **G.A.M.E** 原則，即：**Get Fact**（獲取事實）→ **Analysis**（深入分析）→ **Makeplan**（研訂計畫）→ **Evaluation**（評價成果）。先瞭解顧客對速食服務的需求及期望是什麼，再根據事實做分析，並擬定計畫與策略，最後則評估計畫及策略的可行性、效益。為了掌握顧客對服務品質的要求與期望，臺灣麥當勞 1 年以新臺幣 1,000 多萬元的經費，委託外部顧問公司，每週針對麥當勞的顧客及非顧客進行意見調查，以廣泛瞭解臺灣消費者對速食業的需求，並分析麥當勞與消費者期望的差距，甚至還可長期觀察、分析麥當勞各年的同期表現。每季還會針對各店員工內顧客進行意見調查，並與外部顧問公司的調查相互比較、參考，據以擬定、調整麥當勞服務品質的經營策略，而且可確保絕對不是散彈打鳥，無謂地浪費企業資源及人力。經由調查更能在知己知彼的透明狀態下，隨時檢視麥當勞品質經營的成效，同時根據市場競爭狀態，調整速度與腳步。

案例三、新光三越百貨公司顧客至上，真心誠意

新光三越百貨秉持「顧客至上，真心誠意」的理念，提供最親切的服務與舒適安全的購物空間。新光三越重視人性化的服務，不但首創「顧客服務指導員」維護及監督服務品質，「樓面管理員」也可隨時解決顧客購物方面的問題，每位加入新光三越的人員都將接受最完整、最專業的教育訓練才得以進入賣場。新光三越每家百貨公司聘用二班制的40位電梯服務小姐，由此可看出對顧客服務的用心。此外，各店也因為地區性消費者的不同，而有不同的樓層及產品規劃。硬體方面，各店皆設有育嬰室、醫務室、嬰兒手推車、殘障設備、外幣兌換與假日計程車招呼等多項服務。新光三越更不斷擴充服務項目，如臺中店電影院的進駐、新竹店與飯店的結合及優質商品的引進，在在都大幅提升了百貨公司的服務機能。

案例四、產品研發設計的市調作業——美國P&G公司每年高達2億美元的市調費用

(一) 企業正投入市調費用，觀察消費者的一舉一動及背後思維，並培養洞察力

其實，有愈來愈多的美國大企業發現，觀察消費者未經掩飾的一面，不但可以有意外的發現，更可以為企業創造獲利。為了瞭解消費者在家中的行為，企業徵召一些自告奮勇的消費者，讓市場調查的私密度，遠甚於問卷調查、賣場訪問、焦點團體訪談。

例如，針對Old Spices產品線，寶鹼（P&G）公司錄下男性消費者在家中淋浴的情形；金百利讓消費者戴上裝有小照相機的護目鏡，錄下他們為嬰兒洗澡、換尿布的情形；Arm & Hammer則闖入消費者家中，檢查他們的冰箱和貓砂盒的狀況。

企業正以空前規模投入資源，觀察消費者的一舉一動。2000年以來，寶鹼一

直提高個人研究經費，2007 年高達 2 億美元。執行長拉夫雷說：「我們花更多時間到消費者家裡，和他們一起過生活，或者和他們一起購物，成為他們生活的一部分。這樣子做，才會有更豐富的洞察力。」

㈡ 無所不在的近距離觀察消費者，發現真正創新的機會

寶鹼表示，在消費者允許下的窺探行為，是為了在新產品上市之前揪出產品瑕疵，改善既有產品，或者協助設計廣告活動。拍攝下來的消費行為錄影帶會送往產品、包裝設計人員和行銷主管手中，供他們參考。

寶鹼一向被視為消費者研究的高手，1923 年成立研究部門，在消費產品業界算是創舉。目前這個部門每年負責全球 60 個逾 400 萬名消費者的觀察和研究工作。在拉夫雷掌舵下，寶鹼更是無所不在地觀察消費者。

拉夫雷強調：「這有助於我們發現傳統市調會錯失的創新機會。」

結合洗髮精和沐浴精的 Old Spices 產品就是一例。這個產品上市前，寶鹼曾錄了好幾個小時的男性沐浴鏡頭，結果發現他們常用沐浴精洗頭。

㈢ 不能只用傳統電話訪問或問卷調查的方法而已，因為這不一定能完整看到消費者生活與工作的真相

馬里蘭大學社會學教授李茲澤表示：「企業告訴你的是一回事，他們真正目的是瞭解消費者做什麼，如此他們才能找到方法，逼出更多的業績。」

一位隱私方面的專家表示，即使自願參加市調的消費者可能獲得若干報酬，但他們並沒有體認到自己的處境。

㈣ 企業應讓消費者參與產品設計的每一個階段，才能確保新產品上市成功

但有分析師認為，企業要推出讓消費者一見鍾情的產品，就得靠這種市調手法。《外部創新》作者賽博德說：「必須讓消費者參與產品設計的每一個階段。」

《管理動態變化》作者傑里森表示，「消費者不知道他們經常提供一些有價值的東西，這些東西是企業要付錢給顧問公司才能得到的。這是不公平的交易。」不過，他強調，參與這樣的研究，會讓消費者感到極大的成就感。

讓消費者擁有參與產品研發的成就感，但又不致有私生活被侵犯的顧慮，應

是想要近距離觀察消費者，擷取產品研發靈感的企業必須念茲在茲的。

案例五、顧客導向策略——麥當勞重新檢討「消費者需求」是否有被抓住

㈠ 抓住消費者需求，不斷推出新的創新服務

麥當勞的經營模式，經常會成為國內流通服務業師法的對象之一。不過，臺灣麥當勞總裁李明元說，即便如麥當勞，在臺灣市場也會碰到經營瓶頸，必須回頭再重新檢討消費者的消費需求，看麥當勞是否有抓住。麥當勞將會推出新的服務模式。

李明元指出，臺灣麥當勞為了找出新的藍海服務，會回頭去探討臺灣消費者的生活消費變化。結果發現，臺灣人在同一時間做超過一件以上的事，普遍每天加班 4 小時，在這種忙碌生活作息之下，消費者要的就是力求更方便的生活型態，而這種方便，最好是隨時隨地可即時取得。為了滿足消費者這新的需求，麥當勞就把以前提供的「速食」價值，創新為「舒食」價值。

在這個提供消費者新的舒食價值的經營思維下，麥當勞陸續推出了：⑴ 現點現做；⑵ 得來速；⑶ 早餐；⑷24 小時營業；⑸ 歡樂送等服務。除此之外，麥當勞還會推出新的服務模式，消費者如果不來，就由麥當勞送給消費者。

㈡ 提供致命吸引力服務及差異化服務

李明元指出，服務業的經營心法，在於要做到差異化、聚焦深耕及提供致命吸引力的服務。因為只有與市場同業做差異化經營，消費者才會感受到「驚訝」（Surprise）；只有專注聚焦經營，才有辦法讓連鎖門市操作變得「簡單化」（Simplicity）；提供致命的吸引力給消費者，就能創造消費者的「微笑」（Smile）。達到讓消費 3S 的服務，就是成功的服務。

S-T-P 架構解析（市場區隔、鎖定目標客層及產品定位）

壹　S-T-P 架構總說明

貳　市場區隔

參　產品定位

肆　P-D-F 行銷致勝三大準則

伍　4P 成為「行銷組合」（Marketing Mix）的精義

壹 S-T-P 架構總說明

一、為何要有市場區隔？

身為行銷人，首要工作就是要先確認您公司的產品是賣給什麼人？什麼對象？為什麼是這些對象？這是市場區隔化的行銷思考，如下圖所示。

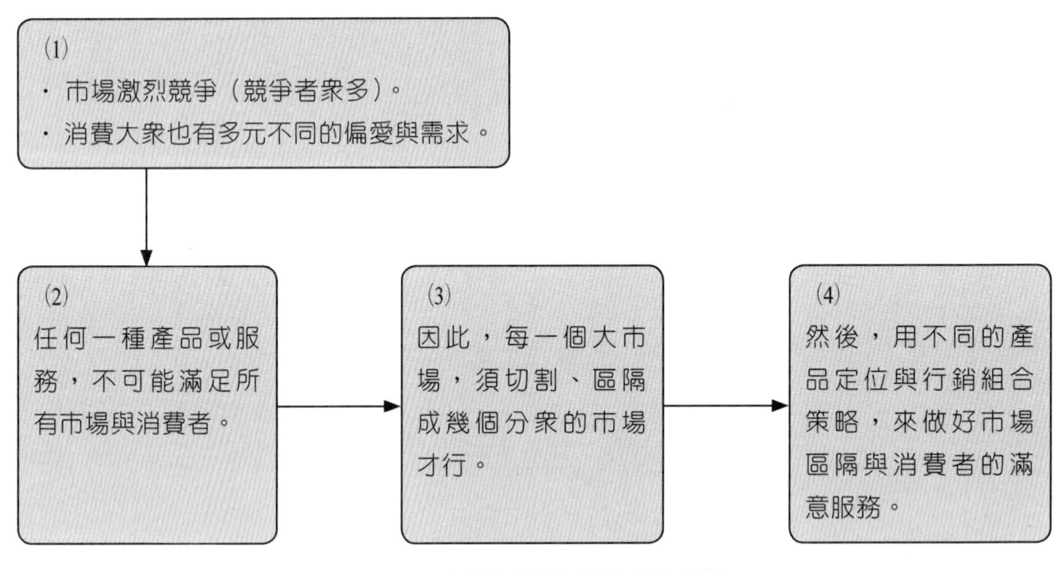

圖 2-1　市場區隔的背景成因分析

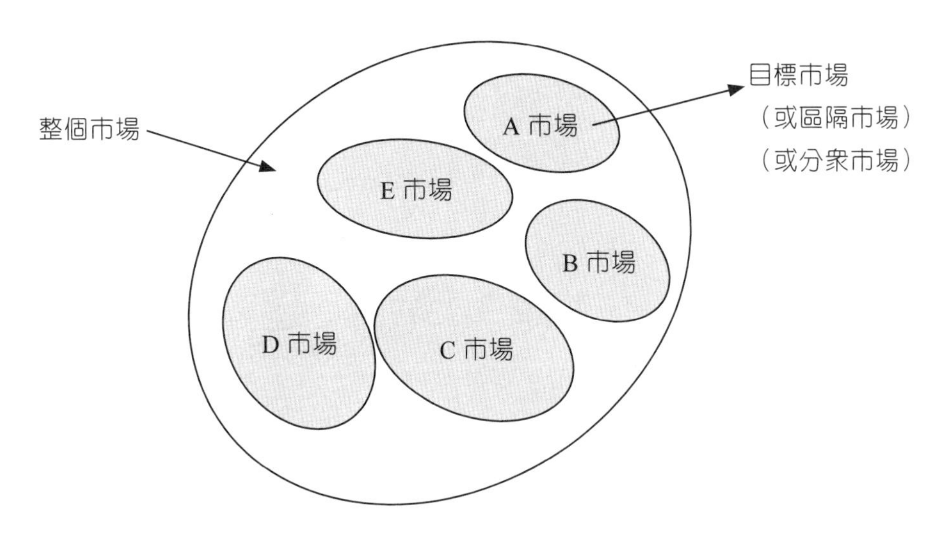

・整個市場（Whole Market）：由 A+B+C+D+E 等五個個別市場或目標市場所組成。
・目標市場（Target Market）：由 A 目標市場所組成，或由 B 、C 、D 、E 等個別目標市場所組成。

圖 2-2　區隔市場之圖示

二、行銷「S-T-P」總架構與目標行銷

㈠ 定義

所謂「目標行銷」（target marketing），係指廠商將整個大市場（whole market）細分為不同的區隔市場（segment target），然後針對這些區隔化後之市場，設計相對應的產品及行銷組合，以求滿足這些區隔目標之消費群，並進而達成銷售目標。

㈡ 步驟

1. 市場區隔化（market segmentation）（S）

首先必須先依據特定的區隔變數，將整個大市場區隔為幾個不同型態的市場，並以不同的產品及行銷組合準備因應，同時評估每一個區隔化後市場之吸引力與潛力規模。

2. 鎖定目標市場（market targeting）（T）（Target Audience, TA，目標客層）

大市場經過區隔後，即須針對每一個區隔市場進行考量、分析評估，然後選定一個或數個具有可觀性之顧客市場作為目標市場。

3. 產品定位（product positioning）（P）

即指替產品訂出競爭的位置在哪裡，必須將此產品定位與目標客層相一致，並且依此位置研訂詳細之行銷 4P 組合以為配合。

㈢ 關聯圖

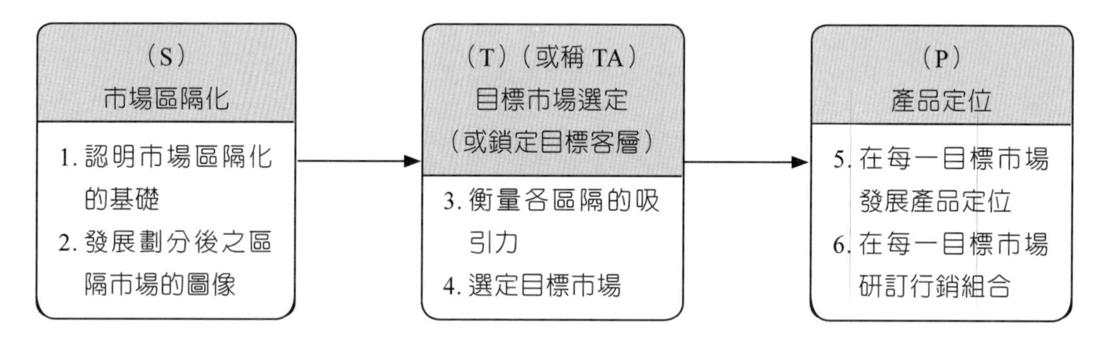

圖示：S：區隔市場
T：目標區隔（鎖定目標客層）（TA）
P：產品定位（品牌定位）

圖 2-3　行銷 S-T-P 架構圖示

㈣ 發展 S-T-P 架構體系

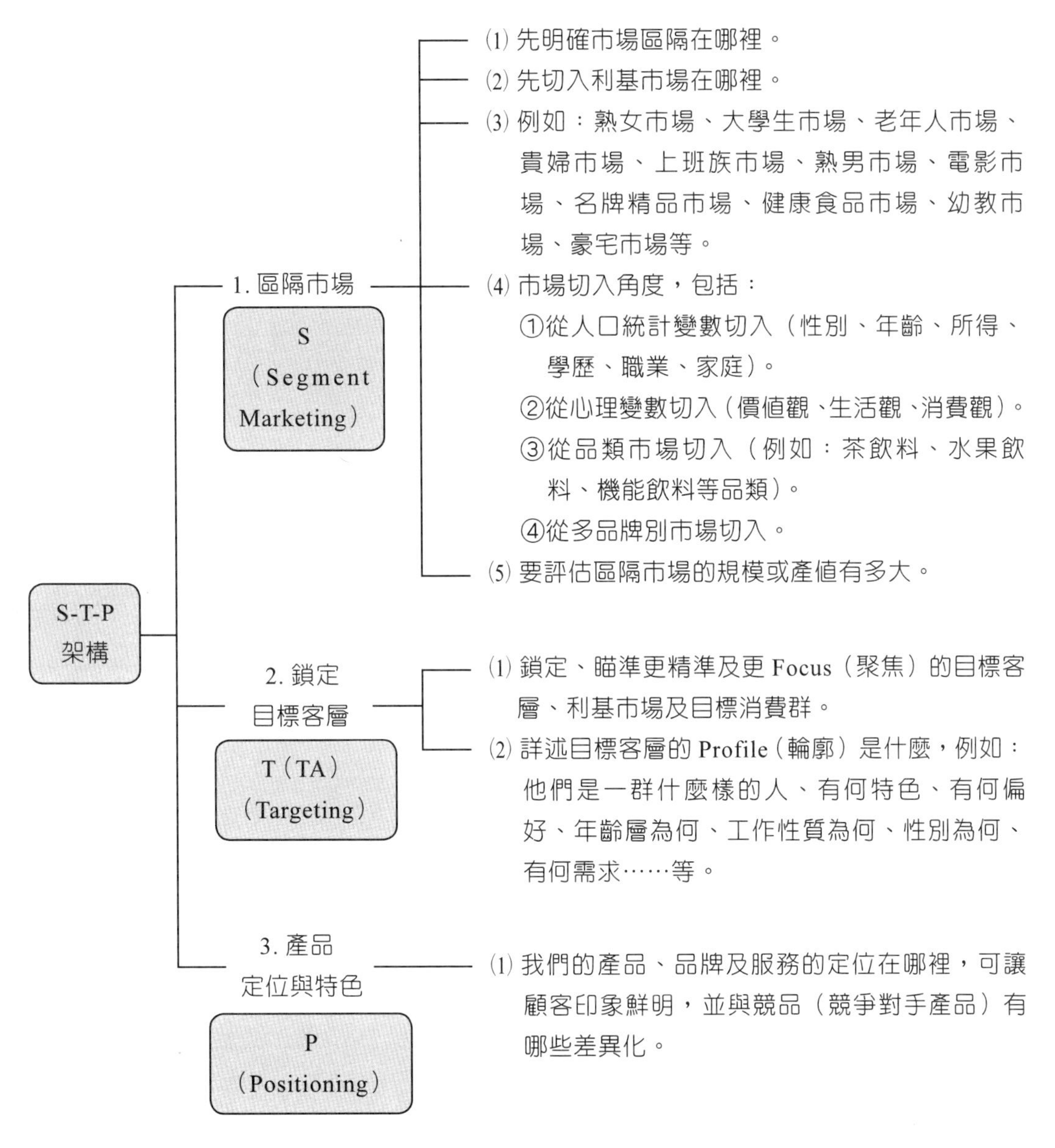

圖 2-4　發展 S-T-P 架構體系圖示

㈤ S-T-P 架構之案例

〈案例 1〉超薄小筆記型電腦

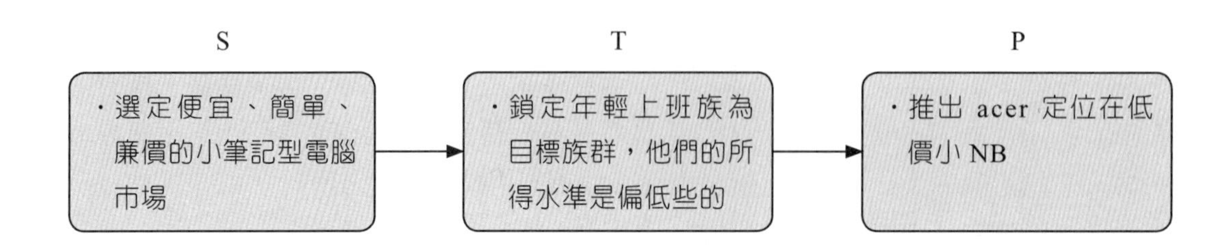

〈案例 2〉舒酸定牙膏

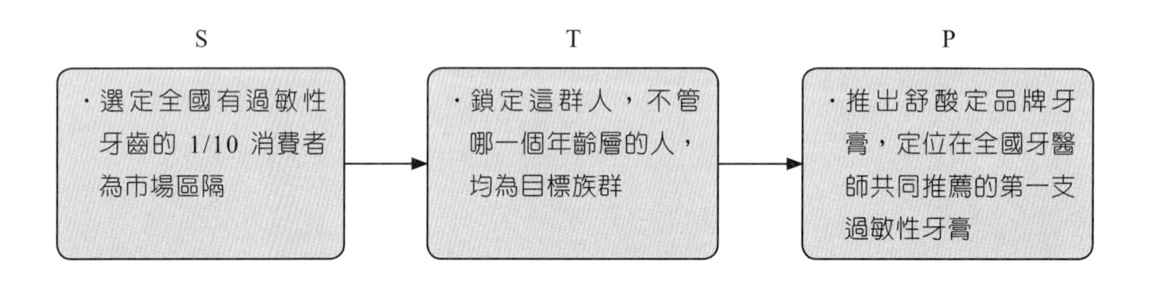

〈案例 3〉LEXUS 汽車

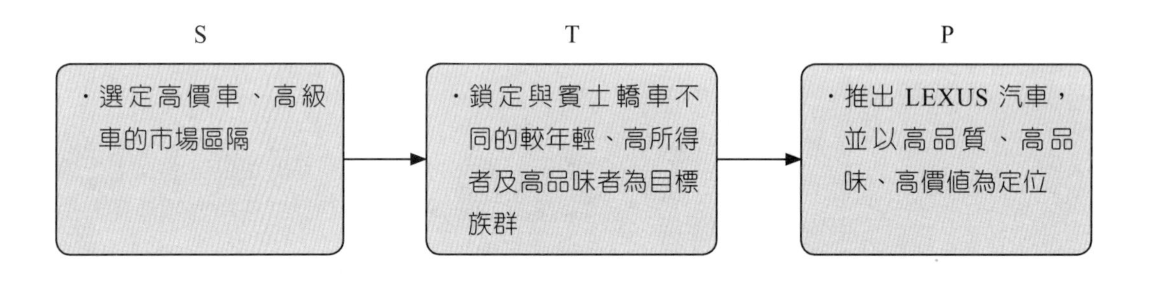

〈案例 4〉克蘭詩 Men 保養品

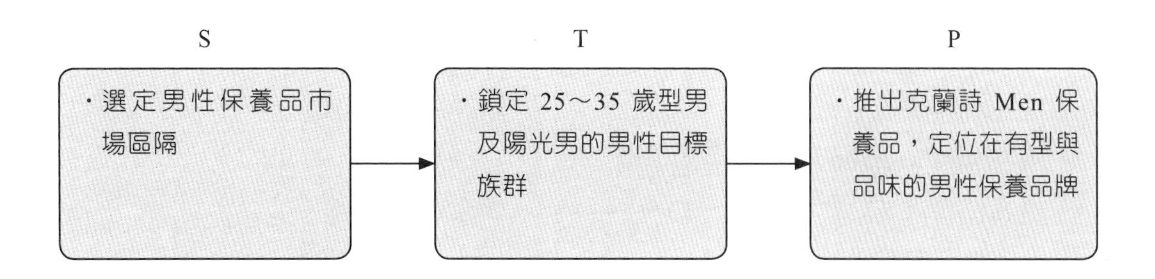

㈥ 發展 S-T-P 架構體系（續）——怎麼定位？定位六步驟

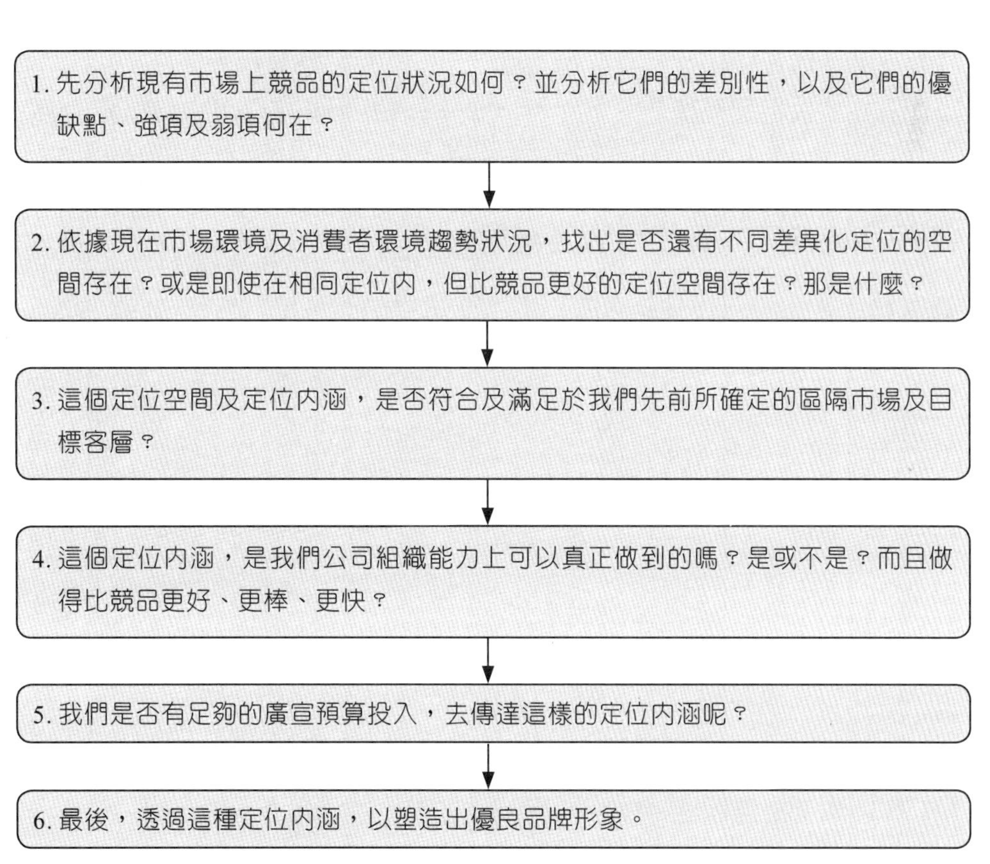

圖 2-5　S-T-P 架構定位六步驟

㈦ 成功的定位案例

1. 蘋果日報
2. 舒酸定牙膏
3. 統一 7-ELEVEN
4. LEXUS（凌志）汽車
5. LV 名牌精品
6. iPad 平板電腦
7. Sony Ericsson 照相與音樂手機
8. 統一星巴克咖啡
9. 新光三越百貨
10. 全聯福利中心
11. 屈臣氏美妝店
12. 白蘭氏雞精
13. SOGO 百貨復興館
14. 桂格大燕麥片
15. 茶裏王
16. iPhone 智慧型手機
17. SONY VAIO（筆記型電腦）
18. 奇美液晶電視
19. 宏碁杜比音響超薄型筆記型電腦
20. 家樂福量販店
21. 三立／民視電視臺
22. 黑貓宅急便（統一宅急便）

㈧ 產品定位的三大實務步驟（精簡）

在實務上，企業對自身公司的定位、或對產品的定位、或對品牌的定位，大致上可歸納為如下三大步驟，如圖 2-6 所示。

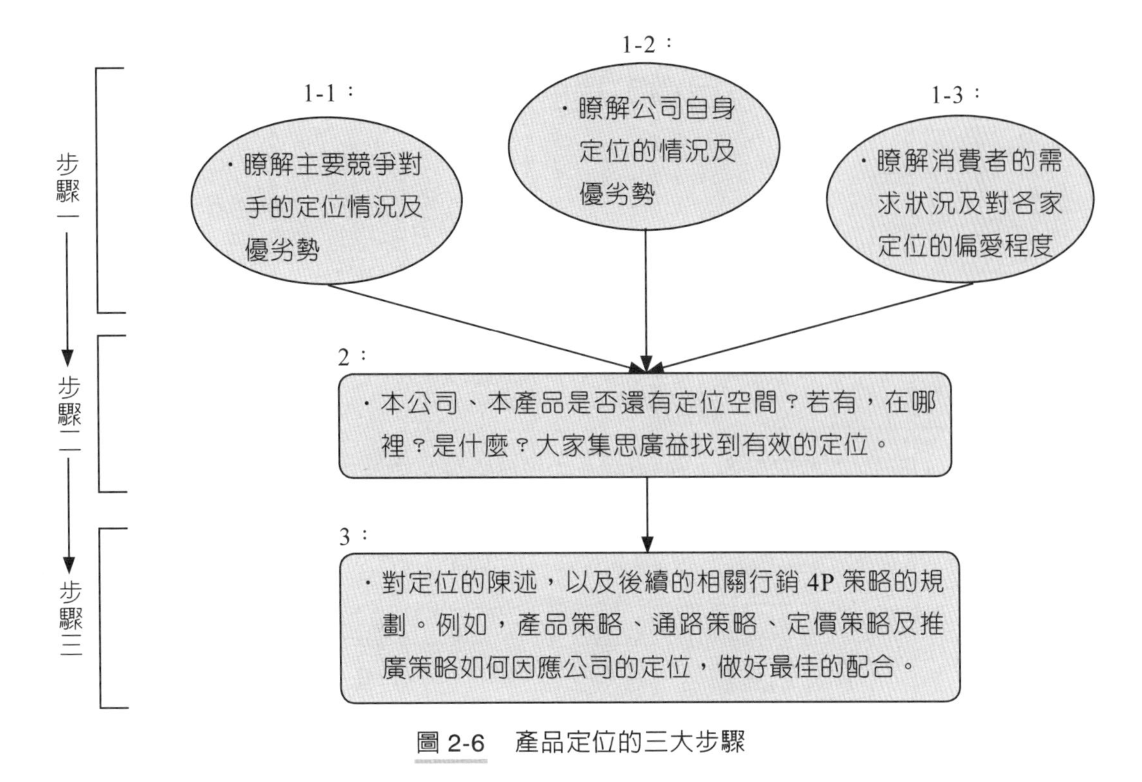

圖 2-6　產品定位的三大步驟

三、S-T-P 架構與行銷 4P 組合的關聯性

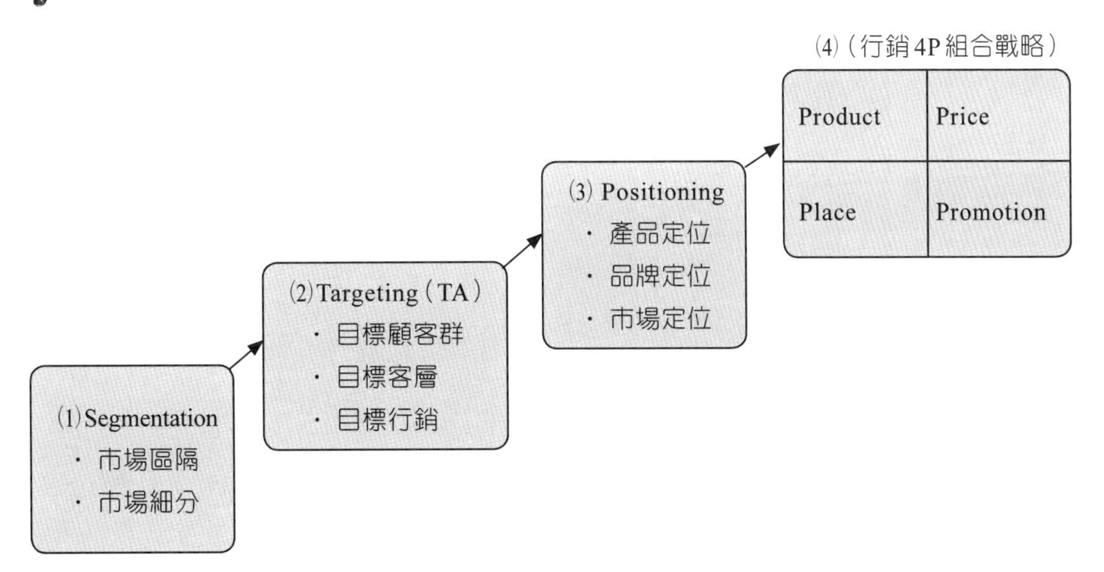

四、市場區隔化與目標市場的明確化

(1) 市場區隔化	‧依據顧客的人口統計變數或心理或行為變數，將顧客群（Customer Group）加以細分化及區隔化。
(2) 選定目標市場（目標客群）（TA）	‧從上述區隔市場中，再精確／準確地選擇具有商機或能滿足這一群顧客需求的目標客層出來，將來就是主攻這一個顧客層。
(3) 產品／服務的定位	‧針對前述的目標客層，瞭解他們的潛在物質及心理需求，設計出可以使他們消費的產品，及服務其特色與特質印象明確的位置所在。
(4) 以 4P 或 8P/1S/1B 行銷組合，展現出定位戰略	‧根據滿足目標客層需求與價值的內涵，研訂行銷 4P 或 8P 組合策略，以作為落實執行計畫。

‧註 1：4P 指產品、定價、通路、推廣。

‧註 2：8P 指 4P 之外，再加 (5) 公共事務（PR）、(6) 人員銷售（Personal Sales）、(7) 作業流程（Process）及 (8) 現場環境（Physical Environment）。

‧註 3：1S 指服務（Service）；1B 為品牌（Branding）。

五、S-T-P 架構在整體行銷六大重點核心中「第二段」的位置

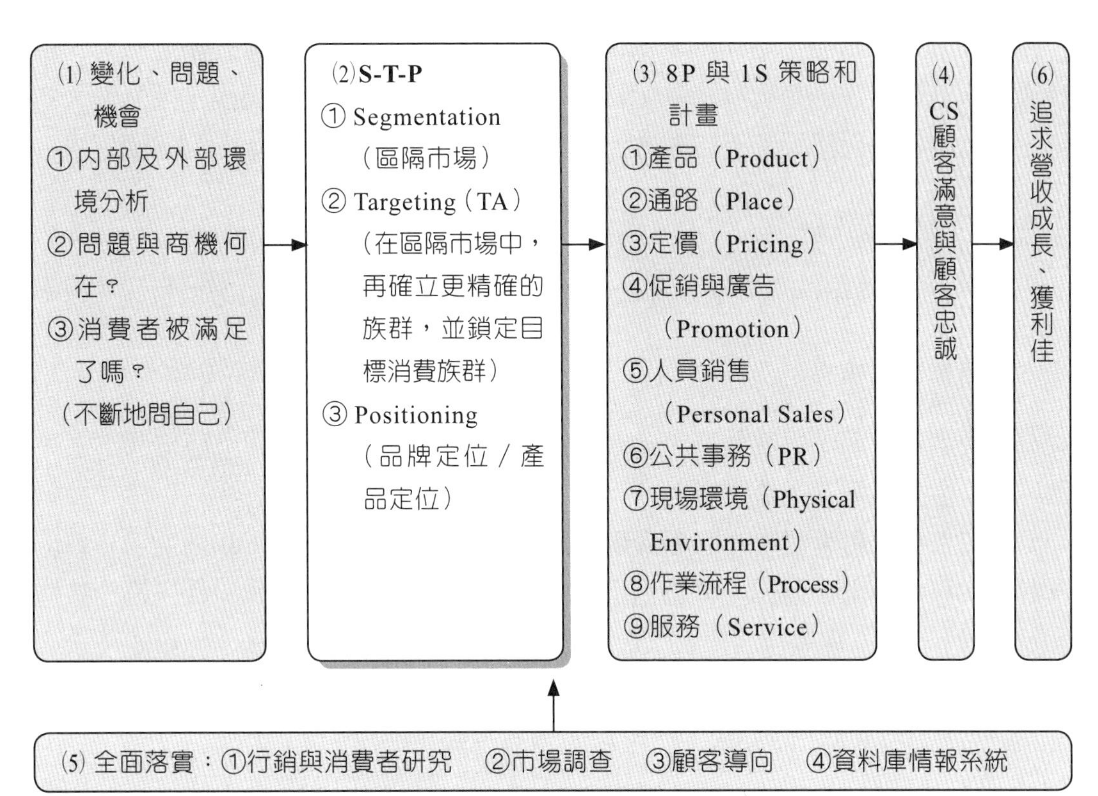

圖 2-7　行銷六大重點核心總架構

貳　市場區隔

一、市場區隔變數（Market Segmentation Variables）

要將市場區隔，其依據的變數，必然是多個的。下面針對市場區隔化的主要變數加以討論。

㈠ 地理區隔化

係按地理區域之不同，而將之區隔為不同的市場；此地理變數，如按國家、省份、城市、人口密度、氣候等予以區隔。

例如，通用食品生產的麥斯威爾咖啡在美國西部城市所銷售之咖啡，其味道較濃；大陸四川省的速食麵口味就比較需要辣一些。另外，在美國，因為地大物博，因此轎車都比較大；而在臺灣，則因人口擁擠，汽車大小設計得較為適中。

㈡ 人口變數區隔化

所謂人口區隔化，係依人口變數而將市場予以區隔。這些人口變數包括下列：

1. 年齡與生命週期

人的消費欲望、程度及能力，會隨年齡及生命週期而有不同；而這些不同，即可藉以區分為不同的區隔市場。

例如：麗嬰房專賣店係以專賣嬰兒用品為主要區隔市場；PUB 則是以年輕人為對象的熱鬧酒吧。再如，美國通用食品曾推出一組四種的罐頭狗食：第一種適合「小狗」；第二種適合「已長大的狗」；第三種適合「過重的狗」；第四種適合「老狗」，此用以企圖擴大市場占有率。日商倍樂生公司亦將其出版的巧連智兒童刊物分為 3～4 歲、5～6 歲、7～8 歲等多種不同年齡層、不同內容。

2. 性別

性別也漸漸被用來作為區隔市場的變數。

例如：在香菸行業，男性與女性香菸，在菸味、包裝設計、行銷廣告等方面均有明顯不同。

此外，汽車、化妝品、雜誌、服飾、瘦身美容、手機設計等均按性別來區隔市場。

3. 所得

所得早已普遍作為區隔市場之最古老的變數，主要是所得代表一種購買力，而購買力就是業者的銷售基礎。

例如，在汽車業、服務業、住屋、飾品等產品方面，均依高所得、中所得、低所得而分別推出不同相應對的產品及行銷組合訴求。

再如，賓士（BENZ）、LEXUS 兩種轎車以高所得群為銷售對象，而中華三菱 LANCER 及豐田 CAMRY 則以中產階級群為主。另外，歐洲名牌精品廠商 LV、Dior、CHANEL 等係高價位的時尚代表者。

4. 家庭

以家庭人口數及家庭生命循環週期為區隔變數也偶可見到。

例如，小套房住宅以單身貴族為銷售對象；高級休旅車、大型液晶電視則以家庭為銷售對象。

5. 職業

一般來說，職業之區隔，可以分為七類：

(1) 家庭主婦。

(2) 學生。

(3) 白領上班族。

(4) 藍領上班族。

(5) 退休人員。

(6) 技術人員。

(7) 商店老闆、企業老闆。

6. 其他（教育、宗教、種族、國籍、工作性質）

其他變數，諸如教育、宗教、種族、國籍等均可作為區隔市場之用。

例如，資訊電腦產品以較高學歷的消費群為主；CD 唱片則以年輕女學生及上班族為主；佛教商品亦以信仰佛教者為主。再如，財經商業性質的週刊、月刊等係以白領上班族為主要銷售對象。

(三) 心理區隔化

係按下列心理變數而將消費者區分為不同群體：

1. 社會階層（social class）

一般而言，社會階層可區分為六個階層，分別為上上、上下、中上、中下、下上、下下等六個社會階層，各個階層可以自成一個市場的區隔。

2. 生活方式（way of life）

經實證研究顯示，消費者的興趣及消費，已愈來愈受其生活方式的影響；而不同的生活方式，也構成了市場區隔之參考變數。例如，德國福斯汽車依消費者的生活型態，設計了兩種不同車型：一種是替「保守的好國民」設計，強調安全、經濟、生態維護等；另一種是替「汽車幻想者」設計，強調消遣娛樂、刺激與快速。

3. 人格（personality）

行銷人員有時對他們的產品賦予「品牌個性」（brand personality），以求與「消費者人格」（consumer personality）相配對。例如，美國福特汽車的購買者被認為是：具獨立性、大丈夫氣概且充滿自信；而雪佛蘭汽車則被認為是偏於保守、節儉、柔順、不走極端。

依消費者不同的人格特質，亦可設計出不同的產品及行銷組合，以期抓住相同人格的消費群，而達成銷售目標。

四 行為變數

1. 使用時機

消費者在什麼時機下形成對產品的需要、購買或使用，可作為區隔消費者的基礎。用使用時機來區隔市場，常可作為擴充產品線的策略。

例如，美國生產柳橙汁的公司，常教育消費者除了早餐飲用外，希望中餐、晚餐也能夠飲用。

2. 追求利益

依消費者對產品追求利益的不同，亦可作為區隔市場之基礎。例如，以牙膏市場來看，可劃分為四項利益區隔：追求經濟便宜、保護牙齒功能、味覺利益，或美容化效果等。每一種利益追求的群體，均可以自成一個區隔市場。再如，日本 docomo i-mode 上網手機與一般非上網手機的使用利益也不相同。

案例：

⑴ 優酪乳：促進腸胃消化效果。

⑵ 保養品：美白與抗老化效果。

⑶ 牙膏：保護牙齒，防止牙周病。

⑷ 健康食品：各種保健、營養補充效果。

3. 使用者情況

許多市場也被區分為競爭品牌使用者、潛在使用者、初次使用者、過去使用者等情況。

例如，對高市場占有率的公司，其行銷訴求可能在引發潛在的購買者。

4. 使用率

市場也可能依產品使用頻率之高、中、低，而加以區隔市場。例如，行動電話公司發現年輕人使用手機的電話費，比中老年人還要多出很多。

5. 忠誠度

市場區隔還可以用消費者的忠誠度來做基礎。忠誠度可區分為以下四種：

⑴ 衷心忠誠：指消費者在任何狀況下，只購買一種品牌。

⑵ 軟心忠誠：指消費者忠誠於兩種或三種品牌。

⑶ 變心忠誠：指消費者對某品牌之忠誠移轉向另一品牌。

⑷ 游離者：指消費者對任何品牌均無忠誠度可言。

6. 態度

市場中的購買者態度大致分類如下：狂熱的、積極的、可有可無的、拒絕的、敵對的等五種。

市場區隔亦可以消費者態度作為區隔基礎。

表 2-1　消費者市場的主要區隔變數

區隔變數	例　子
(一)地理變數	
1. 地區	北美；西歐；中東；中國大陸；東南亞；日本
2. 區域	北部；中部；南部；東部（以臺灣為例）
3. 人口密度	都市；市郊；鄉村
4. 氣候	熱帶；亞熱帶；溫帶；寒帶
(二)人口變數	
1. 年齡	2 歲以下；2～5；6～11；12～17；18～24；25～34；35～49；50～64；65 歲以上
2. 性別	男性；女性
3. 家庭人數	1～2；3～4；5 人以上
4. 家庭生命週期	年輕單身；年輕已婚、無小孩；年輕已婚、幼子在 6 歲以下；年輕已婚、幼子在 6 歲以上；年長已婚、撫養小孩；年長已婚、小孩別居；年老夫妻、退休；年老、單身；其他
5. 所得	低所得；中所得；高所得；極高所得
6. 職業	專門職業與技術人員；公務人員；白領上班族；藍領上班族；家庭主婦；學生；退休人員
7. 世代	X 世代；Y 世代；N 世代（網路世代）；開放世代；老世代
8. 教育程度	高中職；專科；大學；研究所
9. 宗教	佛教；天主教；基督教；回教；道教；其他
10. 族群	閩南人；客家人；外省人；原住民
(三)行為／心理變數	
1. 使用時機	一般時機；特殊時機
2. 利益	品質；服務；經濟；方便購買；速度；容易操作
3. 使用者狀態	非使用者；過去使用者；潛在使用者；第一次使用者；經常使用者
4. 使用率	無；輕度使用者；中度使用者；大量使用者
5. 忠誠度	無；中等；強烈；絕對
6. 生活型態	青春不老族；傳統守門員；忘年工作族（以臺灣 50～59 歲準銀髮族為例）
7. 購買準備階段	不知曉；知曉；有興趣；有欲望；有意購買
8. 人格特質	追求成功；自我本位；和諧合群；八面玲瓏；特立獨行

7. 購買者購買準備階段

購買準備階段，大致可區分為如下幾種：一是完全不知有此產品；二是稍微有點印象；三是有潛在購買欲望；四是已有些微採購使用經驗；五是經常在使用。廠商針對這五種不同階段的消費群，都應有不同的行銷組合因應。

 二、市場區隔（市場分衆化）的四大類要素

大市場可以區隔、分眾或切割為更小市場的四大類要素如下：

(一)人口統計變數	(二)地理要素
・年齡 ・所得 ・性別 ・宗教 ・職業 ・人種 ・教育 ・其他	・地域 ・氣候 ・都市規模 ・人口密度 ・其他
(三)心理要素	**(四)購買行動的要素**
・人格（Personality） ・性格 ・生活型態（Life Style） ・其他	・品牌忠誠度 ・使用頻率 ・使用用途 ・購買機會 ・其他

三、市場區隔的可行性評估（Feasibility Study）

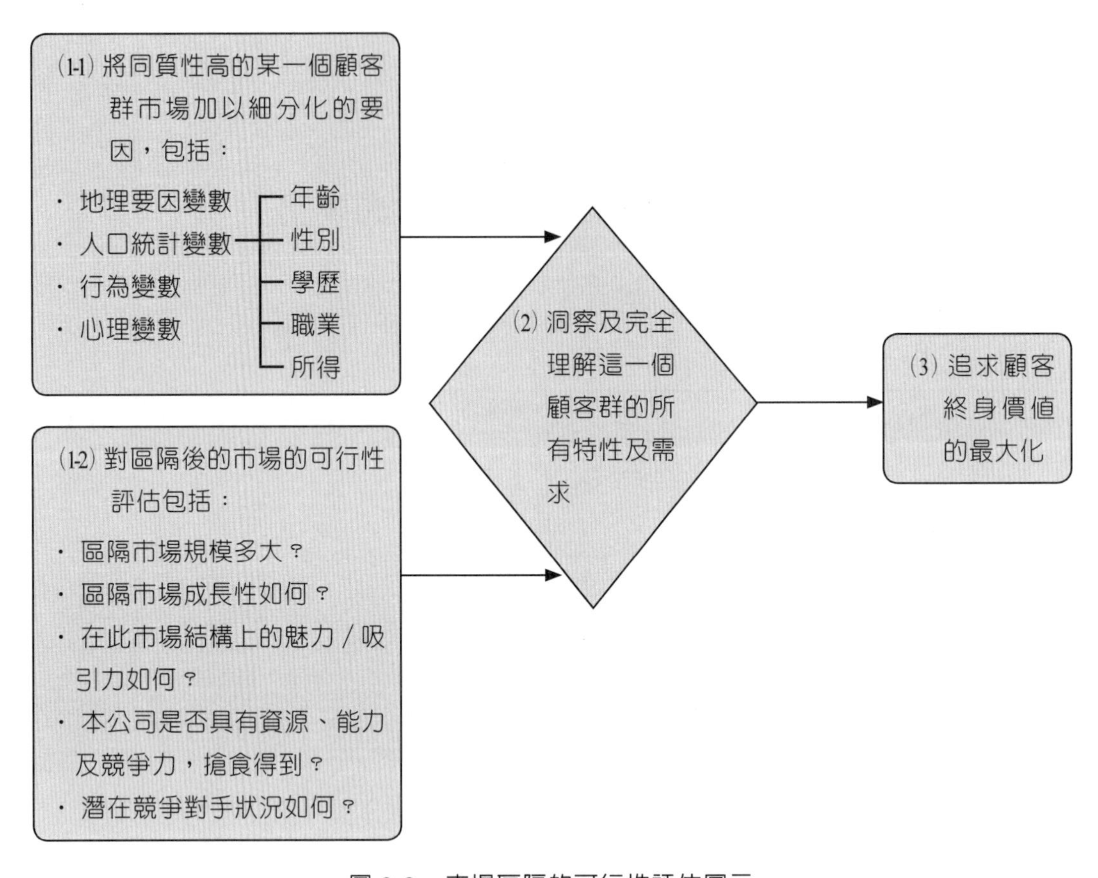

圖 2-8　市場區隔的可行性評估圖示

四、國內「市場區隔」實例圖示

〈案例 1〉洗髮精市場區隔

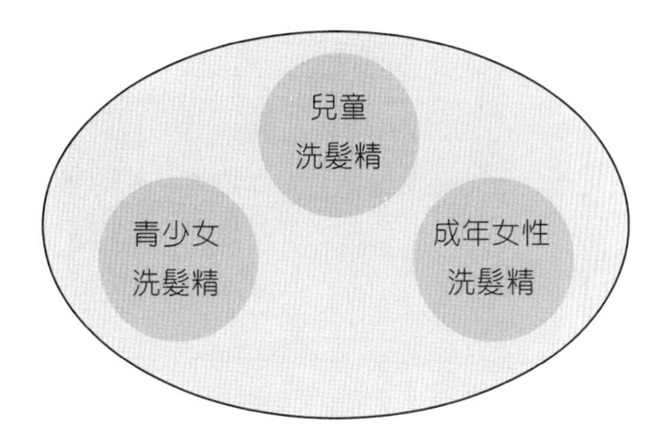

〈案例 2〉有線電視頻道市場區隔

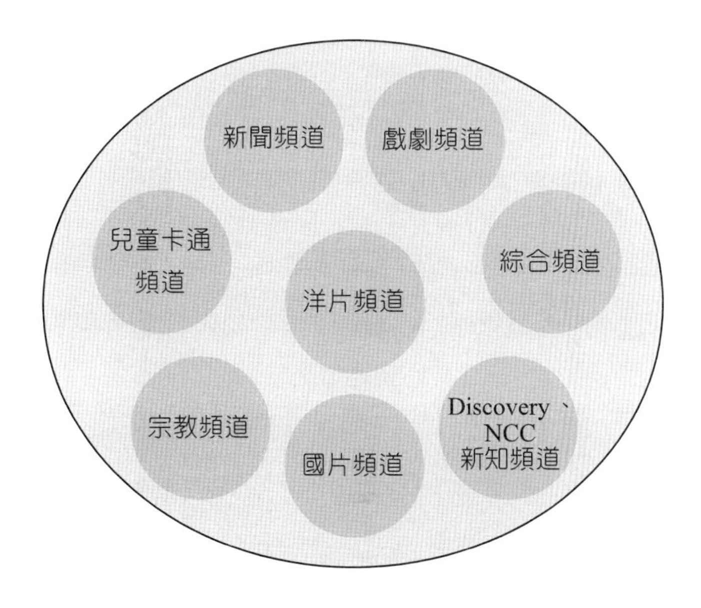

〈案例 3〉貴族中小學市場區隔

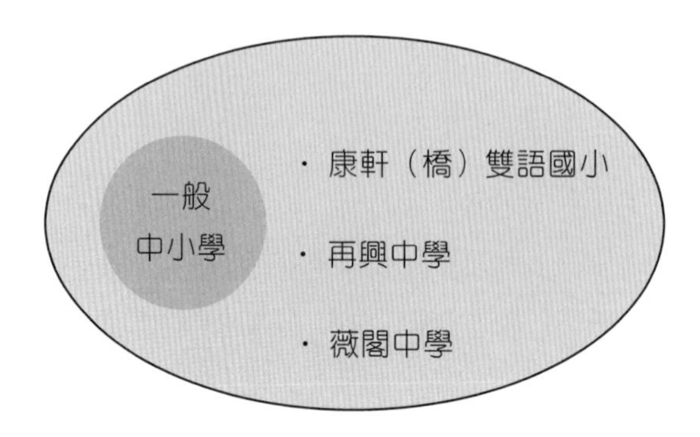

〈案例 4〉百貨公司市場區隔

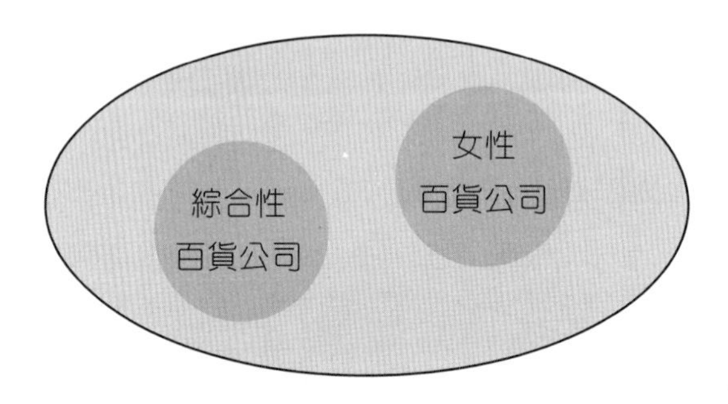

〈案例 5〉高級休閒渡假村會員卡

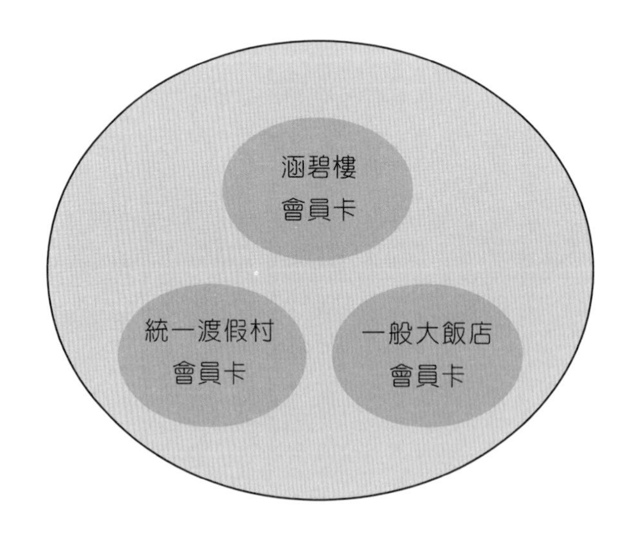

〈案例 6〉信用卡聯名卡

〈案例 7〉高級餐飲店

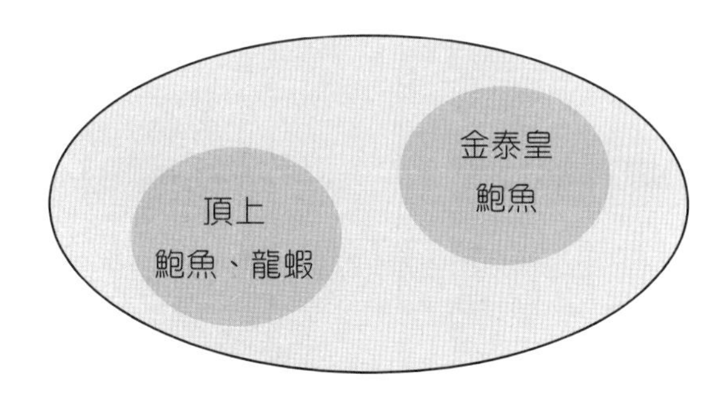

〈案例 8〉保養品市場區隔

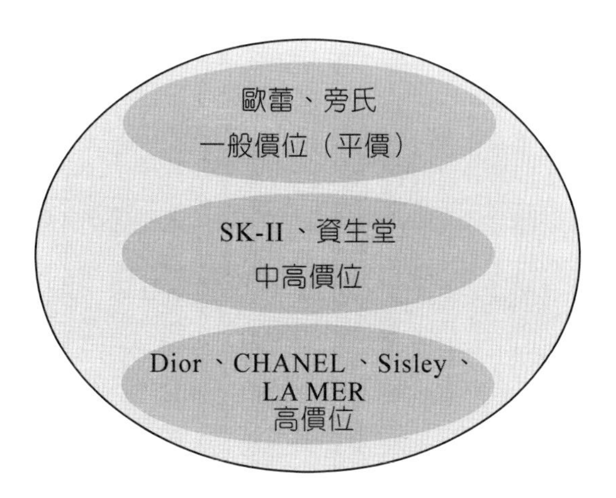

〈案例 **9**〉企管碩士班市場區隔

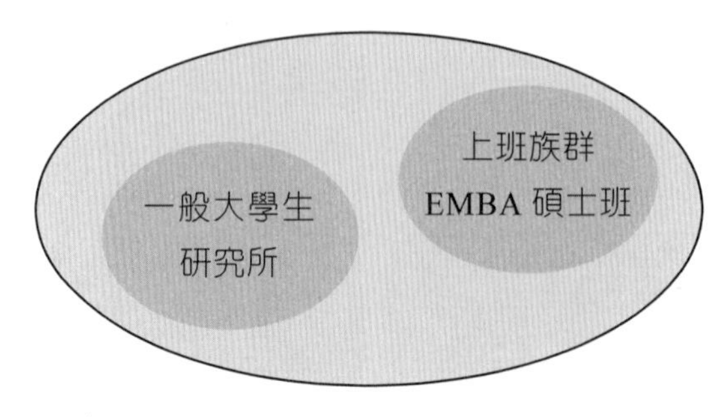

〈案例 **10**〉唱片市場區隔

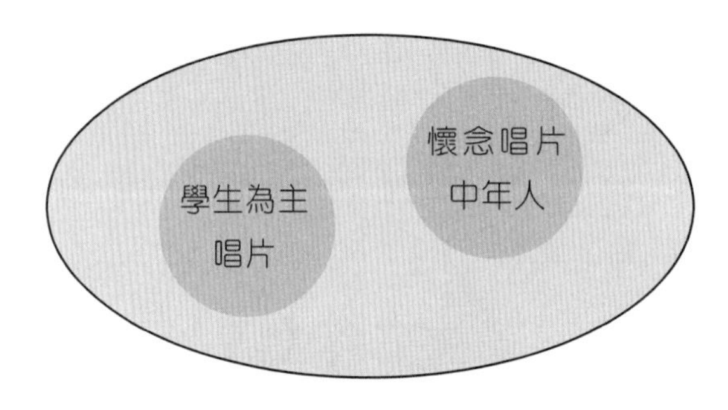

〈案例 **11**〉**KTV** 市場區隔

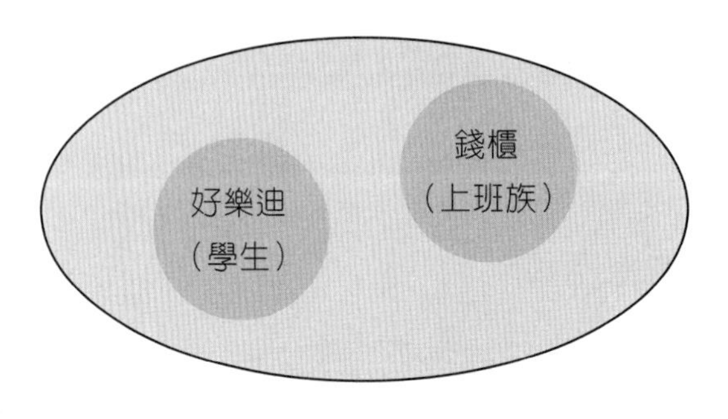

〈案例 **12**〉名牌商品市場區隔

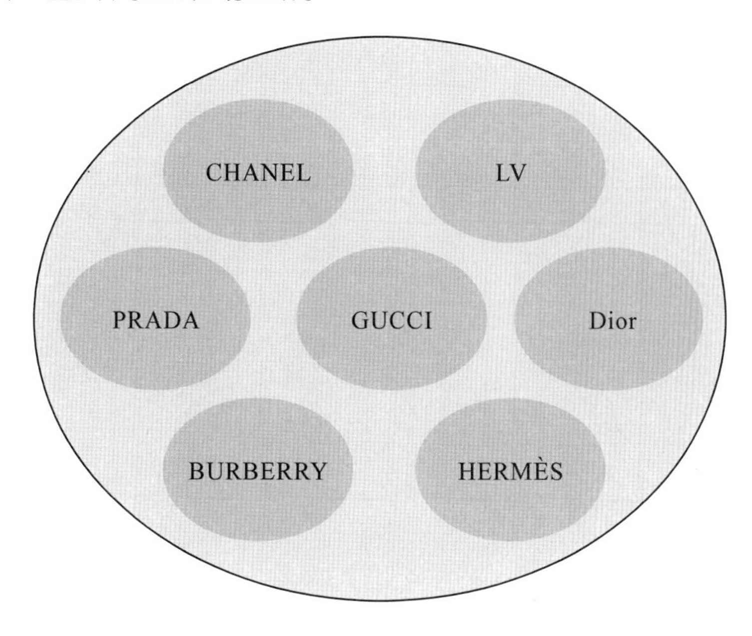

〈案例 **13**〉轎車市場區隔

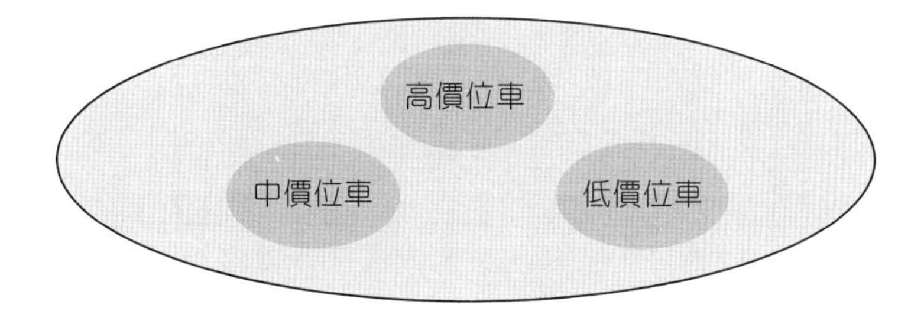

〈案例 **14**〉報紙

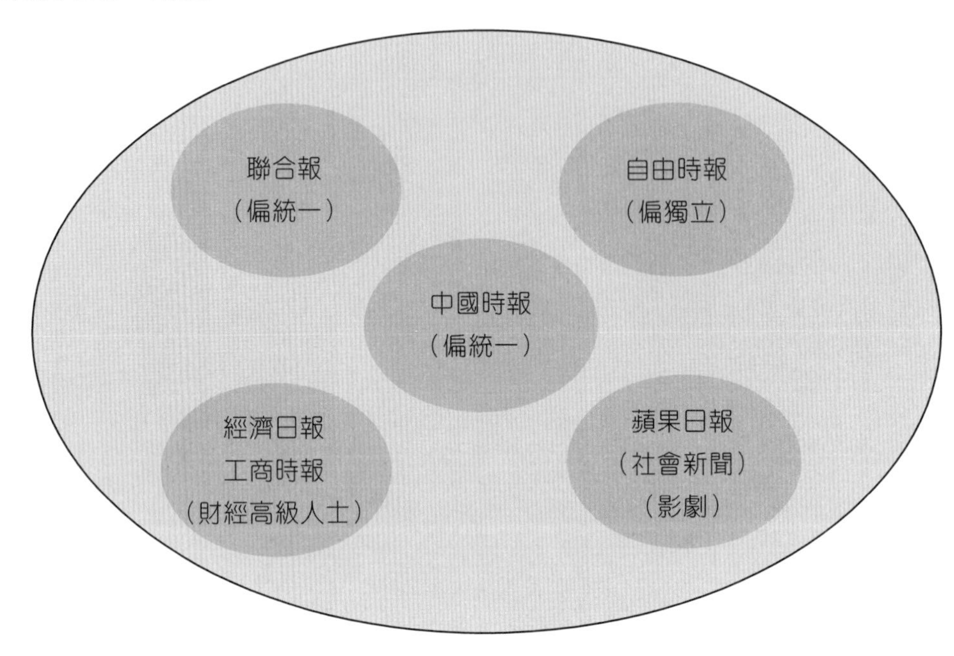

綜合來看，可示例如下：

品牌	(1) 性別	(2) 年齡	(3) 所得	(4) 教育	(5) 職業	(6) 追求利益	(7) 人格特質	(8) 社會階級
(一) SK-II 保養品	女性	30～50 歲	中高所得	大專生以上	・中高職務 ・家庭主婦	・美白 ・抗老化	・獨立自主 ・愛自己	・中高層
(二) 多芬洗髮乳								
(三) 華碩易 PC								

（續上頁）

㈣ 東京迪士尼樂園								
㈤ LEXUS 轎車								
㈥ SONY VAIO 筆記型電腦								
㈦ 舒酸定牙膏								

五、國內案例介紹

〈案例 1〉「可口可樂」產品區隔比較

	㈠人口統計區隔變數：年齡	㈡心理性區隔變數：購買型態	㈢廣告特性	㈣訴求重點
1. 可口可樂	主要是吸引不少青少年和新新人類	不同於汽水，可樂的口味也特別	2000 年廣告由新新偶像——張震嶽、謝霆鋒、林心如來拍攝	廣告的重點——有話大聲說，正符合新新人類的行為，所以，新新人類就要喝可口可樂
2. 健怡低卡可樂	以 20～29 歲女性居多	由於健怡的熱量很低，是想喝可樂又想減肥者的最佳飲料	飲料補充員——藍正龍，用帥氣讓一旁的美女們心裡小鹿亂撞	偶像代言廣告，當消費者在選擇購買時，會想到偶像而有意願購買
3. 芬達汽水（葡萄、橘子）	大部分的年齡層以國小學生為主	有口味的汽水且比較甜	曾推出兩支廣告，其中一支是一男一女在海邊玩，然後男生用汽水要噴女生，結果沒噴到，卻把後方的山打掉了	兩支廣告都是以幽默的方式表達，以 fun 的心態為訴求

〈案例 2〉統一雞精產品區隔

統一企業在雞精市場全面出擊，其中分為：

統一雞精：最傳統的口味。

⑴ 四物雞精：主要針對女性消費者生理時期飲用。

⑵ 兒童雞精：口味較淡，專為兒童設計的。

⑶ 十全雞精：專為考生、生病的人調配。

⑷ 冬蟲夏草：中藥為主的口味。

⑸ 蜂膠雞精：針對體弱、熬夜、抽菸、中年人所需而設計。

〈案例 3〉臺灣寶僑（P&G）市場區隔

以人口統計區隔變數中的年齡、性別、所得和行為區隔變數的追求利益，來說明 P&G 在多品牌市場上如何運用。

1. 年齡

以洗髮精為例：

⑴ 大飛柔：一般大眾。

⑵ 小飛柔：是針對兒童設計的，強調其溫和不刺激，是不會使幼童洗髮時哭泣的洗髮精。

2. 性別

國內率先由寶僑公司的幫寶適推出「男寶寶專用」及「女寶寶專用」的男女有別不同設計的紙尿褲，在紙尿褲市場造成相當大的震撼。

3. 所得

以化妝品為例：

⑴ 歐蕾：是一般大眾化所使用的，價格低。

⑵ 蜜斯佛陀：是 30～50 歲之間的女性使用，價格略高。

⑶ SK-II：30 歲以上有經濟能力的中年女性所使用的，為中高階層所使用，價格貴。

4. 追求利益

以洗髮精為例：

⑴ 海倫仙度絲：針對一般大眾困擾的頭皮屑，它就概括了所有頭皮屑族群的消費者。

⑵ 采研：針對職業成年女性所設定，訴求只要使用即會變得更加年輕。

⑶ 飛柔：針對一般大眾，使用後可使粗糙的頭髮更加柔順。

⑷ 沙宣：針對一般都會年輕女性，提出女性漂亮也要有造型的流行先驅。

⑸ 潘婷：針對流行少女，只要使用就會像影視明星一般的亮麗有型。

所以，寶僑公司利用了區隔變數找出了區隔市場，讓自己能瞭解消費者的心態，針對消費者提供更好、更優的產品，也有助公司的業績增加。

六、有效區隔市場的條件

為求達成有效的市場區隔，應具備下列條件（或特性）始可：

㈠ 可衡量性（measurability）

此係指經過區隔化後市場之規模、購買力等均能加以評估出來；亦即要能知道此市場大小。

㈡ 可接近性（accessibility）

係指經過區隔化後市場，廠商能有效地進入及服務該區隔內之消費群。例如，男性化妝品市場區隔，應該用何種行銷組合才能有效爭取到該市場。

㈢ 足量性（substantiality）

此係指此一區隔市場，未來在銷售量或利潤額上是否足夠滿足廠商最低要求標準。例如，汽車廠商要開發女性用車，則必須先行評估衡量此種市場潛在銷售量是否足量，然後才能決定要不要投入該區隔市場。

㈣ 可行動性（actionability）

此係指廠商行銷及業務人員，對於區隔化之市場是否在人力及行銷計畫案均能有效推動執行。

七、利益區隔（Benefit Segmentation）

消費者購買某一產品，為的是追求某項特定的利益（specific benefit），以這些不同的利益為基礎來區隔消費者的市場是有力的方式。

運用利益區隔化，應瞭解消費者對此產品期望哪些主要利益？而追求每一項利益的又是哪一類型的消費者？

以牙膏市場為例，即可區分成四種利益區隔：

1. 追求經濟（低價格）。
2. 保護牙齒。
3. 美化效果（潔齒）。
4. 味覺利益（味覺佳）。

而每一種利益的追求群體，又顯示了各群體同時具有某些特性：

1. 人口特性。
2. 行為特性。
3. 心理特性。

茲圖示如下：

利益區隔	人口統計變數	行為變數	心理變數	支持品牌
(1) 經濟	男性	用量大	高度自主性、價值導向	
(2) 醫療	大家庭	用量大	保守者	
(3) 美化	青少年 成年人	抽菸人數	高度社會性與積極性	
(4) 味道	兒童	喜愛口香糖	享樂主義	

參　產品定位

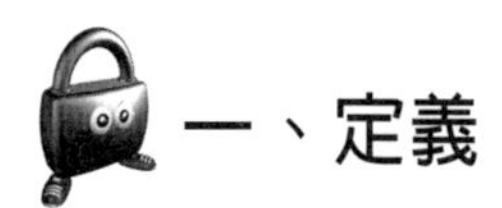

一、定義

產品定位（product positioning）係指廠商設計公司的產品及行銷組合，期使能在消費者心目中占有一席之地，建立堅固印象。換個角度看，產品定位也可以說是在目標市場消費群，該產品的品牌個性（brand personality）為何。著名的廣告人歐格威曾對定位有如下描述：「這個產品要做什麼？是給誰用的？」因此，關於定位，首先應明確定義下列五個觀念：

㈠什麼樣的人會來買這個產品？（目標消費者）

㈡這些人為什麼要來買這個產品？（產品差異化）

㈢目標消費者會以什麼產品替代這個產品？（競爭者是誰？）

㈣這個產品會站在消費者心目中的哪個位置？

㈤別人看到您的產品或品牌，他們會聯想到什麼？

例示：

・關於第一個觀念：目標消費者。

1. 嬌生嬰兒洗髮精：關心小孩洗頭問題的媽媽。
2. 海倫仙度絲洗髮精：有頭皮屑問題的洗髮精使用者。
3. 雀巢咖啡：講求生活品味、力爭上游的年輕經理人員。

・關於第二個觀念：產品差異化、特色化或 USP（Unique Selling Proposition，獨特銷售賣點）。

1. 摩黛絲超薄棉墊：就是這麼薄，讓我幾乎忘了它的存在。
2. m&m 巧克力：只溶你口，不溶你手。
3. 華碩 Eee PC：7 吋、8 吋及 9 吋、10 吋的簡易性、廉價性、精小型為特色的筆記型電腦。
4. SONY VAIO：來自日本品牌的高質感、高功能與高價位的筆記型電腦。
5. 舒酸定牙膏：專門為治療過敏性牙齒所用的牙膏。

產品定位的意義，可從三方面來說明：

1. 亦即，發掘顧客對於某種產品所重視之「屬性」為何。
2. 確定各種品牌產品在由此等屬性所構成之「產品空間」（Product Space）之位置。
3. 並發掘顧客心目中此種產品之「理想點」（Ideal Point）之位置。

總之，廠商應該明確知道公司產品的**位置在哪裡，選好它，占住它**。對產品定位之意義確認之後，廠商可據以評估並訂定有效的行銷策略以為適當之因應。

二、產品定位方法及案例

有關產品定位可利用「知覺圖」（perceptual map）來處理，茲舉例如下。

〈案例 1〉洗髮精市場定位分析圖

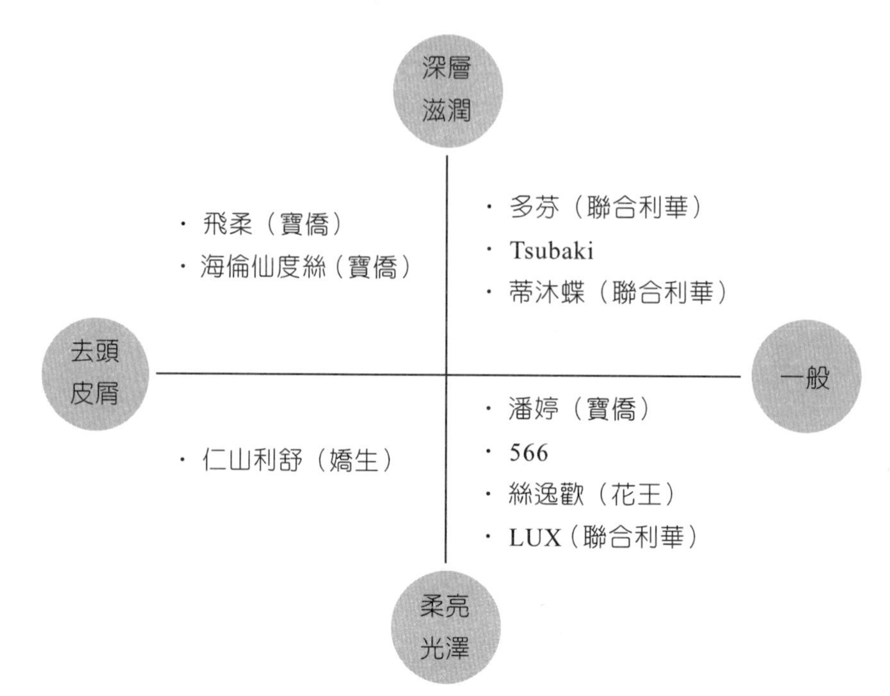

〈案例 2〉汽車定位範例

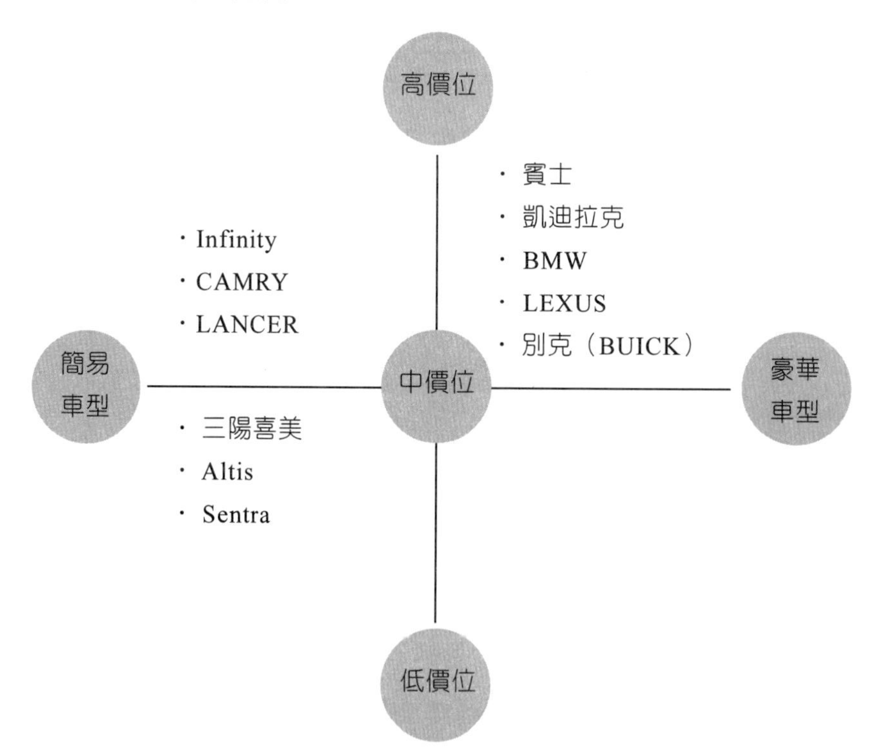

〈案例 3〉茶飲料定位

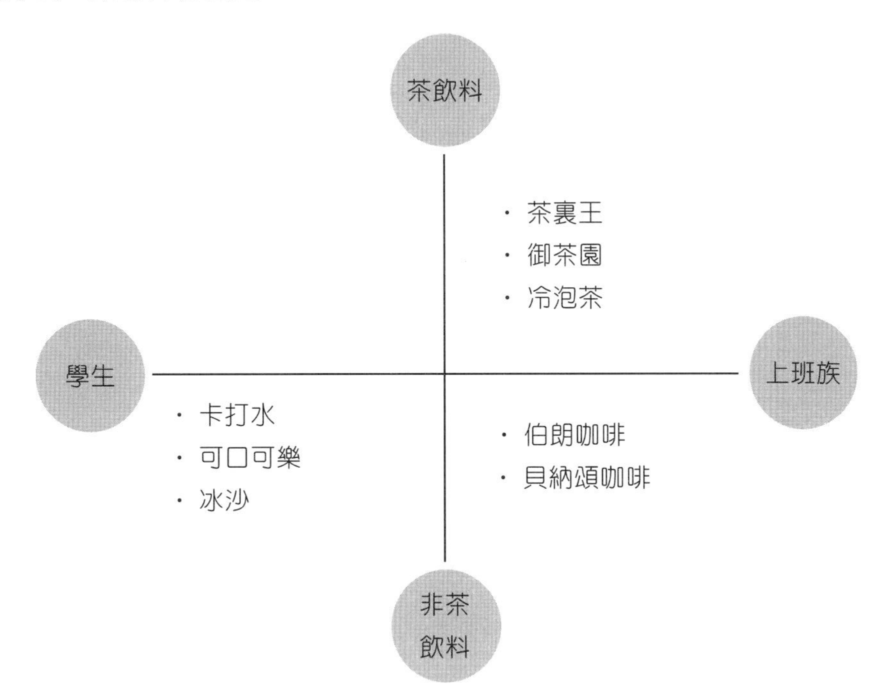

〈案例 4〉政黨定位

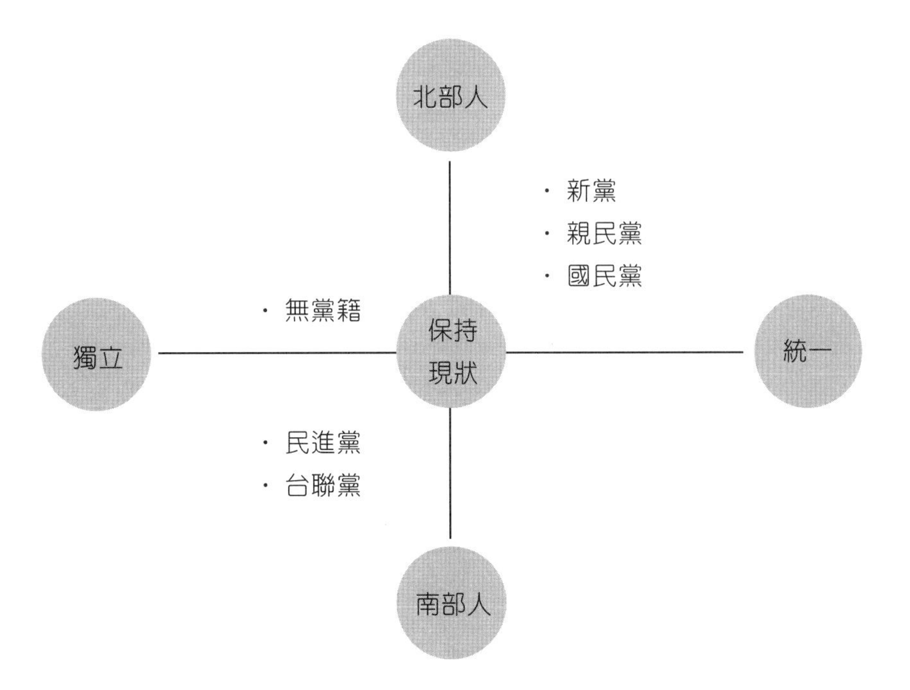

〈案例 5〉百貨公司定位

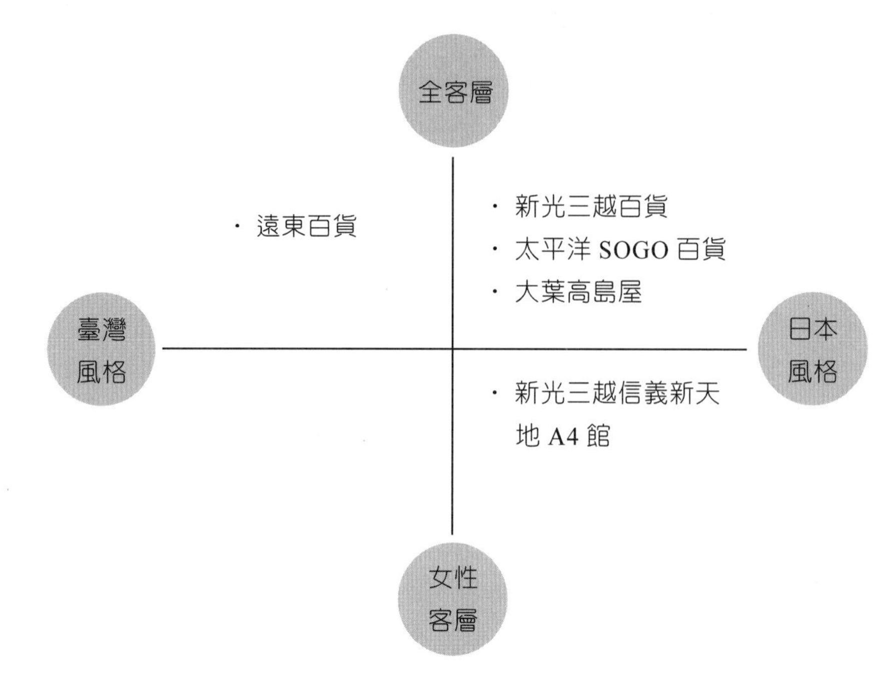

〈案例 6〉主題樂園定位

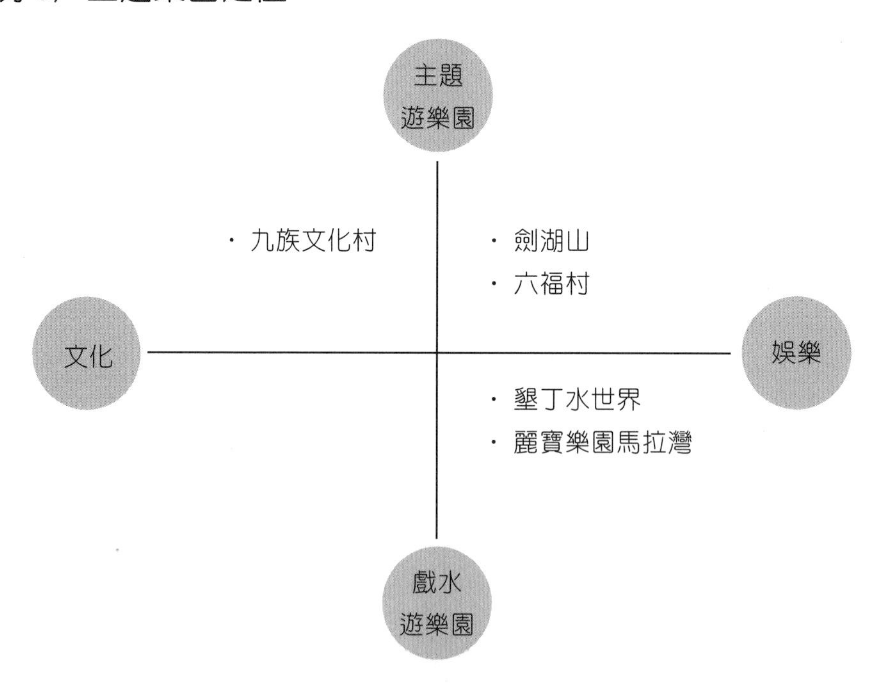

〈案例 7〉休閒渡假飯店

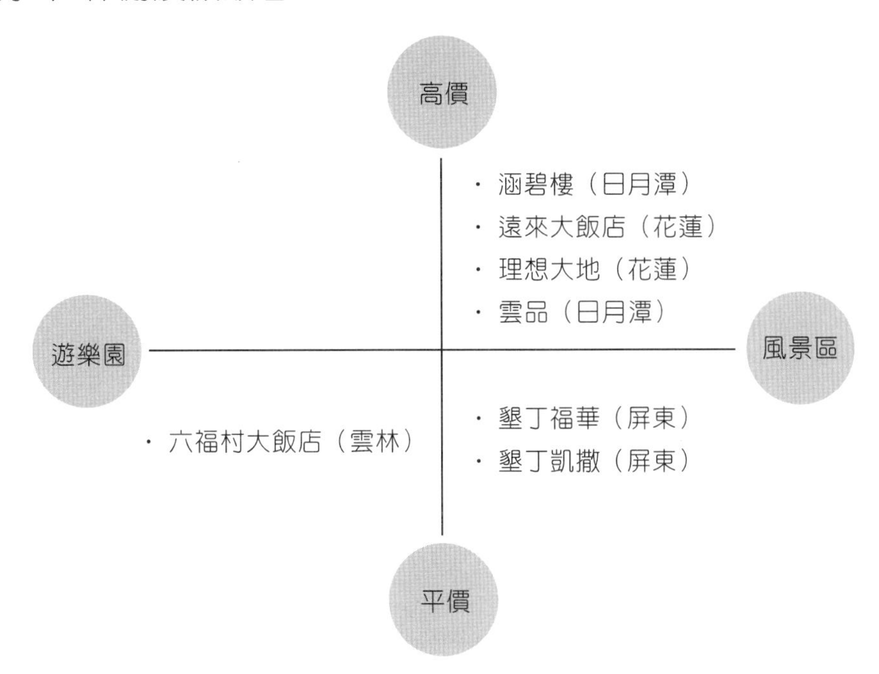

〈案例 8〉雜誌

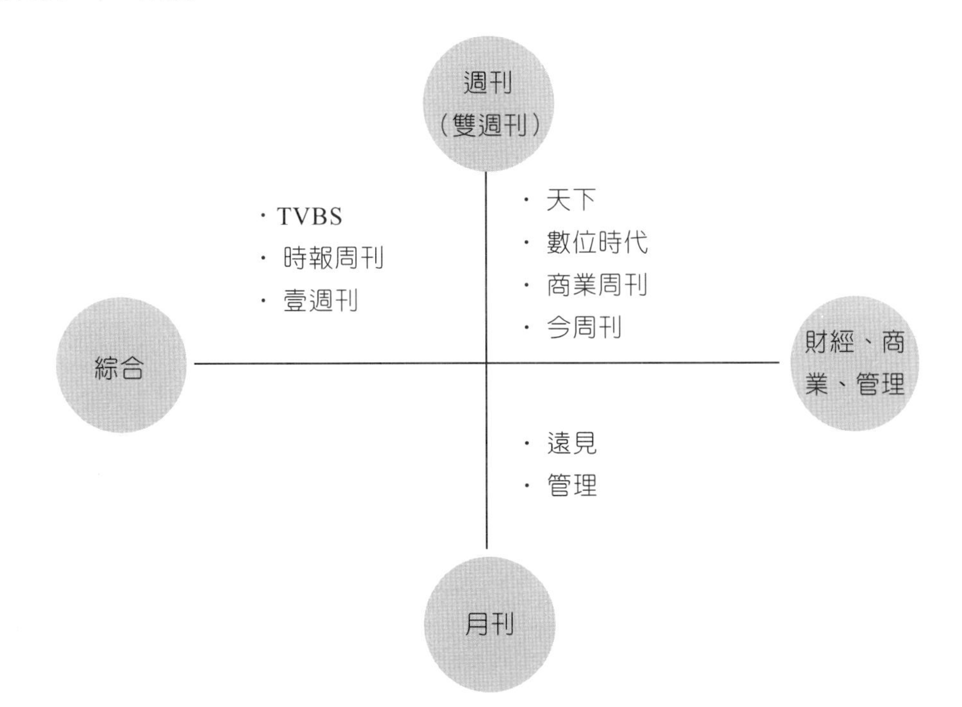

〈案例 **9**〉報紙

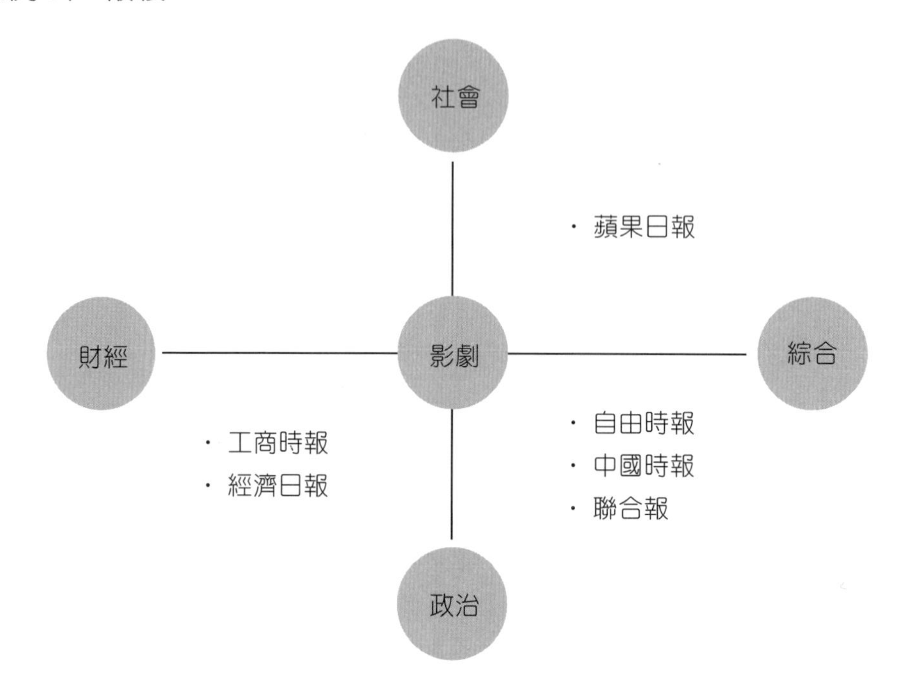

茲列舉國內若干行業成功的產品定位，如表 2-2。

表 2-2　產品定位案例表

公司別	產品定位	公司別	產品定位
⑴ 汽車	① TOYOTA LEXUS：100～450 萬元進口高級汽車 ② BENZ：300～650 萬元德國高級車	⑷ 麵食	鼎泰豐： ‧口感最佳的中式麵食店
⑵ 西式速食	臺灣麥當勞： ‧歡聚歡笑每一刻 ‧品質、衛生、安全為重的西式速食	⑸ 便利超商	統一超商： ‧最會服務創新的超商 ‧社區的生活中心
⑶ 保養品	寶僑 SK-II： ‧高檔美容保養品	⑹ 精品購物中心	臺北 101 及微風廣場： ‧以中高所得顧客為主的專業區隔購物中心

（續上頁）

(7) 電視購物	東森、momo、viva： ・全國現場節目，有主持人及模特兒展示的購物頻道	(12) 電臺	飛碟電臺： ・都市中產階級愛聽的廣播
(8) 筆記型電腦	華碩電腦： ・華碩品質，堅若磐石	(13) 飲料	統一有機豆漿： ・無汙染、有機、自然的大豆風味
(9) 咖啡連鎖	星巴克： ・口味香醇、商務與會最佳咖啡廳	(14) 兒童卡通頻道	東森幼幼臺、momo 親子臺： ・本土化、有益兒童的教育與娛樂兒童頻道
(10) 信用卡	中國信託銀行信用卡： ・We are family	(15) 本土戲劇	三立臺灣臺、民視： ・融入本土文化、人文、風格、生活、思想與故事的連續劇
(11) 魚翅餐廳	頂上餐廳： ・全臺最高品質的魚翅餐廳	(16) 量販店	家樂福： ・天天都便宜

〈案例 10〉

1. 星巴克：高價位、高級氣氛的連鎖咖啡店。
2. 涵碧樓：高價位風景區休閒旅館。
3. 全聯福利中心：低價超市，實在真便宜。
4. Häagen Dazs：高價味美冰淇淋。
5. 85 度 C 咖啡：平價咖啡與蛋糕連鎖店。
6. Sony Ericsson：具備音樂與照相高附加價值的手機供應商。
7. 舒酸定：為過敏性牙齒提供牙醫一致推薦的最好牙膏。
8. 易 PC：讓大家買得起的便宜簡單的筆電。
9. 賓士轎車：提供老闆級、有錢人最高等級的座車。
10. 家樂福：提供一站購足且價格便宜的量販店。
11. NIKE：高價位、高品質的運動用品供應者。

 三、彰顯各品牌定位與特色的「Slogan 用語」案例

1. 遠傳電信：只有遠傳，沒有距離。
2. 全聯福利中心：實在真便宜。
3. 統一超商：有 7-ELEVEN 真好、always open。
4. 麥當勞：歡聚歡笑每一刻、I'm lovin' it（我就喜歡）。
5. BENQ：享受快樂科技。
6. LEXUS（豐田）：專注完美，近乎苛求。
7. 統一安聯人壽：永遠陪伴您身旁。
8. 中國信託信用卡：We are family。
9. JAGUAR（歐洲車）：品味無所不在。
10. 台啤：尚青啦。
11. NOKIA：科技始終來自於人性。
12. MOTOROLA：智慧演繹，無所不在。
13. 海尼根（啤酒）：就是要海尼根。
14. 三洋維士比：福氣啦。
15. 住商不動產：有心最要緊。
16. 台灣大哥大：我的大哥大。
17. Konica：它抓得住我。
18. TOYOTA 汽車：moving forword。
19. 多芬：多芬乳霜沐浴乳。
20. 瑞穗鮮乳：高優質鮮乳。
21. 家樂福：天天都低價、天天都新鮮、天天都便宜。
22. 美廉社：美而廉。
23. DHC& 富邦銀行聯名卡：智慧美女身分證。
24. 三洋家電：愛人類，愛地球。
25. 福特汽車：活得精彩。
26. DHL：商業命脈，因我而動。
27. UPS：致勝之選，致速之道。

28. 華碩電腦：華碩品質，堅若磐石。
29. 日立（日本公司）：Inspire the Next。
30. 王品餐飲：只款待心中最重要的人。
31. 萬事達卡：萬事皆可達，唯有情無價。
32. SONY：like, no, other（獨愛無二）。
33. Panasonic：ideas for life。
34. 白蘭氏：健康專家。
35. 全家便利店：全家就是你家。

四、定位的七大步驟（Positioning Process）

產品定位是企業行銷策略規劃上重要的一環。產品定位成功，就能在眾多的競爭產品中獨具一格，加深品牌印象，並強有力的站在有利的市場產品上。一般來說，對於產品或服務的定位步驟，大致有七個步驟程序，如以下圖示：

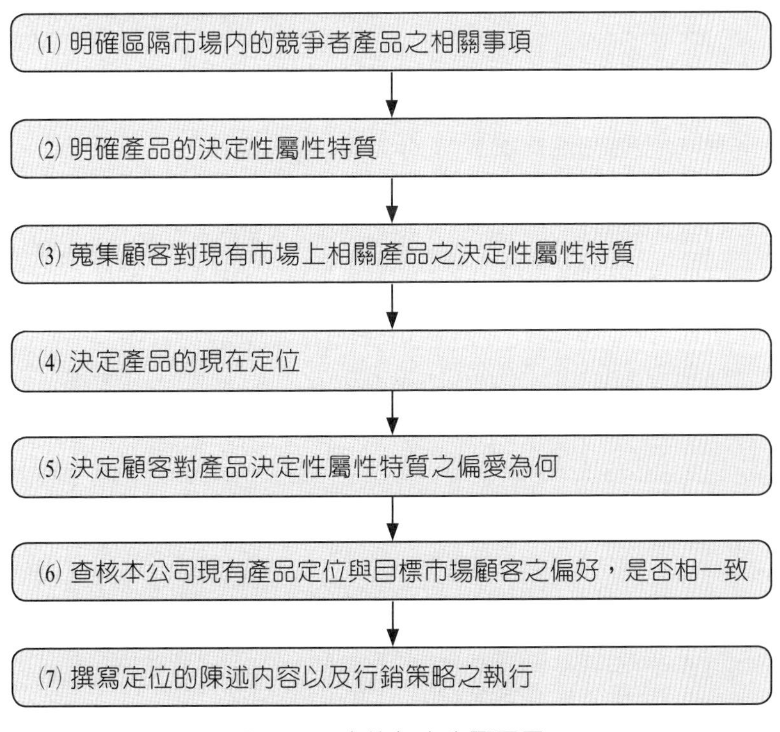

圖 2-9　定位七大步驟圖示

對於在前述定位步驟中，有項很重要的分析項目，即對於所提供產品或服務的「決定性特質屬性」（determinant attribute），必須予以深刻的瞭解、比較、分析、評估及判斷，才有助於產品／服務定位的成功。

 五、產品的特質屬性項目

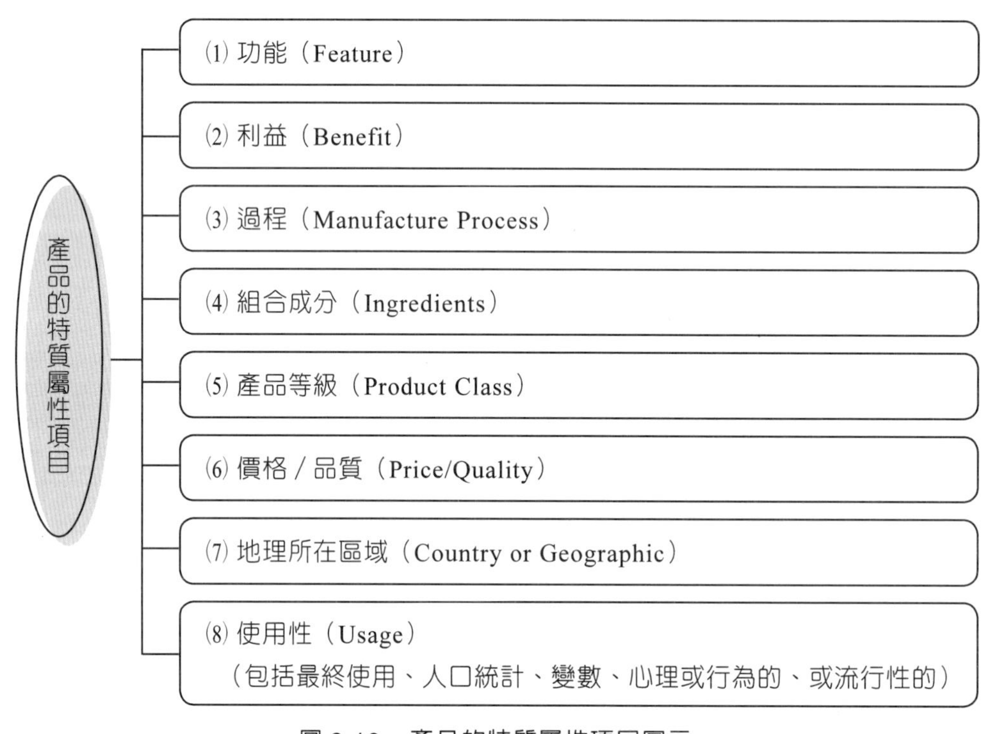

圖 2-10　產品的特質屬性項目圖示

六、產品「特質屬性」案例

〈案例 1〉

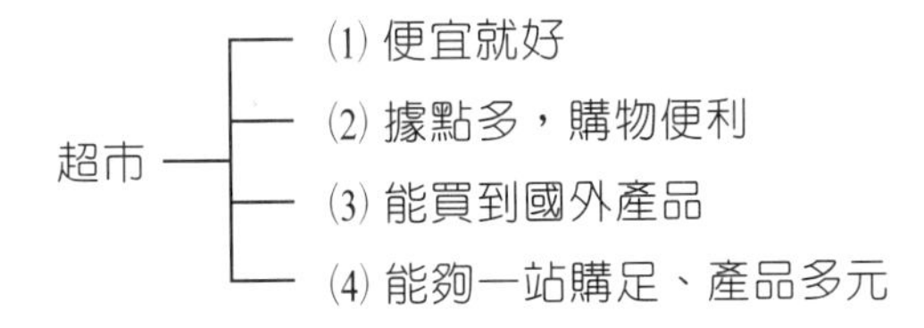

〈案例 2〉

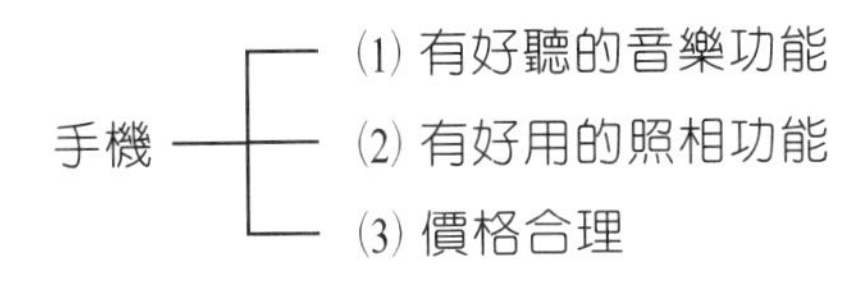

〈案例 3〉

〈案例 4〉

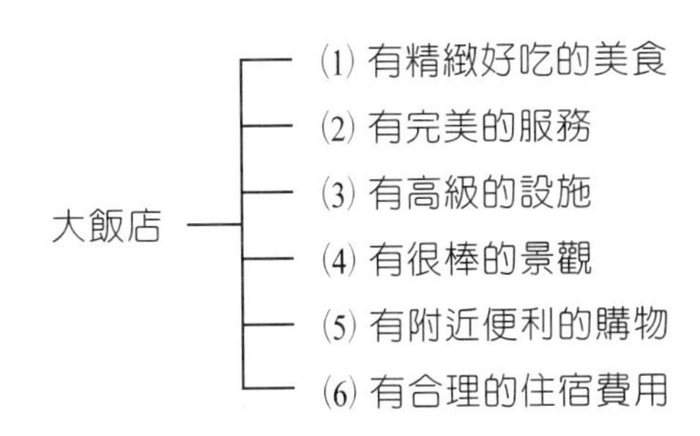

〈案例 **5**〉

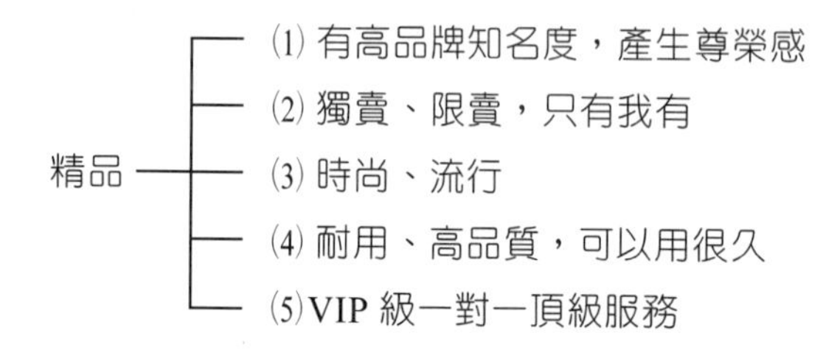

〈案例 **6**〉

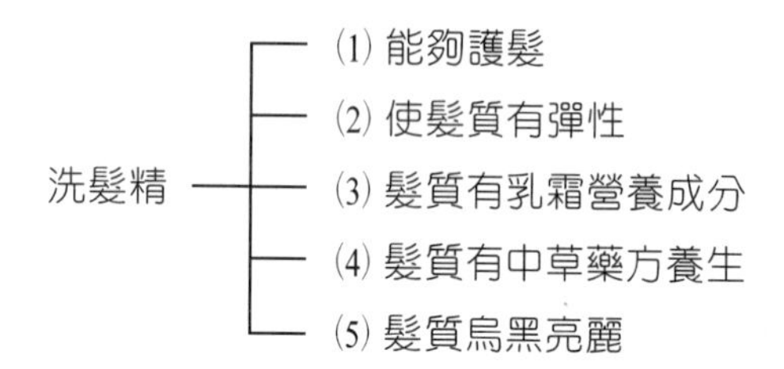

〈案例 **7**〉

桂格燕麥片 ——— 能降低膽固醇

〈案例 **8**〉

桂格珍珠奶粉 ——— 能保護膚質彈性及柔軟，像白珍珠一樣

〈案例 **9**〉

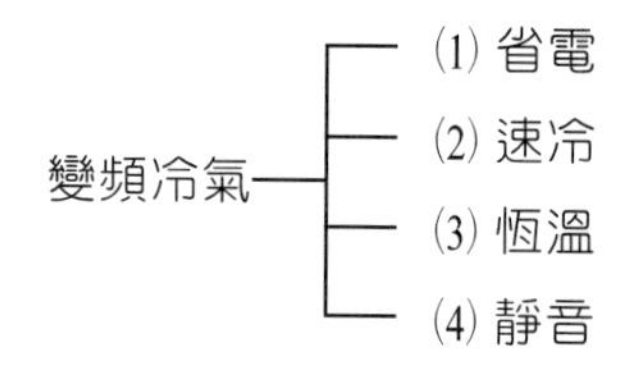

七、產品／品牌在市場的定位圖

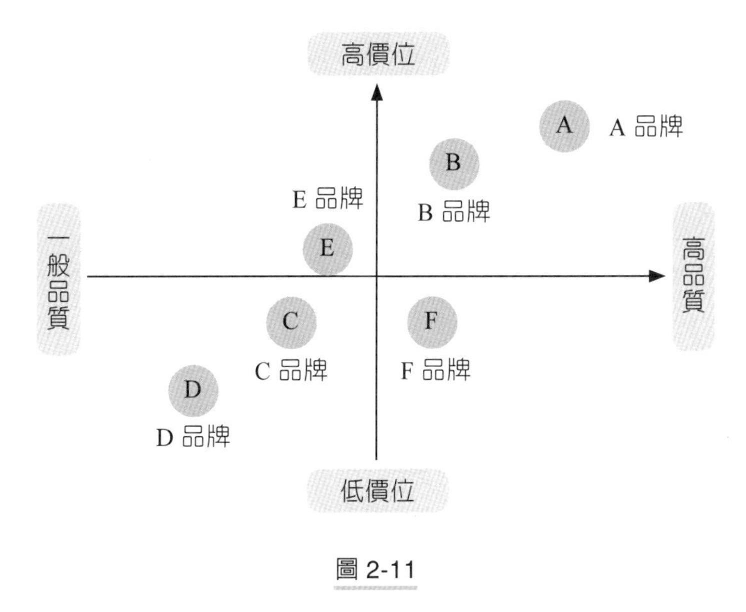

圖 2-11

八、產品定位戰略的選擇

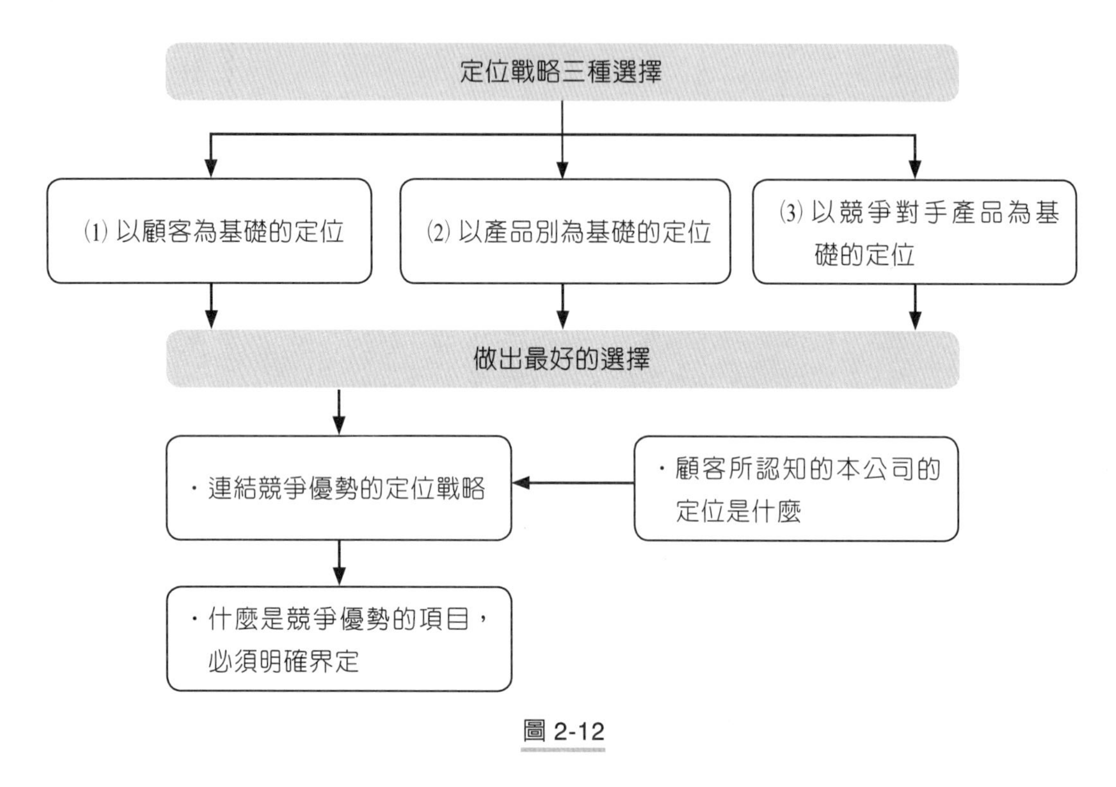

圖 2-12

㈠ 以顧客為基礎的定位

目標市場中的顧客，對本公司所提供產品價值是處在何種位置？在各種可以選擇的各公司所提供的產品中，顧客為何選擇本品牌？這些均必須加以理解及掌握。

㈡ 以產品別為基礎的定位

本公司各種產品中，顧客群對我們的印象（image）為何？是否足以差異化？

㈢ 以競爭對手產品為基礎的定位

做出與競爭對手不一樣效果的產品為主要訴求點。

九、定位戰略的具體化（三階段）

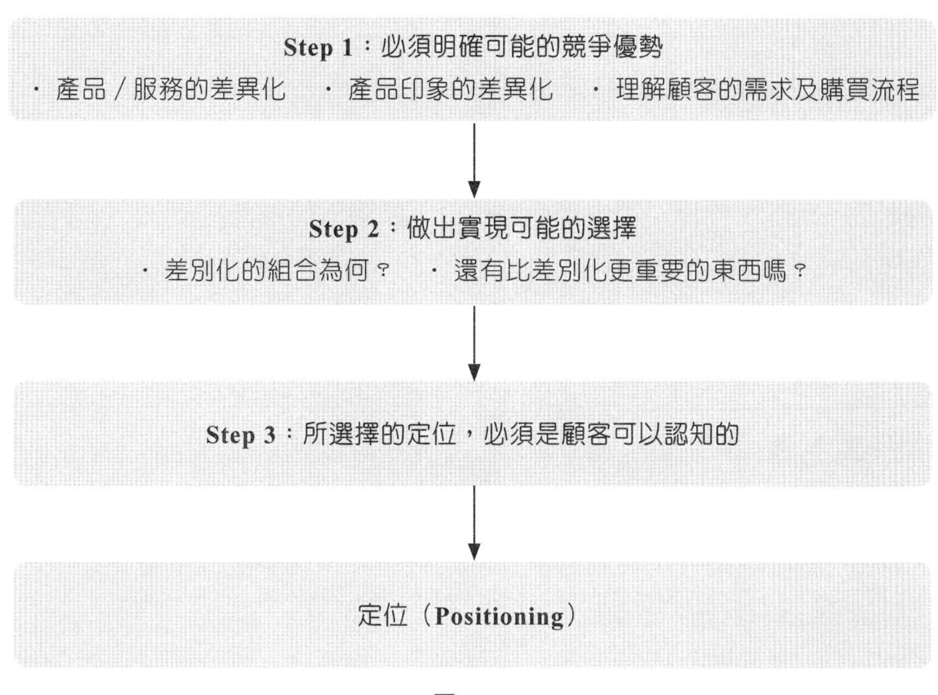

圖 2-13

十、產品定位權衡之因素

廠商在進行產品定位時，應評估以下幾個因素：

㈠ 競爭者的產品定位

瞭解主力競爭者的產品定位，有助於認清市場的實現與消費者需求，避免閉門造車。

㈡ 消費者的偏好

產品定位必須符合消費者之偏好，如此才會得到消費者之青睞與喜愛，產品也才能銷售出去。

㈢ 市場區隔的選擇

產品定位之前，應做好市場區隔的選擇，如此才能針對特定市場，做出有效的相應對策。因此，市場區隔與產品定位是一體兩面的東西。

十一、市場區隔與產品定位之比較

㈠ 從意義上看

1. 市場區隔：就是選擇適當的區隔變數（如人口、心理、地理、行為等變數），對市場做有意義之切割，以期廠商行銷人員能從中發掘可供企業拓展業務之利基（市場機會）。
2. 產品定位：係指賦予產品獨特之品牌個性與生命，在消費者心目中找到歸屬的位置。

㈡ 從著眼點看

1. 市場區隔：是從市場切入。
2. 產品定位：是從產品競爭角度出發。

㈢ 從運作過程看

1. 市場區隔：係根據區隔變數，對特定市場加以切割。
2. 產品定位：係根據消費者認知與競爭者比較的分析結果而「無中生有」，以創造出一個屬於自己的獨特地位。

㈣ 從結果看

1. 市場區隔：廠商可對目標消費群加以確定，以作為行銷努力之接近對象。

2. 產品定位：指出了整體行銷努力之方向，以使廠商能研訂行銷組合，打一場勝戰。

肆 P-D-F 行銷致勝三大準則

一、戴勝益董事長的「三大指導原則」

王品餐飲集團事業經營與行銷的最高指導原則：

P-D-F
1. 客觀化的定位（Positioning）
2. 差異化的優越性（Differential）
3. 焦點專注深耕（Focus）

㈠ 客觀化的定位之意涵

「任何事業第一步一定要先做好客觀化的市場調查與定位，才能知道這個事業有無發展潛力及經營對手，以及利基市場及商機的空間在哪裡。」

「訂定策略前，要先瞭解有沒有市場。過於自我主觀化的樂觀，會無法洞悉市場的真正需求。」

「好產品是不會寂寞的，但要先有正確的定位。」

㈡ 差異化的優越性之意涵

「但差異化經營的精髓，在於必須差異化，具備比競爭對手更好、更強的優越性，否則這種差異化就沒有任何的意義。雖然很多企業都在創造差異化，但鮮少具有優越性。」

「差異化可以讓別人看到你，但能不能成功，端視有沒有優越性。」

「因此，有差異化還不夠，唯有優越性的差異化，才可以徹底拋開對手。」

㈢ 焦點專注深耕的意涵

「最後，必須要 Focus 聚焦深耕，因為市場競爭愈來愈激烈，只有更專業、更專家才能勝出。」

「在擁有超群的優越性之後，繼續耕耘，穩住原本的客源，進一步拓展新顧客。」

㈣ 戴勝益董事長結語

「若不能符合以上這三大條件，有再好的創意或生意，一切都免談。」

 二、成功經營與成功行銷

㈠ 三個環環相扣的「配套」（**package**）組合

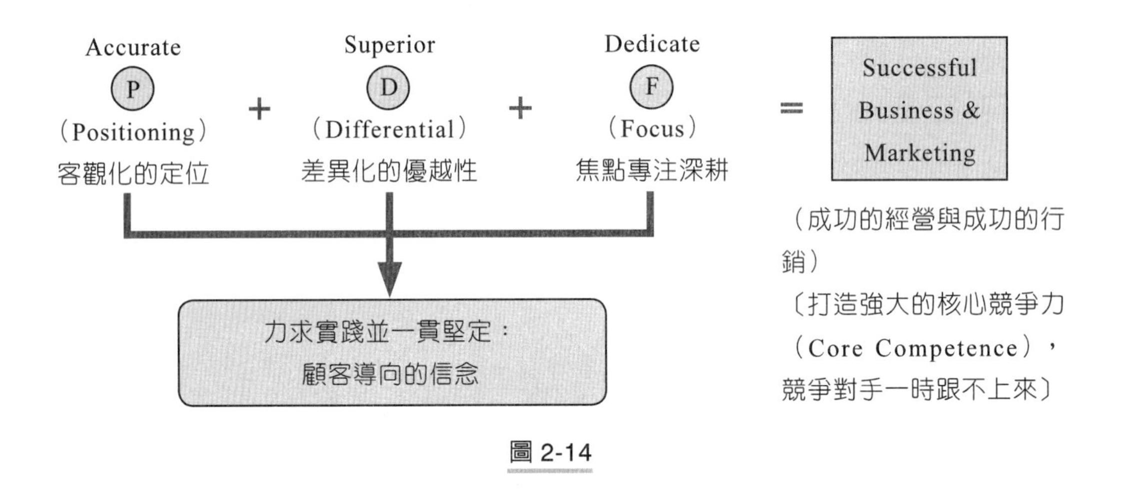

圖 2-14

(二) 差異化「優越性」的定義

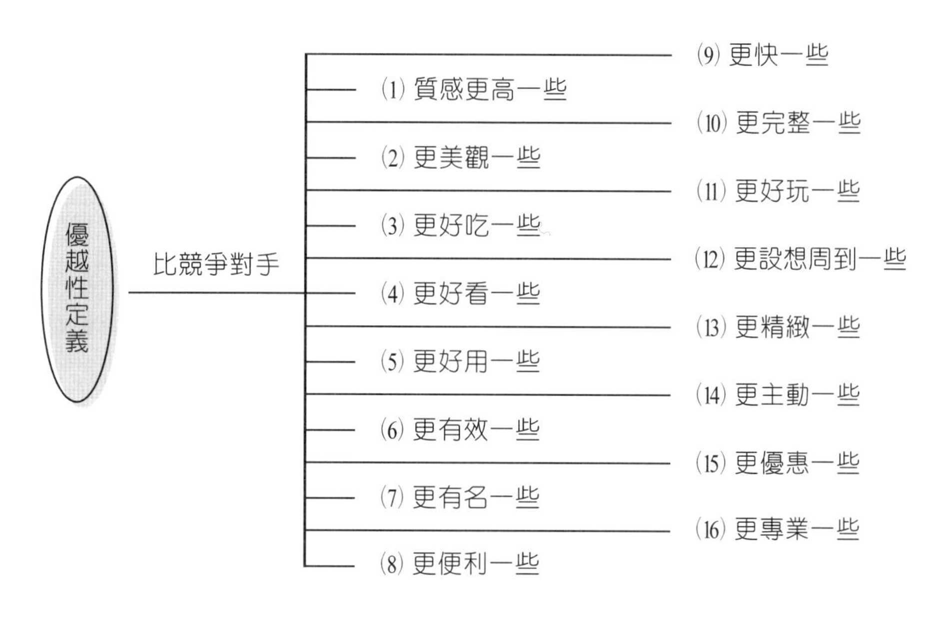

圖 2-15

㈢ 差異化優越性「表現」在哪裡

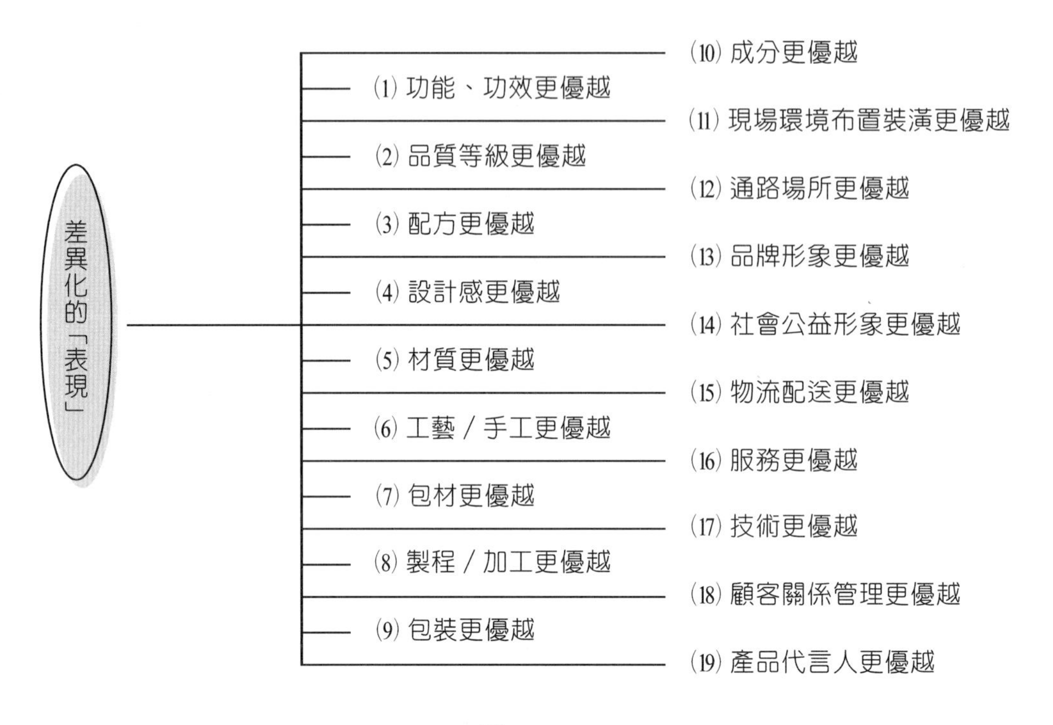

圖 2-16

➔問題思考

請問貴公司做到了 P-D-F 這三要件嗎？為什麼不能做到？又該如何積極改善呢？

伍 4P 成為「行銷組合」(Marketing Mix) 的精義

一、行銷 4P 組合圖示

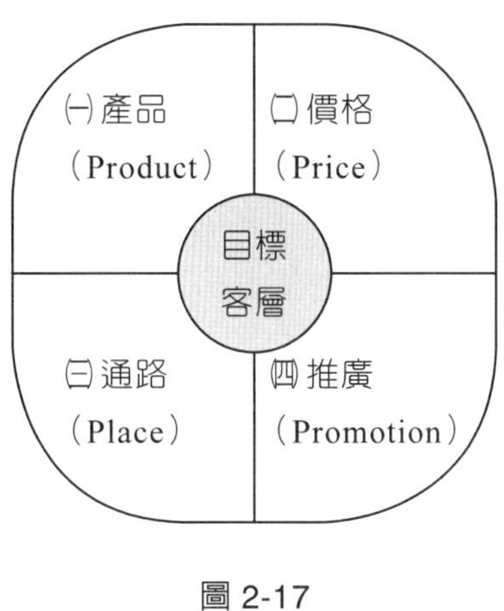

圖 2-17

此代表著每一家公司要把產品賣出去，並且創造營收以及獲利，才可能存活下去。但要有營收及獲利，一定要有下列四項相關聯的行動才可以，包括：

第一：公司一定要製造出或委託製造或代理進貨到優質的產品與有競爭力的產品才可以，這就是第一個 P 的 Product（產品）的意思。

第二：接著，公司一定要為這個產品定一個可以賣得出去及賣得動的好價錢才可以。不管它是高價、中價、或平價、低價等各種可能性。而定多少價錢，也跟這個產品的品質、品牌及定位有密切關聯，是環環相扣的。

第三：接著，定好價錢之後，這個產品就要上架到零售賣場、到我們的直營店、到加盟店、到經銷店及到各種賣場去賣。這些賣場據點，就是我們產品的行銷通路，沒有好的通路及完整的通路，產品就削弱了一半，因為消費者看不到它。

第四：最後，產品上架到通路之後，還要為這個產品做一些推廣活動，包括可能要做一些廣告宣傳、做媒體公關報導、做公關活動造勢、做人員銷售組織的配置、培訓與支援、做各種節慶的促銷活動、做顧客會員處理及做售後服務……等。

所以，從上述看來，行銷 4P 果真是一個環環相扣的組合，也是一個有系統的循環，如下：

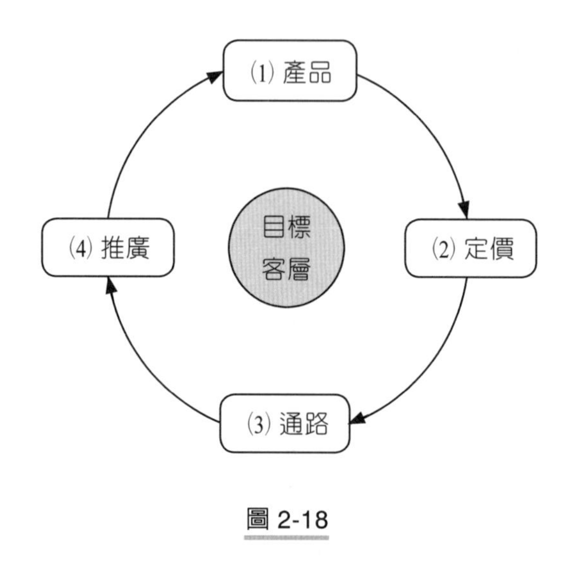

圖 2-18

我們可以把它們歸納為行銷四力，即：

⑴ 產品力。

⑵ 定價力。

⑶ 通路力。

⑷ 推廣力。

亦即在做行銷時，一定要同時思考把這 4 力做好、做強。

 二、行銷「4P」的學習重點與思考點

行銷 4P 是行銷活動的最主要核心，也是日常作業中經常要解決與創新的所在。

㈠ 第一個 P：Product（產品）

主要在實務上要瞭解到如下幾點：

1. 公司一定要有新產品、新品牌上市、上架。
2. 公司要思考如何改善既有的產品？
3. 公司要思考如何打造出知名的產品品牌？
4. 公司要思考如何做好「產品組合」規劃？
5. 公司要思考如何提升產品的總體競爭力？包括包裝、品質、功能、設計、命名、原物料、效用……等。
6. 公司要思考如何做好產品的市調研發與業務的三方面結合共識。

(二) 第二個 P：Pricing（定價）

1. 公司要思考如何使產品的「成本結構」最適當、最低及最有競爭力？因此要瞭解、規劃、控制及降低產品的成本總額與成本結構為宜。
2. 公司要思考如何做好產品組合、產品線，以及各個產品的最佳定價策略為何？
3. 如何定出一個有競爭力的價格？
4. 公司要評估各種定價結果與公司最終利潤間的變化關係及影響？
5. 公司應隨時蒐集、分析及判斷市場上各競爭對手的價格變化與因應對策？

(三) 第三個 P：Place（通路）

1. 公司要思考什麼樣的通路結構及通路組合是最佳的？
2. 公司要思考如何選擇、如何找到、如何洽談最強的下游各種通路商？有好的、強的通路商，本公司的產品才能賣得好。
3. 公司要思考如何配合、如何提升、如何管理、如何協助下游各通路商的各種行銷能力？包括各種獎勵、教育訓練、融資、資訊協助、改裝、做促銷活動……等。
4. 公司要思考如何與重要通路商維持良好的關係，維持雙方穩定的狀態？
5. 公司要思考是否應投資下游通路的經營或自行跨業經營通路？此是否得宜？
6. 公司要思考從通路端應蒐集到市場、消費者與競爭者的第一個資訊情報，以做好因應對策之用。

㈣ 第四個 P：Promotion（推廣）

公司要思考到如何做好廣告、公關報導、促銷活動、人員銷售、直效行銷、會員經營、網路行銷、事件行銷，以及公關活動等支援性工作，協助產品行銷成功。

3 產品行銷致勝策略的思維架構

——洞見新商機暨產品 USP（獨特銷售賣點）創造及產品經理人（PM）職掌說明

壹 產品行銷致勝策略的思維架構

貳 洞見新商機

參 最新消費趨勢：低價格商品及高級、高價格商品的兩極化發展趨勢明顯

肆 思考獨特銷售賣點如何差異化、特色化

伍、產品經理人（PM）職掌及技能說明

壹　產品行銷致勝策略的思維架構

一、美國 P&G 公司產品行銷策略的本質思維架構

美國 P&G 公司是全球第一大日用品公司，旗下產品包括 SK-II、潘婷、海倫仙度絲、歐蕾、吉列刮鬍刀……等數十個品牌之多，行銷全球數十個國家，其行銷策略思維與作法，值得吾人參考學習。

㈠ 架構 1

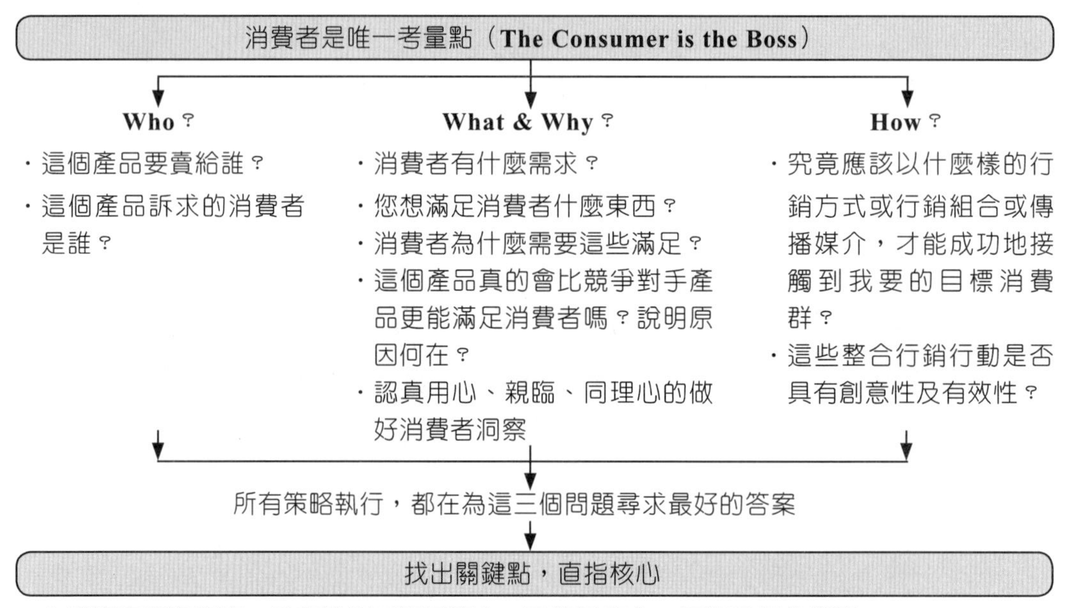

・上述沒有標準答案，只有當時可能最適合、可能最有效、可能最好的答案。
・如何達到呢？必須找出最重要的關鍵點，專心的思考，直指核心，不要想太多外圍的、偏掉的問題。
・您唯一要想的就是消費者內心（含心理的及物質的）真正的需要是什麼？一定要找出他們內心最渴望的，然後透過創新的產品、品牌、包裝、功能、心靈、感想……等滿足他們，而且要比競爭對手做得更好。
・要用心創造符合需求的顧客核心價值。

進一步及持續幫助消費者擁有更好的生活品質

長遠經營品牌

・以長遠經營的眼光及角度來經營品牌，不做短線操作。

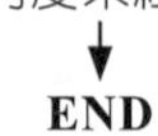

END

(二) 架構 2

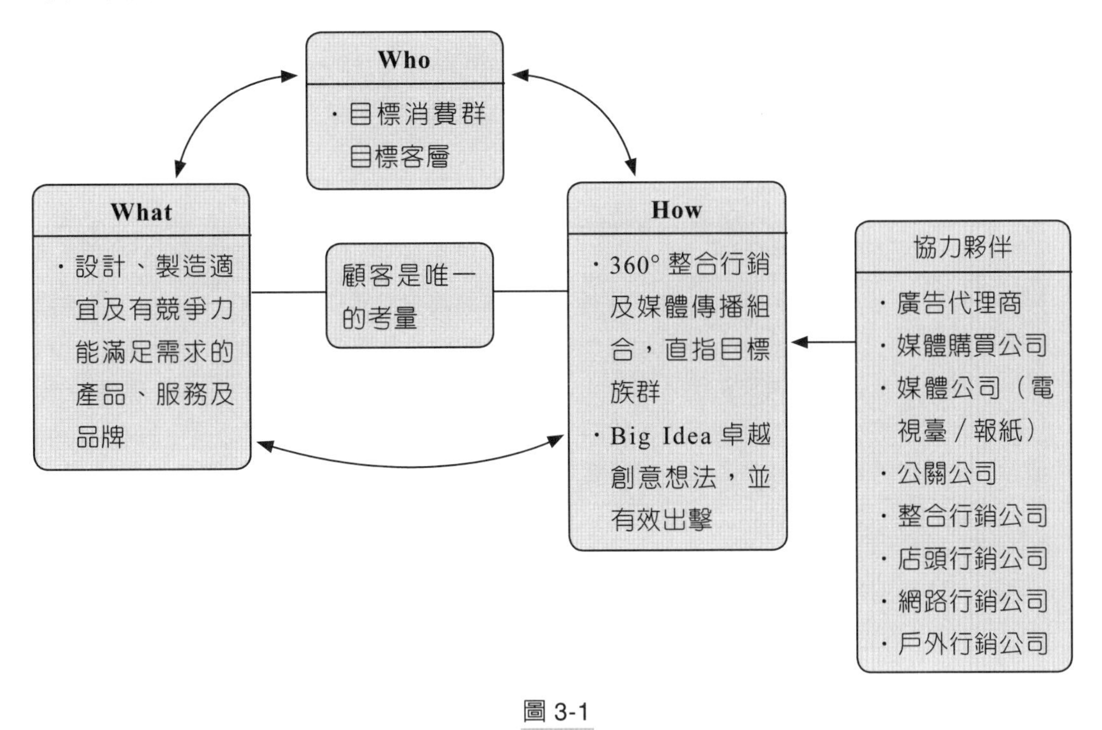

圖 3-1

➔問題思考

請問貴公司的行銷部門及高階主管，是否有這樣的行銷策略思維呢？並請套用一個產品試試看此架構為何？

 二、肯德基的產品行銷策略思考架構

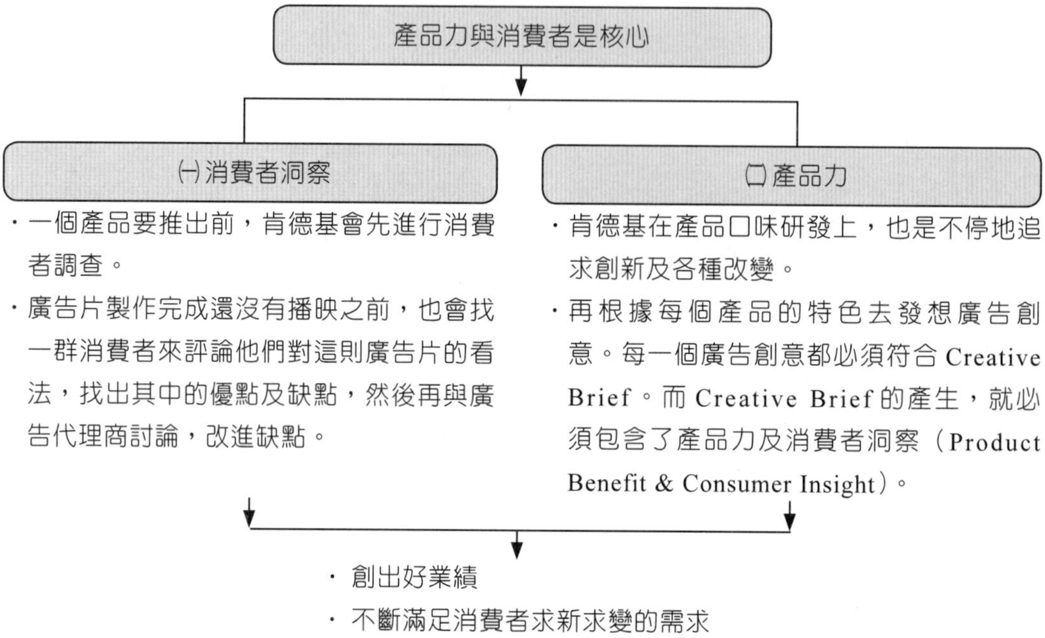

產品力與消費者是核心

㈠消費者洞察

- 一個產品要推出前，肯德基會先進行消費者調查。
- 廣告片製作完成還沒有播映之前，也會找一群消費者來評論他們對這則廣告片的看法，找出其中的優點及缺點，然後再與廣告代理商討論，改進缺點。

㈡產品力

- 肯德基在產品口味研發上，也是不停地追求創新及各種改變。
- 再根據每個產品的特色去發想廣告創意。每一個廣告創意都必須符合 Creative Brief。而 Creative Brief 的產生，就必須包含了產品力及消費者洞察（Product Benefit & Consumer Insight）。

- 創出好業績
- 不斷滿足消費者求新求變的需求

圖 3-2

三、產品行銷策略的思維方法

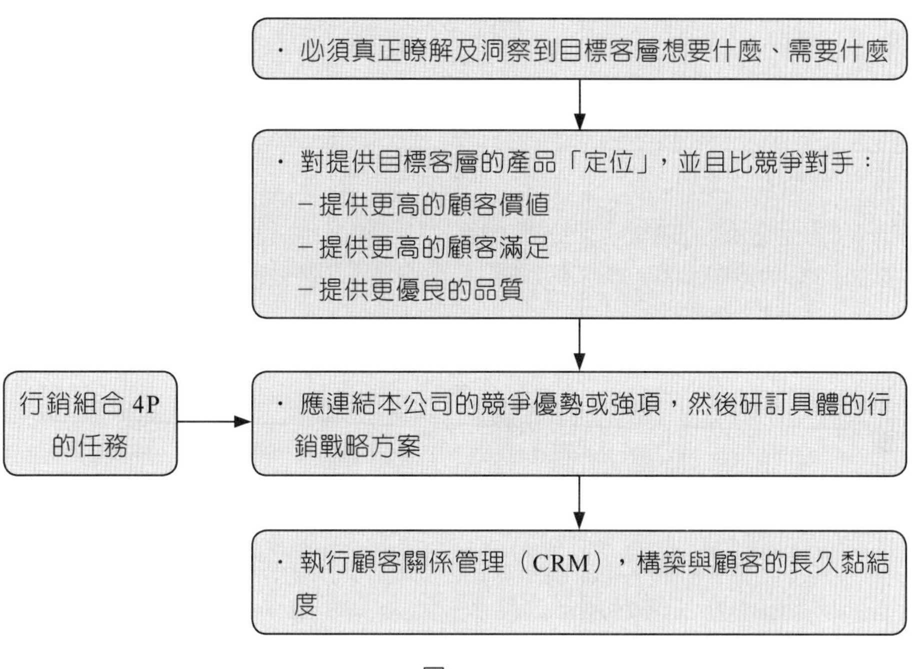

圖 3-3

四、產品行銷致勝的「完整思維」與「全方位觀念架構」

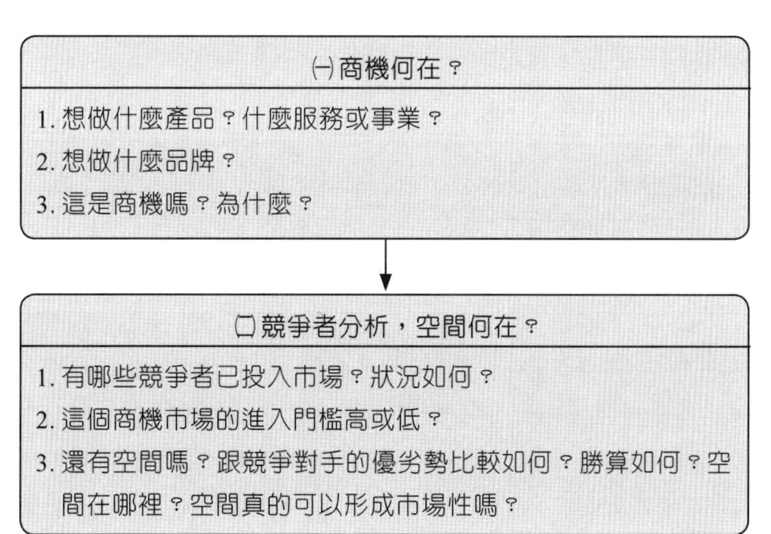

（續上頁）

㈢關鍵成功的因素何在？

1. 這個市場或這個產品的關鍵成功因素（Key Sucess Factor, KSF）有哪些？為什麼？
2. 這些是我們所擅長的嗎？是或不是？為什麼？

↓

㈣進入何種利基市場？

究竟要切入哪一塊利基市場才比較容易成功？此市場是否具可行性及未來性？

↓

㈤如何執行？**S-T-P** 架構

1. 選定區隔市場？（Segment Market）
2. 目標顧客族群或客層為何？（Targeting）顧客群輪廓如何？（Target Market）
3. 細心分析產品定位或品牌定位為何？品質等級為何？（Positioning）
4. 洞察消費者（Consumer Insight）

↓

㈥如何組合行銷策略（**Marketing Mix Stratege**）？

1. 產品策略為何？
2. 定價策略為何？
3. 通路策略為何？
4. 廣告策略為何？
5. 人員銷售組織為何？
6. 媒體公關策略為何？
7. 公關媒體策略為何？
8. 服務策略為何？
9. 會員經營策略為何？
10. 有何獨特銷售賣點（USP）？
11. 有何差異化？
12. 促銷策略為何？

↓

㈦展開執行

圖 3-4

五、產品行銷企劃致勝九點思考力（6W/3H/1E）

6W

1.What
(1) 想做什麼？
(2) 想達成什麼目標／目的？

2.Why
(1) 為何要做？
(2) 為何要用這種執行方式？為何不是另一種方式？
(3) 為何這樣認為？
(4) 支撐的資料或數據是什麼？

3.Who
(1) 誰執行？專責專人分工如何？
(2) 這些人夠格嗎？（Quality）

4.When
(1) 何時執行？
(2) 何時完成？各段工作排時性為何？關鍵查核點為何？

5.Where
(1) 在哪裡執行？
(2) 為什麼是那裡？

6.Whom
(1) 對象是誰？
(2) 為何是他們？
(3) 瞭解執行對象嗎？已洞察他們了嗎？

＋

3H

1.How to Do
(1) 如何執行？
(2) 何者優先？
(3) 何者重要？
(4) 有哪些創新作法？

2.How Much
(1) 花多少錢？值得做嗎？
(2) 要列出多少行銷預算？
(3) 可能收入、成本或費用支出為何？
(4) 需要增用多少人員及組織？
(5) 要動用組織集團多少資源？

3.How Long
要做多長的時間？

＋

1E

1.Effectiveness
(1) 效益及效果的分析為何？
(2) 要做對的事（Do the Right Thing），不浪費時間
(3) 成本與效益的多方案比較分析
(4) 有形與無形效益分析
(5) 戰略性與戰術性的差別分析

六、小結：有效結合下列兩項，就是行銷企劃致勝常勝軍

七項分析力及規劃力	
(1) 商機何在？ Where is Money？ Where is Opportunity？	(5) 應如何執行？ S-T-P 架構
(2) 分析競爭者，找出空間何在？	(6) 如何執行？ 行銷組合策略的作法
(3) 此行業的關鍵成功因素何在？	(7) 應如何執行？ 品牌化的經營
(4) 要進入何種利基市場？	

＋

十項管理思考力	
(1) What	(6) Whom
(2) Why	(7) How to Do
(3) Who	(8) How Much
(4) When	(9) How Long
(5) Where	(10) Effectiveness

貳　洞見新商機

洞見市場商機及產品商機，是行銷人員工作重要的一環，因此要能夠具有檢視內外部環境的能力，及洞見新商機的智慧與遠見。

一、不斷檢視內外部環境的變化及趨勢

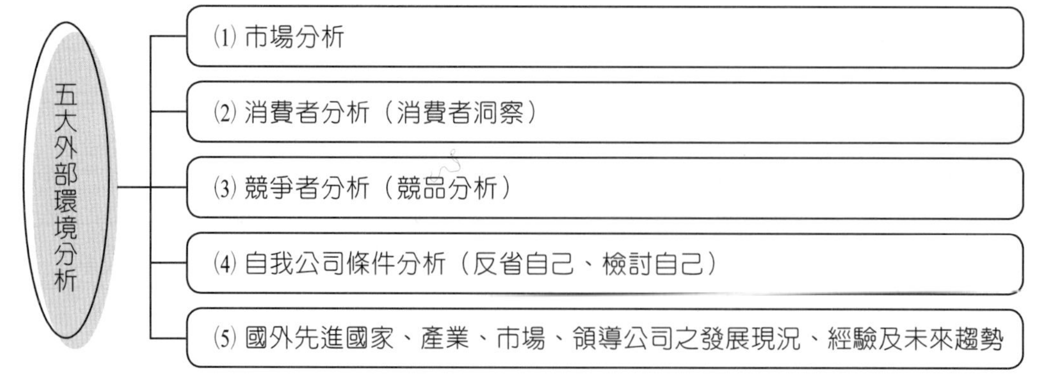

二、不斷檢視內外部環境的變化及趨勢的七大作法

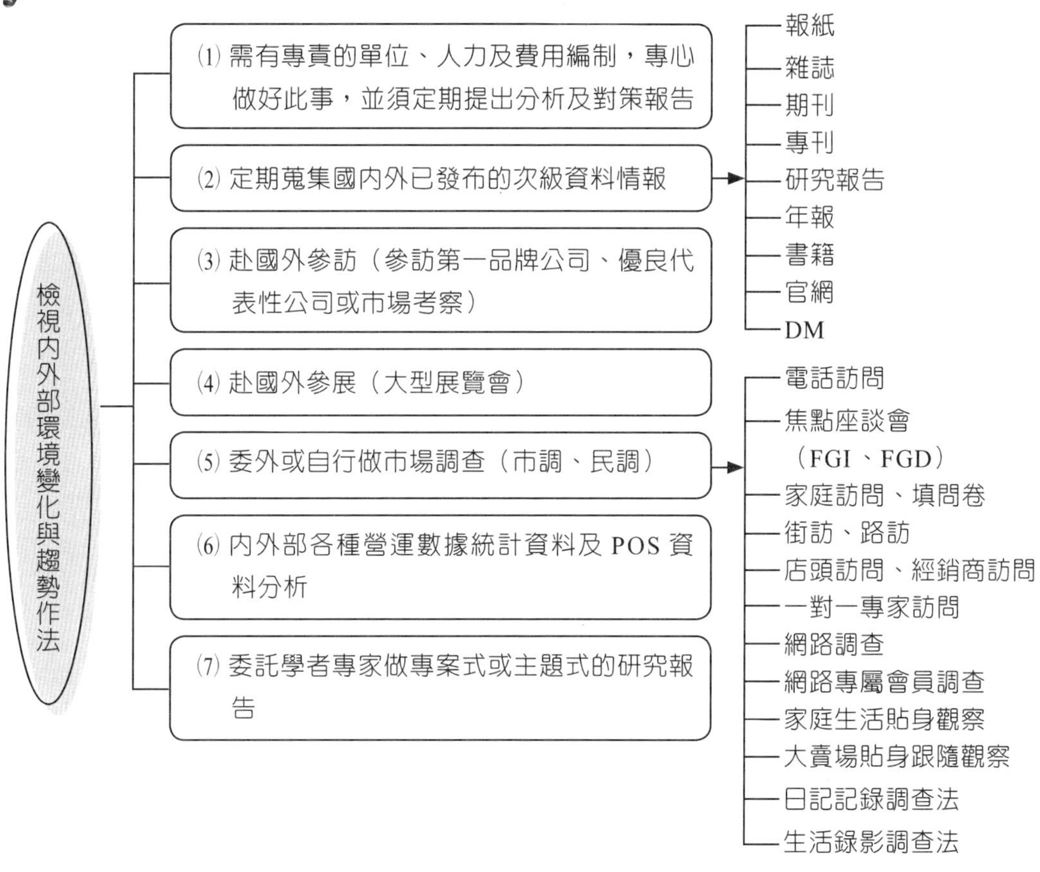

圖 3-5

➔問題思考

請問貴公司是否採取了什麼樣的檢視環境趨勢變化的掌握作法及專職人員呢？

三、洞見新的機會點，並預防威脅點

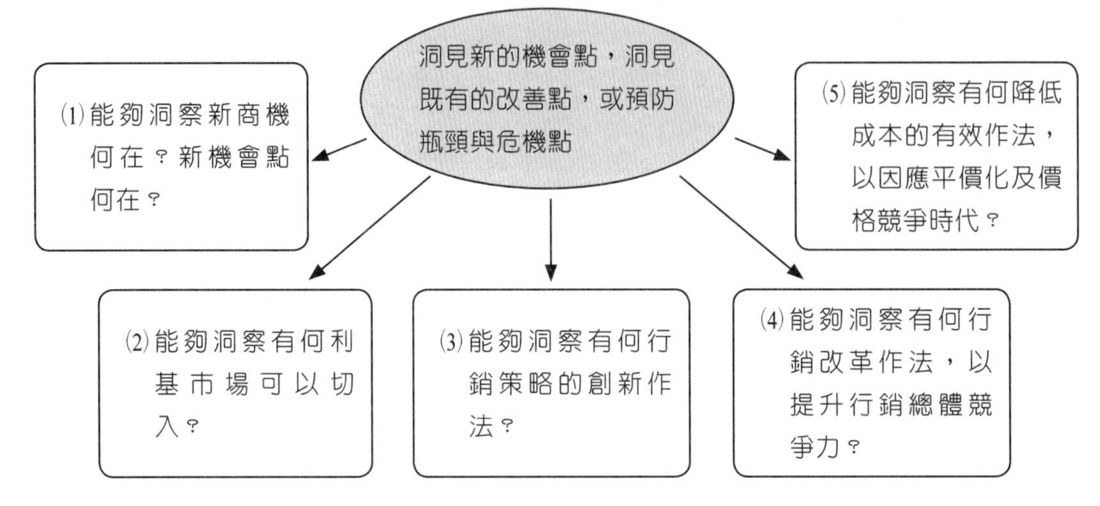

圖 3-6

四、洞見新的機會點在哪裡

圖 3-7

➔問題思考

請問貴公司做到了這些嗎？有哪些單位負責這些事情呢？並請列舉任何一個案例說明之。

五、行銷新商機的十個本質條件

行銷新商機的十個本質條件

(1) 真的要滿足他們現在的需求，解決他們在各種生活上、工作上及心靈上的各種問題

(2) 能夠預見性的滿足消費者未來性及潛在性、未被開發出來的需求

(3) 與競品相比較具有差異化、獨特化及獨特銷售賣點

(4) 不論產品或服務，都能令消費者感到物超所值

(5) 是有品牌的，是能讓消費者感到信賴的，值得付出的

(6) 消費者能感到價格合理的、甚至物超所值

(7) 在先進國家被證明是成功的模式或成功的公司

(8) 能讓消費者感到比現在的產品或服務，有更好一些、更棒一些的感受

(9) 能為消費者創造出物質面、經濟面或心理面、心靈面、健康面的有價值的內涵

(10) 能讓消費者有創新的感覺，有新鮮感、不會膩

圖 3-8

六、臺灣面膜市場商機分析報告案

㈠ 臺灣面膜市場總產值分析

1. 面膜總生產量分析。
2. 面膜總銷售量與銷售額分析。

㈡ 臺灣面膜市場產業價值鏈分析及成本結構分析

1. 面膜上、中、下游產業結構分析。
2. 面膜主力生產業者分析。
3. 面膜成本結構分析。

㈢ 臺灣面膜市場主要競爭對手分析

1. 前三大面膜品牌競爭力分析。
2. 零售商自有品牌面膜競爭力分析。

㈣ 臺灣面膜行銷通路結構分析

1. 開架式通路。
2. 電視購物通路。
3. 網路購物通路。
4. 專櫃通路。
5. 其他通路。

㈤ 臺灣面膜產品類型與占比結構分析

1. 紙面膜與非紙面膜。
2. 美白型面膜與其他型面膜。

㈥ 臺灣面膜價格結構分析

1. 高價面膜。

2. 低價面膜。

3. 中價位面膜。

㈦ 臺灣面膜消費市場未來成長前景預估與成長因子分析

㈧ 臺灣面膜使用者（消費者）結構分析

㈨ 臺灣面膜市場行銷策略與商機分析

㈩ 本公司面對臺灣面膜商機的因應對策建議

1. 製造（委製）策略。
2. 產品規劃策略。
3. 定價規劃策略。
4. 通路規劃策略。
5. 推廣規劃策略。
6. 預計上市日期策略。
7. 預計前三年可銷售金額狀況。
8. 預計前三年損益狀況。

⑾ 結語與裁示

最新消費趨勢：低價格商品及高級、高價格商品的兩極化發展趨勢明顯

一、商品市場的兩種變化

在日本或臺灣，由於市場所得層的兩極化，以及 M 型社會與 M 型消費明確的發展，過去長期以來的商品市場金字塔型的結構，已改變為兩個倒三角形的商品結構型態。如下圖所示：

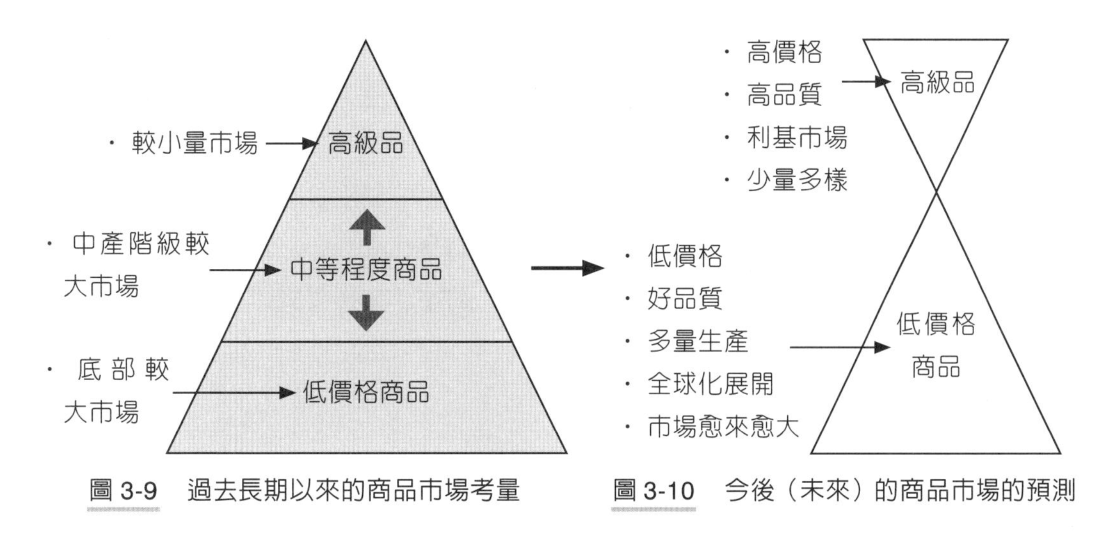

圖 3-9　過去長期以來的商品市場考量　　圖 3-10　今後（未來）的商品市場的預測

二、兩極化市場商品同時發展並進

今後，市場商品將朝兩個方向同時並進發展：

㈠ 朝可得更大滿足感的高級品開發方向努力前進，以搶食 M 型消費右端 10%～20% 的高所得者或個性化消費者。

㈡ 朝向更低價格的商品開發及上市。但是值得注意的是，所謂低價格並不能與較差的品質劃上等號（即低價格不等於低品質）。相反地，在「平價奢華風」的消費環境中，反而更是要做出「高品味、好品質，但又能低價格」的商品出來，如此必能勝出。

另外，在中價位及中等程度品質領域的商品一定會衰退，市場空間會被高價及低價所壓縮及重新再分配。隨著全球化發展的趨勢，具有全球化市場行銷的產品及開發，其未來需求也必會突增。因此，很多商品設計與開發應以全球化市場眼光來因應，才能獲取更大的全球成長商機。

以國內或日本食品飲料業為例，不管是高價位的 Premium（高附加價值）食品飲料，或是低價食品飲料，很多大廠也都是同步朝兩極化產品開發及上市的。例如，日本第一大速食麵公司日清食品，在 2006 年 12 月就曾發售超容量（即麵條是過去的兩倍）的商品，但價格卻是與過去一般平價的 190 日圓的速食麵相當。因此，食品飲料大廠不只要經營「上流社會」，同時也要考量有更廣大的「下流社會」的需求需要被滿足。

三、結語：M 型社會來臨，市場空間重新配置

綜合來看，隨著 M 型社會及 M 型消費趨勢的日益成型，市場規模與市場空間已向高價與低價（平價）兩邊靠攏，中間地帶的市場空間已被分流及重新配置了。廠商未來必須朝更有質感的產品開發，以及高價與低價兩手靈活的定價策略應用，然後鎖定目標客層，展開全方位行銷，必可長保勝出。

➔問題思考

請問貴公司面對 M 型社會及消費趨勢兩極化時，您們有什麼看法？以及有哪些因應對策？為何會有這些對策？

肆　思考獨特銷售賣點如何差異化、特色化

一、問題的省思

行銷競爭非常激烈，新產品上市成功率平均亦僅有一至兩成而已，其他八成新品，不到三個月就遭到下架或消失了。不管是新品上市、品牌再生或既有產品的革新改善，千萬不要忘了最根本的核心思考點：「您的產品或服務，到底有哪些獨特銷售賣點、特色、差異化或價值，值得消費者購買您的產品，而不買其他公司的產品？」

因此，必須做好「消費者洞察」（consumer insight）的工作，結合產品的差異化及特色化，確實滿足顧客。

二、如何導出獨特銷售賣點及差異化特色

依下圖示的架構項目，再進一步思考如何做到 USP 或差異化特色。

產品獨特銷售賣點、差異化、特色化的十六個切入思考面

- (1) 從滿足消費者需求面切入
  - ・健康 ・活力 ・美麗 ・青春
  - ・好吃 ・好唱 ・榮耀 ・快樂
  - ・好玩 ・好住 ・好開 ・便利
  - ・一次購足 ・好看
  - ・其他物質及心理面的滿足
- (2) 從研發與技術特色面切入
  - ・有什麼獨特的技術？
  - ・R&D 人員做得出來嗎？
- (3) 從製程特色面切入
  - 製造過程中的特色化或差異化？
- (4) 從原料、物料、零組件特色面切入
  - 例如，冠軍茶、冠軍牛乳、有機蔬果、埃及棉、日本綠茶、高效能乳酸菌、最高級皮革……等
- (5) 從品質等級特色面切入
  - 頂極品質、高品質等
- (6) 從現場環境設計、氣氛、設備、器材、地理位置特色面切入
  - 例如，日月潭涵碧樓的獨特位置
- (7) 從功能特色面切入
  - 有什麼差異化功能？
- (8) 從服務特色面切入
  - 提供什麼不一樣的服務？
- (9) 從品管嚴格特色面切入
  - 有數十道、上百道的品管過程把關
- (10) 從手工打造特色面切入
- (11) 從訂製、特製、全球限量特色面切入
- (12) 從獨家配方、專利權特色面切入
- (13) 從低價格特色面切入
- (14) 從全球競賽得獎特色面切入
- (15) 從現場現做的特色面切入
- (16) 從品牌知名度切入

圖 3-11

➔問題思考

請問您們公司的產品，是否擁有上述這些 USP 或差異化呢？如果沒有，那該如何改善呢？從何下手？

三、十六個切入思考點的四項必要補充條件是否做到了？

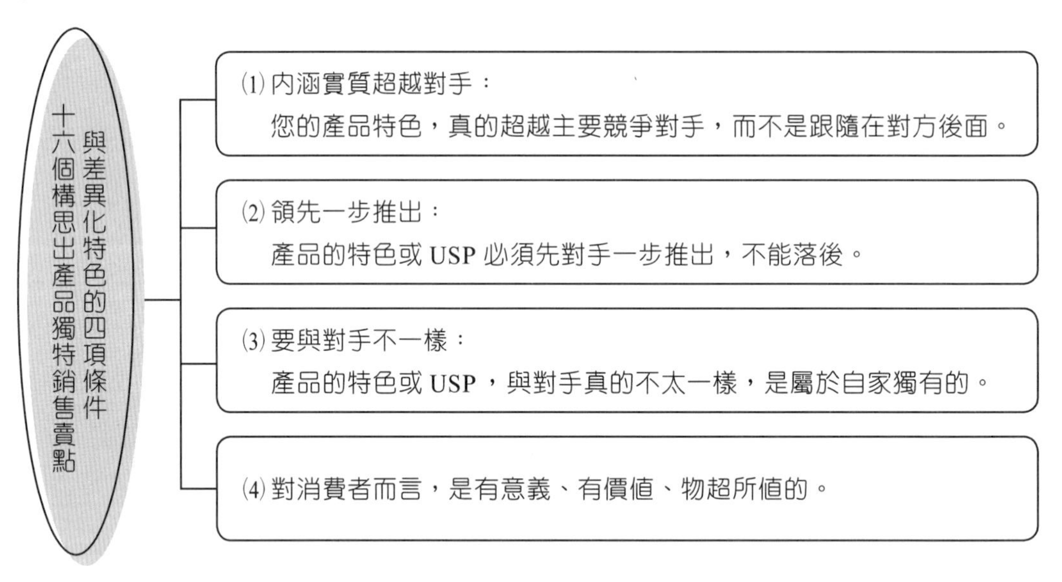

圖 3-12

產品的特色或 USP ，不能只是講好聽的，必須能滿足消費者內心的各種需求，或創造出新的顧客潛在需求。

四、全方位架構圖示

㈠十六個切入 USP 及差異化特色點

1. 滿足消費者有什麼需求
2. 研發與技術切入
3. 製程切入
4. 原物料切入
5. 品質等級切入
6. 現場設備、地理條件切入
7. 功能切入
8. 服務切入
9. 品管切入
10. 手工打造切入
11. 訂製特製、全球限量切入
12. 獨家配方、專利權切入
13. 低價格切入
14. 競賽得獎切入
15. 現場立即的切入
16. 知名品牌切入

↓

㈡四項必要補充條件

1. 特色是否超越對手？
2. 特色是否領先一步？
3. 特色是否與對手產品不太一樣？
4. 特色是否對消費者有意義、有價值？

↓

㈢產品冒出頭來

- 銷售業績好
- 行銷致勝

圖 3-13

五、案例介紹

〈案例 1〉某鮮乳產品公司之「獨特銷售賣點」(USP)

○○一番鮮的三大新鮮秘笈

一、快樂的牛，限量供應最好的鮮乳

為了收取最佳品質的鮮乳，○○採用北海道乳牛畜牧技術，將每一頭乳牛都照顧得舒舒服服、健康快樂，乳牛體質好，這樣的鮮乳當然更新鮮、更濃純！

二、一番鮮充氮保鮮新技術，保留濃濃的天然奶香

為了留住鮮乳剛剛擠出來的那種新鮮風格，○○在高溫殺菌製程中，全程採用充氮保鮮技術，無論是收乳、製造和包裝過程，都能避免生乳接觸氧氣而破壞了新鮮的原味！

三、不透光包裝，包住好鮮乳的好滋味

為了不讓運送中的日照以及賣場的燈光，影響鮮乳的品質和口感，○○特別採用深色不透光的特殊包裝，降低光線直射對鮮度的破壞，完整包住鮮乳的一番鮮！

〈案例 2〉某家電公司電冰箱「五大優點訴求」內容

一、人性設計

上冷藏、下冷凍

好拿好放好貼心

冷藏冷凍上下置換，符合人體工學操作角度，減少彎腰次數，拿取食物更輕鬆。

二、變頻科技

變頻恆溫，省電效率提升 **40%**

變頻式壓縮機，恆溫保鮮，不僅運轉更安靜，還能延長食物保鮮時間。

三、3：7 黃金比例對開

方便拿取，省電有效率！

打開單門就能看見整個冰箱內部，不用全開，大盤食物也能輕鬆取放，省電又方便。

四、新 bio 剋菌酵素

bio 酵素可長久保持活性，分泌蛋白質附著於冰箱空間中的細菌上，有效分解細菌細胞壁，達到永久除菌脫臭功能。

五、新脫臭風扇

新脫臭風扇運轉可立即除臭，速度快 2 倍，有效消除 99.9% 的異味。

〈案例 3〉某飲料公司新保健飲料「獨特銷售賣點」宣傳文案

一、過去推出第一個保健飲料品牌「健康の油切」之宣傳文案

○○○健康の油切榮獲油切第 1 名！

- 中華民國消費者協會頂級商品金鑽獎
- 營養保健食品創新獎
- 油切類市場銷售第 1 名（AC Nielsen 零售資料）

二、新推出第二個保健飲料品牌「健康流糖茶」之宣傳文案

芭樂葉多酚生技複方

芭樂葉多酚，對「澱粉」具超強吸引力！當澱粉遇到芭樂葉多酚時，會被它緊緊地吸引住，所以芭樂葉多酚別稱「澱粉殺手」！○○○生技團隊再接再厲，為您解決三餐米飯、甜點問題，因為米飯、甜點中的澱粉，是破壞窈窕的重要因子。○○○健康流糖茶含有獨家的關鍵配方，就是從芭樂葉中獨家萃取的生技複方——芭樂葉多酚。餐餐飲用○○○健康流糖茶，讓您享受米飯、甜點無負擔。○○○健康流糖茶，解決澱粉、解決糖的問題！

〈案例 4〉某知名歐系化妝品牌推出新上市產品之「獨特銷售賣點」廣告訴求重點

前所未有，第一款琉璃光高級訂製唇妝：KissKiss

法國○○ KissKiss 琉璃豐唇光

法國○○延續「手工高級訂製」概念，展現前所未有彩妝與琉璃工藝的完美結合，精緻手工拋光與仿琉璃冰晶切面，不同的光影透射，閃耀不同的光芒，模擬栩栩如生的琉璃藝術品，質感全然由外到裡。其中，前所未有的「冰晶琉璃導光科技」，營造水晶律動的光吻雙唇；獨特的「4D 豐翹微元素」，瞬間模擬 4D 立體、豐翹的唇部線條。

〈案例 5〉某知名乳品飲料公司新產品之「獨特銷售賣點」

新品名稱：○○極製：低溫殺菌鮮乳

1. 全國第一瓶 72℃低溫殺菌鮮乳新誕生
2. ○○極製 72℃低溫殺菌鮮乳
   ⑴ 有超越一般鮮乳 1,800 倍的乳鐵蛋白
   ⑵ 更保留免疫球蛋白
   ⑶ 讓每一滴都達到完美鮮乳的營養標準
   ⑷ 營養更完整，保護力更多

〈產品 USP 相關照片〉

照片 1　桂格燕麥片加入納豆紅麴，強調降低血脂肪及膽固醇

照片 2　桂格高鐵零脂肪奶粉加入海洋膠原蛋白，適合中年人喝

照片 3　韓國 LG 手機與時尚名牌精品 PRADA 合作，推出新手機

伍　產品經理人（PM）職掌及技能說明

一、「產品經理」的定義

1. 根據維基百科：「產品經理（Product manager，簡稱 PM）是指在公司中，針對某一項或是某一類的產品進行規劃和管理的人員，主要負責產品的研發、製造、行銷、通路等工作。」
2. PM—Product Manager
3. 開 PM 會議 ⇨ 開產品經理人會議
4. 產品經理 ＝ 品牌經理

   Product Manager (PM) ＝ Brand Manager (BM)

   (1) 是企業守門員！
   (2) 是品牌塑造者！
   (3) 更是行銷骨幹！
5. 全公司
   - A 事業部：A1 產品經理、A2 產品經理、A3 產品經理
   - B 事業部：B1 產品經理、B2 產品經理
   - C 事業部：C1 產品經理、C2 產品經理

   共計：7 位產品經理人

二、產品經理人（PM）制度的優點

(1) 使每一個產品線都有專人專買加以照顧！

(2) 權利與責任相一致性，有利負責！

(3) 有利賞罰分明的推動！

(4) 有利年輕員工的培訓及磨練、晉升機會！

(5) 有利提升各產品線的經營績效！

(6) 有利組織內部的良性競爭！

(7) 有利 BU 制度推動，不吃大鍋飯！（Business-Unit）（責任利潤中心）

三、產品經理區分：B2C 及 B2B 二大類型

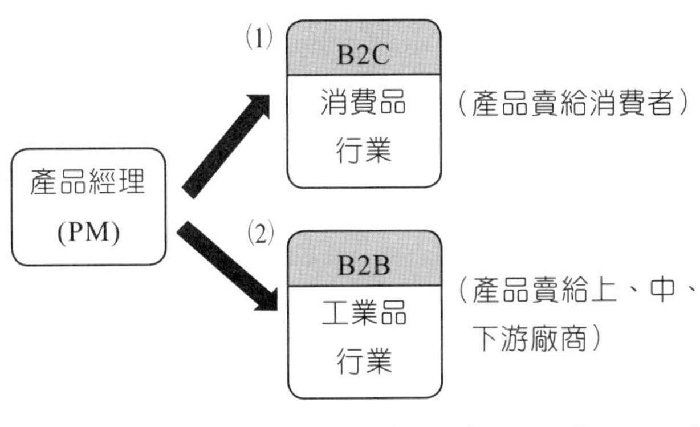

(B2C: Business to Consumer)
(B2B: Business to Business)

B2B 產品經理人：理工科系畢業的較多！（因為要懂一些研發與技術）

B2C 產品經理人：商管科系及傳播科系畢業的較多！

四、四大產業領域的產品經理人

㈠ 日常消費品 PM：食品、飲料、洗髮精、沐浴乳、衛生紙、化妝品、保養品、……。

㈡ 耐久性產品 PM：汽車、機車、傢俱、藝術品、電視機、電冰箱、冷氣機、床、……。

㈢ 科技產品 PM：筆記型電腦、手機、平板電腦、數位相機、電腦軟體、……。

㈣ 工業品 PM：工業產品、半成品、原物料、加工零件、大型機具、……。

五、產品經理要樣樣通

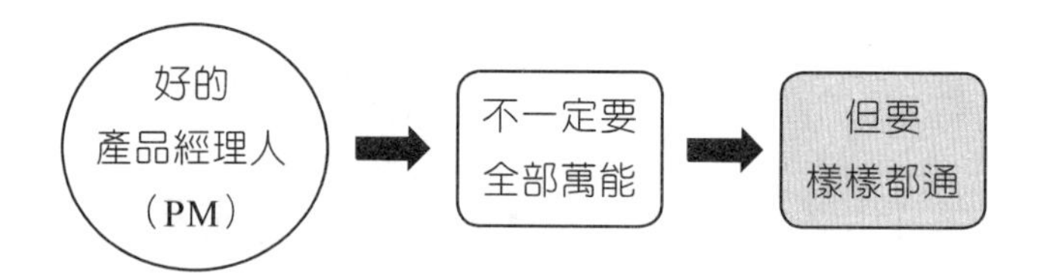

六、產品經理的「必備五大技能」

㈠ 懂產品、懂技術！

㈡ 懂行銷、懂技術！

㈢ 懂業務、懂通路、懂市場！

㈣ 懂溝通、懂協調、懂整合！

㈤ 懂下決策！懂數據管理！

七、產品經理負責事項

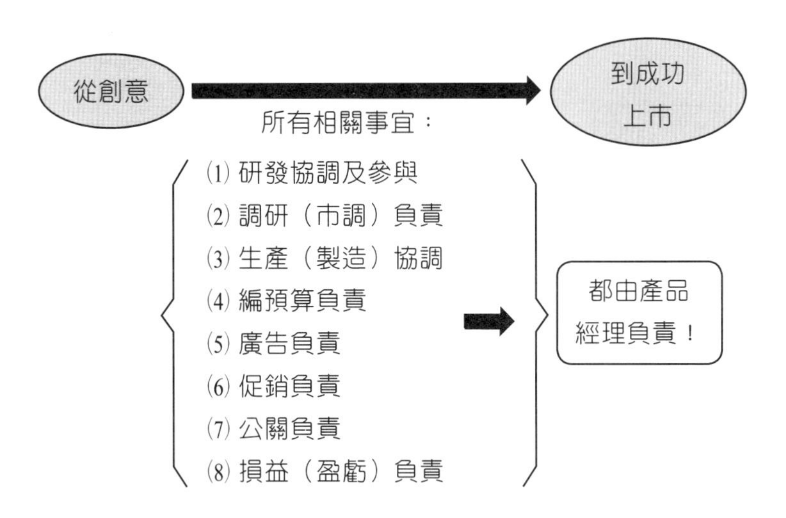
從創意
到成功
上市
所有相關事宜：
(1) 研發協調及參與
(2) 調研（市調）負責
(3) 生產（製造）協調
(4) 編預算負責
(5) 廣告負責
(6) 促銷負責
(7) 公關負責
(8) 損益（盈虧）負責
都由產品
經理負責！

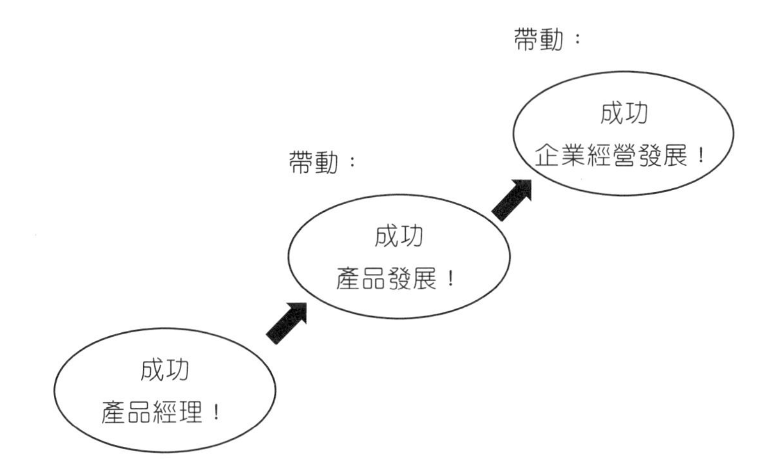
帶動：
成功
企業經營發展！
帶動：
成功
產品發展！
成功
產品經理！

八、產品經理的根本角色

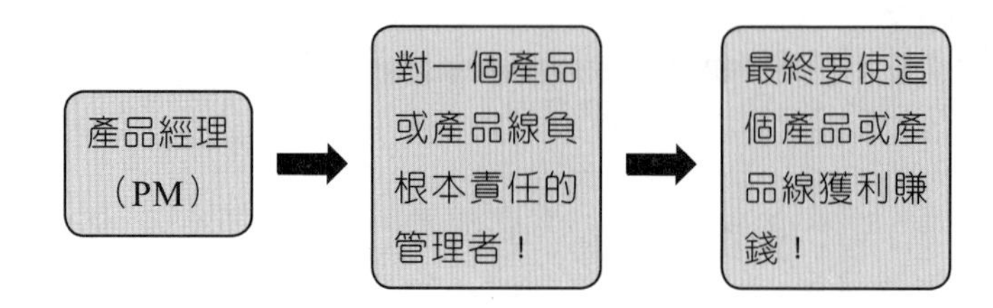

九、產品經理：六大職責

㈠ 負責損益！（要賺錢）
㈡ 負責業務銷售！
㈢ 負責品牌打造與行銷企劃！
㈣ 負責產品設計、規劃、改良、創新！
㈤ 負責市場調查與消費者洞察！
㈥ 負責產品生命週期管理！（PLC）

十、產品經理人「能力」的六種來源

㈠ 多累積經驗！
㈡ 多建立人脈存摺！
㈢ 多每天在工作中學習！
㈣ 多看報紙、雜誌、多看書！
㈤ 多思考！
㈥ 多出國、多出外、多增加見識！

十一、產品經理（PM）之職責

㈠ 日常職責（每日職責）

1. 激勵銷售團隊及經銷商。
2. 蒐集行銷資訊，包括：競爭標竿（competitive benchmark），市場趨勢與機會，顧客期許等。
3. 作業銷售，製造，研發等部門的溝通橋梁。
4. 控制預算，達成銷售目標。

㈡ 短期職責

1. 參與年度行銷計畫及預算編制。
2. 與廣告部門／代理商搭配合作以執行推廣策略。
3. 協調舉辦貿易／商業展覽，大型會議。
4. 啟動法規許可相關作業。
5. 參與新產品開發團隊。
6. 有效預測及因應競爭者的活動。
7. 修正產品及（或）降低成本以提升產品價值。
8. 建議產品線延伸方案。
9. 參與商品刪減政策。

㈢ 長期職責

1. 為產品制定長期競爭策略。
2. 發掘新產品的機會。
3. 對產品的更動，改善及介紹內容做出建議。

十二、產品經理三大職責

㈠ 分析市場，即進行相關產品的市場調研，為產品的開發、行銷策劃以及隨後的一系列營銷活動提供準確的市場研究訊息，同時還須與產品開發部門進行密切溝通。

㈡ 確定產品的定位、目標、戰略。為新上市的產品做出合理的市場定位，給出預期市場占有率分析，並預先訂出計畫達成的戰略目標。

㈢ 制定產品整套行銷策略和計畫，如產品的定價、廣告、分銷渠道等。產品經理要與營銷人員協作，為產品制定系統的市場營銷策畫方案，並促成期實施。

十三、產品經理要「無所不能」角色與功能

㈠ PM 是產品開發的靈魂人物，是新產品的催生者、管理者。

㈡ PM 是跨部門的協調者，要強力排除任何影響新產品準時推出的所有障礙。

㈢ PM 是企業裡的先知，要為自家新產品制定規格。最新科技的動態發展、競爭對手的動態、市場的流行趨勢都要如數家珍、了然於胸。

㈣ PM 是組織裡最活躍的成員。要無所不知、行動力強、思路敏捷、富決斷力、高度的協調性。

㈤ PM 要培養高超 EQ，忍人所不能忍，激勵團隊成員，使命必達。

㈥ PM 不只要控管專案，也管理人。要集合組織內不同專業、不同性別、不同部門、甚至不同種族、不同語言的人，達成共同目標。

㈦ PM 要為新產品制定規格，使產品在未來一至三年能符合消費者與市場的需求。

㈧ PM 要領導研發團隊召開腦力激盪會，提出超越現狀的產品特色，並挖掘消費者的潛在需求。

㈨ PM 要具備美學概念，能與工業設計部門探討造型定位與市場流行趨勢。

㈩ PM 要具備基本機構與模具知識，能與機構工程師檢討如何運用有限的模具投資，達到功能操作上、品質規範上的完美要求。

(十一) PM 要具備電子、軟體、硬體的基本常識，能參與電子部門共同選定供應商最佳核心，或整體解決方案。

(十二) PM 要具備包裝、印刷的知識，能針對包材、操作手冊、型錄、網站、參展……等規劃提出需求。

(十三) PM 要具備基本的業務訓練，能對應海內外客戶關於產品的各種需求。英文日文的聽、說、讀、寫為必要的基本能力。

(十四) PM 要具備基本的估價能力，掌握新產品的成本、利潤與售價的連動關係。

第二篇

產品綜論

PART 2

產品內涵概述

——產品的層面、產品戰略管理、產品包裝（**Product Package**）、產品命名（**Product Naming**）、產品服務、產品品質（**Product Quality**）、產品生命週期及產品環保

壹　產品的涵義與分類

貳　產品戰略管理

參　產品包裝

肆　產品服務

伍　產品命名

陸　產品品質

柒　產品生命週期（Product Life Cycle, PLC）

捌　產品環保

玖　評估思考「消費者價值」的七大特質

拾　強勁產品力三要件

壹 產品的涵義與分類

一、產品的三個層面涵義（Product Characteristic）

㈠ 產品的定義，可從三個層面加以觀察

1. 核心產品（core product）

係指核心利益或服務。例如：為了健康、美麗、享受或地位。

2. 有形之產品（tangible product）

係指產品之外觀形式、品質水準、品牌名稱、包裝、特徵、口味、尺寸大小、容量等。

3. 擴大之產品（expand product）

係指產品之安裝、保證、售後服務、運送及信用等。

㈡ 圖示

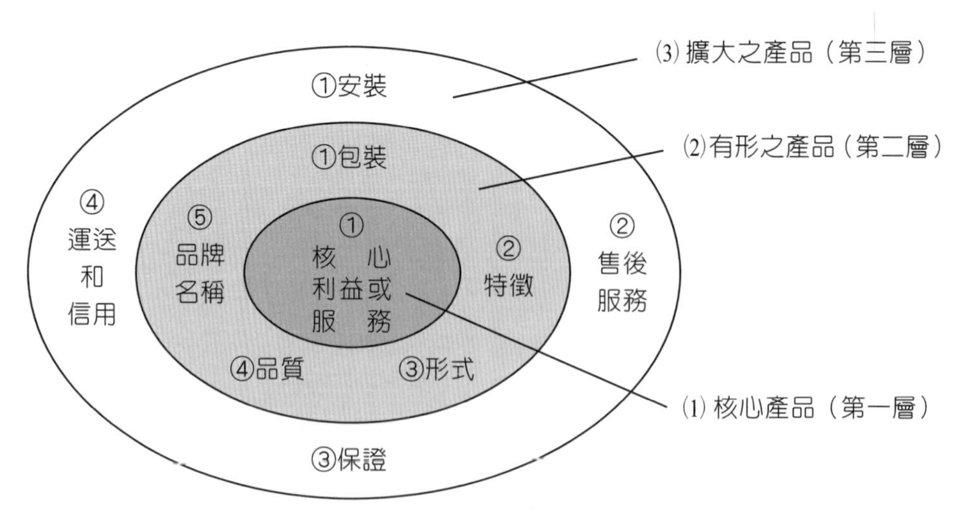

㈢ 產品利益點

1. 要思考：核心產品

我們（廠商）要帶給消費者：

- 什麼樣的利益點（Benefit）？
- 什麼樣的 USP？

2. 利益點（Benefit）是什麼？

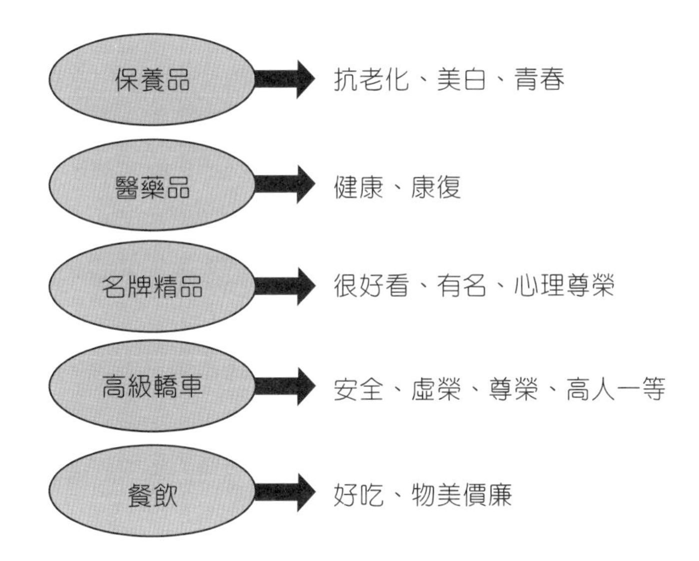

3. 要思考：有形產品

我們（廠商）要帶給消費者：

- 什麼樣的品牌水準？
- 什麼樣的功能水準？
- 什麼樣的設計水準？

4. 要思考：擴大之產品

我們（廠商）要帶給消費者：

· 什麼樣的貼心售後服務，專屬服務？
· 什麼樣的有力保證、保障？
· 什麼樣的免息分期付款？
· 免費宅配到家！
· 24 小時、6 小時快速宅配到家！

5. 產品力根源

同時、同步、做好、做強：

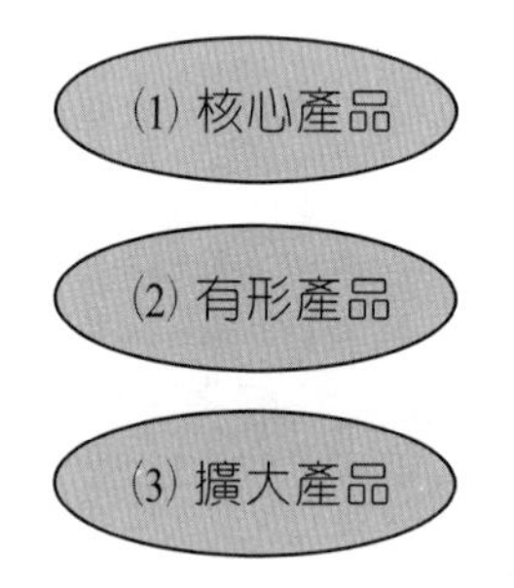

(四) 產品的內涵意義

顧客購買的是對產品或服務的「滿足」，而不是產品的外型。因此，產品是企業提供給顧客需求的滿足。這種滿足是整體的滿足感，包括：

1. 優良品質。
2. 清楚的說明。
3. 方便的購買。
4. 便利使用。
5. 可靠的售後保證。
6. 完美與快速的售後服務。
7. 甚至是信任品牌與榮耀感等。

因此，行銷的重點，乃在於如何想方設法從三種層次去滿足顧客的需求。由於競爭的結果，現在行銷都已強調擴大之產品，亦即提供更多物超所值的服務項目。例如：可以多期、分期付款、免費安裝、三年保證維修、客服中心專屬人員服務等。

㈤ 行銷意義何在

公司行銷人員將因擴大其產品所產生之有效競爭方法，而發現更多之機會。依行銷學家李維特（Levitt）的說法：新的競爭並非決定於各公司在其工廠中所生產的部分，而在於附加的包裝、服務、廣告、客戶諮詢、資金融通、交通運輸、倉儲、心理滿足、便利及其他顧客認為有價值的地方，甚至是終身價值（Life Time Value, LTV）

因此，行銷企劃人員所能設計與企劃之空間，就更加寬闊與具創造性了。

㈥ 應用實例之 1（以化妝保養品為例說明）

1. 核心產品

就化妝保養品而言，消費者購買化妝品之主要原因在於化妝品帶給他的效用，例如：美麗、清新、高貴、美白、青春留駐、抗老等，此即為核心產品之觀念。

2. 有形產品

化妝品公司必須將化妝保養品可能帶給消費者的效用轉化成實體性產品，亦即化妝品之規格、顏色、品質、品牌、包裝……等，此即為化妝保養品之有形產品觀念。

3. 擴大產品

除了將化妝保養品之功能或效用轉化成實體性之有形產品外，化妝品公司同時考慮到化妝品之使用說明、產品之運送、顧客之售後服務、網站服務、專屬會員等整體服務項目，此即為引申產品觀念。因此，擴大產品可謂涵蓋了核心產品及有形產品。

㈦ 應用實例之 2（以名牌精品 LV 、GUCCI 、HERMES 、Cartier 等為例）

1. 核心產品

就名牌精品而言，消費者購買名牌精品之主要原因，在於名牌精品可以帶給這些名媛貴婦或一般女性上班族的尊榮、炫耀、高人一等、快樂、滿足及驕傲等心理的效用；此即為核心產品之觀念。

2. 有形產品

名牌精品公司必須將精品可能帶動消費者的上述效用轉化成實體性的產品，亦即名牌精品的品牌、高品質感、流行感、時尚感、走在尖端感、全球限量、製造原料、製造地、外觀設計、包裝、色系……等；此即呈現出來的有形產品。

3. 擴大產品

除了心理效益及有形產品之外，產品的擴大性功能主要在指它的完美服務。包括：名牌精品一對一的服務、客製化服務、送貨到家、終身保固維修、專屬人員服務、VIP 會員頂級服務、優惠贈品、免費觀秀展……等。

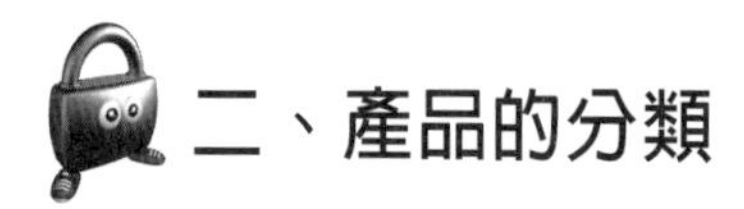

二、產品的分類

㈠ 耐久財、非耐久財與服務

依照行銷學會對產品之分類，依其耐久性不同，而區分為下列三種：

1. 耐久財（durable goods）

是有形的財貨，在正常情形下可持續使用多次，例如：電視、冰箱、音響、家具、冷氣、汽車、房屋等。

2. 非耐久財（non durable goods）

是有形的財貨，在正常情形下可使用一次或少有的數次，例如：香皂、飲料、啤酒、麵包、餅乾等。

3. 服務（service）

服務包括可供銷售的活動、利益或滿足，例如：美容、郵遞、運輸、金融、保險等。

㈡ 消費財之分類（consumer-goods classification）

1. 便利品（convenience goods）

係指消費者經常的、立即的、隨地的購買，而不花精神的選購。例如：報紙、速食麵、醬油、香菸、飲料等均屬之。

2. 選購品（shopping goods）

消費者在購買此類產品過程中，會比較產品的適用性、性質、外觀形式等。例如：家具、衣服、家庭電器用品、音響等屬之。

3. 特殊品（specialty goods）

此類產品具有某些獨特之特性及購買場所上的稀少性，消費者願意花比較多的時間、價錢去做深入瞭解與購買。例如：古董品、畫家作品、藝術性產品等均屬之。

㈢ 工業財之分類（industrial goods classification）

1. 材料與零件（material and parts）

包括農產品及天然產品之材料（如木材、原油、鐵砂），以及經過加工後之零組件（如IC板、真空管、液晶面板）。

2. 資本財項目（capital items）

包括機械設備、廠房，以及輔助性裝備與辦公室用具等。

3. 原物料及服務（supplies and services）

包括作業物料、維修用品，以及顧問與事務服務。

 三、產品動機與惠顧動機

㈠ 產品動機

所謂產品動機（product motive），係指消費者對產品本身偏好而言。此又可區分為兩種：

1. 感情動機（emotion motive）

包括：飢溫、友誼、安全、地位、威望、驕傲、好奇、尊嚴等在內。例如，女孩子為了愛美而購買化妝品及服飾。

2. 理智動機（rational motive）

包括：價格、使用便利、可靠性、耐久性、效率、保證度等在內。

基本上來說，這兩種動機並不衝突，而且是相互融洽的。例如，某消費者因為看到同事、朋友或鄰居購車代步，引發其地位不如人之感，因此，購車的感情動機已經漸漸形成。

當有足夠購買力之後，在評估要購買何種品牌及車型時，此時，理智動機的作用開始產生。經過謹慎蒐集資料並分析評估後，才選定某一品牌的車型。

㈡ 惠顧動機

所謂惠顧動機（patronage motive），係指對某特定商店或零售據點，有特殊之偏好而言。這可能因為下列原因所致：

1. 服務快速。

2. 地點較近。
3. 貨品種類齊全。
4. 價格稍便宜些。
5. 店內氣氛不錯。
6. 店主親切有禮貌。
7. 貨品品質新鮮良好。
8. 店內明亮清潔。

貳 產品戰略管理

一、「產品戰略管理」的重要性

作為行銷第 1P 的產品（product），不僅是 4P 中的首 P，也是企業經營決戰的關鍵第 1P。因為企業的「產品力」是企業生存、發展、成長與勝出的最本質力量，它的重要性是不言可喻的。

因此，「產品戰略管理」（product strategy management）就關乎著公司「產品力」的消長與盛衰，因此必須賦予高度的重視、分析、評估、規劃及管理。

二、產品戰略管理的四種層面

根據理論架構及企業實務狀況，筆者歸納出產品戰略管理四個面向，如下：

㈠ 產品戰略之 1：十一項組合

產品戰略管理的要項，包括如圖 4-1 所示的十一項內容：

1. 每一個不同產品的銷售「目標對象」（target audience）選擇策略為何？
2. 每一個不同產品的「命名」（naming）策略為何？
3. 每一個不同產品的「品牌」（branding）策略為何？

4. 每一個不同產品的「設計」（design）策略為何？
5. 每一個不同產品的「包裝及包材」（package）策略為何？
6. 每一個不同產品的「功能」（function）策略為何？
7. 每一個不同產品的「品質」（quality）策略為何？
8. 每一個不同產品的「服務」（service）策略為何？
9. 每一個不同產品面對「生命週期」（life cycle）的不同策略為何？
10. 每一個不同產品所組成或提供的「內涵／內容」（content）策略為何？
11. 每一個不同產品為顧客所提供的「利益點」（benefit）策略為何？

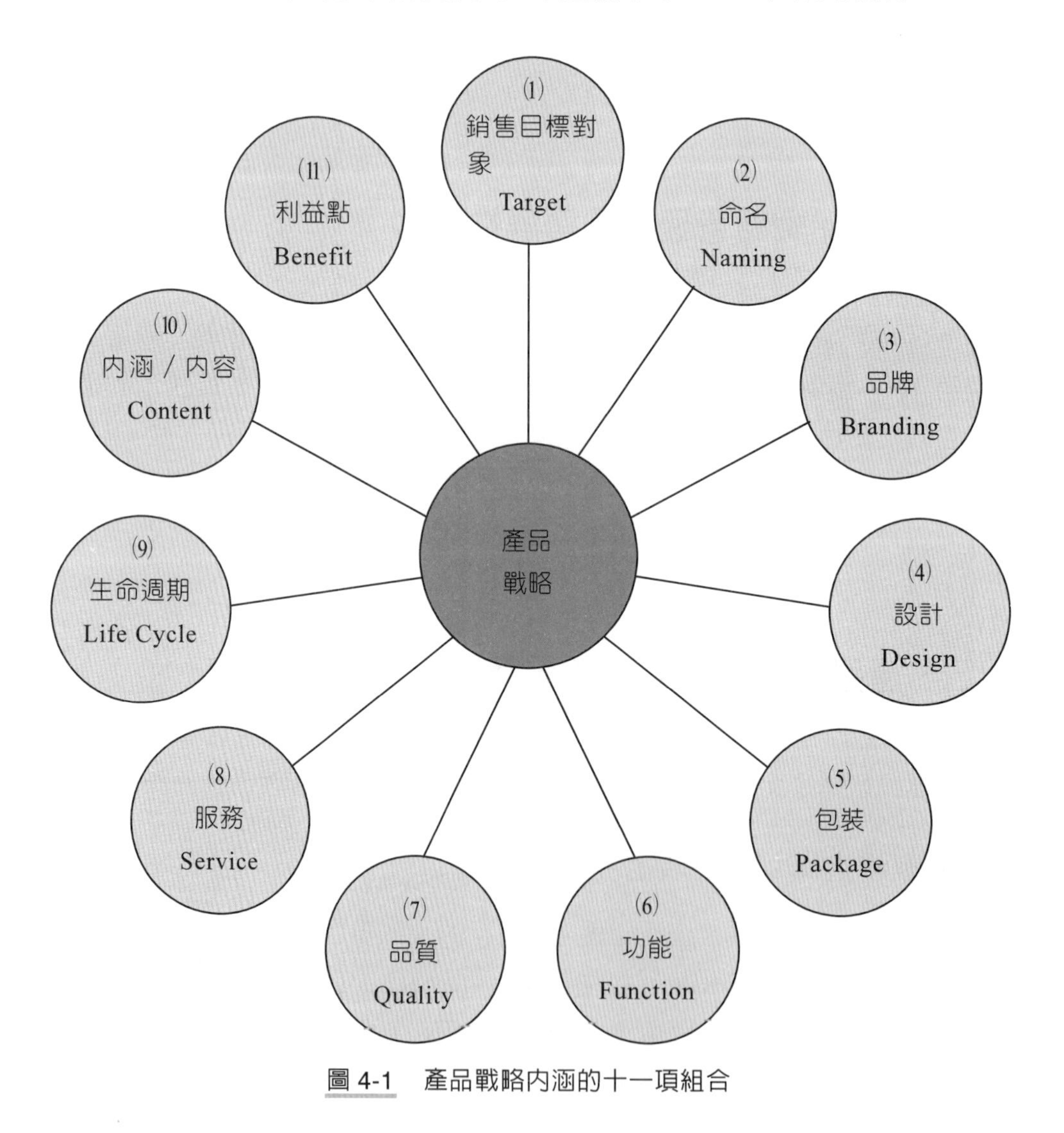

圖 4-1　產品戰略內涵的十一項組合

接續上述而來，圖 4-2 顯示公司應該如何做，才能追求及打造出具有高度競爭優勢的「產品力」。這些包括本公司產品，在品質水準、質感、特色、功能、設計美學、品名、商標 Logo 、包材、包裝方式、品牌等各種環繞在「產品力」內涵組合的要項中，是否能做出比競爭對手更快、更好、更棒，以及是否能夠滿足消費者的需求，並為他們帶來物超所值的價值感的產品力知覺。

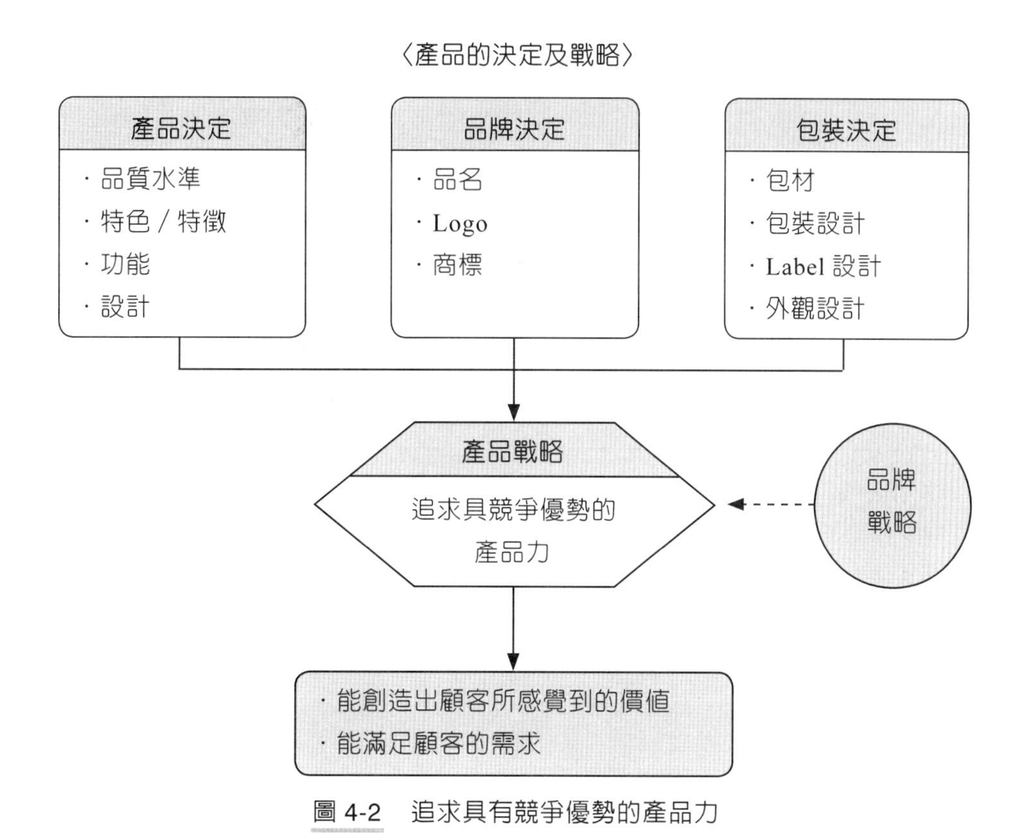

圖 4-2　追求具有競爭優勢的產品力

(二) 產品戰略之 2：目標市場設定與產品定位的正確性與精準性

產品戰略第二個考慮要項是，究竟這一個產品應該設定在哪些目標市場，以及它們的產品定位又該定在哪裡。

目標市場與產品定位的戰略一旦錯誤，產品自然會失敗下架或無法獲利及成長。因此，公司行銷高層人員應該做好每一個不同產品或不同品牌，或不同服務的精準定位行銷及目標客群行銷。

如圖 4-3、圖 4-4 即顯示出公司應如何規劃及評估目標市場的設定及產品定位的戰略思維與分析。

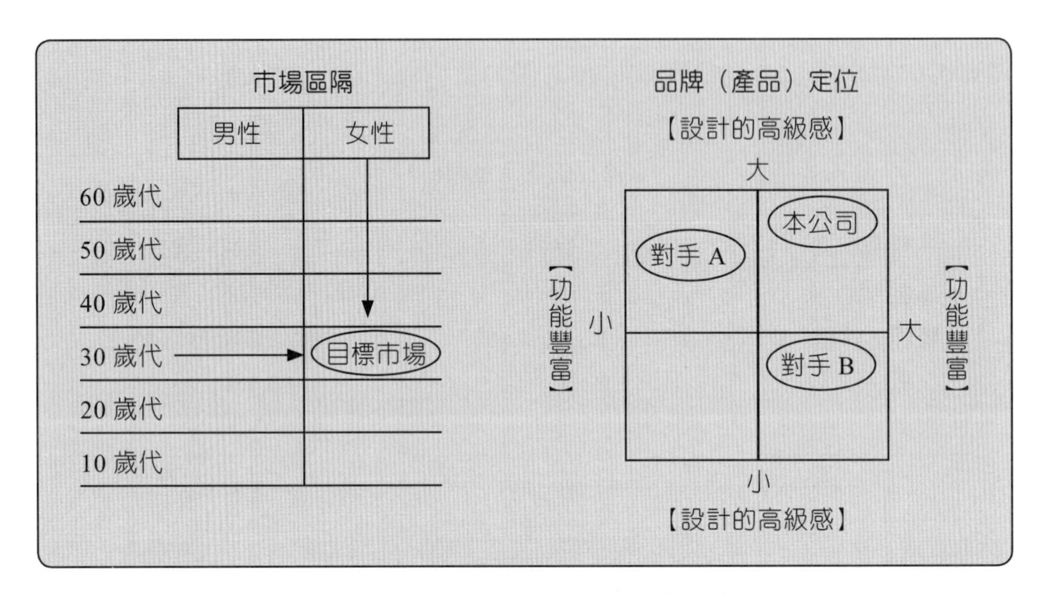

圖 4-3　產品戰略——目標市場的設定

評估項目	內容	某化妝品為例
(1) 目標市場何在	----------	----------
(2) 競爭對手品牌目前狀況	----------	----------
(3) 差異化點何在（USP）	----------	----------
(4) 商品屬性為何	----------	----------
(5) 消費者利益所在（Consumer Benefit）		

圖 4-4　產品戰略——定位的評估及開發

㈢ 產品戰略之 3：產品線組合策略（product mix）

接著，行銷人員對產品戰略的第三個考量點，就是必須思考本公司或本事業部的產品線組合及產品線決策應該如何的重要問題。舉例來說：

1. 統一 7-ELEVEN 店裡的產品線組合應該如何，才能最具市場性及獲利性。

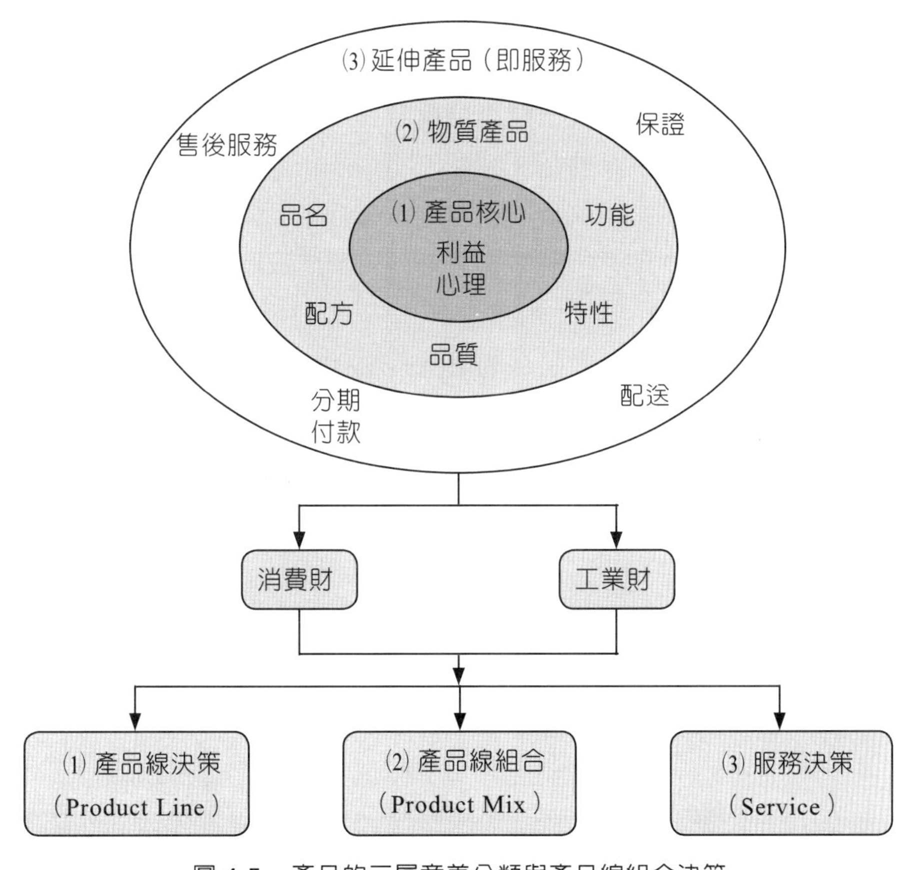

圖 4-5　產品的三層意義分類與產品線組合決策

2. 統一企業消費品產品線組合，包括：茶飲料、速食麵、乳品、冰品、咖啡品、優酪乳、果汁……等各種產品線及其組合，應該要如何規劃及其戰略方向又為何？

㈣ 產品戰略之 4：從制高點看待 PPM「產品組合戰略管理」矩陣

最後一個產品戰略要考量的是，必須站在制高點，明確分析出公司現有的所有產品及品牌，它們究竟處在哪四種不同的狀況中，包括：

1. 哪些是對公司現在營收及獲利最大的主力產品，或稱為「金牛產品」（cash cow）與搖錢樹產品？而這些又能撐多久呢？
2. 哪些是對公司未來一至三年內，可望成為接棒「明日之星」的產品線或產品項目？真的可以實現嗎？還要多久呢？
3. 哪些是對公司現在營收及獲利都是負面及不利的「落水狗」產品呢？這些沉重負擔是否應該執行退場機制呢？何時應執行呢？
4. 哪些是對公司現在的營收及獲利無重大貢獻，但值得觀察、努力、改良、強化的「問題兒童產品」呢？是否可以逐步增強看到希望呢？何時可看到呢？

總結來說，公司投入在各產品線的資源有限且珍貴，必須做最佳的安排、配置及規劃，才能發揮最好的效益。因此，PPM 管理是非常重要的，而且亦具有相當的前瞻性及預判準備性。

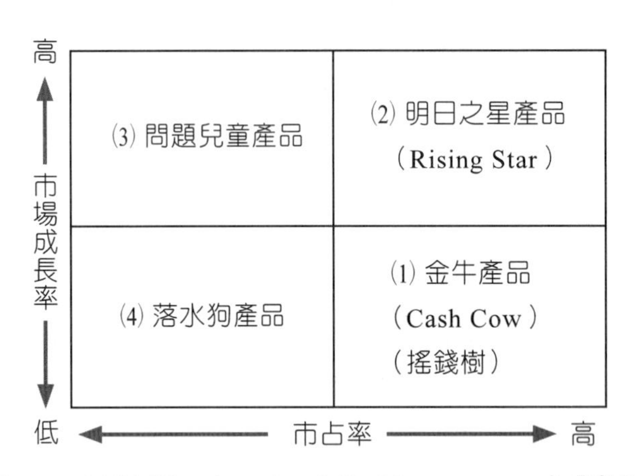

企業的行銷策略：

⑴ 力保及維持金牛產品
⑵ 積極培育及投資明日之星產品
⑶ 努力改善問題兒童產品
⑷ 考慮放棄落水狗產品

圖 4-6 PPM（Product Portfolio Management）「產品組合戰略管理」矩陣

現在	未來
(1) 金牛產品	(2) 明日之星產品
·營收及獲利均最好，是公司支撐產品！	·目前已看到營收及獲利的成長潛力，是公司未來寄望所在！
(3) 落水狗產品	(4) 問題兒童產品
·考慮、決心放棄已虧錢的產品！	·試圖改善及挽救的產品！

(五) 小結

產品戰略管理四大戰略面向

(1) 如何做好：
·產品力內涵的組合項目！

(2) 如何做好：
·產品的 S-T-P 架構分析！

(3) 如何做好：
·產品線組合結構！

(4) 如何做好：
·產品組合戰略管理矩陣（PPM）

參 產品包裝

一、包裝被重視的原因

包裝設計近年來已經成為一項頗有潛力的行銷工具，主要有以下原因：

㈠ 自助服務（self-service）

由於行銷通路的變革，使得超級市場、便利商店、量販中心等自助式選購物品的方式漸成主流，因此，為了吸引消費者的注意力與喜愛感，莫不在外觀及包裝上創新意，以求消費者之青睞。

㈡ 消費者的富裕（consumer affluence）

由於消費者的購買力不斷增強，對於高級的、可靠的、便利的、有價值感的包裝之產品，並不吝於購買。

㈢ 創新的機會（innovation opportunity）

包裝材料、設計之創新，常可延長產品之壽命或創造新的銷售高峰，此種創新即可視為提高產品附加價值。

㈣ 公司及品牌形象（company and brand image）

美好的包裝能夠幫助消費者在瞬間認識公司的品牌，便利快速採購。

二、包裝的策略（package strategy）

包裝本身是良好的促銷工具，而良好的包裝更是行銷之利器，故包裝策略為企業產品設計相當重要的一環。其常採行之策略有如下數種：

㈠ 類似包裝

又稱家族包裝或產品線包裝，即在公司產品的包裝外形上採用相同之圖案、近似之色彩、共同的特徵，而使顧客易於聯想到是同一家廠商出品的。這種包裝有以下兩個優點：

1. 可節省包裝成本，增加公司的聲勢。
2. 可藉著公司已有之商譽，減低消費者對新產品的不信賴，而有助於新產品的擴大推銷。

㈡ 多種包裝（multiple packaging）

係將數種有關聯的產品置於同一容器內，例如：家庭常備之「急救箱」。這種策略最有利於新產品之上市，將新產品與其他原有產品放在一塊，使消費者不知不覺中接受新觀念、新聯想，進而習慣新產品之使用。

㈢ 再使用包裝

又稱雙用途包裝（dual-use packaging），乃待原來所包裝之產品使用完畢後，空容器可移作其他用途，例如：空瓶、空罐可用以改盛其他物品。這種包裝策略，一方面可討好消費者；一方面使印有商標之容器發揮廣告效果，引起重複之購買。

㈣ 附贈品包裝（最常見）

亦稱萬花筒式包裝（kaleidoscopic packaging），係藉贈品吸引消費者購買，而且極易引起再度購買，所以，許多製造廠商都樂於採用，是現代重要包裝策略之一。例如：在兒童玩具、食用品市場最具效果。附贈品包裝方式，花樣奇多，例如：買大送小、買三送一、加贈 20% 數量，以及集一定數目的點數可換贈品等。

㈤ 改變包裝（changing the package）

產品改變包裝和產品創新同樣重要。當產品之銷售量減少，或者欲擴張市場吸引新顧客，改變產品包裝常可再創高潮。

㈥ 小量包裝

消費者健康意識抬頭，食品廠推出分量少但價格高的產品。

消費者的健康意識抬頭，許多零食廠商推出熱量100大卡的小包裝食品，大受歡迎，每年市場規模突破200億美元。消費者藉小包裝來控制口腹之慾，廠商也樂得發現，產品分量變少，反而賺得更多。

糖果、餅乾、洋芋片、巧克力條等這些美國人愛吃的零食，現在都搶著推出小包裝。Pepperidge Farm 食品公司零食部門副總賽門認為，小包裝零食市場很容易再成長一倍，因為能幫消費者少吃一點，又很容易計算熱量。

Information Resources 市調公司發現，百大卡的小包裝零食去年銷售額增長28%，而整體零食市場僅成長3.5%，這顯示有些美國消費者的確受夠了特大包的食物。美國最大的連鎖餐廳之一 T.G.I. Friday's 已推出所謂的「適量適價」餐點，這種減量餐幫助 Friday's 異軍突起，在美國連鎖餐廳整體業績衰退時逆勢成長。

就概念而言，小包裝零食非常單純。廠商只需把現有產品改成小包裝，然後以原本的價格或是加價出售。而美國消費者似乎並不在意拿一樣的錢買較少的零嘴。食品市調集團 Hartman 的調查顯示，29% 美國人願意付較高的價錢買小包裝食品。

三、包材類型

目前國內各種消費品，例如：飲料、食品、美髮用品、化妝用品、清潔用品……等，其包材類型已日益多元化，主要包括以下幾種：

1. 保特瓶（茶裏王、舒跑……）。
2. 玻璃瓶（Dr. Milker 鮮奶）。
3. 利樂包（麥香紅茶）。
4. 鋁罐（伯朗咖啡、可口可樂、台啤）。
5. 塑膠瓶（貝納頌咖啡）。
6. 保麗龍（統一泡麵）。

7. 鐵罐（綠巨人玉米粒）。
8. 紙盒（味全味精）。

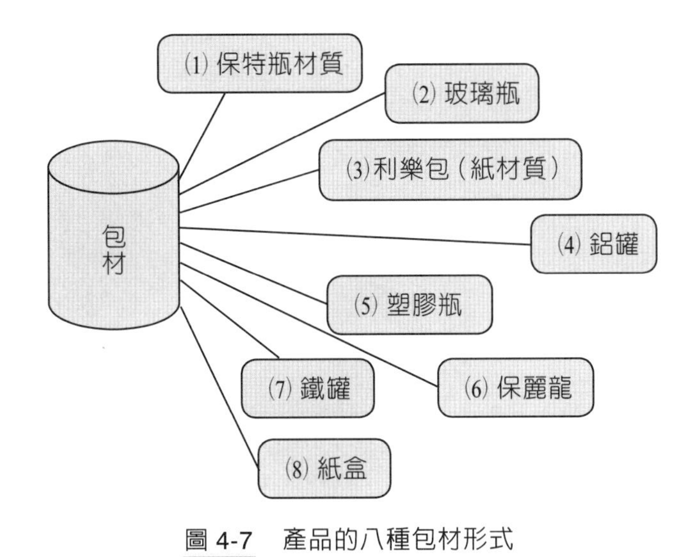

圖 4-7　產品的八種包材形式

四、包裝開發的八個戰略目的

包裝（package）在現代企業的經營及行銷功能上，已能發揮更有貢獻與價值性的戰略功能角色。根據企業實務上的經驗顯示，包裝可以朝向八個戰略性功能目的，包括：

1. 發揮對地球環境保護的考量並符合環保法規要求。例如，綠色包裝、減量包裝……等。
2. 達成新的便利性包裝開發目的，方便消費者使用的便利性。
3. 達成在賣場吸引消費者與增加銷售效果的目的。
4. 達成配合整個外部物流（logistics）配送的考量目的。
5. 達成降低整個產品設計、製造及包裝成本之目的。
6. 創造出獨特性及差異化包裝的目的。
7. 達成商品整個呈現差異化感覺的目的。

8. 有助於產品識別（CI）建立與一致性的戰略目的。

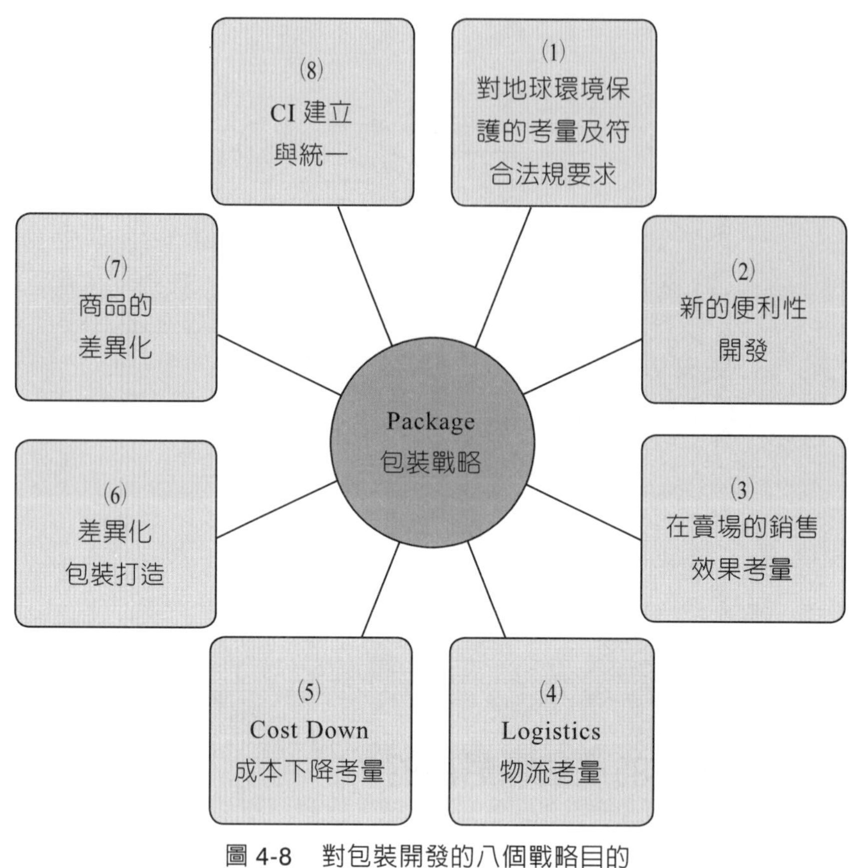

圖 4-8　對包裝開發的八個戰略目的

五、包裝的基本功能

有國內外學者針對包裝的基本功能，提出如圖 4-9 所示的八點，如下：

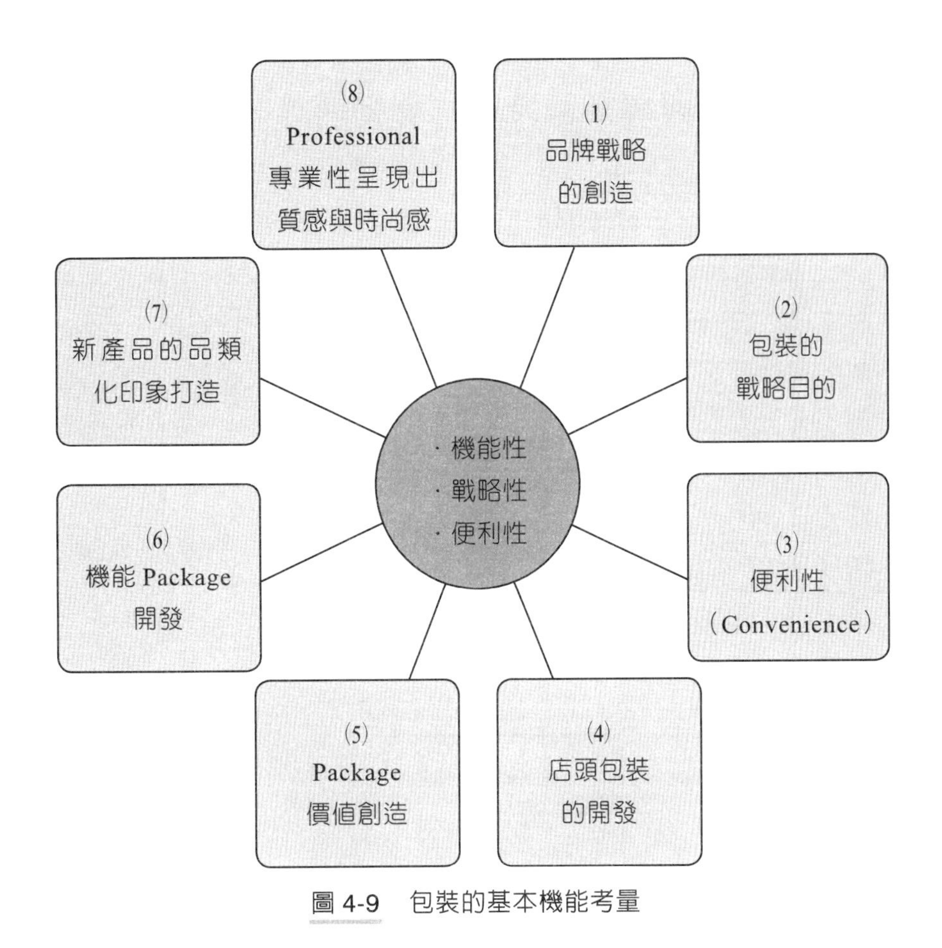

圖 4-9　包裝的基本機能考量

1. 功能之 1：創造品牌戰略。
2. 功能之 2：達成包裝戰略各種目的。
3. 功能之 3：具便利性。
4. 功能之 4：開發適用不同店頭賣場的包裝。
5. 功能之 5：創造出包裝價值（value）。
6. 功能之 6：對特殊機能性包裝的開發創造。
7. 功能之 7：對產品品類化印象的打造。
8. 功能之 8：對包裝專業性的呈現，顯示出一定包裝質感與時尚感。

六、技術革新與專業包裝的七種創新

包裝已日益專業化（professional），並已成為產品戰略的重要表現之一環。包裝及設計一旦沒有特色、不夠吸引人及缺乏質感，那麼消費者就不會去取拿。

而專業性包裝，可以表現出如圖 4-10 所示的七種創新，包括：

1. 對包裝素材的創新。
2. 對內包品保護性的創新。
3. 對環保的創新。
4. 對新安全性的創新。
5. 對新便利性的創新。
6. 對新風格（style）的創新。
7. 對新感性知覺的創新。

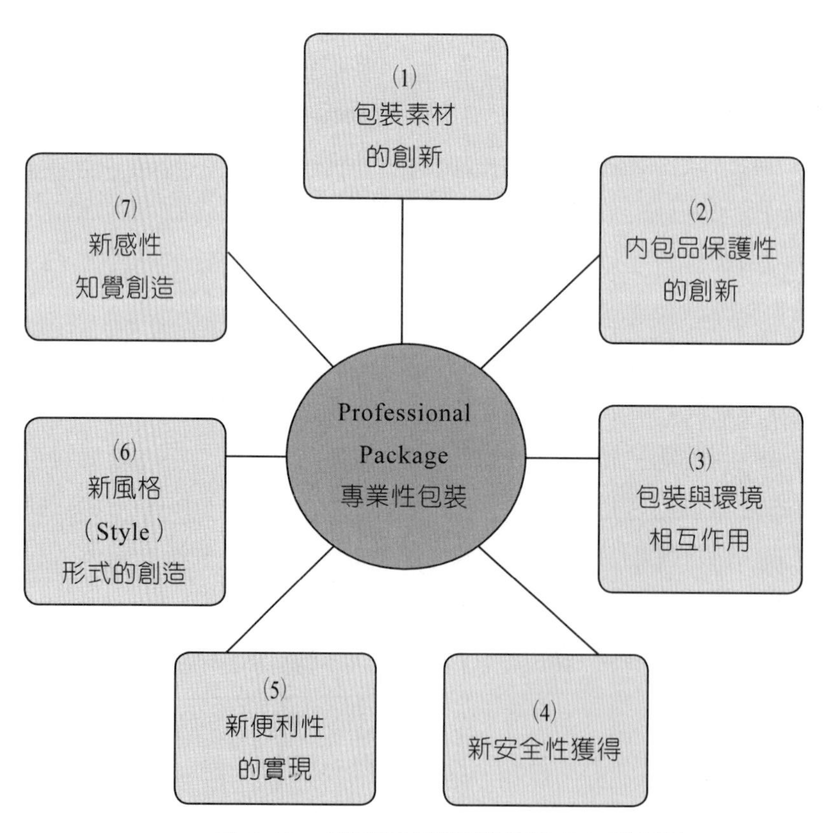

圖 4-10　技術革新與專業包裝的七種創新

七、包裝策略的四項原則

包裝發想固然有許多創意發揮的空間，但能有效傳達策略才是最終目的，千萬不要虛有其表，與定位牛頭不對馬嘴，白白浪費了一個重要的溝通工具。為確保包裝策略的成功，必須同時考量以下幾個原則：

㈠ 具有溝通定位的能力

礙於包裝的空間、版面有限，千萬不要貪心地想同時傳達過多訊息。無論是圖案或文字，一定要簡潔有力、一目瞭然，務使溝通品名或定位等目標能確實達成。

㈡ 有效傳遞品牌個性

包裝是塑造品牌個性最好的媒介，針對 40 歲白領上班族所設計的商品，包裝應該呈現質感與穩重的調性；若賣的是生機產品，包裝設計應讓人有自然、健康的聯想。

在包裝設計完成時，千萬別忘了再行確認包裝所帶給消費者的印象，是否與原先所要傳達的調性和訊息一致。

㈢ 擁有強烈的識別效果

在設計包裝的過程中，經常被忽略的就是：沒有考量到產品包裝擺在貨架上時的差異性和顯眼度。有時候個別來看非常好的包裝，上了貨架卻顯得黯淡無光，無法捕捉消費者的目光。

產品一進入賣場，就得和數十、甚至數百個競爭產品一爭高下，這時包裝具有差異性、架構色彩愈突出，勝出的機會自然就大增。因此，除了策略傳遞與美感外，包裝是否具有強烈的識別效果，以與競爭對手明顯區別，也同樣重要。

㈣ 讓消費者買得輕鬆、用得便利

包裝使用的便利性，對消費者的使用率有正向的影響。因此，思考包裝策略，除了圖案與顏色的設計外，材質選擇及形狀設計是否符合實用原則，也須一併考慮。空有好看的外觀，卻難以使用，一樣無法留住消費者的心。

八、各種飲料品的包裝、包材照片彙輯實例

茲圖示筆者在各賣場拍攝的各種消費品的各種不同包裝、設計及包材等狀況，供各位讀者實際對照參考用。

照片 1　純喫茶飲料

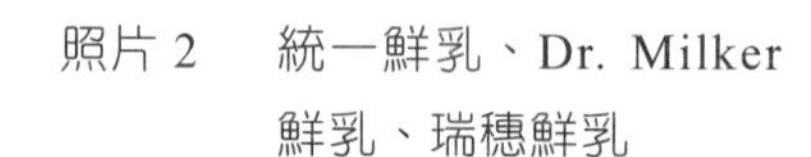

照片 2　統一鮮乳、Dr. Milker 鮮乳、瑞穗鮮乳

照片 3　統一米漿、統一鮮豆漿、統一 AB 優酪乳、比菲多

照片 4　可口可樂、黑松沙士、伯朗咖啡、雪碧

照片 5　味全貝納頌咖啡、光泉首席藍帶乳品、光泉鮮乳

照片 6　舒跑、老虎牙子、健酪

照片 7　御茶園、每朝健康、麥香

照片 8　可口可樂

照片 9　舒跑、寶礦力

照片 10　茶裏王

照片 11　統一泡麵

照片 12　桂格燕麥片

肆 產品服務

一、服務（service）之特性

一般而言，行銷之服務具有以下四種特性：

㈠ 無形的（intangibility）

服務是無形的（亦稱不可觸及性）。例如，做美容手術的人，在購買該服務之前無法看到結果（不過還是有照片、模仿品可看到）。

㈡ 不可分割性（inseparabililty）

一項服務和其來源是不可分的。例如，某種影片的女主角就應由某位影星來演最傳神，如果換了另一個人則可能會有些走味而不精采了。

㈢ 可變動性（variability）

服務是高度可變的，因為它們可隨誰提供服務、何時、何地提供而有變化（亦稱品質差異性）。

㈣ 易毀滅性（perishability）

服務是不太能儲存的。例如，高鐵、臺鐵火車、國內外航空飛機、臺北與高雄捷運，必須按時刻表行駛，不會為某些人而延遲。

二、服務業供需之策略

行銷學家賽瑟（Sasser）曾就如何使服務業的需求和供給有效配合，提出一些策略：

㈠ 需求面

1. 差別定價（differential pricing）

可使一些顛峰期的需求服務，轉移到非顛峰期。例如，目前電力公司有離峰優惠價，電信公司在深夜上網或打國際電話會便宜些。

2. 補償性的服務（complementary services）

在顛峰時間等待服務之消費者，可提供其他服務給他們。例如，在未理髮之前，可先閱讀書報雜誌等。

3. 培養非顛峰期的需求（nonpeak demand can be cultivated）

透過各種途徑以增加消費者在某段時間內之消費行為。例如，很多主題樂園推出晚上較便宜的星光票，以吸引夜間遊樂的消費者。

4. 預約制度（reservation systems）

此為有效管理需求順序與數量之方法。例如，航空公司、旅館、醫院、餐廳等，大都使用此方法。

㈡ 供給面

1. 僱用兼職人員（part-time employees）

以僱用兼職人員，應付在需求顛峰之服務期間。

2. 顛峰時期例行工作的效率化（peak-time efficiency routines）

透過標準作業與一級人手在顛峰時間執行工作，不重要的工作則由副手來做。

3. 增加消費者的參與程度（increase consumer participation）

亦即增加消費者自助服務的程度，以加速員工對消費者服務之速度。

4. 預留供未來擴張的設備（facility for future expansion）

三、應用（以音樂會為例）

現以舉辦音樂會為例，說明在設計行銷前應考慮之服務性。

㈠ 服務之無形性

音樂是一項服務，非有形的商品，因此，無法使用金錢去買到實體的音樂，僅能去聆聽、幻想、感受它。所以，行銷人員應特別強調心神的享受與滿足。

㈡ 服務之不可分割性

音樂會演出之好壞與演奏人員及現場設備具有不可分割性。這類音樂由這類人員演奏，將會具有高度水準，故行銷的訴求點可著重在人物及地點的突出上。

㈢ 服務之可變性

音樂將會因演出人、演出時間、演出地點、演出場所之後勤配合等因素，而呈現出不同的演奏品質。因此，行銷人員必須對這四項做最完善之評估與準備。

㈣ 服務之易毀性（不易儲存性）

音樂服務之現場感是無法儲存或保留的，即使錄音起來，也與原音有很大差距。因此，行銷人員應鼓勵消費者珍惜這種人生的少數體驗，激發其重視感。

四、實務上常見的各種服務功能

目前，企業在各種服務機制上所提供的產品服務，大致包括了：

1. 客服中心（call-center）0800 專線人員服務接聽。
2. 技術維修服務。
3. 免費安裝服務。
4. 免費一週鑑賞期可退貨。
5. 免收運費。
6. 免收退貨費。

7. 免費退換貨。
8. 保證使用多久期限及保固期多久。
9. 定期免費維修。
10. 專屬 VIP 秘書服務。
11. 專屬 VIP 貴賓室使用。
12. 免息 12 期、24 期分期付款服務。
13. 還有其他諸多服務項目。

伍　產品命名

一、品名應具備之特質

1. 它應該能夠表現出給顧客帶來的好處。例如，香雞漢堡、克蟑、伏冒、肌立、蠻牛、吉列牌刮鬍刀、滿漢大餐速食麵、舒酸定牙膏等。
2. 它應該能夠表現出產品的品質，包括性能、色彩或造型上。例如，御茶園、多拿滋甜甜圈。
3. 它應該能夠很容易的發音、辨認和記憶。例如，黑人牙膏、賓士轎車、茶裏王、純喫茶、保肝丸、臺灣大哥大、BenQ 、acer 、LEXUS 汽車（凌志）、iPad 、iPhone 等。
4. 它應該具有若干的獨特性。例如，可口可樂、保力達、左岸咖啡、蠻牛、貝納頌、多喝水、舒跑、林鳳營鮮奶、多芬洗髮乳等。
5. 品名宜在 3 個中文字以內，消費者較易記住。

二、品名（品牌）測試方法

公司可邀請員工及外部消費者提出幾個預備的品名，展開下列各種測試，包括：

1. 偏好測試（preference test）

測試哪一個名稱最受人喜愛。

2. 記憶測試（memory test）

測試哪一個名稱最讓人記憶深刻。

3. 學習測試（learning test）

測試哪一個名稱最好發音。

4. 聯想測試（association test）

測試看到某品牌後，會讓人聯想起什麼或回復些什麼事情。

5. 總合測試（summary test）

測試選擇哪一個是最理想、最優先的名稱。

陸　產品品質

一、品質的重要性：品質 = 價值，是產品核心點

產品「品質」（quality）是一件非常重要的本質問題。若品質不佳，則消費者可能只會買一次而已，下次絕對會買別的品牌。因此，確保「一定」品質或「高」品質，是公司研發及生產製造單位必須全力以赴的事情。即使在服務業也是一樣，現場服務人員的「服務品質」，也關乎著對這家公司、對這間店的評價，以及是否會再光臨的因素。

我們可以看到很多國外名牌汽車、名牌皮包、名牌飯店、名牌服飾、名牌藥品等，都會有比較高檔的品質呈現，這就是一種「質感高」的優良口碑效果。

因此，我們可以說「品質」就是產品的核心點，也是產品力的根本來源。沒有好品質。就談不上優質及 powerful 的產品可言。

我們也可以說，品質代表著對消費者的一種「知覺價值」（perceived value），或物超所值的價值，故「品質＝價值」。例如，我們買了一個 LV 高價手提包，雖然一個最少定價 3、4 萬元以上，但 LV 皮包的確很耐用，質感高加上又有名牌心理效應，因此，大部分女孩子都想買一個，因為 LV 皮包在消費者心中的知覺品質及知覺價值是很高的。

總之，品質是產品戰略重要的一環。

㈠ 高品質：有助於提高消費者的回購率

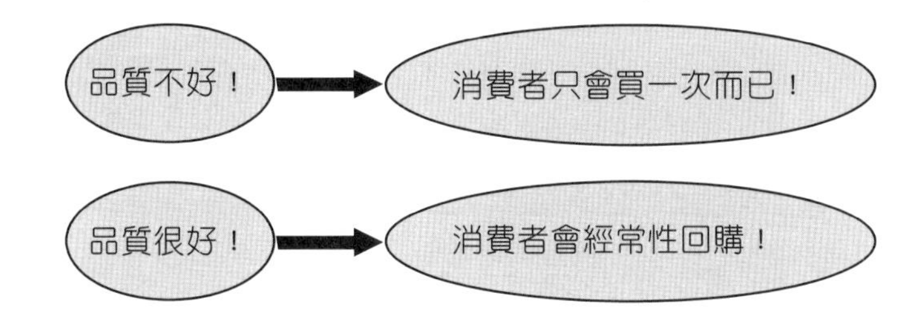

㈡ 所以：

 二、製造業、科技業：產品品質來源六大因素

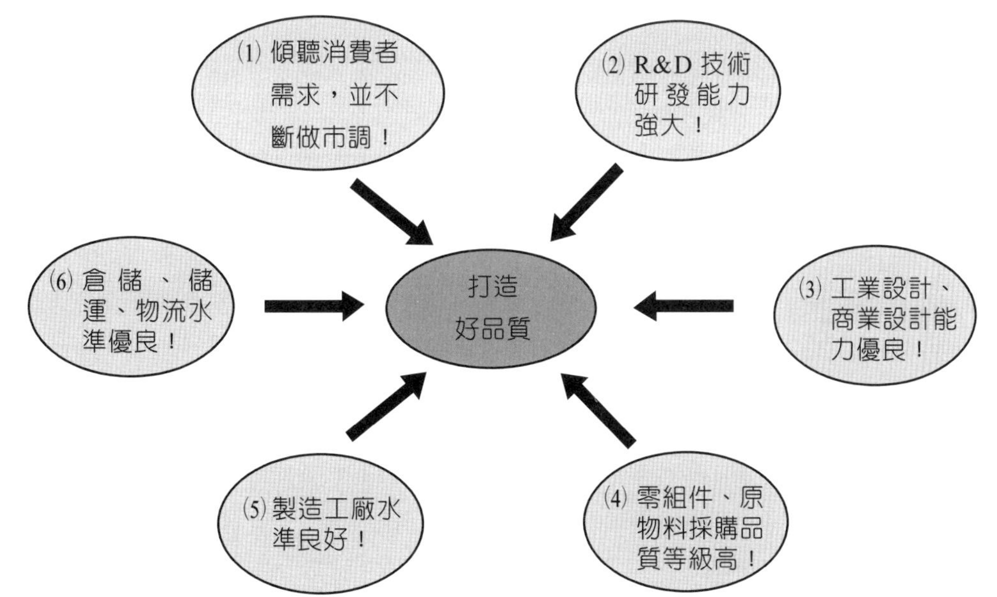

 三、高品質來源五大力

(一) 技術研發力。

(二) 設計力。

(三) 採購（零組件）力。

(四) 製造／生產力。

(五) 市場（廠房）導向力。

 四、打造高品質的四大經營面向分析

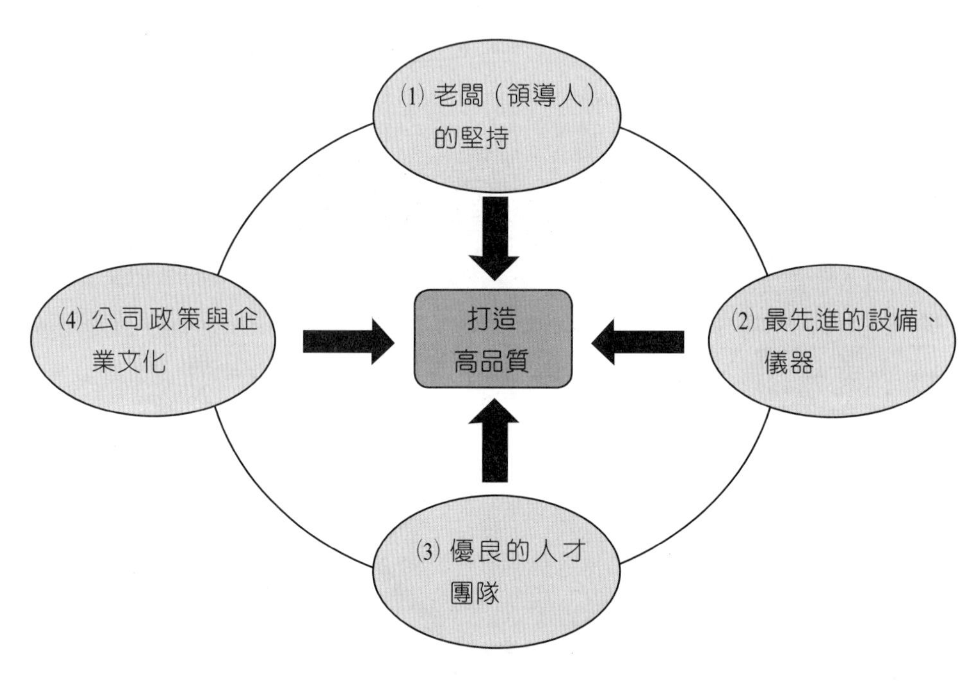

 五、全球第一 LV 精品：高品質的四大來源

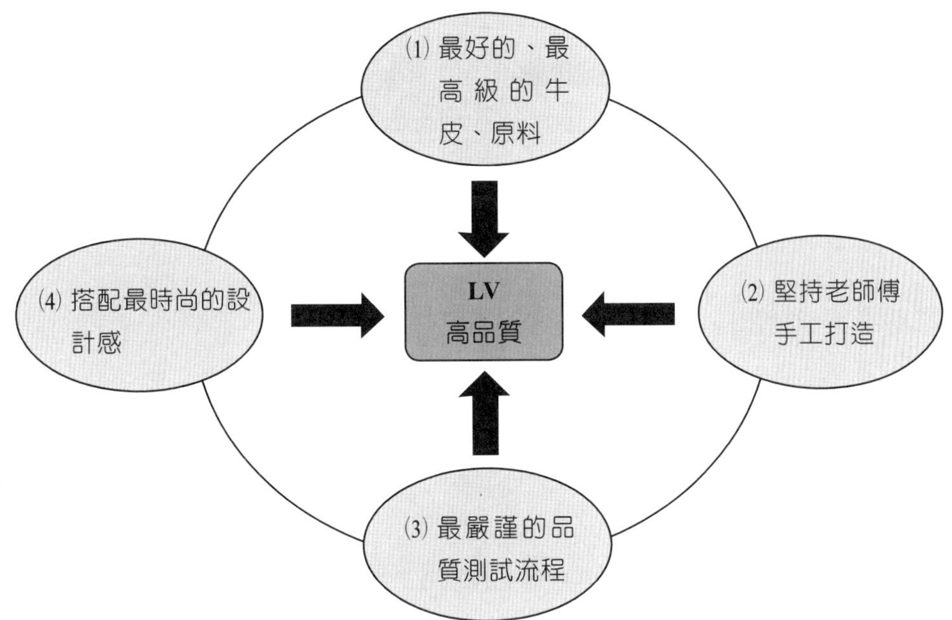

 六、高品質＝高價位＝高利潤

EX：

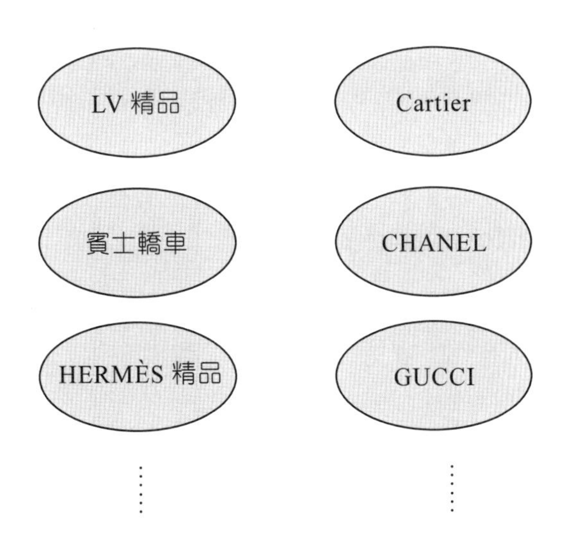

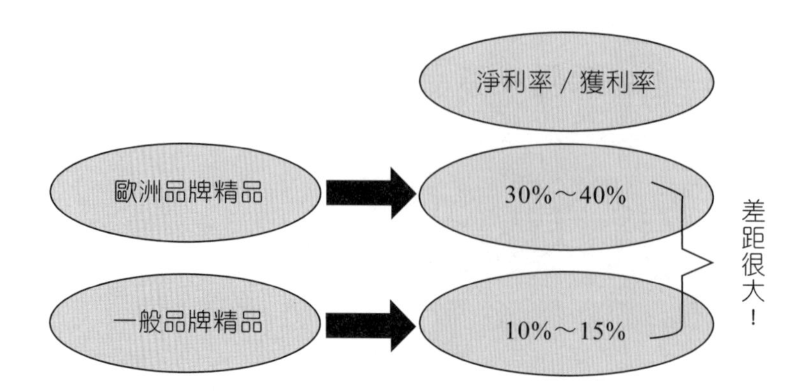

低品質＝低價位＝低利潤＝低市占率

 七、知覺品質的評量項目

對一個產品「知覺品質」（perceived quality）的評量項目，大致包括如下幾點：

㈠ 表現（performance）

係指主要的產品操作特徵，消費者對於產品會有低功能、中功能、高功能、很高功能的評量。

㈡ 特色（features）

係指次要的產品操作特徵，是一種輔助功能之用，消費者會有低特色、中特色、高特色、很高特色的評量。

㈢ 一致性品質（conformance quality）

產品特性是否和產品說明書（產品標示）所標榜的性能一樣？是否有瑕疵之處？消費者對於是否具有一致性的品質，有低一致性、中一致性、高一致性、很高一致性的評量。

㈣ 信賴（reliability）

係指每一次的購買，都能夠獲得一致性的功能，消費者會有低信賴、中信

賴、高信賴、很高信賴的評量。

㈤ 耐久性（durability）

係指物超所值的期待，消費者會有低耐久性、中耐久性、高耐久性、很高耐久性的評量。

㈥ 服務性（serviceability）

係指服務是否便捷，消費者會有低服務性、中服務性、高服務性、很高服務性的評量。

㈦ 風格及設計（style & design）

具高雅感受的外觀，消費者會有低設計性、中設計性、高設計性、很高設計性的評量。

消費者相信上述所列之產品品質的知覺，會影響他們對品牌的態度及行為。

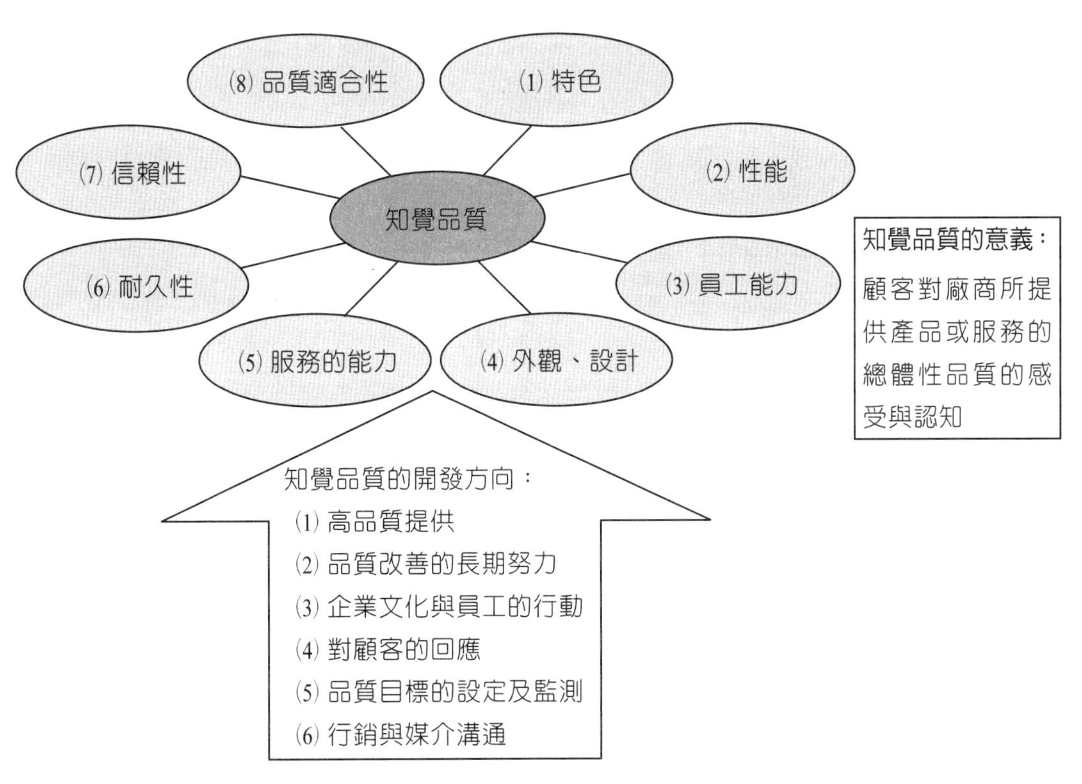

圖 4-11　產品品質是產品戰略重要的一環

八、有形與無形商品的品質因素

商品可以區分為有形商品與無形商品，無形商品就是指服務業的服務品質。茲列示有形商品與無形商品的重要品質因素如下：

(一)「有形商品」的品質因素

1. 可靠度。
2. 耐用性。
3. 所帶來的利益。
4. 機能性。
5. 外觀造型。
6. 包裝、標籤。

(二)「無形商品」的品質因素（服務）

1. 可靠度。
2. 反應性。
3. 保證。
4. 同理心。
5. 有形化。

柒 產品生命週期（Product Life Cycle, PLC）

一、產品生命週期綜述

(一) 產品生命週期圖示：五個階段

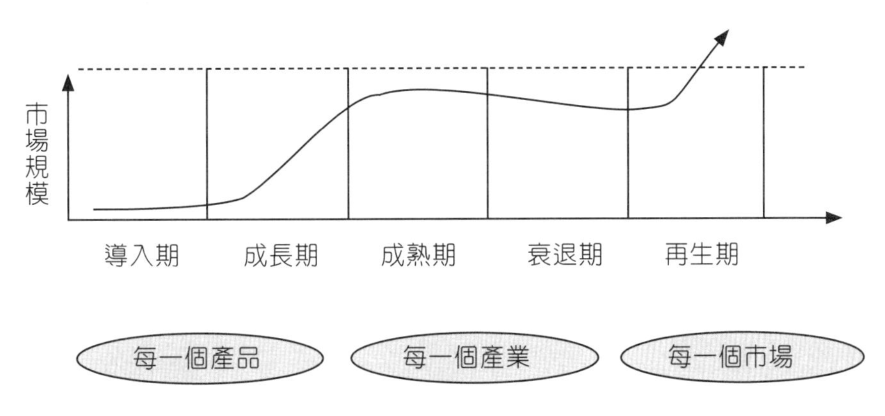

都會歷經五個不同的生命週期階段！

(二) 廠商對 PLC 的戰略方向

1. 好好積極把握：成長期，才能營收與獲利均成長。
2. 好好延長、延伸：成熟期。
3. 好好避免：衰退期。
4. 努力創造：再生期。
5. 適當時機進入：導入期。

(三) PLC 對廠商的影響

1. 導入期

營收少，可能會虧錢，需要養成市場（但少數突破性產品例外，例如：

iPhone 及 iPad 剛上市時即獲利)。

2. 成長期

營收快速成長，獲利水準也達到最高。

3. 成熟飽和期

營收及獲利不再是高峰，只回到一般水準。

4. 衰退期

營收大幅衰退，並且可能開始虧錢。

5. 再生期

營收開始回升，並且可能開始賺錢。

(四) PLC 與產品開發管理

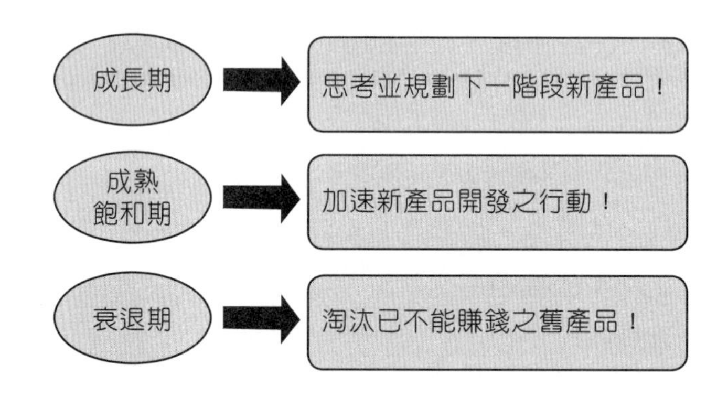

(五) PLC 與科技 3C 產品的關係

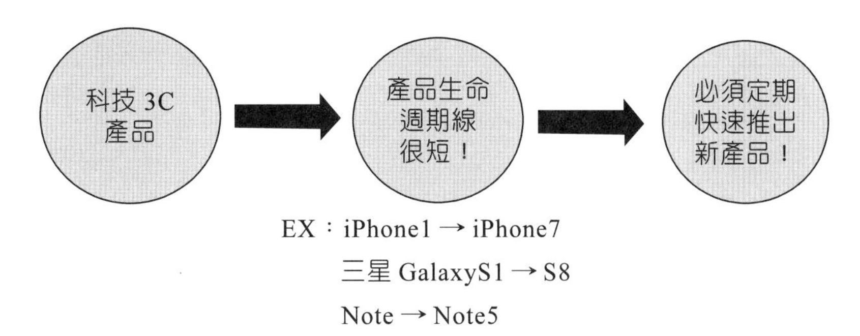

(六) PLC 與汽車產品之關係

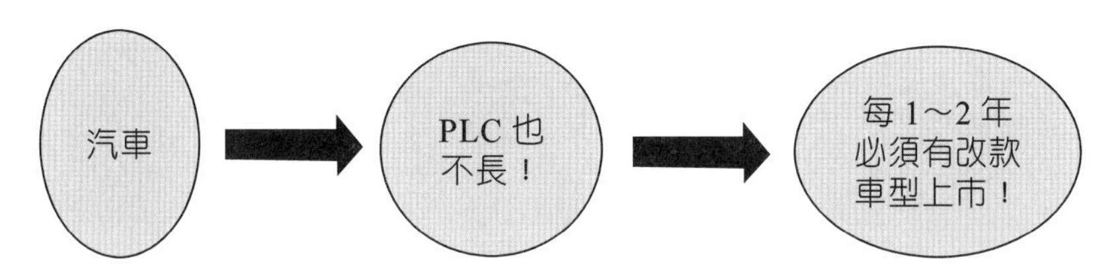

(七) PLC 與服飾業之關係

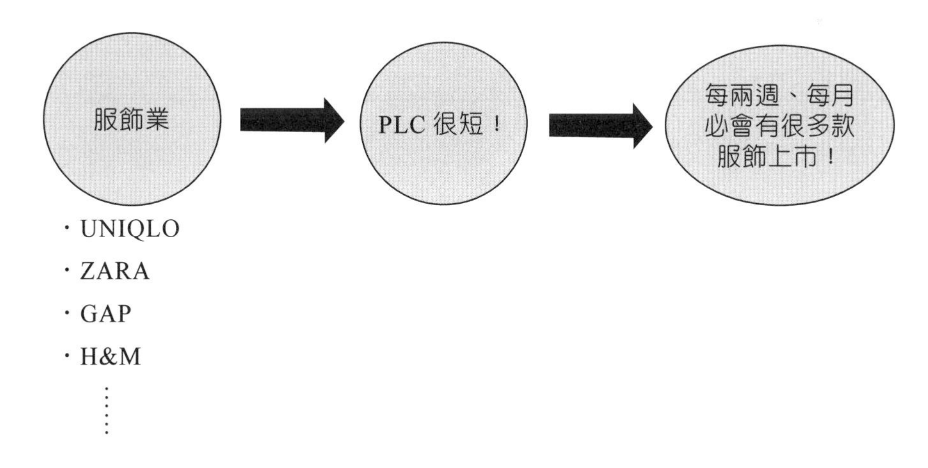

㈧ PLC 的營收、獲利占比

階段	營收占比	獲利占比
1. 金牛	50%	50%
2. 明日之星	30%	30%
3. 問題兒童	10%	-5%
4. 落水狗	10%	-15%

㈨ 單位應該負責產品 PLC 管理

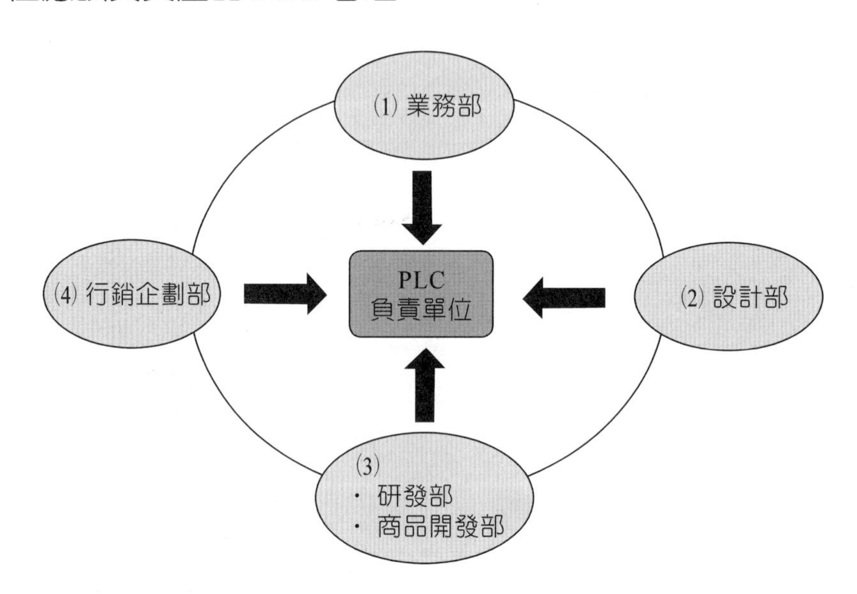

㈩ 如何確保產品在 **PLC** 競爭力之三種作法

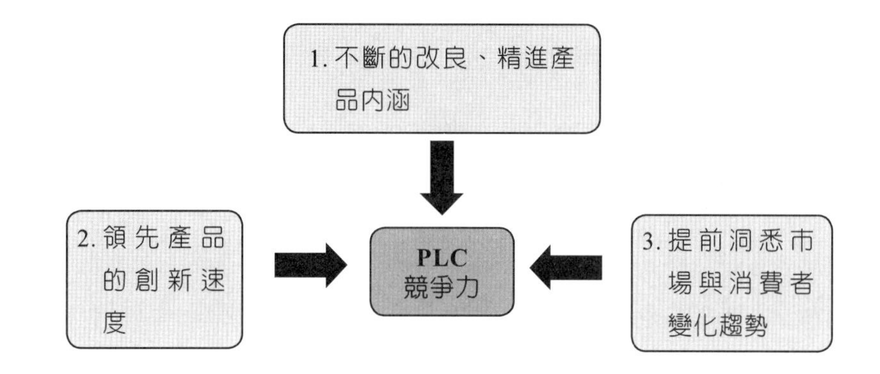

㈩㈠ 案例

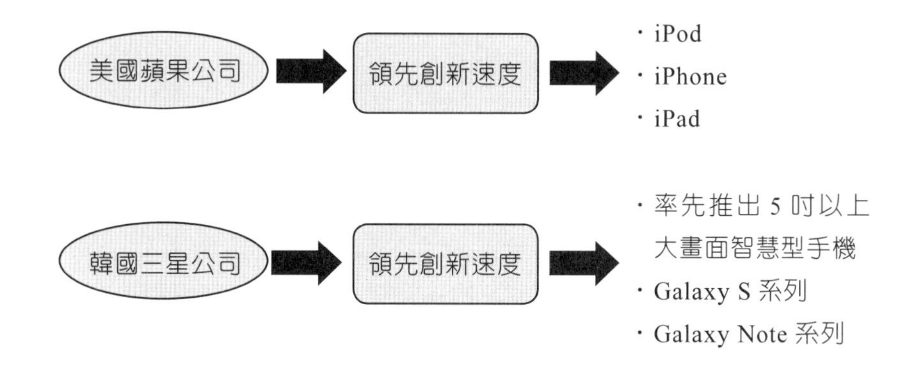

二、各生命週期說明

㈠ 產品生命週期

1. 導入期（introduction stage）

導入期係指一產品被導入市場的最初階段，此時銷售成長較為緩慢，而且因導入期廣告支出較多，且銷量少、單位成本高，故利潤很微薄，甚且無利潤。

產品案例：

⑴ 4G 行動手機電信服務

⑵ 大尺寸液晶平面電視機

⑶ 平板電腦

⑷ 信用卡電子錢包

2. 成長期（growth stage）

成長期時，產品已迅速為消費者接受，銷量大幅擴張，單位成本低，故利潤已顯著增加。

產品案例：

⑴ 智慧型手機

⑵ 網路購物

⑶ 餐飲連鎖店

⑷ 行動商務、行動影音

3. 成熟期（maturity stage）

成熟期時，產品已為廣泛消費者所使用，銷售量呈緩慢小幅成長或維持穩定。由於競爭者投入市場增多，導致產品價格下降，廣告行銷費用支出上升，故總利潤不如成長時之高。

產品案例：

⑴ 家電

⑵ 汽車

⑶ 桌上型電腦

⑷ 食品、飲料

⑸ 廣告

⑹ 百貨公司

⑺ 人壽保險

⑻ 機車

⑼ 大型醫院

⑽ 化妝品

⑾ 保養品
⑿ 健身中心
⒀ 出版
⒁ 菸酒
⒂ 雜誌
⒃ 電視頻道
⒄ 唱片
⒅ 大學教育
⒆ 國內、國際航空
⒇ KTV 歌唱

4. 衰退期（decline stage）

此期產品功能已漸為其他新產品所取代，故銷量及總利潤均呈現下跌趨勢。
產品案例：
⑴ 紡織品
⑵ 磁磚
⑶ 水泥
⑷ 傳統雜貨店
⑸ 批發商、中盤商
⑹ 計程車業（被捷運取代）
⑺ 傳統鐵路業（被高速鐵路及航空公司取代）

原則上，在不同的產品與企業發展階段，公司必須注意大環境變化，以便採取適當的策略。生產者在產品生命週期四階段當中，會依企業內部資源限制或環境外部變動情形施予不同的操作及策略，用以因應不同的模仿產品競爭及市場顧客喜好作多樣性變動。

1. 導入期階段

產品初次在市場上銷售與曝光，消費者對產品仍未能瞭解，開始僅有少數具有開創性消費者願意嘗試購買。

2. 成長期階段

消費者在此階段對產品並不陌生，此時，產品的銷售數量亦穩定的成長增加當中。

3. 成熟期階段

產品進入成熟階段，市場上應已充斥著同質性相仿的產品，消費者有了各式各樣的選擇。

4. 衰退期階段

產品進入衰退期，即代表消費者對其產品喜好或熱衷已逐漸消退，反映在市場銷售量上。

5. 改進／加入新功能階段

一般產品在進入衰退期後，銷量都會逐步下降，直至在市場消失為止。但亦有產品在進入衰退期前、後改進產品或為產品加入新功能，如改進設計做得好，不單可延遲產品的衰退期，甚至可把產品的生命週期推向第二個高峰。

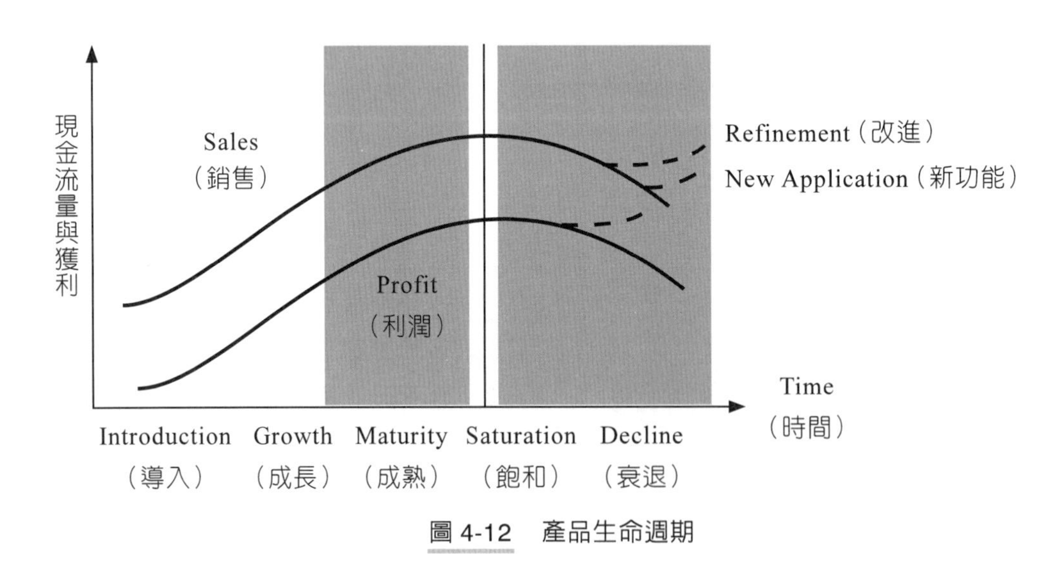

圖 4-12　產品生命週期

(二) 不同生命週期的不同市場特徵及事業目標

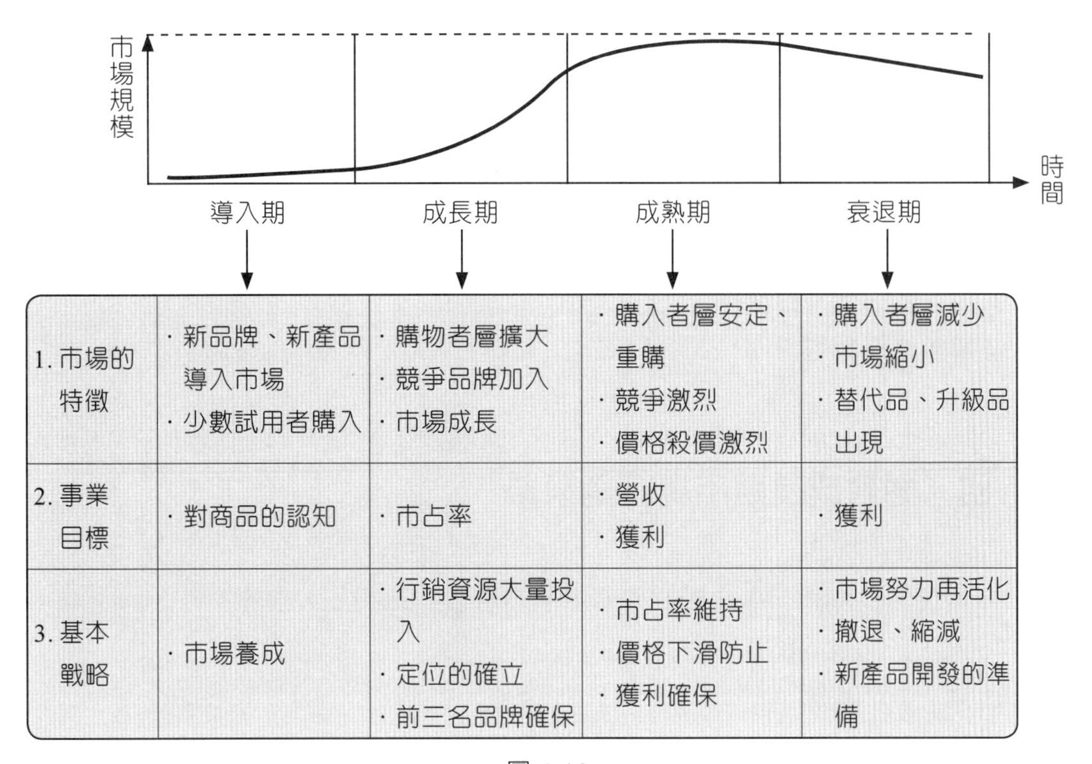

	導入期	成長期	成熟期	衰退期
1. 市場的特徵	‧新品牌、新產品導入市場 ‧少數試用者購入	‧購物者層擴大 ‧競爭品牌加入 ‧市場成長	‧購入者層安定、重購 ‧競爭激烈 ‧價格殺價激烈	‧購入者層減少 ‧市場縮小 ‧替代品、升級品出現
2. 事業目標	‧對商品的認知	‧市占率	‧營收 ‧獲利	‧獲利
3. 基本戰略	‧市場養成	‧行銷資源大量投入 ‧定位的確立 ‧前三名品牌確保	‧市占率維持 ‧價格下滑防止 ‧獲利確保	‧市場努力再活化 ‧撤退、縮減 ‧新產品開發的準備

圖 4-13

三、面對導入期市場行銷策略

依據促銷程度與產品售價的高低不同，總共有兩種不同策略，企業必須考慮狀況不同而審慎採用適當策略。

(一) 快速掠取策略（促銷程度高、產品售價高）

以大量促銷加速市場滲透率，並說服大眾具備高價格水準的產品價值。適用狀況是：

1. 大部分人並不知道該產品之存在。

2. 知道該產品的消費者願意以高價擁有它。

3. 面對潛在產品競爭，企業要建立品牌偏好。

㈡ 快速滲透策略（促銷程度高、產品售價低）

此策略可最迅速獲取最大市場占有率。適用狀況是：

1. 市場非常大。

2. 市場不瞭解此樣產品。

3. 購買者非常重視價格。

4. 潛在競爭激烈。

四、面對成長期市場行銷策略

㈠ 增加產品樣式，專注於改善產品品質特色、外觀及大小等。

㈡ 進入新的市場區隔。

㈢ 進入新的配銷通路。

㈣ 廣告策略由建立產品認知轉移至說服消費者購買。

㈤ 適時降價以吸引價格敏感者。

五、面對成熟市場行銷策略與行銷活動

表 4-1

行銷策略（Strategy）	行銷活動（Marketing Action）
㈠擴大滲透率 （Increase Penetration） 1. 將非使用者轉變成使用者	1. 提升產品的價值，經由增加產品的特質、利益或服務。 2. 提升產品價值，經由整合性系統的設計。 3. 選定潛在目標區隔市場，並做大量廣告宣傳活動。 4. 藉由開發創新配銷系統而改善產品的可行性。 5. 經由業務人員銷售努力，以開發新世代消費者。
㈡延伸使用 1. 增加現有使用者的使用頻率	1. 經由提供額外附加包裝容量或設計。 2. 鼓勵大容量採購，提供數量折扣誘因或促銷活動。 3. 提醒在不同使用環境下之利益。
2. 鼓勵現有使用者較廣泛多元的使用	1. 發展產品線擴增，以做額外的使用。 2. 開發及促進新的使用及應用。 3. 與補充性產品搭配促銷。
㈢市場擴張 （Market Expansion）	1. 發展差異化品牌或產品線，以抓住不同的區隔目標群。 2. 考慮私有品牌商品。 3. 建立獨特配銷通路，以更有效觸及潛在客戶。 4. 進入全球市場。 5. 設計廣告、促銷活動及人員銷售活動，以擴增未被開發的區隔市場。

六、面對成熟市場之行銷策略介紹（國內案例）

表 4-2

行銷策略	國內案例
㈠擴大滲透率（將非使用者轉變成使用者）	1. 國內汽車業者開發 March 、ALTIS 等較小型的汽車，迎合女性消費者購車需求，以使購車族從男性擴及女性的非使用者。 2. 國內各大學廣設推廣進修教育，設立 EMBA 班、學分班、各種專業課程，使未曾受過正規教育的消費者能有再進修的機會。 3. 唱片業者發行懷念老歌、民歌系列，吸引 40、50 歲消費者購買唱片。
㈡延伸使用 1. 增加現有使用者的使用頻率	(1) 克寧奶粉或一般礦泉水，出現大容量包裝，使選購的消費者因擔心會壞掉，而加速飲用頻率。 (2) 手機行動電話業者廣告誘使大衆在不同場合，經常使用手機打電話，對於達到一定用話者，還給予折扣優待。
2. 鼓勵現有使用者較廣泛多元的使用	(1) 統一 7-ELEVEN 經常會有創新服務推出，使得消費者會不斷增加到統一超商的頻率。例如，可以沖洗照片、可以 ATM 轉帳、可以買午餐國民便當、可以預約節慶禮品等。 (2) 國內六福村、九族文化村、劍湖山等主題遊樂園，經常會定期推出新的主題遊樂設施，以吸引遊客再次、多次的光臨消費。 (3) 國內信用卡公司不僅推行一般性的金卡，還有較高所得水準的白金卡、現金卡，功能不斷延伸，消費者使用信用卡的機會及頻率也擴大。
㈢市場擴張	1. 國內 P&G 寶僑公司不斷推出六、七種差異化品牌洗髮精，擴張市場。 2. 電視機業者推出平板液晶電視機，再創熱潮。 3. 家電業者推出空氣清淨機，此為創新產品，使市場擴張。 4. 國內各超商推出私有品牌商品，例如：關東煮、三明治、飯糰、冰沙、涼麵等，以擴大市場。 5. 手機行動電話業者向上發展 4G 上網（第四代）手機服務。 6. PC 廠商從桌上型電腦發展到 NB 筆記型電腦，現在則更發展 Tablet PC 平板電腦。 7. 中華電信公司提供 ADSL 寬頻上網功能，以區別過去 Hinet 窄頻撥接上網。

 七、面對衰退階段（decline stage）行銷策略

㈠ 確定弱勢產品，並減少其投資。
㈡ 對於已絕對無望的產品，結束其產銷運作。
㈢ 將售價降低，打折出售，以收回現金周轉之用。
㈣ 增加各方面投資，以確使衰退再回復到正常水準。
㈤ 增加在強調產品的投資，以獲取第一市場占有率。

 八、衰退產品之跡象

在衰退期的產品或是成熟期末尾的產品，很可能出現以下若干跡象：
㈠ 銷售額（量）負成長或成長很微小。
㈡ 價格不斷下跌，無法回升。
㈢ 利潤也因價格下跌而連帶縮減，甚至虧損經營。
㈣ 面臨新的替代品出現，例如：木質網拍已為纖維網拍取代。
㈤ 產品的功能無法有效做新的突破。
㈥ 面臨顧客對此需求的減弱，例如：過去縫紉機銷售，已因消費者購買成衣的習慣而漸漸失去它的市場。

 九、產品生命週期與產品開發管理的配合

公司行銷及研發高層人員，應該注意到公司每一個產品線、每一個品牌別或每一個事業群，它們的產品正處在什麼樣的生命週期，然後應有什麼樣的產品開發相對應，以確保公司的營收、獲利均能保持穩定成長，並且滿足消費者及競爭環境的改變。如圖 4-14 所示，即是這種意涵。

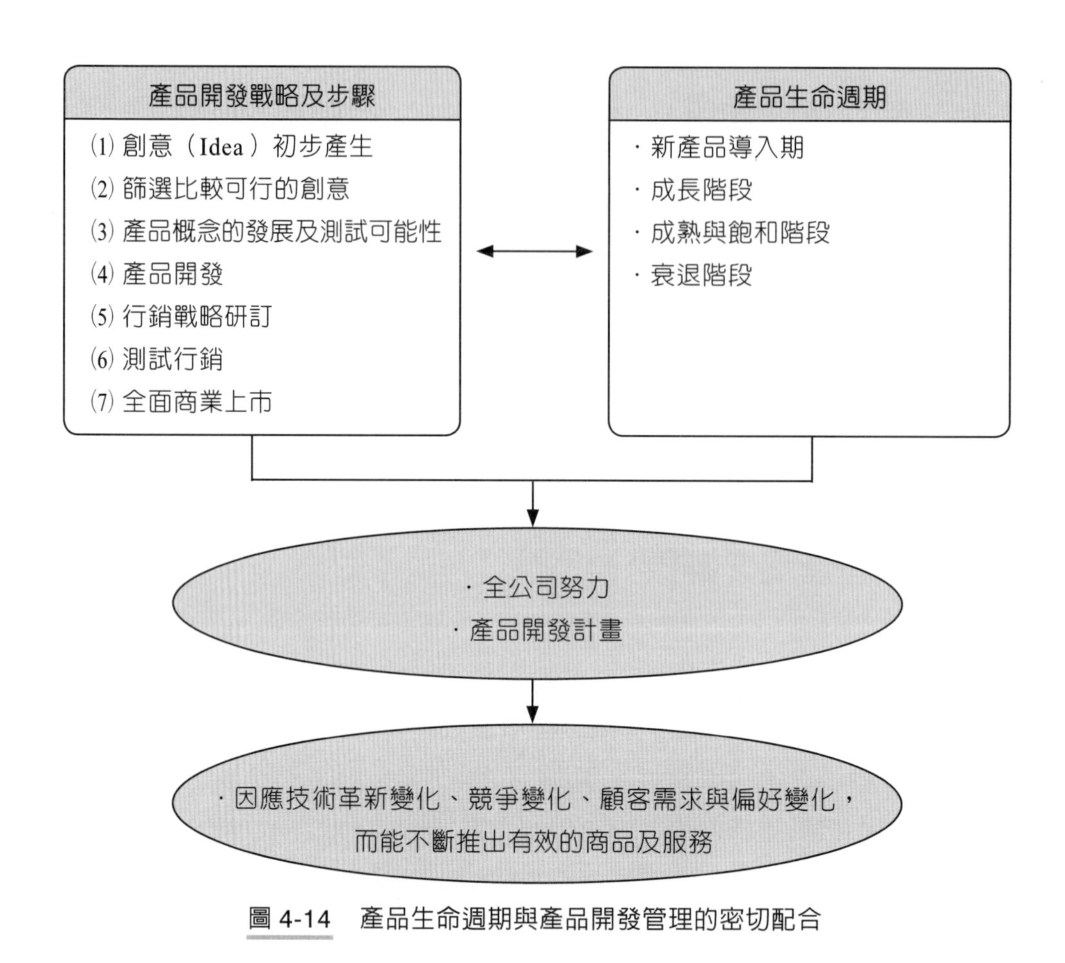

圖 4-14　產品生命週期與產品開發管理的密切配合

 十、產品是否終止廢除的檢討項目

任何公司不是所有的產品都是暢銷的，或是歷久不衰的，有時候是外部環境激烈的改變而致使公司某些產品發生不利的變化；有時候則是公司內部自身因素，而使某些產品的競爭力逐步衰退。不管是哪些原因，公司的確應該對某些已沒有貢獻或沒有未來性存在價值的產品，認真考量到是否執行「退場」機制的問題了。

如圖 4-15 所示，公司對某些產品是否停產、退出、不再銷售的檢討項目，包括了十二項因素。

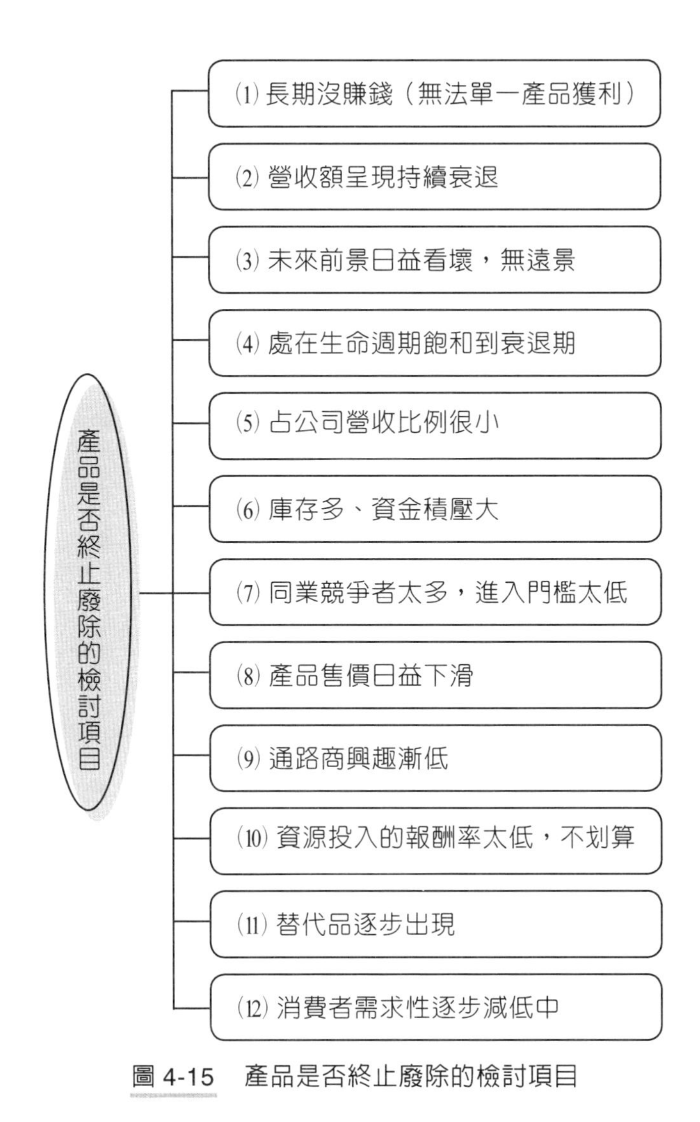

圖 4-15　產品是否終止廢除的檢討項目

捌 產品環保

一、企業面對環保戰略的類型

由於環境保護（環保）在世界各國已成為主流政策及法令規範，因此，企業界在既有產品及未來新開發產品方面，都必須有良好的因應對策。如圖 4-16 所示，企業面對環保戰略從消極到積極狀況有如下四種類型：

1. 遵守汙染防止法規。
2. 商品的部分再修正改良。
3. 超越法規以上的商品改良。
4. 整體與全面的改革及創新商品。

	〈成本增加〉	〈資源生產力提升〉
對環境因應的主動積極	(3) 超越法規以上的商品改良	(4) 整體的改革與創新商品
對環境因應的消極變動	(1) 遵守汙染防止法規	(2) 商品的部分再修正改良

圖 4-16　企業的環境保護戰略四種類型

二、環保產品（Eco product）

因應全球環保日益嚴格的法令要求，很多汽車廠、電機廠、包裝廠、材料廠、電池廠、事務機器廠、家電廠、電腦廠等，均已展開積極的對應政策，以符合環保法令的要求。這些廠商均思考如何在新產品設計及新包裝設計上，力求做到所謂 Eco product 下列事項要求標準：

1. 省能源、省電力。
2. 低汙染。
3. 綠化產品。
4. 再生包裝。
5. 省資源耗用。
6. 零水銀。
7. 回收 DVD 再資源化。

三、TOYOTA（豐田）汽車因應產品環保的對策

㈠ 成立環保的五個專責組織體制與人力編組

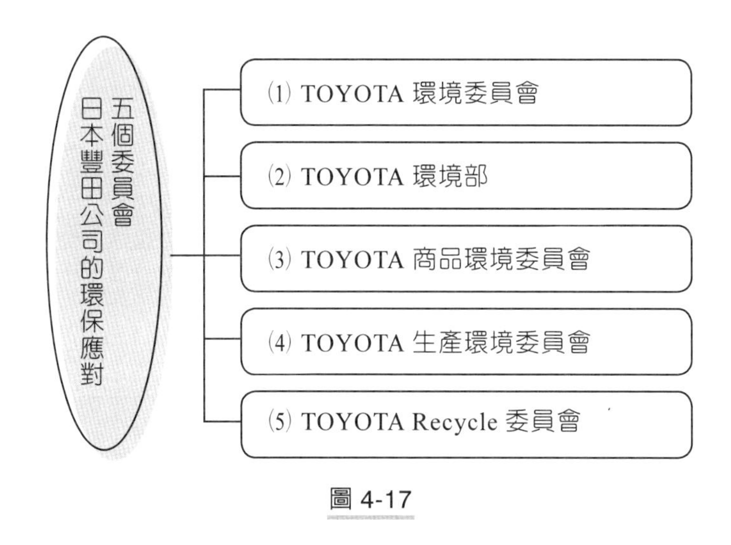

圖 4-17

㈡ TOYOTA 汽車對環境保護的五點對策

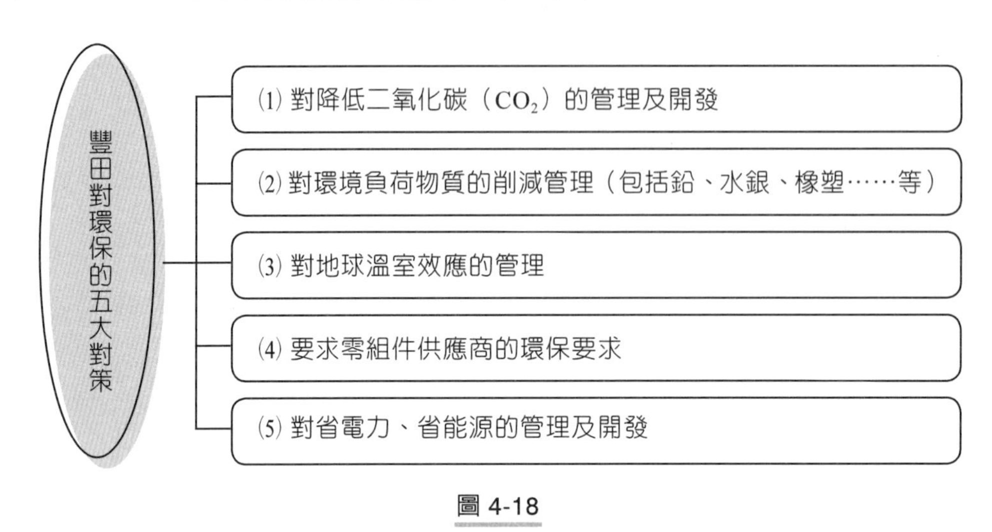

圖 4-18

四、日本花王公司面對環保趨勢的因應對策

㈠ 從環境、經濟及社會三個面向，確保供應安全及安心的商品力

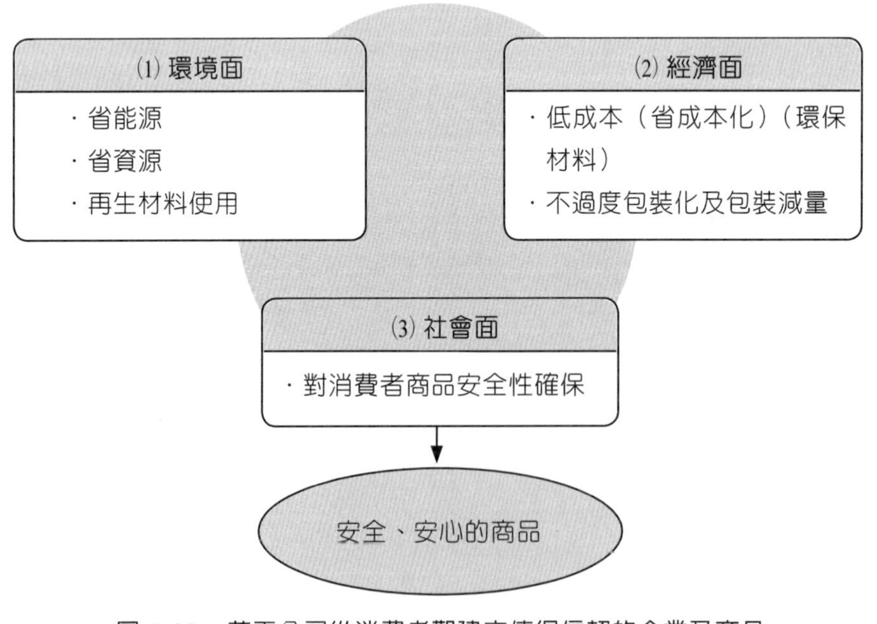

圖 4-19　花王公司從消費者觀建立值得信賴的企業及商品

(二) 日本花王公司商品開發的環保 3R 要求

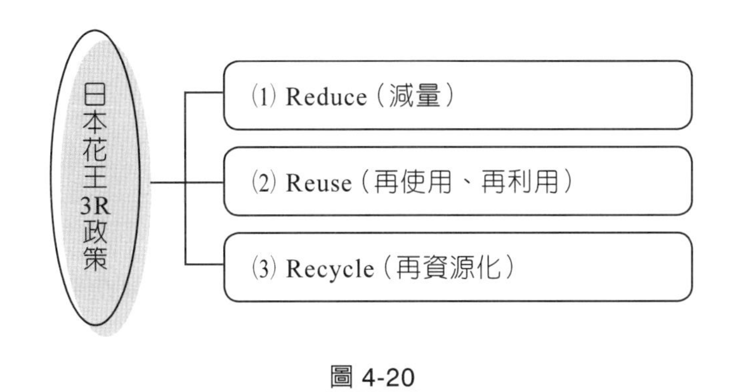

圖 4-20

玖 評估思考「消費者價值」的七大特質

一、何謂「價值」?

市場交易的真正標的是「價值」,但「價值」為何物?瞭解「價值」的特質,才有可能創造出「價值」。據美國西北大學 Kellogg 管理學院教授 Mohanbir Sawhney 的透析,「價值」的定義是:「消費者於比較可供選擇的供給與價格後,其願意為擁有某一供給而支付成本去交換可得到的效益,而被給予的滿足感受。」

二、「消費者價值」的七大特質

國內行銷專家薛炳奎歸納出 Mohanbir Sawhney 所提出消費者價值的七項特質,如下:

㈠「價值」是由消費者界定

誠如管理學大師彼得·杜拉克（Peter Drucker）所言，消費者的購買，其所認知的「價值」絕不是產品本身，而是它的實用性，即它到底真能替消費者做什麼？消費者感覺它能替他做的多，則「價值」在他眼裡就高；反之就低。

㈡「價值」是摸不清楚的

由於消費者通常並不瞭解他們購買的動機，更無法說清楚他們的需求，是故，產品或服務的供給者要摸清消費者認知的「價值」所在，就更為困難了。

㈢「價值」是與情境相關聯的

「價值」如同「美」都是一種主觀的認知，它展現在旁觀者的眼中及心中，而這認知的展現與終端使用者、終端使用者所處的實境及當時的大環境三種面向交互關聯，即消費者在做「價值」評估時，會以「我是誰？我要做什麼？我生活及工作所處的大環境是什麼？」來建構一衡量函式作為度量「價值」的大小。因此，由於消費者皆是不同的自我，追求的慾望之滿足感是不同的，自然而然地某一供給給予的效益會有不同的「價值」評價，是故，「價值」具有顧客之獨特性（customer-specific）。

㈣「價值」是多面向的

消費者在購買某項產品或服務時，不僅是考慮產品或服務的功能「價值」，他們也同時衡量擁有、使用及購買此產品或服務時的情緒「價值」，以及評估他們以時間和金錢交換來的經濟「價值」。

㈤「價值」是等價的交換

「價值」的前述定義僅隱含了消費者在購買時的支付成本，但此成本只是消費者持有某一產品或服務的其中一項成本而已；然持有某一產品或服務的「持有總成本」（total cost of ownership），尚有諸如學習成本、維護成本、使用成本等。消費者通常於購買之際並未察覺到這些隱藏性的成本，但於擁有、使用過後才會有刻骨銘心之痛。因此，構建一精確的、等價的交換，供應商必須讓消費者清楚地看到他們所獲得的效益與持有成本的全貌。

㈥「價值」是相對的

消費者總有一次最佳的最好選擇作為他們「價值」評比的參考，因此，若對消費者購買決定的參考背景無所知，就會找錯競爭的對手。

㈦「價值」是一種信念

廠商所思、所為當以消費者為核心，而非以其產品為焦點；更應建立本身是為消費者的「價值」而存在。廠商若以此種信念看待「價值」，則它對消費者的專注，對消費者「價值」的呈獻及本身的成長策略都將為之改觀。

拾　強勁產品力三要件

根據諸多企業實戰經驗及各種研究報告顯示，一個強勁產品力應具備三個要件，如圖 4-21 所示。

第一，公司各相關單位是否對上市後產品不斷的改良及改善，以及對後續新產品的持續投入。

一般來說，很少有一種產品一上市就 100% 的完美，包括汽車、家電、電腦、手機或消費品等，每一年總會推出改良款、革新款型，或新功能或新造型或新口味等。大部分能夠長期保持暢銷的產品，一定是每一年都有做一些更好、更棒、更吸引人及更多價值的改變與改良。

而這些改良及革新，的確需要公司所有相關部門的合力團隊及分工執行，努力達到盡善盡美。

第二，公司對任何既有商品或新商品的概念，必須是非常新鮮的、具創意性的，及具魅力、吸引力的，這樣才能得到最多消費者的喜愛。

例如，iPod 、iPhone 、ASUS 的藍寶堅尼鋼琴鏡面筆記型電腦、哈利波特小說、Google 、YouTube 影音分享網站、超薄型手機、LV 名牌時尚設計精品、日本迪士尼樂園、好萊塢暢銷電影（例如，哈利波特、星際大戰、蜘蛛人、魔戒、神鬼奇航……等）、名牌高級轎車、液晶電視機……等均屬之。

第三，公司對商品觀必須具有先見性、前瞻性及英明判斷性。這是指對商品品類、品項及其技術內涵與需求內涵，具有比較長期性的觀點及預判。例如，美國蘋果公司幾年前推出 iPod 造成暢銷之後，即規劃 iPhone 手機的推出，如今 iPhone 及 iPad 也已上市，下一波又規劃 iTV 互動數位電視的新產品上市。日本豐田 LEXUS 汽車也一樣，從 100 多萬元車子，到 200 萬元、300 萬元，LEXUS 460 的 400 多萬元日系高級車，甚至 LEXUS 600 型的 600 多萬元最頂級日系車，希望與 Benz 600 系列及 BMW 750 系列拼戰頂級車市場。這是豐田汽車先做好前瞻性與先見性的戰略政策，也終於打造出如今 LEXUS 汽車商品力強勁的主因。

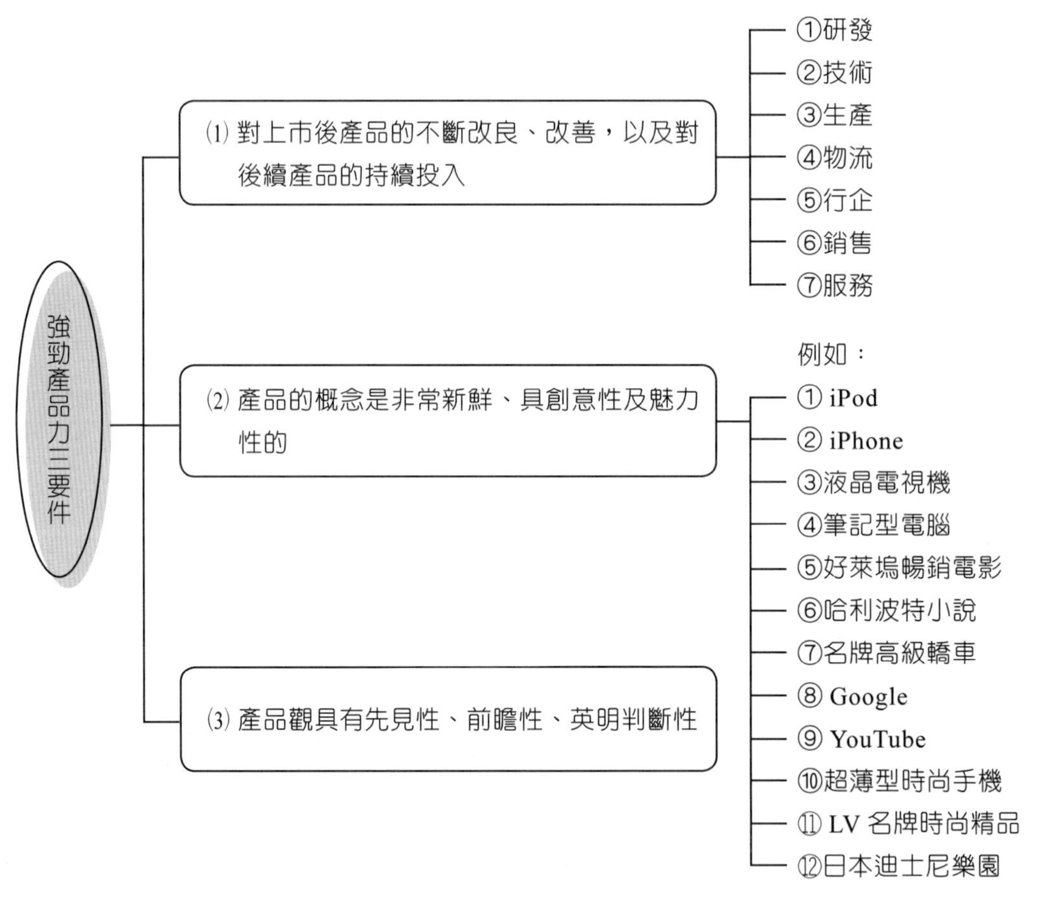

圖 4-21　強勁產品力的三要件

5 產品組合的意涵與實例

壹　產品組合的意涵

貳　產品組合的實例

壹　產品組合的意涵

一、意義

產品組合（product mix），亦稱為產品搭配，係指廠商提供給消費者所有產品線與產品項目之組合而言。例如，美國雅芳（AVON）公司的產品組合，係由主要三產品線所組成，合計約有 1,300 項產品。

1. 化妝品線：包括唇膏、口紅、乳液、粉餅等。
2. 家庭用品線。
3. 寶石裝飾品線。

再如，統一企業的產品線包括速食麵、飲料、冰品、沙拉油、餅乾、健康食品、飼料、麵粉等。

二、寬度、長度、深度與一致性

對於一家廠商，我們可就其產品之寬度、長度、深度與一致性來討論產品組合之意義。

1. 產品的寬度：係指有多少種產品線之數目。
2. 產品的長度：係指每一種產品線中品牌之數目。
3. 產品的深度：係指每一項產品中之不同規格與包裝形式之數目。例如，P&G 的洗髮精總共有 4 個品牌之多，包括海倫仙度絲、飛柔、潘婷、沙宣等。
4. 產品的一致性：係指產品線在最終用途、生產條件、分配通路及其他方面相關之程度。

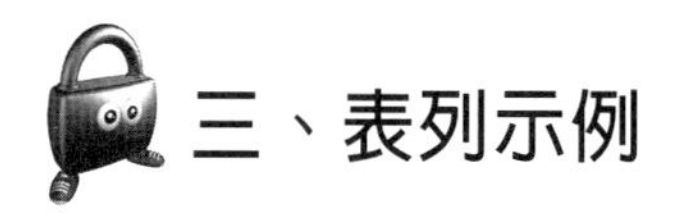

三、表列示例

產品線寬度（橫向）／產品線長度（縱向）

清潔劑	牙膏	香皂	紙尿布	除臭劑	咖啡
Ivory	Gleem	Ivory	Pampers	Secret	Folger's
Cheer	Crest	Camay	Luvs	Sure	
Era		Coast			
Bold					

圖 5-1　美國 P&G 公司之部分產品組合（在美國市場）

〈案例 1〉

茲以臺灣 P&G 公司的六條主要產品線組合為例，說明圖示如圖 5-2。

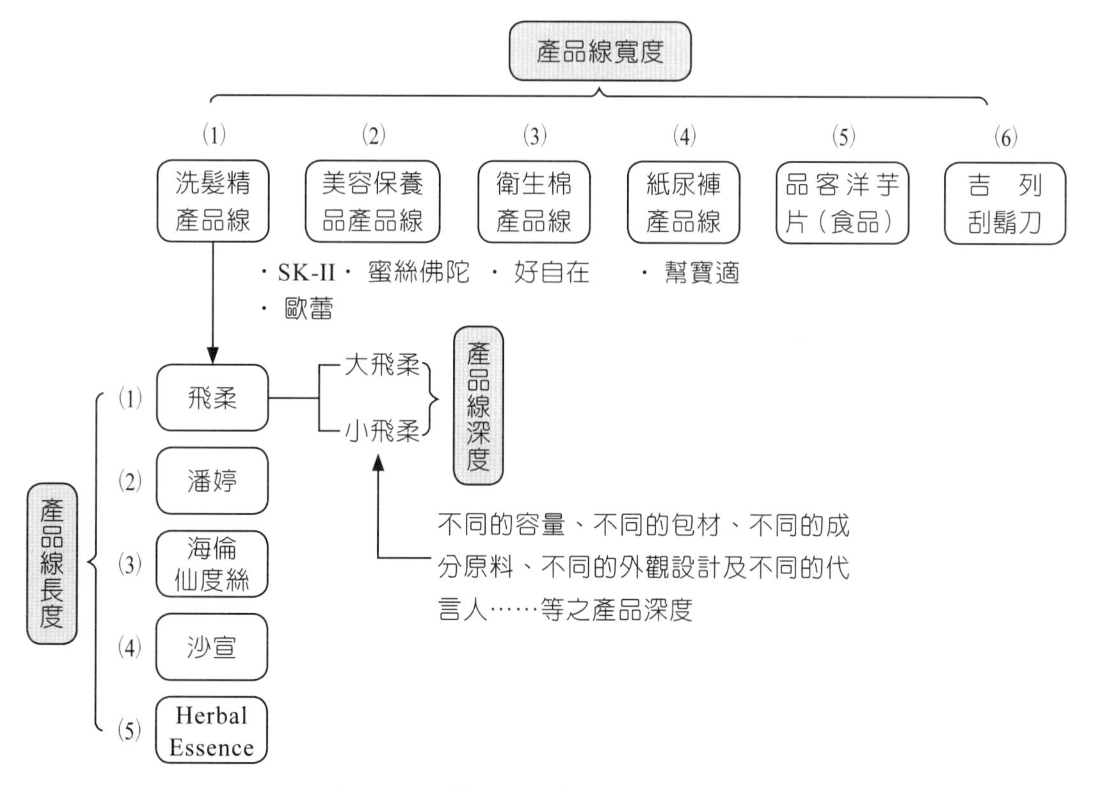

圖 5-2　臺灣 P&G 的產品線組合案例

〈案例 2〉

茲以統一企業為例，圖示如圖 5-3。

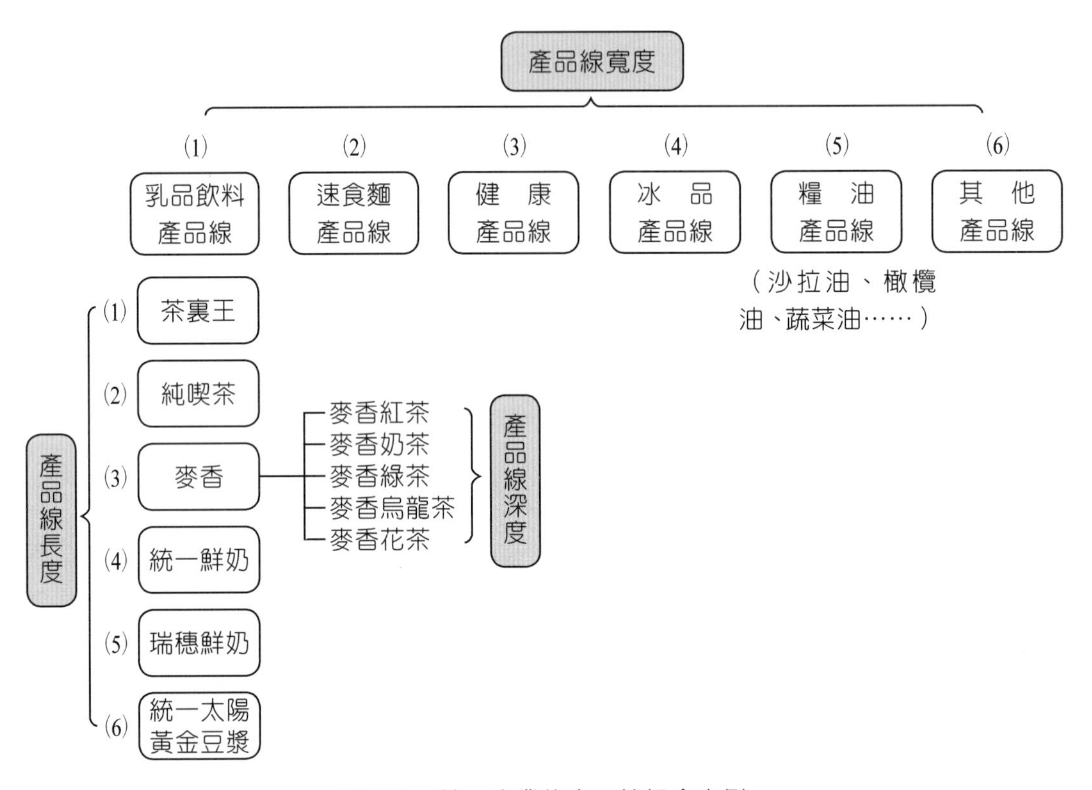

圖 5-3　統一企業的產品線組合案例

 四、在行銷上之涵義

以上所討論之產品組合的四個構面，對行銷人員之涵義包括：

(一) 可考慮擴大產品線之寬度，以開展更大的市場銷售額。

(二) 可考慮增加產品線之長度，以使產品線漸趨完整，形成一個 full-line 的產品線。

(三) 可考慮增加產品線之包裝、形式、規格、色彩，以加深其產品組合。

㈣ 可考慮在專業化或介入更多領域發展，此可由產品一致或多樣化而得。

貳 產品組合的實例

案例一、臺灣花王產品組合

臺灣花王公司營業額僅次於美系 P&G（寶鹼公司）及歐系聯合利華（Unilever）公司，為國內第三大日用品及清潔用品製造公司。

㈠ 全產品組合

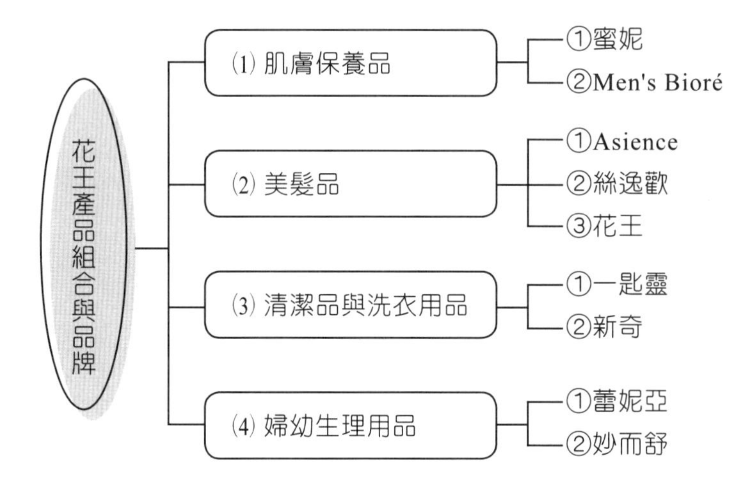

㈡ 蜜妮產品系列

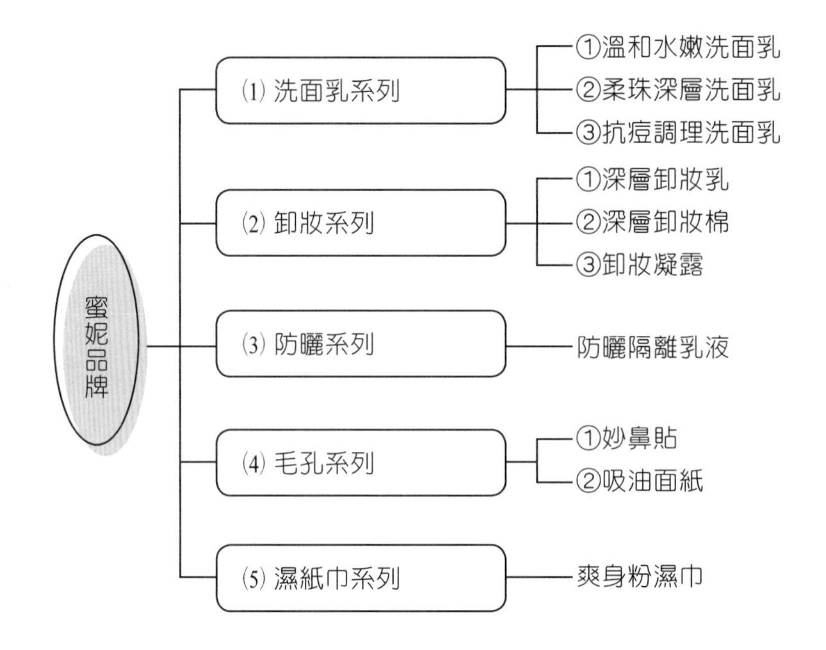

㈢ Men's Bioré 產品系列

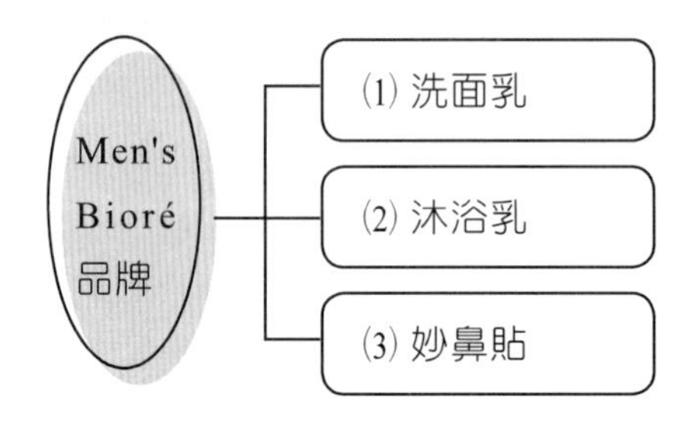

㈣ Asience 產品系列

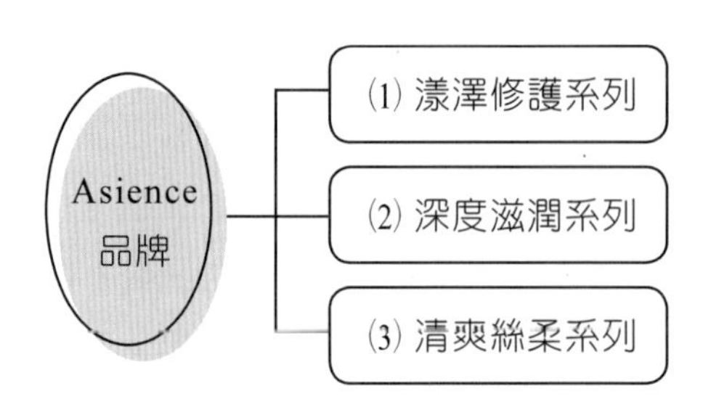

㈤ 絲逸歡產品系列

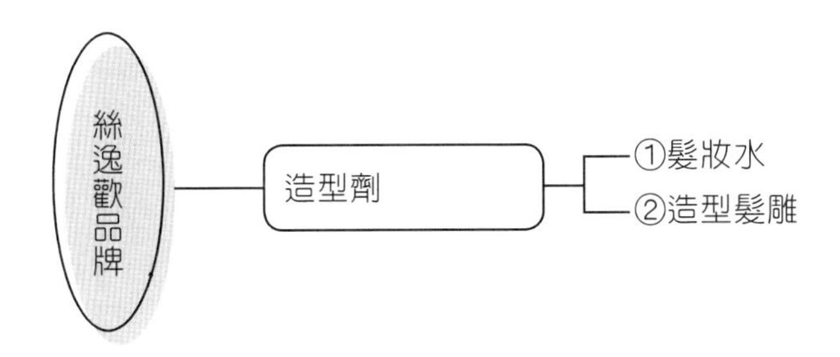

㈥ 花王品牌

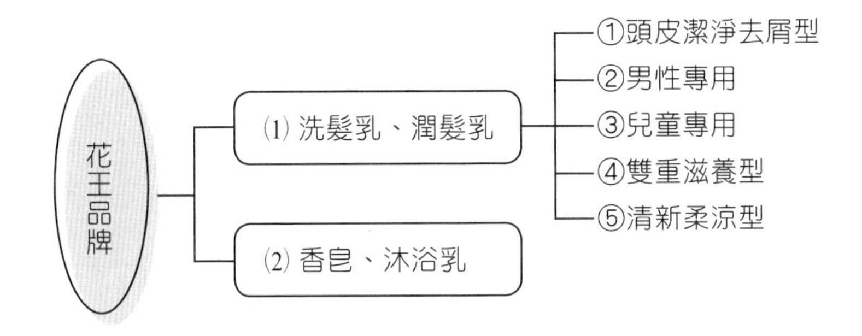

㈦ 一匙靈品牌

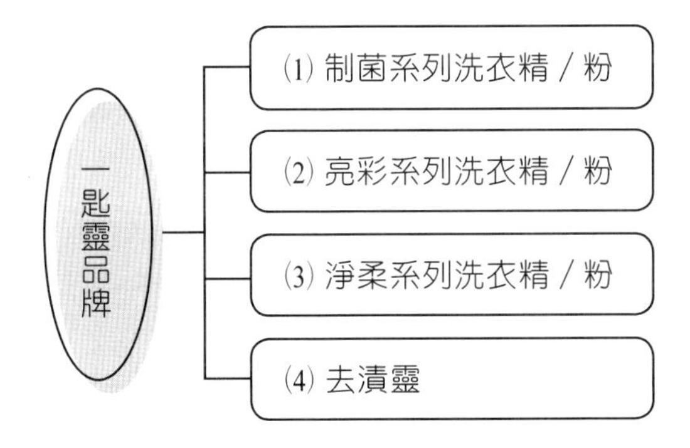

(八) 新奇品牌

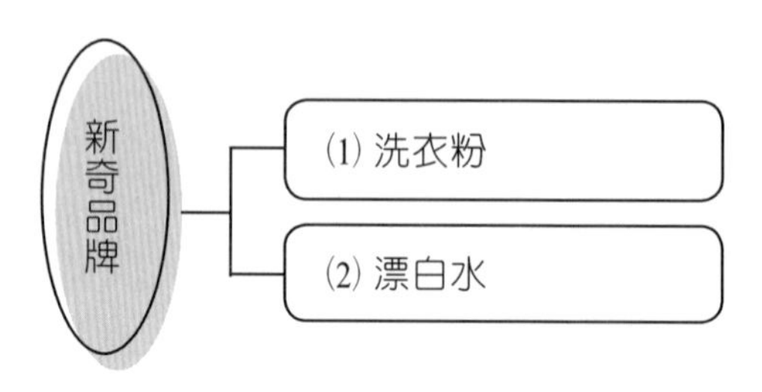

(九) 魔術靈品牌

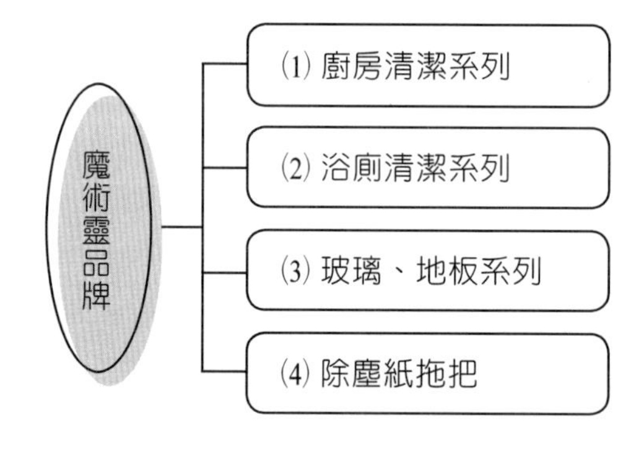

(十) 蕾妮亞品牌

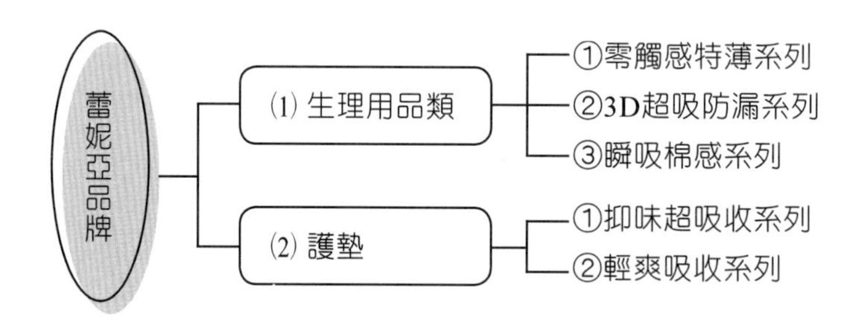

(十一) 妙而舒品牌

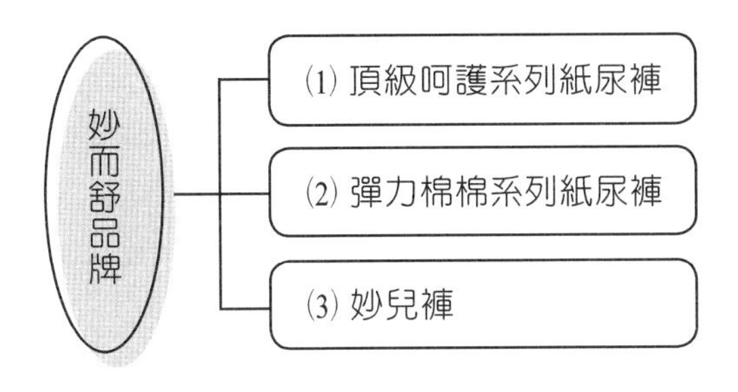

 案例二、臺灣雀巢產品組合

(一) 雀巢九大產品系列組合

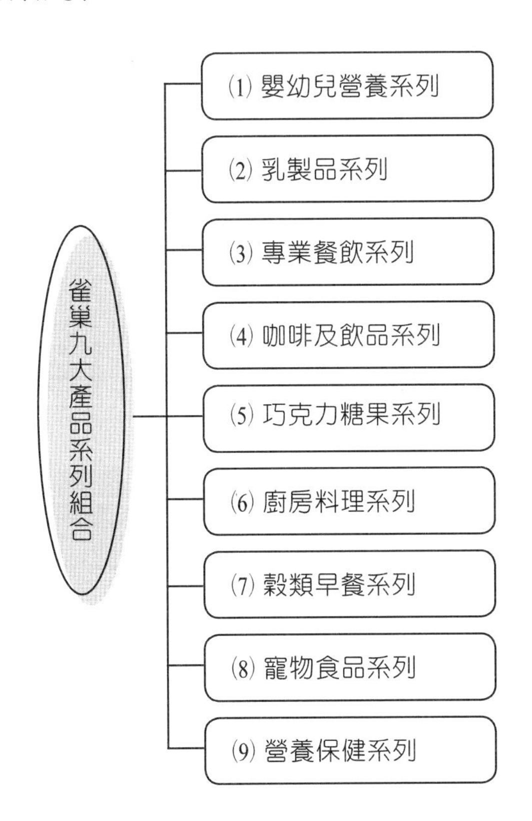

㈡ 雀巢成長奶粉系列

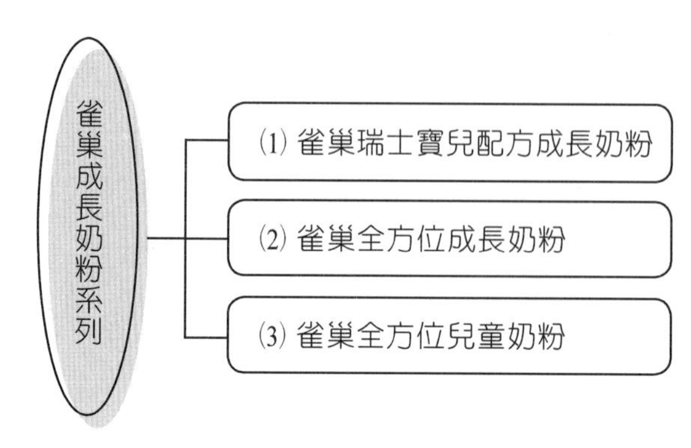

㈢ 雀巢咖啡品牌系列

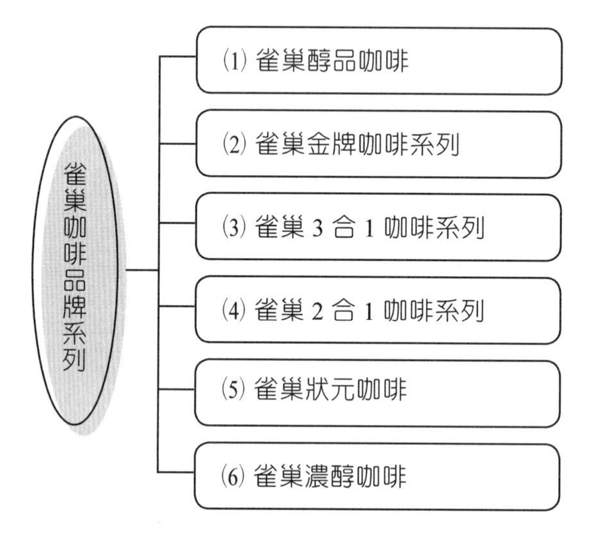

㈣ 克寧奶粉品牌系列

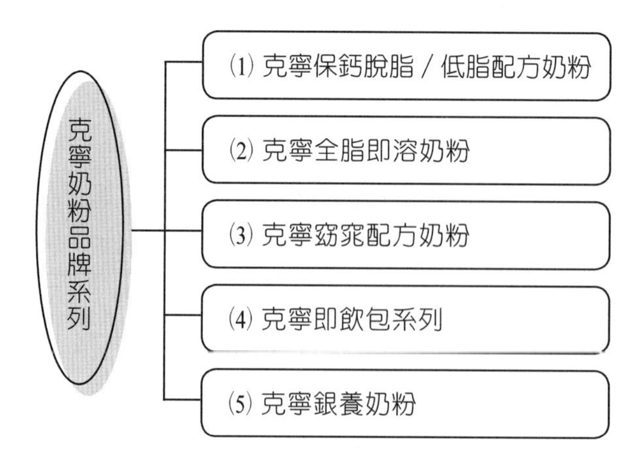

案例三、光泉產品組合

㈠ 全產品組合系列

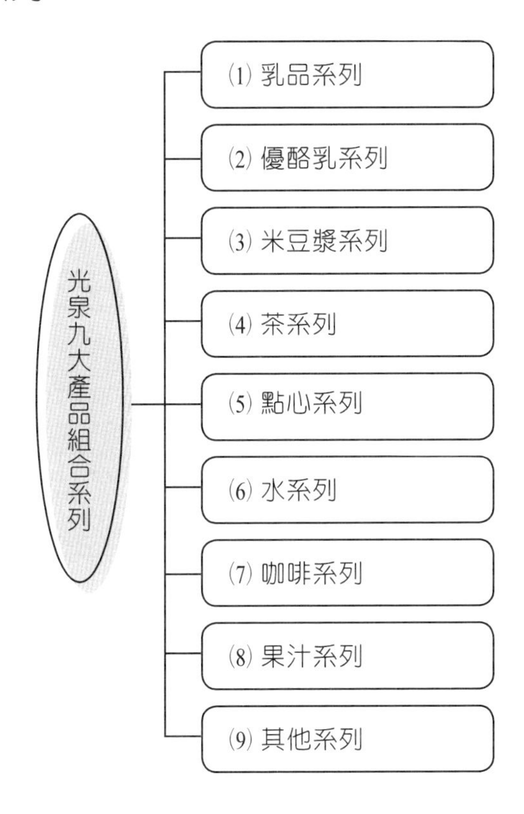

㈡ 乳品系列

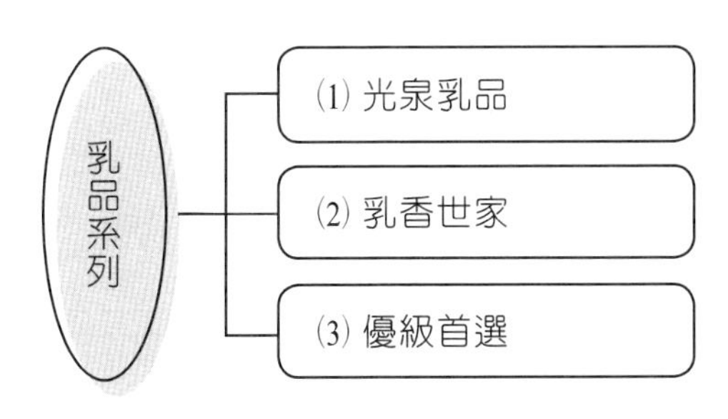

㈢ 米豆漿系列

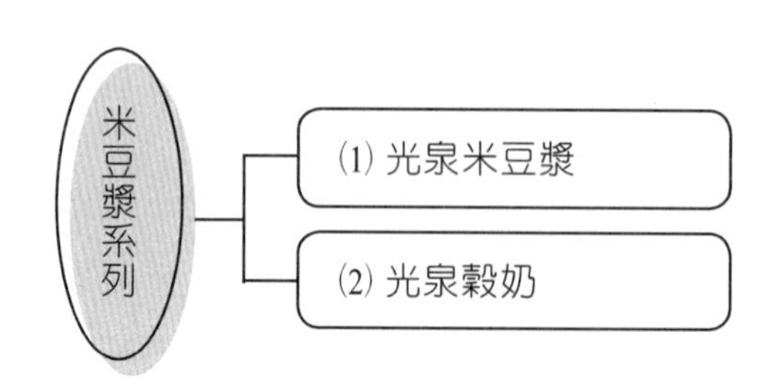

㈣ 茶系列

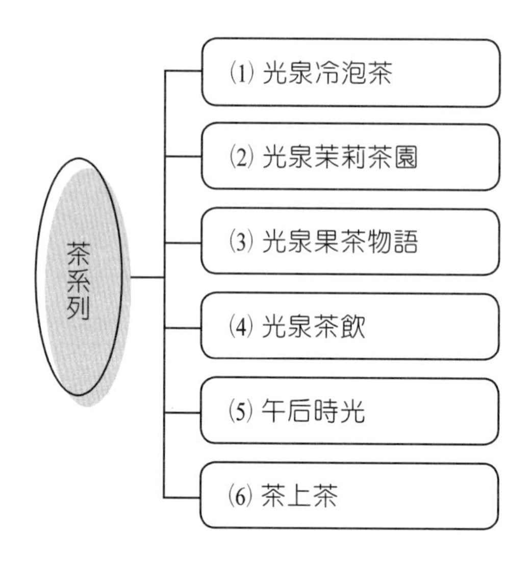

㈤ 果汁系列

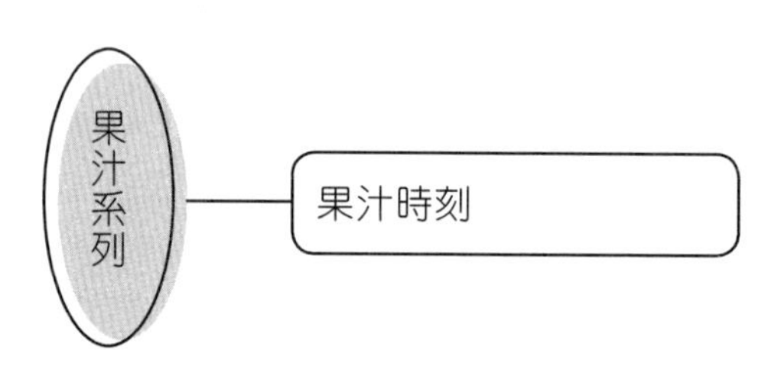

㈥ 水系列

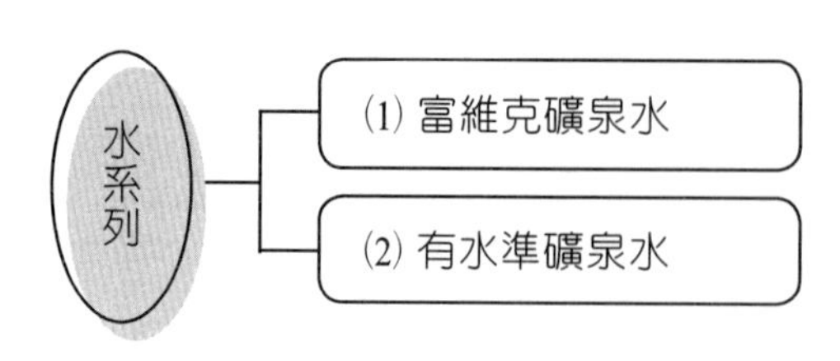

㈦ 咖啡系列

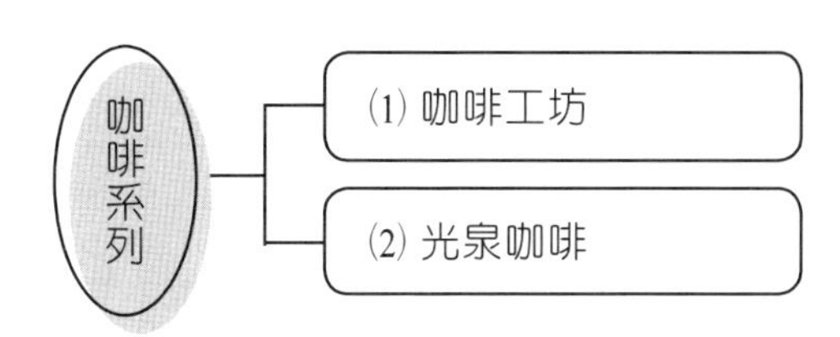

㈧ 點心系列

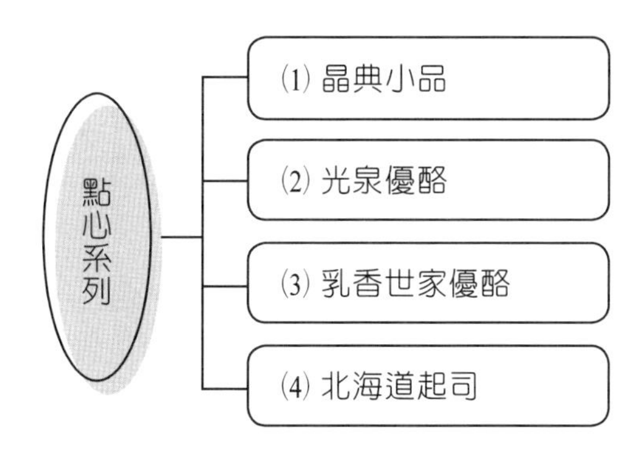

㈨ 其他系列

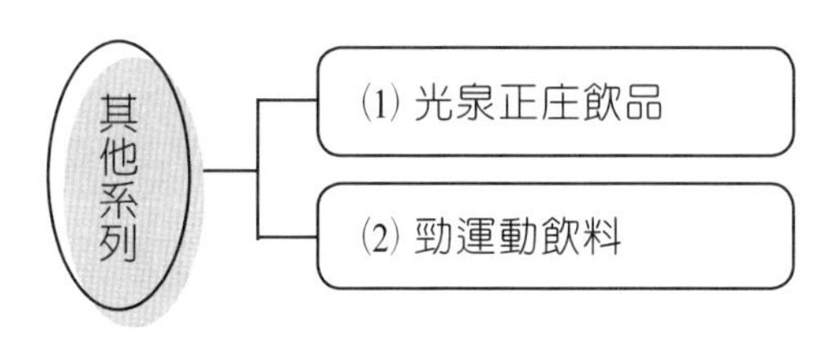

案例四、維他露產品組合

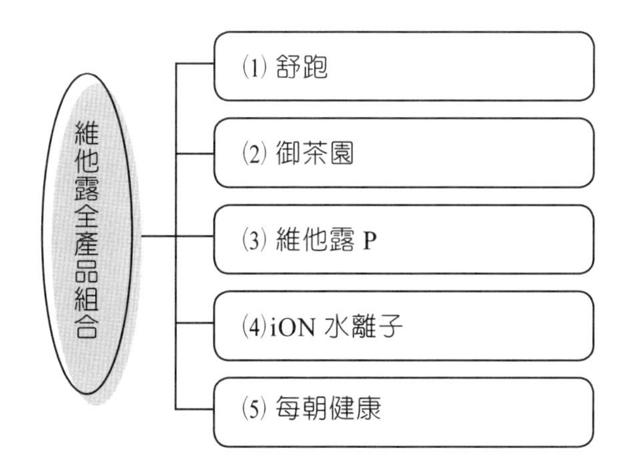

案例五、華歌爾產品組合

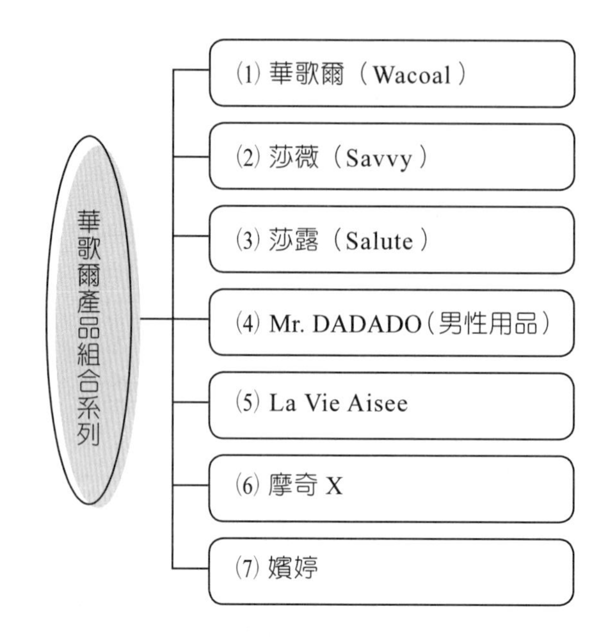

案例六、愛鮮家公司產品組合

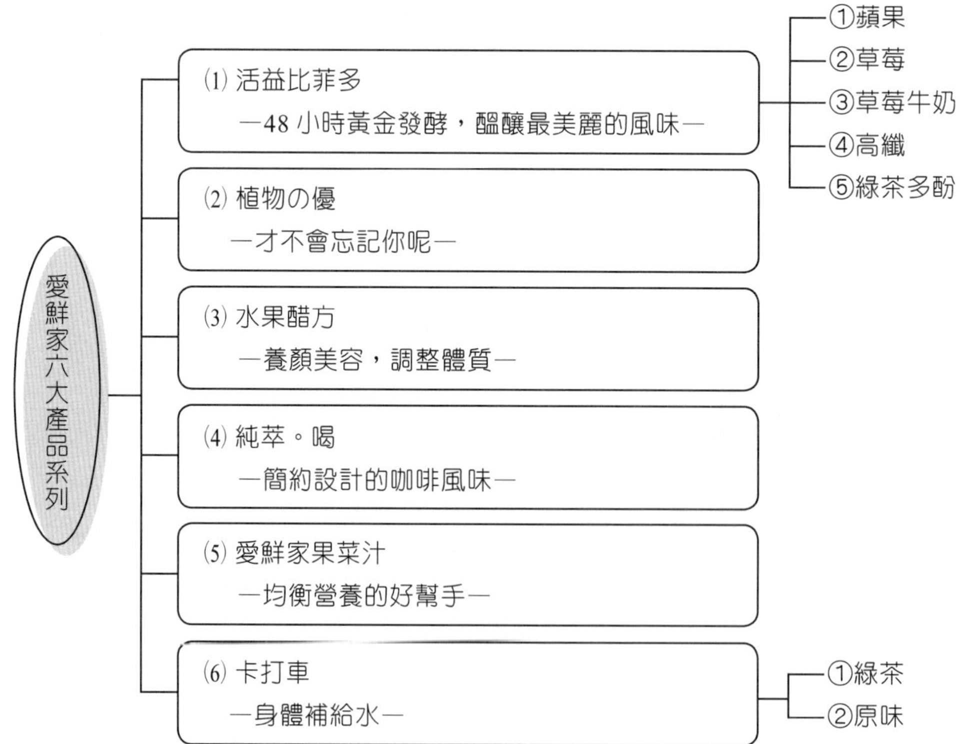

案例七、華碩（ASUS）產品組合

㈠ 華碩 NB 機種

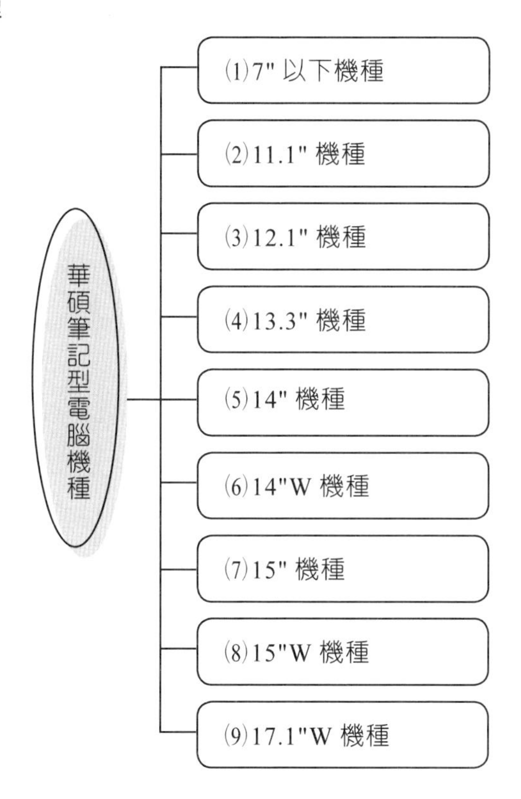

㈡ 華碩頂級藍寶堅尼筆記型電腦產品介紹

ASUS-Lamborghini VX2

無可比擬的動力與風範，藍寶堅尼筆記型電腦，限量經典名作

體驗從你的手掌觸摸絢麗的車身與動力釋放的瞬間

· 尊爵黃鏡面鋼琴烤漆／時尚黑碳纖維外殼，優雅奢華。

· 跑車精細工藝設計結合高亮度鏡面 LCD，金屬框與皮革完美設計。

· 指紋辨識、TPM、華碩獨家 ASPM，三重保護，資安滴水不漏。

· 搭載最新 wireless N 技術，傳輸速度快三倍。

㈢ 華碩 S6 皮革產品介紹

S6F Leather Collection

ASUS 再創經典 S6 皮革系列

S6 皮革系列為全球第一款真皮筆記型電腦，為筆記工藝設計再創顛峰。S6F 打破傳統筆記型電腦的設計理念，大膽結合時尚精品業常用的皮革材質，讓筆記型電腦媲美時尚精品，更是高科技的產品！S6F 追求時尚而不犧牲效能，反而對於功能性的追逐更勝一籌！

案例八、統一企業產品組合策略

㈠ 統一企業全產品組合

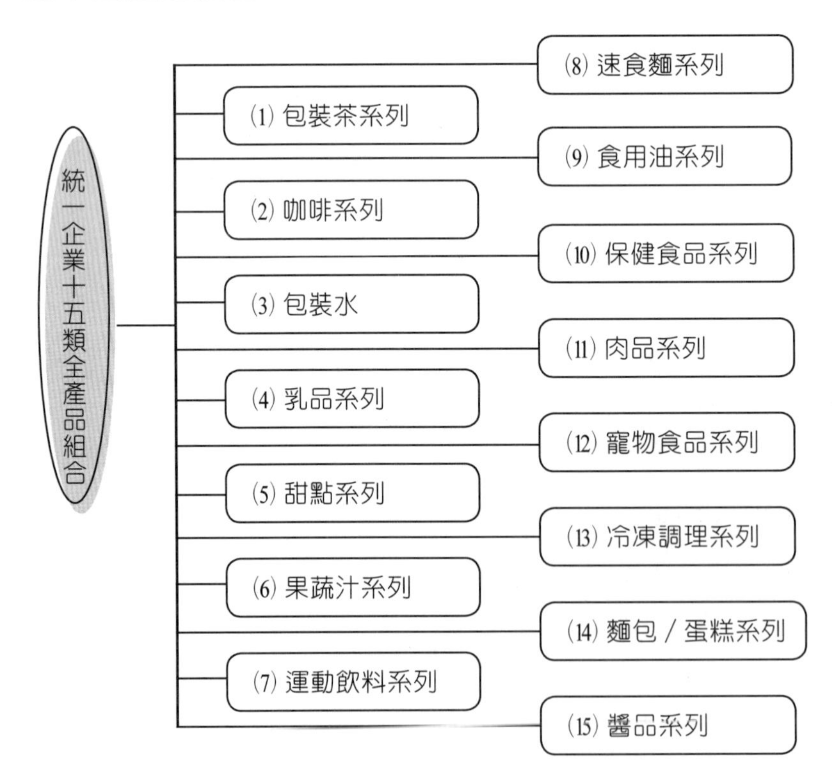

㈡ 包裝茶系列

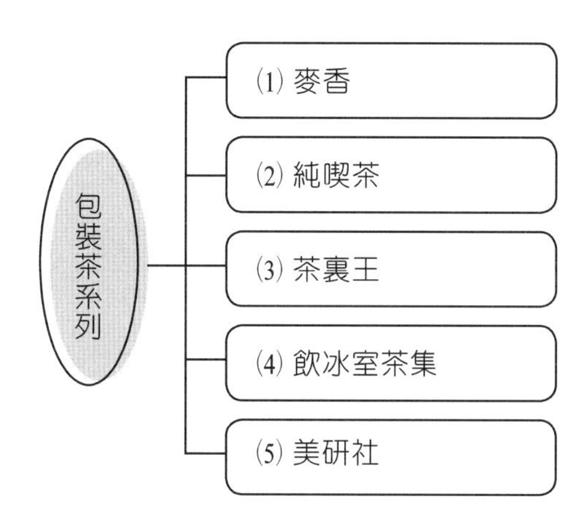

㈢ 咖啡系列

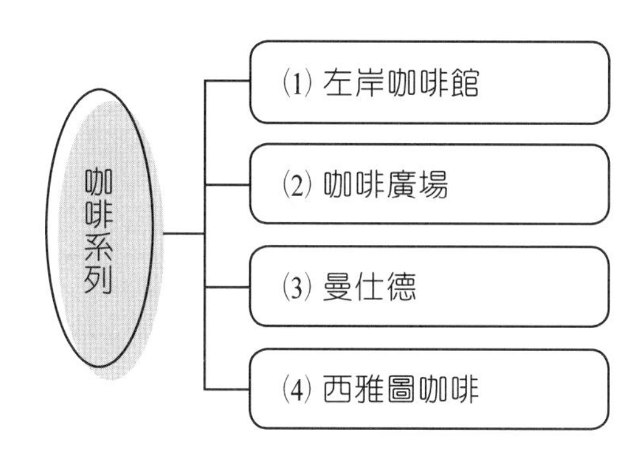

㈣ 包裝水系列

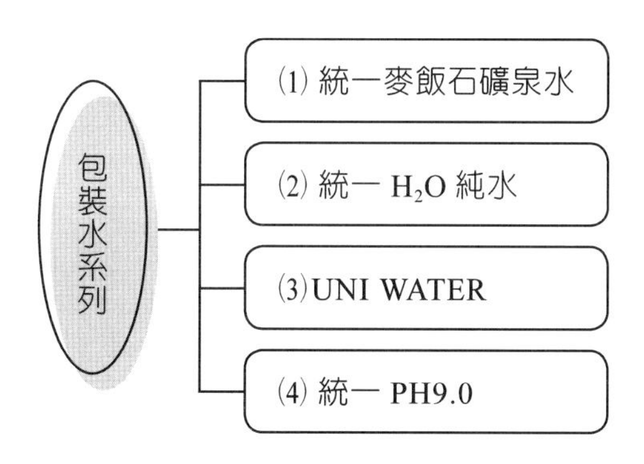

(五) 乳品系列

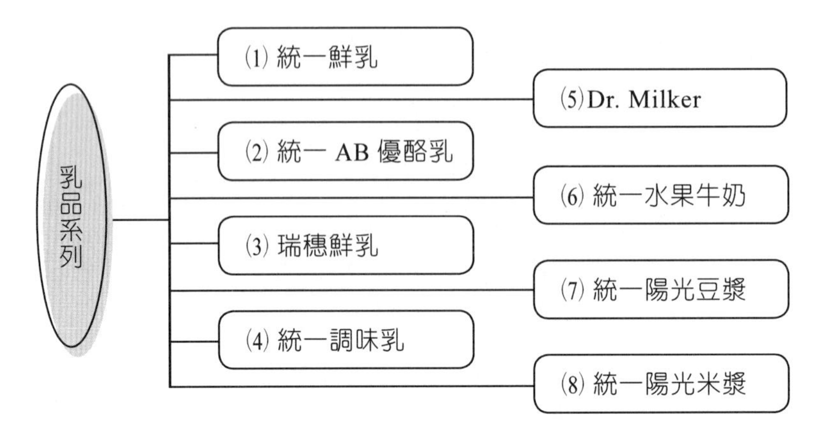

(六) 甜點系列

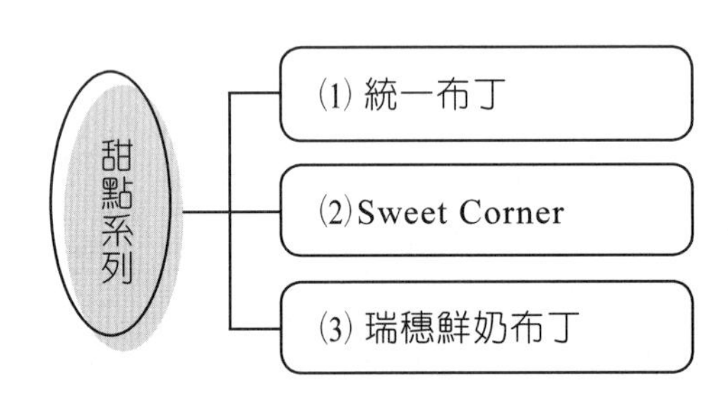

(七) 果蔬汁系列

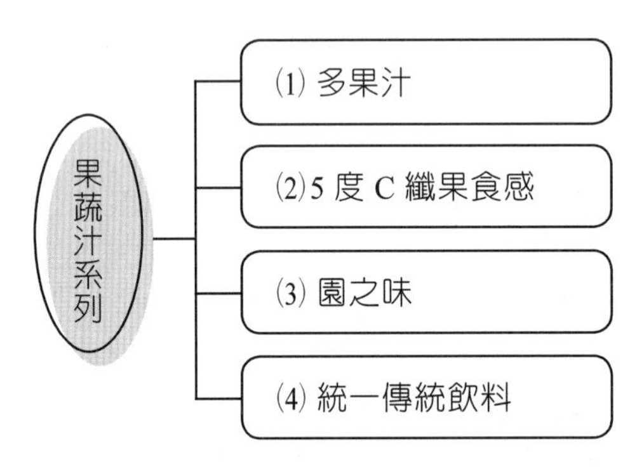

(八) 運動飲料系列

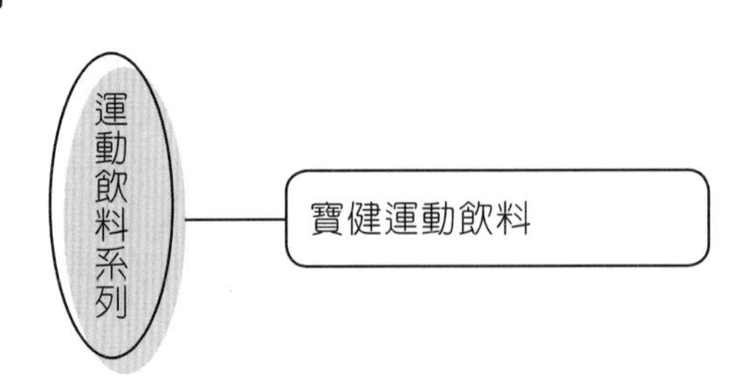

(九) 速食麵系列

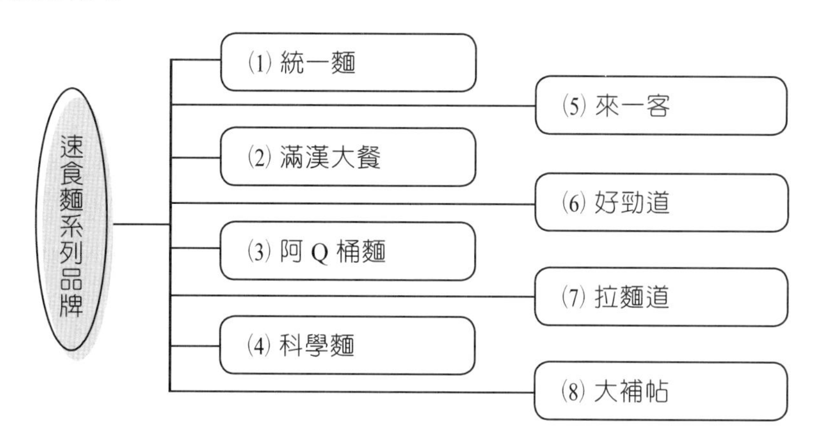

(十) 食用油系列

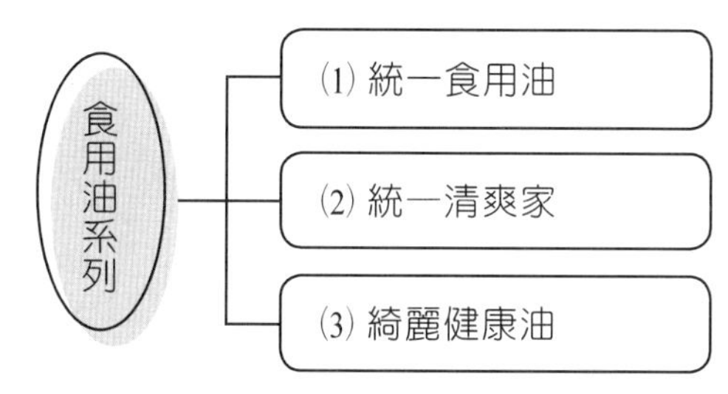

(十一) 保健食品系列

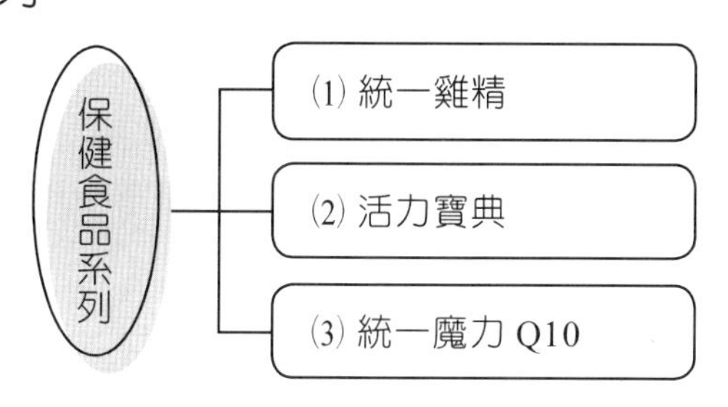

(十二) 肉品系列

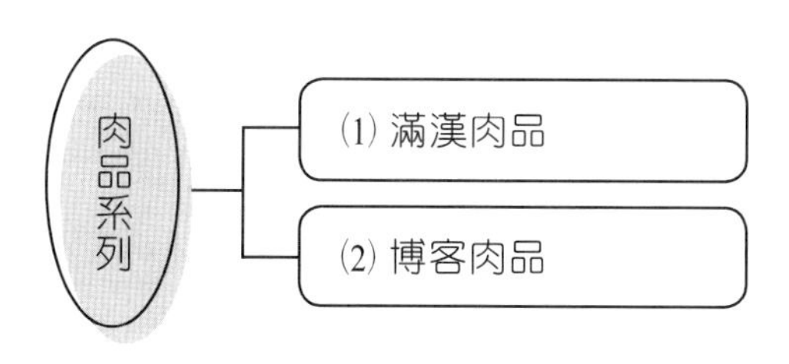

(十三) 寵物食品系列

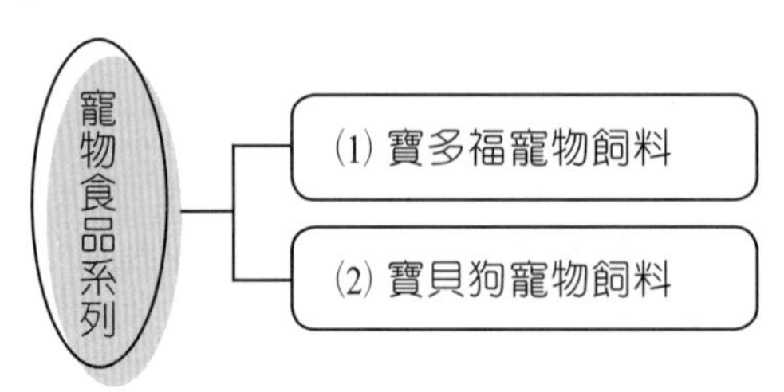

(十四) 冷凍調理系列

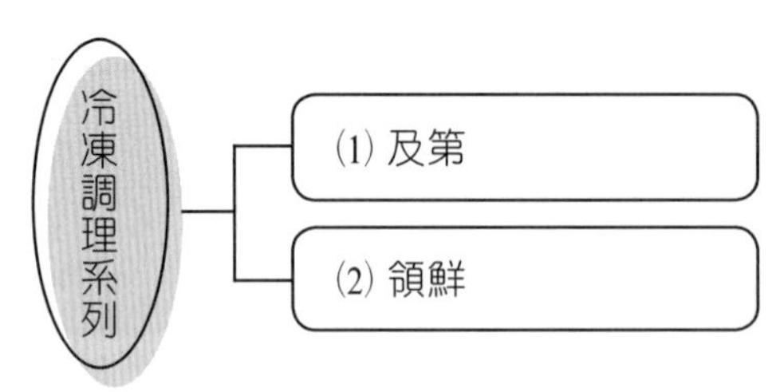

(十五) 麵包／蛋糕系列

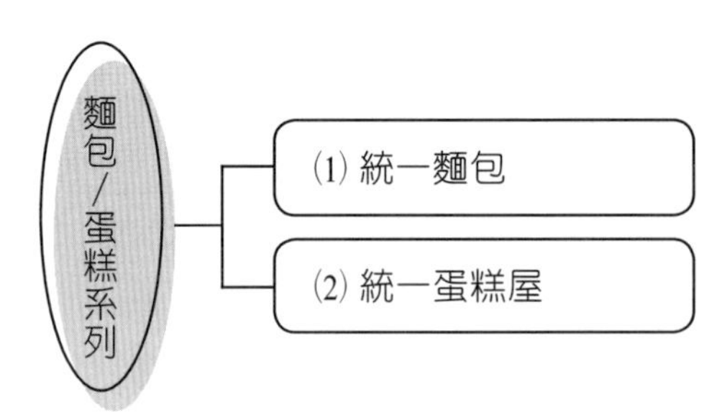

(十六) 醬品系列

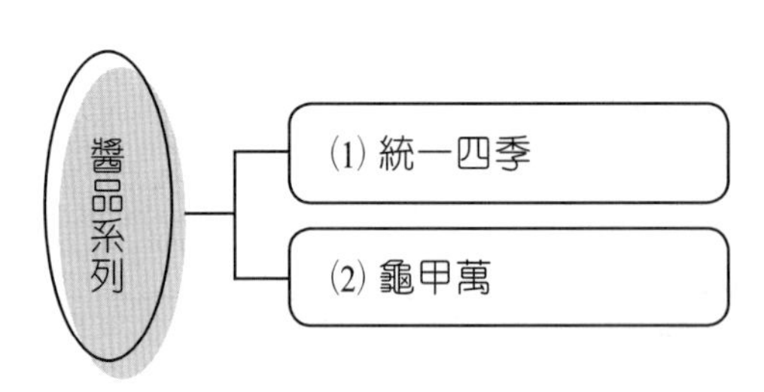

案例九、味全公司全產品組合

(一) 乳品系列

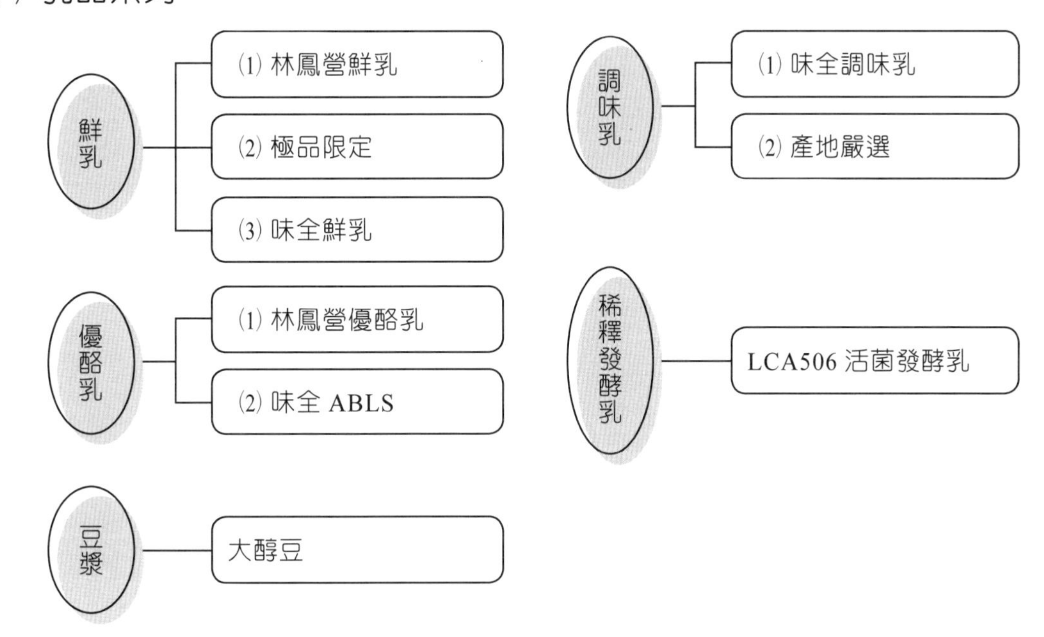

(二) 飲料系列

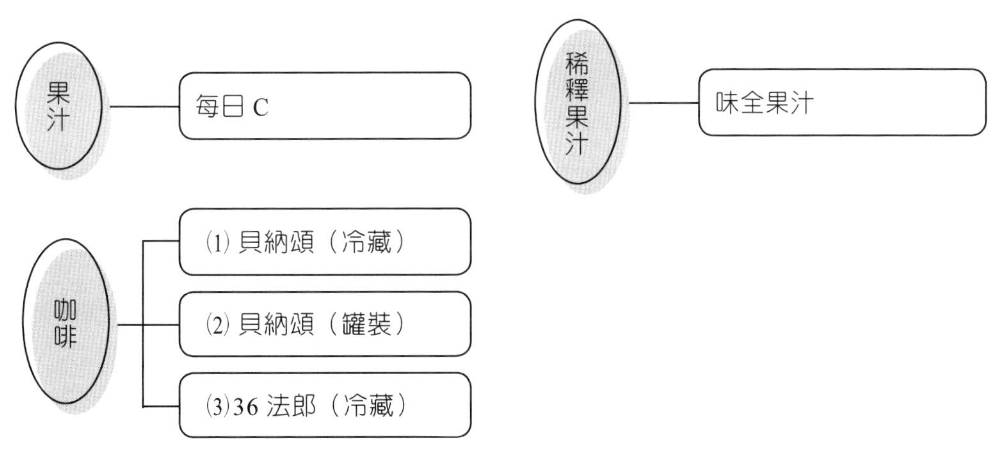

㈢ 點心系列

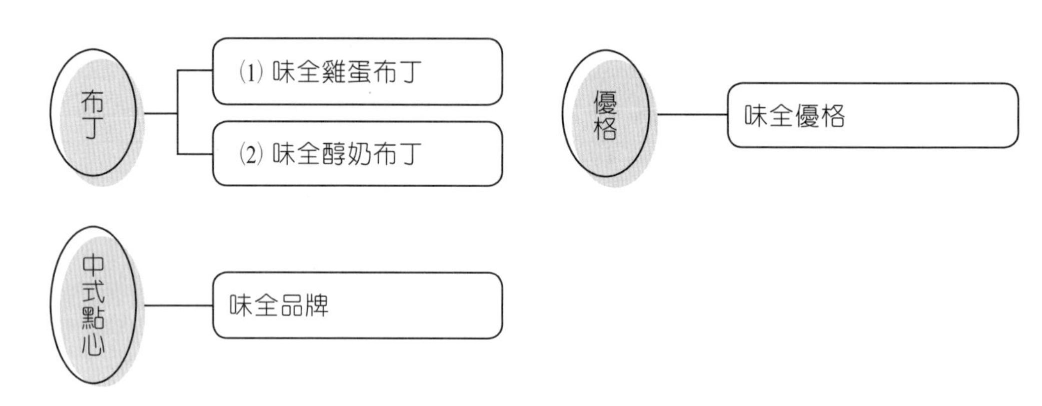

㈣ 調味料系列

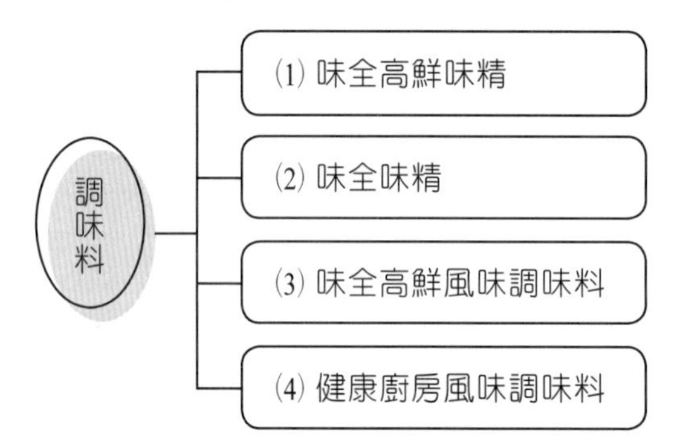

㈤ 醬品系列

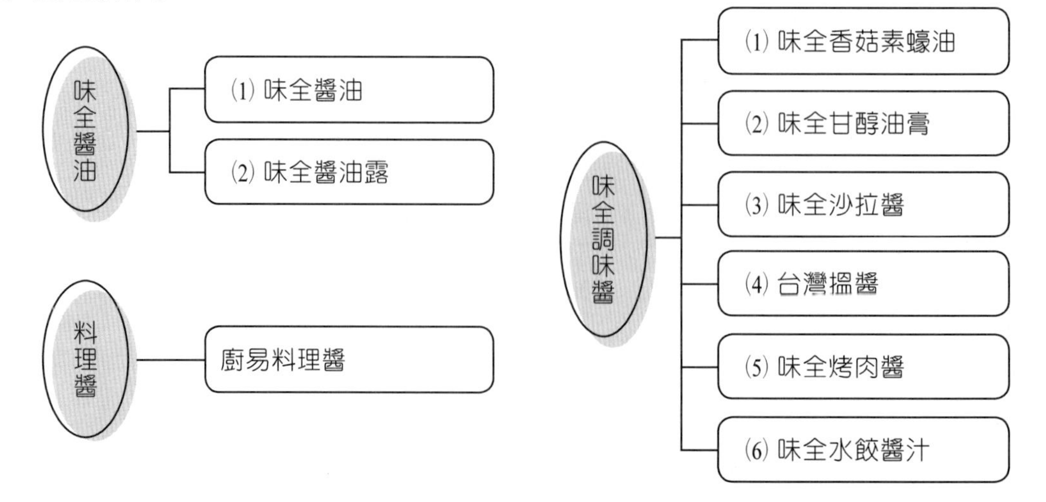

㈥ 方便食品系列

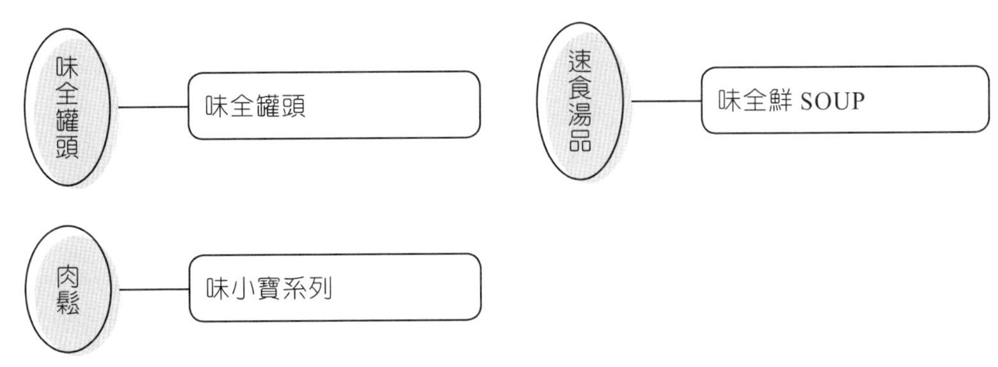

㈦ 食用油系列

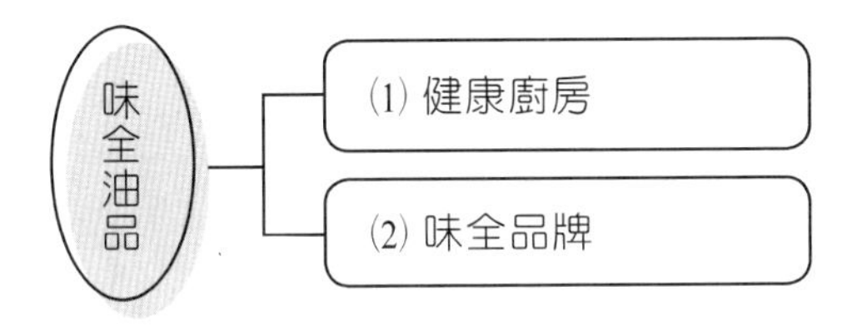

㈧ 營養食品系列

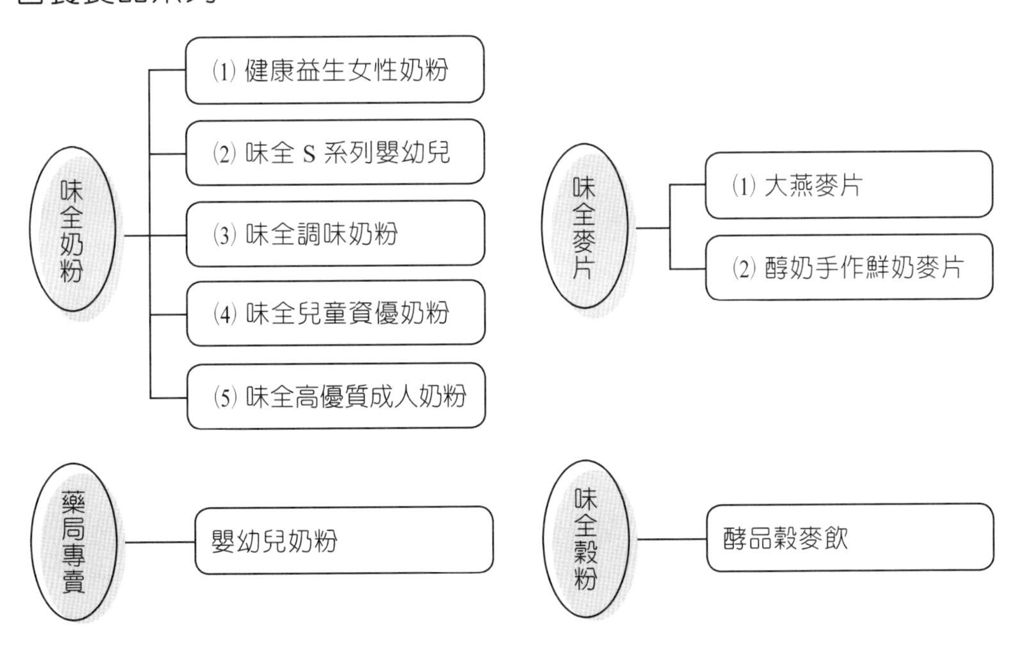

㈨ 布列德手工麵包

㈩ 康師傅

㈩㈠ 味全生技

 案例十、臺灣 P&G（寶僑家品）全產品組合策略

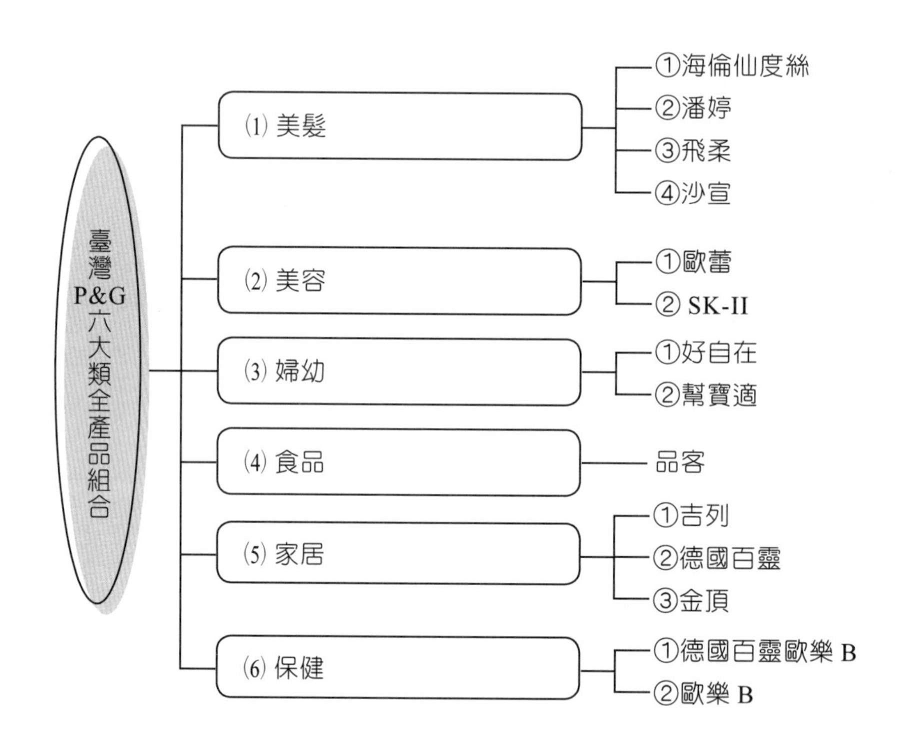

案例十一、聯合利華全產品組合

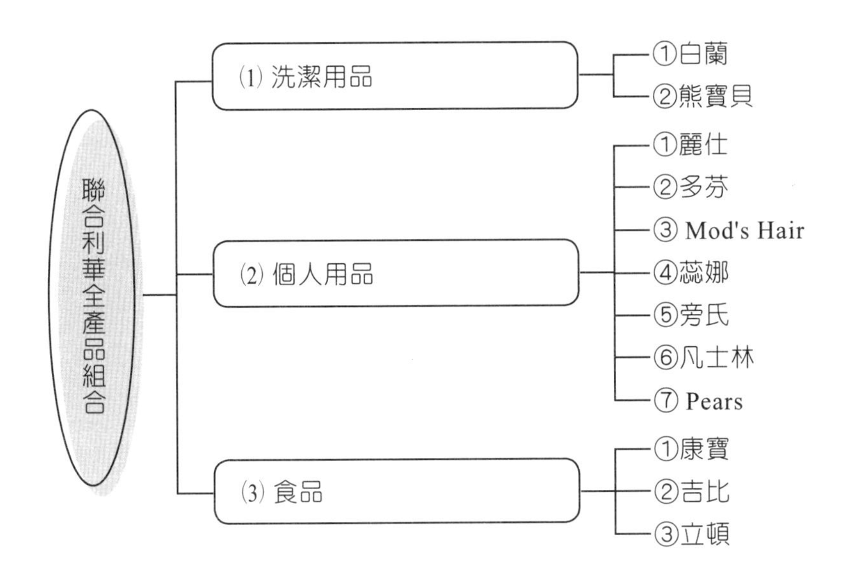

案例十二、金車公司全產品組合

(一) 金車全產品組合系列

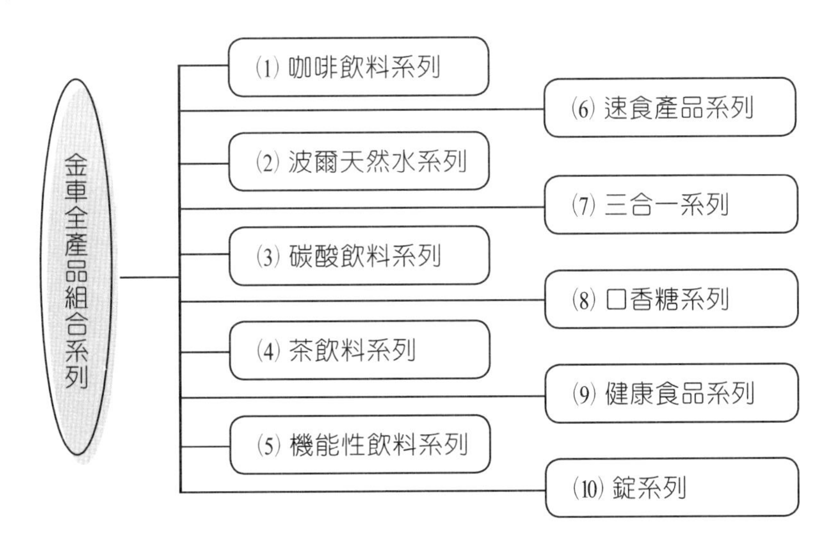

㈡ 金車咖啡飲料系列

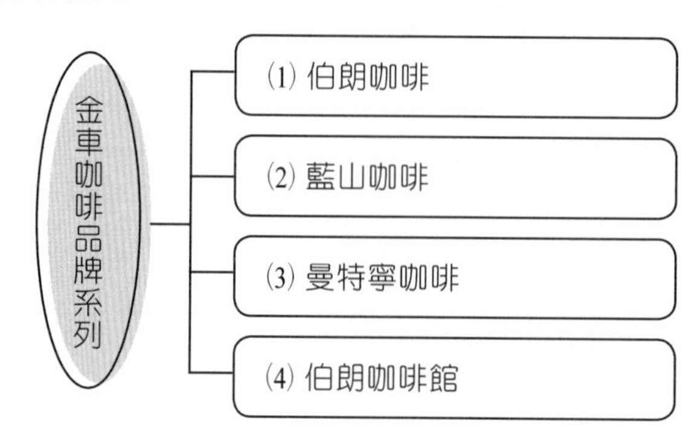

㈢ 天然水系列

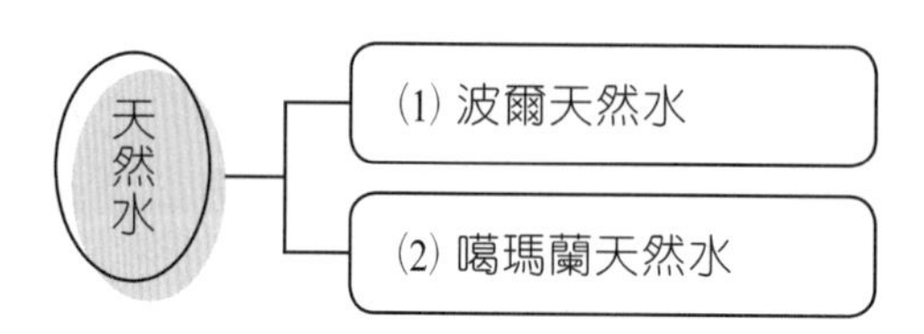

㈣ 速食產品系列

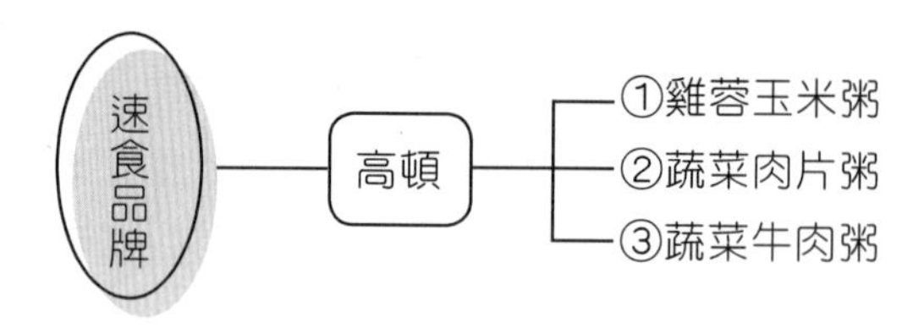

㈤ 茶飲料系列

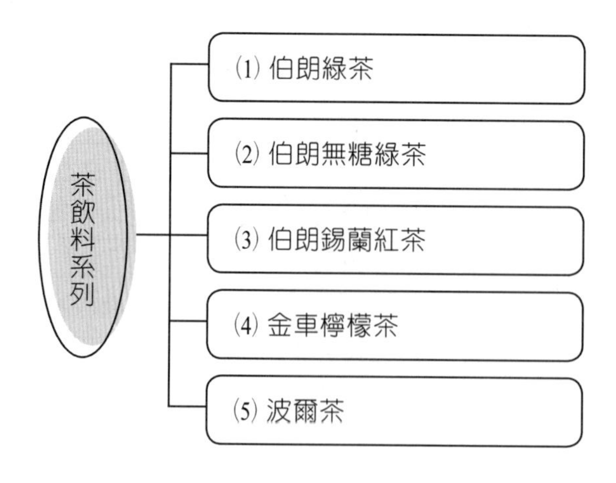

(六) 碳酸飲料系列

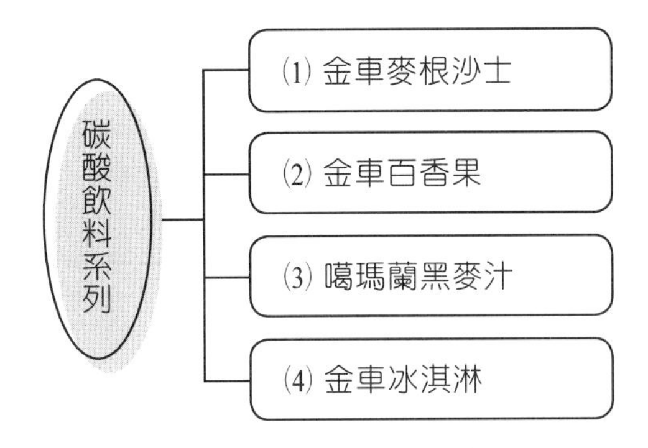

案例十三、和泰汽車公司全產品組合

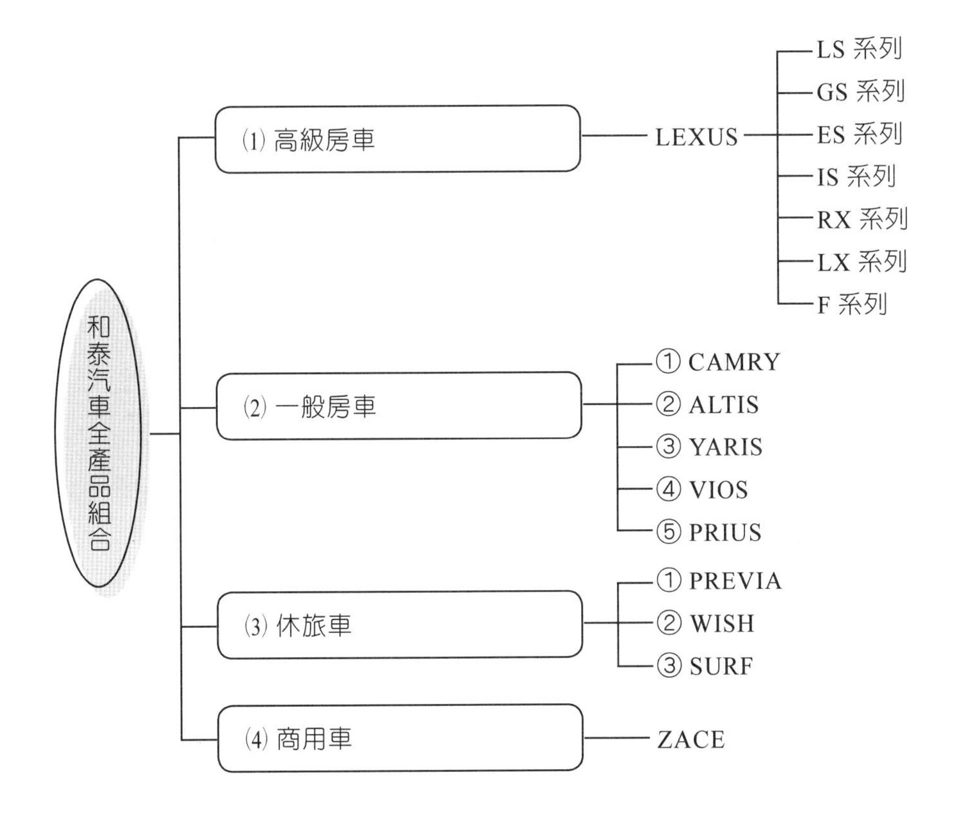

案例十四、王品餐飲集團全品牌組合

⑴ 王品牛排：中國風味的排餐料理，提供優質牛肉及尊貴的服務，以款待最重要的人為訴求。

⑵ 陶板屋和風創作料理：簡約、溫馨與現代和風的餐飲路線，以懷石料理風格為主軸，以有禮的服務為訴求。

⑶ TASTY 西堤牛排：以單一價格供應七道精緻套餐，注重服務的品質，以活潑的服務為訴求。

⑷ 聚─北海道昆布鍋：雅致的用餐空間，強調吃火鍋是親友歡聚一堂的概念，頗有創意。

⑸ 原燒優質原味燒肉：日式風格的燒肉店，結合各國料理特色，以符合大眾口味的產品為經營焦點，特別處在於不用薰得一身油煙。

⑹ 藝奇 ikki 新日本料理：走的是懷石料理風，道道兼具養生與美味的創意佳餚，皆以懷石精神所創作。

⑺ 夏慕尼新香榭鐵板燒：餐廳裝潢色調以藍、紅、白三色為主，給人新穎、年輕的感覺。

⑻ 品田牧場日式豬排咖哩：以品味幸福、暖暖心田為主旨，強調皮酥肉嫩、香濃醬汁的美味。

⑼ 石二鍋：以好安心、好涮嘴為主旨，堅持每一片牛羊、每一片豬禽，皆來自 CAS 或國際認證。

⑽舒果新米蘭蔬食：以用心感覺食物的美好為主旨，用香料畫下自然繽紛的飲食色彩；⑾ hot7 新鐵板料理；⑿ ITA 義大利麵披薩；⒀ PUTIEN 新加坡莆田餐廳；⒁COOKBEEF！酷必牛排飯。

產品品牌的意涵與品牌操作完整架構模式

 一、宏碁施振榮董事長的「微笑曲線」（smile curve）

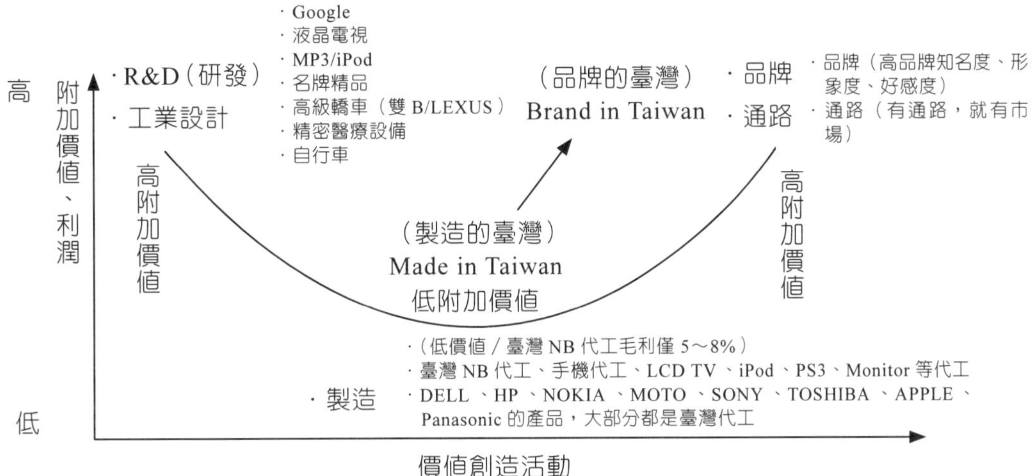

➡臺灣欠缺世界品牌的問題思考：⑴ 臺灣 2,300 萬人的消費市場太小了
⑵ 臺灣過去重製造、輕行銷
⑶ 臺灣經濟發展歷史不夠長久
⑷ 廠商短視近利，不願投資品牌
⑸ 過去政府鼓勵不足，現在已有改善

圖 6-1

 二、品牌與代工的獲利比是 57：1

根據美國《商業週刊》在 2002 年度的一份全球前 100 大企業調查，在當年度共創造獲利額 2,280 億元。但這些公司在亞太地區的代工廠商獲利僅 40 億美

元，兩者獲利率為 57：1，相當懸殊，顯示品牌與代工業在獲利效益上的失衡現象。

三、桂格創辦人斯圖亞特（John Stuart）的品牌經驗分享

·「如果企業要分產的話，我寧可取品牌、商標或是商譽，其他的廠房、大樓、產品，我都可以送給您。」

（If this bussiness were to be split up, I would take the brands, trademark, and good will.）

·廠房、大樓、產品都可以在很短時間內建造起來或委外代工做起來，但是要塑造一個全球知名的、好形象的品牌或企業商譽，都必須花很久及花很多心力，才能打造出來，而且不能複製第二個同樣品牌。因此，品牌就是人的生命一般地緊密。

·無形的資產，比有形的資產更為重要，更不易買到。

四、全球奧美集團執行長蘭澤女士（Shelly Lazarus）的品牌經驗分享

·品牌打造（brand-building）與做廣告不一樣。品牌是一個人感受一個品牌的所有經驗，包括產品包裝、通路便利性、媒體廣告、打電話到客服中心的經驗……等之總合。如果有不好的經驗或不太滿意的情況出現時，就會對這家公司、這個店、這個品牌打了折扣或傳出壞口碑，或下次不再光顧。

·必須以消費者的經驗（體驗）角度，去檢視您的品牌。要主動考察、訪視、感受消費者接觸各品牌的每一個可能點，去體驗品牌如何傳遞，品牌哪個方面不足。

·所以，每一個與消費者接觸點的第一個「關鍵時刻」（Moment of Truth, MOT），都非常重要，必須由高品質與高素質的服務人員去執行。

➔經驗案例

去專櫃買化妝品、到名牌精品店、到高級餐廳、到高級汽車經銷商、到美容院、到 SPA 會館、到資訊 3C 店、到手機店……等，與服務人員接觸的經驗如何。

➔問題思考

1. 怎麼做（How to do）？怎麼做才能使顧客有一個美好的接受這個服務或買產品的經驗呢？
2. 請您以去王品西堤牛排西餐廳吃飯為設想，或請您以去中山北路 LV 精品專賣店買東西為設想，或請您到 LEXUS 汽車經銷店買車為設想，究竟企業應該注意哪些服務環節呢？

五、奧美廣告創始人大衛 · 奧格威（David Ogilvy）對品牌的觀點

- 「品牌是個錯綜複雜的象徵，是品牌屬性、名稱、包裝、價格、聲譽、廣告等無形的總合，同時因消費者使用而有印象。」
- 例如：
  - 7-ELEVEN 很便利（總合印象）。
  - LV、CHANEL 名牌包包很耐用，設計感也很好。
  - 家樂福量販店的東西很齊全，可以一站購足。
  - 新光三越一樓化妝品專櫃很豐富。
  - 星巴克咖啡氣氛不錯。
  - 屈臣氏藥妝、日用品很多。
  - 中正紀念堂文化中心是高級藝文表演會場。
  - 華納威秀是看電影的好地方。

➔問題思考

1. 總合印象是什麼？是每一次購買、每一個服務人、每一篇文字報導、每一次別人說的話、每一次問別人意見、每一次電視新聞報導、每一次使用後感受……等總合印象。

2. 那麼公司內部該是哪些人？哪些部門？哪些制度？哪些工作？應該負起這些總合印象的累積及打造工作呢？請您深思。

六、全球第一大日用品 P&G 公司執行長雷富禮（A. G. Lafley），對 P&G 品牌成功的觀點

「一個成功的品牌，即是對消費者永遠不變的承諾（commitment）及約定。公司一定要堅守此種約定的價值才行，並且從不怠慢的努力縮短與消費者的距離，以及要不斷地讓消費者感到驚喜。」

P&G 訂每年 4 月 23 日為「消費者老闆日」（consumer boss day），以各種活動儀式舉辦，不斷提醒全球 P&G 員工這一條根本行銷理念。

➔問題思考

請您設計 P&G 4 月 23 日當天的活動項目內容企劃案。

七、Interbrand 品牌顧問公司：品牌是無形資產的關鍵項目，可以創造企業價值

㈠ 無形資產已成為公司價值的主要來源，而品牌則是無形資產中的重要項目。（資產區分為有形資產與無形資產兩種。有形資產，如廠房、設備、材料、零組件，只要花錢就可以買到；但無形資產，例如：品牌、商譽、智產權、專利權，則是花錢也買不到的。）

㈡ 根據美國《商業週刊》報導，全球股票市值有 1/3 來自品牌。強勢品牌能為公司創造無限價值。

➔問題思考

品牌是很有價值的，故值得用心、細心、花錢、有計畫的、有系統的、有效的去努力與長期的打造它、鞏固它、提升它，因此是公司全員的責任。

八、臺灣奧美廣告集團董事長白崇亮——欲攻市占率，先攻心占率

·「心占率是場品牌戰爭，從消費者情感出發，去建構特定、細膩的思維，並且實踐的過程。」
· 市場占有率（market share）。
· 心占率（mind share）。

➔問題思考

請您想一想，下列哪一項產品的品牌名稱，是您經常使用或放在心裡，馬上可以想出來、叫出來的？
洗髮精？沐浴乳？洗衣精？機車？汽車？MP3？液晶電視？新聞頻道？報紙？雜誌？口香糖？化妝品？面膜？茶飲料？泡麵？大醫院？女鞋？女裝？珠寶鑽石？精品？量販店？主題樂園？居家店？西餐廳？速食餐廳？便利商店？百貨公司？藥妝店？咖啡連鎖？

九、小說家史蒂芬·金（Stephen King）的品牌觀點

許多公司都瞭解，品牌不僅只是公司的商標、產品、象徵或是名稱。對產品與品牌之間的差異，小說家史蒂芬 · 金曾提出一個很實用的論點：「產品是來自工廠，而消費者購買品牌。產品可以複製（duplicate），品牌卻是獨一無二的。產品很快就過時了，但精心策劃的成功品牌卻永垂不朽。」

· 可口可樂、迪士尼、雀巢、時代華納、豐田、三菱、新力（SONY）、賓士、奇異（GE）、HP、P&G、GUCCI、LV……等都是 7、80 年以上、甚至 100 年以上的知名品牌及好品牌，歷久不衰，是無法被人複製（copy）的。

➔問題思考

不能被複製的優勢，才是永續的競爭優勢。品牌就是永續競爭優勢，請您務必記住！

 十、NB 品牌與 PB 品牌

㈠ 全國性或製造商品牌（**national brand or manufacture brand**）

例如，黑松汽水、光泉鮮奶、統一速食麵、味全醬油、桂格燕麥片、克寧奶粉、金車飲料、中華三菱汽車、裕隆汽車、東元家電、華碩電腦、技嘉主機板、三陽機車、義美冰品、可口可樂、SK-II 保養品、多芬洗髮乳、雀巢咖啡、資生堂化妝品、捷安特自行車、松下家電、明碁電通……等。

㈡ 零售商、私有品牌或通路品牌（**retail brand or private brand**）

例如，統一超商、萊爾富、全家、家樂福、大潤發、頂好、好市多等零售商自行推出的 OEM（委外代工）或自己生產之產品。例如，關東煮、涼麵、御便當、御飯糰、大燒包、礦泉水、洗髮精、洗衣精、雨傘、掃具、塑膠品、衛生紙、成衣……等。

➔問題思考

歐美的零售商品牌發展非常蓬勃，臺灣雖然較差，但也逐步有了一些改變。包括家樂福、大潤發、愛買等均積極研發及代工推出自有品牌的產品。

請您思考：臺灣為什麼不像歐美般流行零售商品牌？另外，零售商為什麼要發展及推出自有品牌？哪些類產品適合自有品牌？您認為他們會成功嗎？如何做才會成功？

十一、品牌定位

意義：所謂品牌定位，係指將本公司之品牌特性與競爭者之品牌特性相較，而將其定位於較有利之位置。

案例：皮飾、服飾。

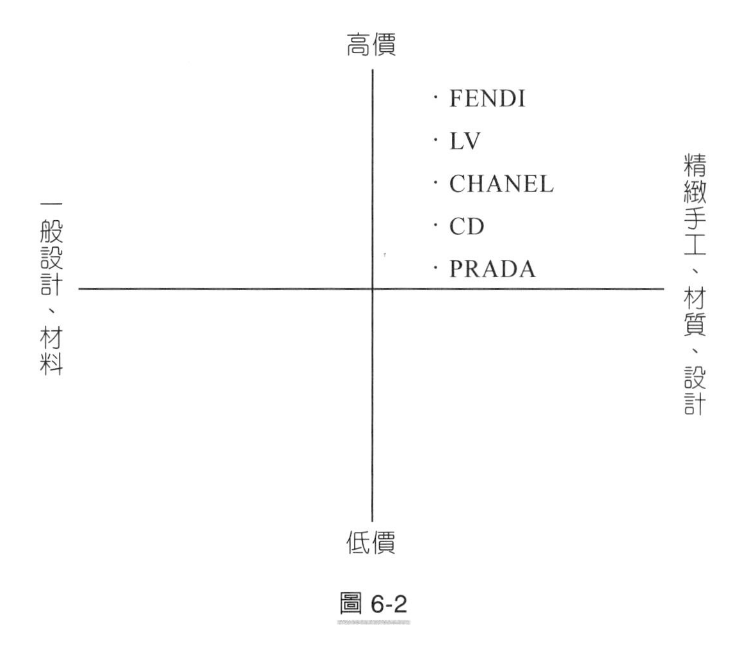

圖 6-2

十二、品牌定位成功的四要件

㈠ 品牌認同價值主張。

㈡ 明確的目標市場及顧客層。

㈢ 積極與有效的傳播。

㈣ 優勢（強項）的展現，成為具有共鳴感的品牌。

品牌定位

⑴ 品牌認同及主張
・核心認同
・關鍵主張

⑵ 目標市場
・主要市場
・次要市場

⑶ 有效性傳播
・強化形象
・傳播形象

⑷ 展現優勢
・與消費者共鳴優勢
・與競爭者不同之優勢

圖 6-3

十三、品牌定位必須思考四個問題點

㈠ 有哪些品牌價值或品牌主張的元素是要成為品牌定位的一部分？有哪些地方可以讓消費者產生共鳴？

㈡ 該品牌的主要目標對象是誰？次要目標對象又是誰？

㈢ 品牌所要傳播的目的為何？內容又為何？品牌形象需要放大、增強，還是要予以淡化？

㈣ 品牌的優勢為何？還能不能找出更好的優勢？

十四、正視品牌策略必須改變之狀況——品牌重定位

㈠ 令人失望的營收及獲利狀況。

㈡ 難以符合現階段的消費者品牌認同時。

㈢ 品牌策略所吸引的市場有限時。

㈣ 品牌策略趨於疲乏時。

㈤ 品牌定位已不合時宜時。

㈥ 競爭者品牌強力有效衝擊本品牌時。

十五、臺灣奧美集團董事長白崇亮——建立品牌發展策略六項步驟

㈠ 提出品牌價值主張：

- LV，一個 premium（超值）品牌。
- NOKIA，科技始終來自於人性。
- 可口可樂，擋不住的暢快。
- 海尼根，就是要海尼根。

㈡ 全力實踐品牌價值的承諾：

要傾企業之力實踐，讓消費者一再經驗品牌承諾的價值。

㈢ 持續溝通品牌價值，進入消費者內心世界：

每一次的接觸，傳遞更合適的訊息，使消費者對品牌有更豐富的經驗。

㈣ 營造企業內部共識，形成堅強的品牌文化。

㈤ 創造成功傳奇，是最佳品牌魅力：

- 做品牌三個層次，依序是：外顯、內涵及神話。
- 成功的故事最動人，也最能為品牌加分。

㈥ 嚴格管理品牌識別的一致性：

所有品牌出現的時間及空間，其視覺表現與個性表現是否一致。

十六、品牌資產（或權益）的意義

大衛・艾格（David Aaker）教授更認為，明星品牌權益是一組和品牌、名稱、符號有關的資產，這組資產可能增加產品（或服務）所帶來的權益。品牌權

益內容為何，就 David Aaker 在《管理品牌權益》（*Managing Brand Equity*）一書中提出，其內容包括：

- 品牌忠誠度（brand loyalty）。
- 品牌知名度（brand awareness）。
- 知覺到的品質（perceived quality）。
- 品牌聯想度（brand associations）：想到 NIKE 、想到星巴克、想到麥當勞、想到可口可樂、想到雀巢（Nestle）、想到 SK-II 、想到資生堂、想到馬英九、想到……，就跟他們的產品性質及特色有關聯。
- 其他專有資產。

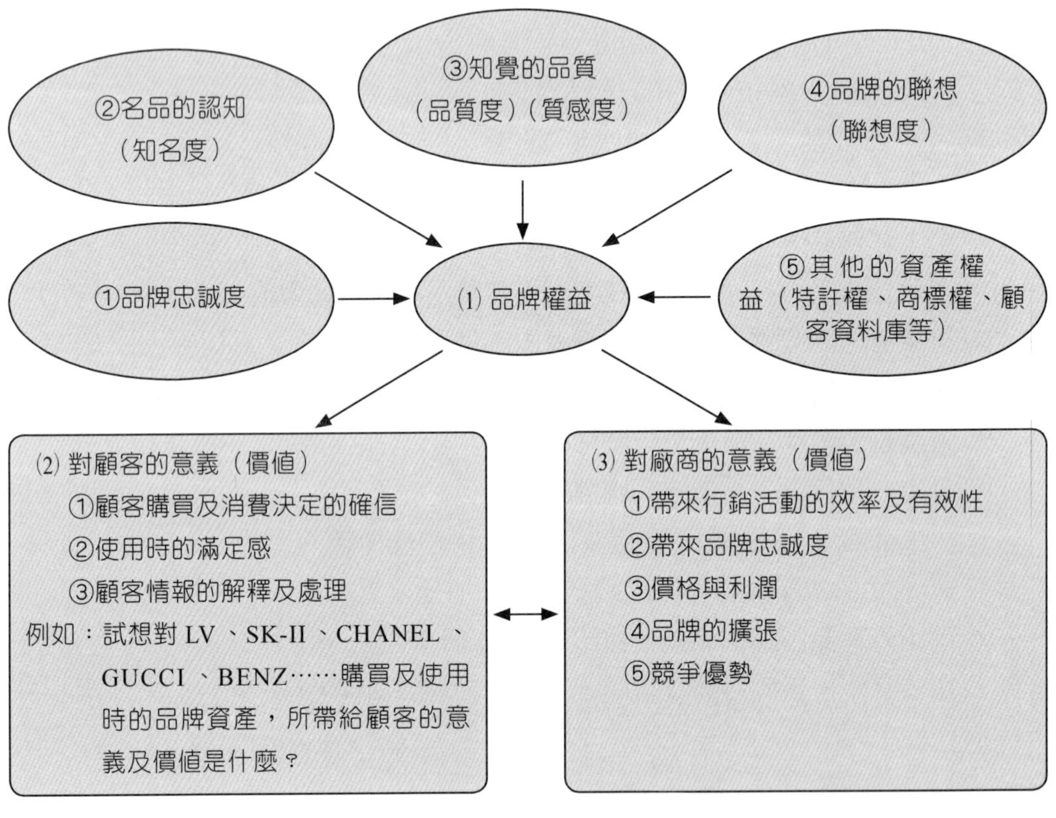

圖 6-4

十七、如何建立品牌知名度

㈠ 必須運用視覺及傳播強化品牌品名，以及增強品牌元素。其中包括打造一個獨特性強、易於記憶又響亮的標語，以及建置一系列品牌元素，如商標、標記、特色及包裝。

㈡ 運用一致性，且具有廣大範疇的溝通管道，提升品牌知名度。其中包括運用廣告、代言人、促銷、贊助及公共關係等作法。

㈢ 運用非傳統的方法來打造品牌，如事件行銷、舉辦活動、參與競賽活動等方式以引起大眾的注意。

㈣ 運用品牌延伸，藉由品牌應用在不同品類的產品，或是不間斷推出新產品，有助品牌知名度的提升。

十八、品牌是一項策略性資產

全球經濟已從工業經濟時代，邁向知識經濟時代，品牌已被許多成功的企業視為是一項重要的「策略性資產」（strategic asset），是一項創造企業競爭優勢與長期獲利力基礎的智慧資產。如何建立與維持顧客心中的理想品牌，讓品牌擁有很高的品牌價值或權益，是企業應該認真思考和用心投入的課題。理想品牌的建立與維持是一項「耗時」、「花錢」的工作，必須要有良好的「規劃」和踏實的「執行」。

➔問題思考

品牌打造不可能有「速成班」，要耐心且長期的去規劃及執行。另外，打品牌需要花錢，但必須有效果的去花錢，否則錢是白花的。

十九、品牌的分類

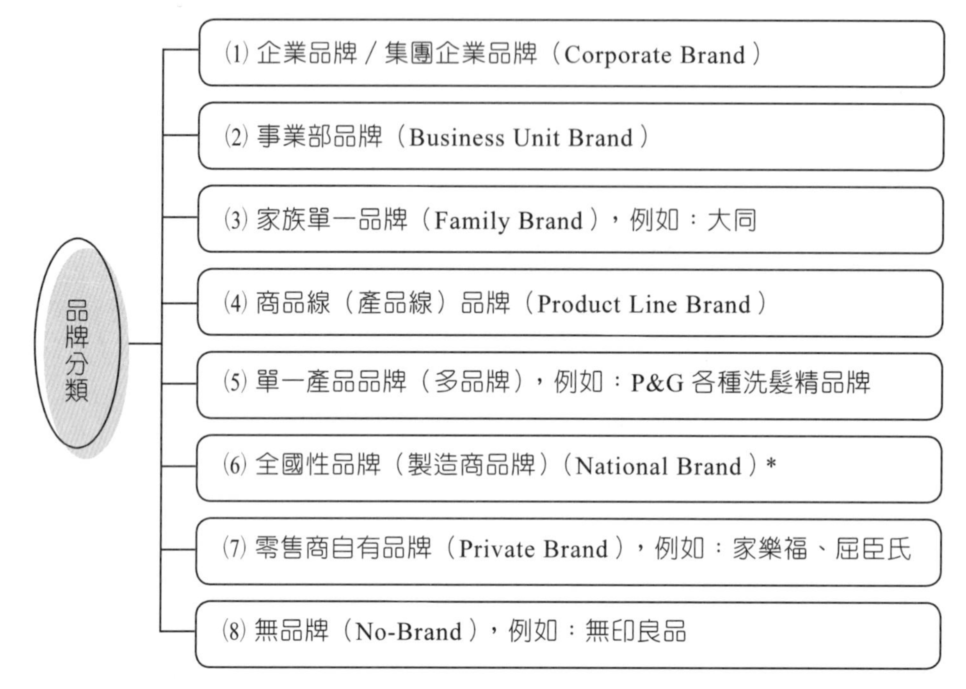

* 全國性品牌有：松下、SONY、acer、BenQ、ASUS、東元、黑松等。

圖 6-5

二十、全傳播品牌行銷溝通連續帶

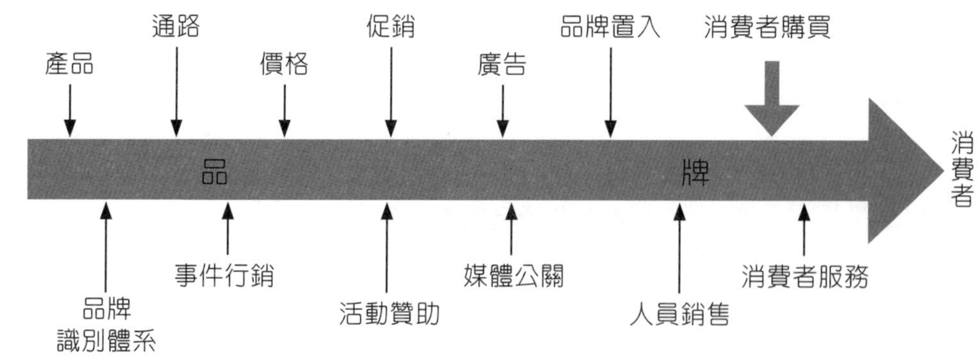

· 品牌是行銷傳播工具的載具。

· 行銷傳播工具則包括：廣告、事件行銷、活動贊助、公關、直效行銷、人員銷售及促銷等。

圖 6-6

二十一、各種行銷工具對打造品牌的影響

	⑴ 廣告	⑵ 公關	⑶ 事件行銷與活動贊助	⑷ 促銷	⑸ 直效行銷	⑹ 人員銷售
1. 打知名度	✓		✓	✓		
2. 介紹產品					✓	✓
3. 誘發興趣				✓	✓	✓
4. 引起慾望	✓			✓	✓	✓
5. 維持偏好		✓		✓		
6. 建立形象	✓	✓	✓			
7. 強化品牌		✓		✓		✓

二十二、品牌行銷與管理——成功操作完整架構模型圖示

㈠以顧客為出發點

1. 消費者洞察（Consumer Insight）
2. 市場導向（Market Orientation）
3. 顧客至上
4. 顧客是唯一的考量點

↓

㈡品牌經營理念與信念

1. 打造有品質、有價值的品牌商品
2. 產品力是一切行銷致勝的根源
3. 廣告主（即廠商）應扮演行銷策略的主要核心領導者
4. 應常保品牌的活躍性，不斷推進及改變品牌工程生命力
5. 改變是唯一的路，必須走在別人前面，才能取得先機
6. 唯有建立品牌依賴度，才能打造品牌的長期價值
7. 品牌行銷應貫徹顧客導向的信念
8. 品牌經營應從價格轉換到價值的提升，才有長遠的未來
9. 面對各市場，品牌價值的鞏固及維繫是最重要的指標

（續上頁）

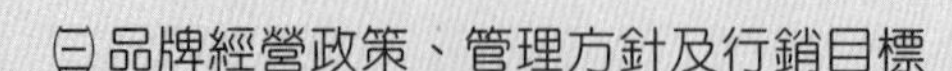

㈢品牌經營政策、管理方針及行銷目標

1. 品牌應聚焦經營與深耕經營
2. 建立致勝的品牌行銷組織團隊戰力——R&D 、行企及銷售三合一組織
3. 朝向第一品牌目標邁進
4. 品牌經營管理原則，應將獲利分享給員工
5. 品牌只是手段，透過品牌帶進客戶才是最終目標
6. 透過 360° 全方位整合行銷傳播操作
7. 每個階段都必須展開品牌年輕化工程

㈣

1. 對品牌經營環境、行銷環境及競爭者環境做深入分析及掌握
2. 對本品牌的商機及威脅做好因應對策

㈤品牌行銷策略、區隔市場及定位

1. 單一清晰的品牌訴求點
2. 品牌率先卡位成功
3. 對品牌感動、感性與認同成功
4. 切入成功的利基市場
5. 延伸已有品牌，透過包材變化及品牌提升，以提高產品定價
6. 鎖定目標市場或目標客層操作成功
7. 不同產品保有不同的區隔市場操作成功
8. 多品牌策略可以擴大客層
9. 商品獨特性及創新性，成為品牌競爭優勢
10. 當品牌定位已過時或不適當時，應加以重定位
11. 成功打造高價與動人的品牌產品
12. 品牌的情感（Emotional）心理行銷崛起
13. 主副品牌交叉運用及組合
14. 打造出「服務品牌」
15. 打造出高忠誠度的「品牌迷」（Fans）
16. 品牌應深耕主顧客，改變過去散彈打鳥的操作方式
17. 品牌行銷首應洞察目標顧客群

（續上頁）

↓

(六) 品牌行銷組合 8P/1S/1C 與品牌元素設計操作計畫

1. 商品計畫
2. 定價計畫
3. 促銷計畫
4. 通路計畫
5. 廣告計畫
6. 公關活動計畫
7. 現場環境計畫
8. 人員銷售計畫
9. 流程改善計畫
10. 服務計畫
11. CRM 計畫
12. 其他推廣計畫：
    - 網路行銷
    - 代言人行銷
    - 旗艦店行銷
    - 異業合作行銷
    - 置入行銷
    - 體驗行銷
    - 主題行銷
    - 事件行銷
    - 直效行銷
    - 店頭行銷
13. 品牌元素設計：
    - 品名
    - Logo
    - 色系
    - 包裝
    - 商標
    - 音樂
    - Slogan
    - 品牌個性
    - 代言人

↓

(七) 品牌傳播媒體組合操作計畫

六大媒體傳播組合計畫

1. 電視
2. 報紙
3. 雜誌
4. 戶外
5. 網路
6. 廣播

↓

(八) 行銷支出預算

1. 媒體預算
2. 贈品／樣品預算
3. 公關預算
4. 店頭行銷預算
5. 活動預算
6. 促銷預算
7. 其他預算

↓

(九) 執行力

1. 內部組織與外部組織良好的整合、溝通、協調、討論、合作、分工及團結的執行動作
2. 優質的行銷人才團隊素質

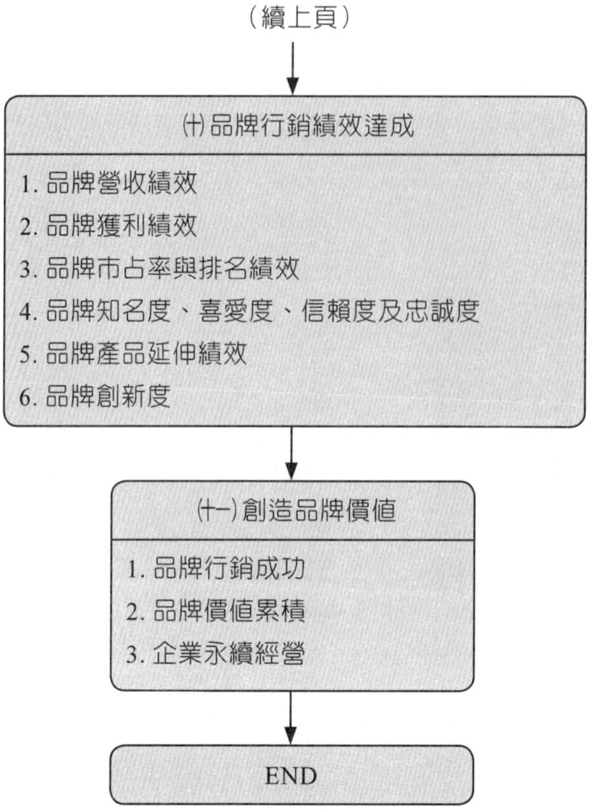

（續上頁）
㈩品牌行銷績效達成
1. 品牌營收績效
2. 品牌獲利績效
3. 品牌市占率與排名績效
4. 品牌知名度、喜愛度、信賴度及忠誠度
5. 品牌產品延伸績效
6. 品牌創新度
(十一)創造品牌價值
1. 品牌行銷成功
2. 品牌價值累積
3. 企業永續經營
END

圖 6-7

二十三、打造品牌力的十四個來源

品牌力
（Brand Power）
⑴ 產品力
⑵ 廣告創意力
⑶ 通路力
⑷ 價格力
⑸ 服務力
⑹ 企業形象力
⑺ 促銷力
⑻ 人員銷售力
⑼ 媒體公關力
⑽ 活動舉辦力
⑾ 執行力
⑿ 行銷預算力
⒀ CRM 力
⒁ 正確理解力

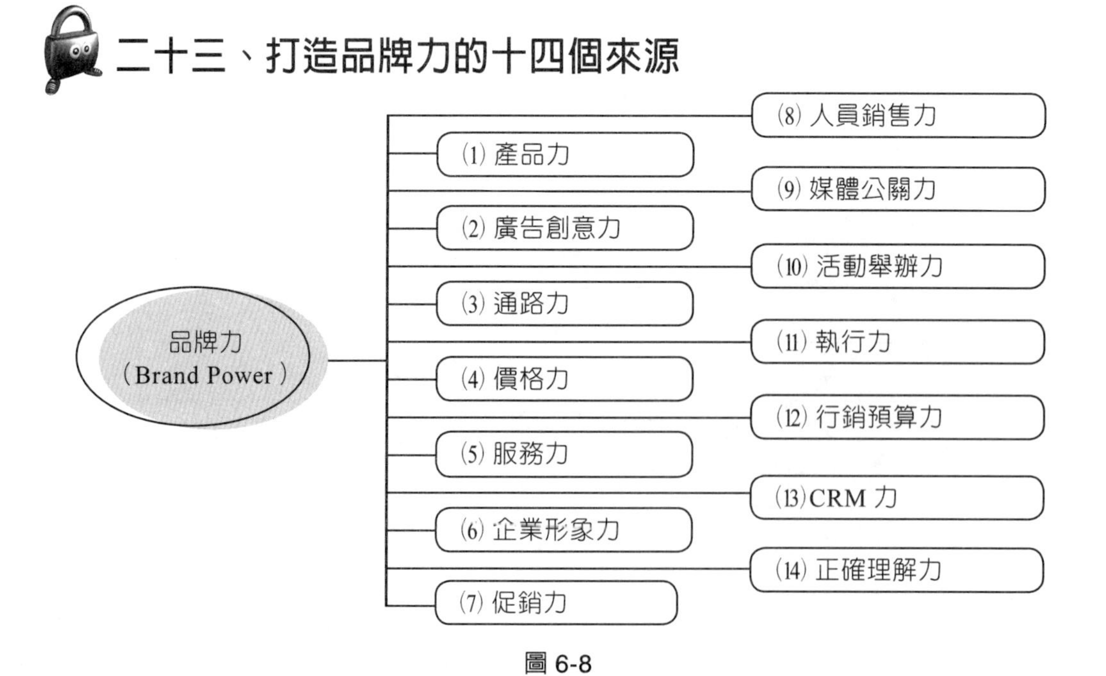

圖 6-8

二十四、品牌行銷成功方程式

品牌行銷成功方程式＝產品創新＋廣宣創意＋服務品質＋適當行銷預算＋正確理念

二十五、領導品牌商品如何保持長青不墜——五大方向與二十二種作法

(1) 既有競品的激烈競爭
(2) 新加入品牌的激烈競爭
(3) 跨業產品的激烈競爭

→ 領導品牌怎麼辦？如何保住市占率？

- 1. 從「產品」本身著手
  - ①包材改變、改良及多元化
  - ②包裝型態改變、改良及多元化
  - ③配方改變、改良及多元化
  - ④口味改變、改良及多元化
  - ⑤材料、原料改變、改良及多元化
  - ⑥外觀設計改變、改良及多元化
  - ⑦配備改變、改良及多元化
  - ⑧功能功效改變、改良及多元化
  - ⑨延伸周邊產品多角化
  - ⑩整體產品質感提升
- 2. 從「廣宣」著手
  - ⑪訴求點改變及創新
  - ⑫保持每年定額廣告宣傳預算投入
  - ⑬每年或定期改變代言人
- 3. 從「擴大使用客層」著手
  - ⑭便利超商：個人便當－商務便當
  - ⑮家庭主婦用－全家人用
- 4. 從「服務」著手
  - ⑯增加服務項目
  - ⑰提高服務等級
  - ⑱主動性服務
  - ⑲客製化服務
  - ⑳優惠性服務
- 5. 從「通路賣場」著手
  - ㉑不同性質的賣場，推出不同的產品
  - ㉒經常性保持在賣場位置的最佳性及吸引性

（續上頁）

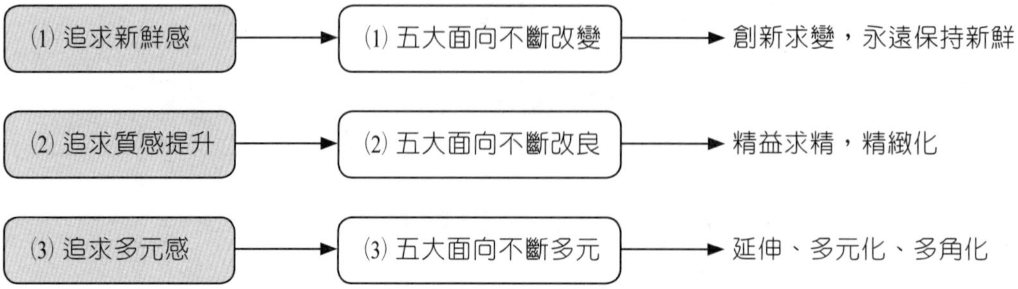

⑴ 追求新鮮感 → ⑴ 五大面向不斷改變 → 創新求變，永遠保持新鮮

⑵ 追求質感提升 → ⑵ 五大面向不斷改良 → 精益求精，精緻化

⑶ 追求多元感 → ⑶ 五大面向不斷多元 → 延伸、多元化、多角化

結論：產品與行銷操作手法不斷「創新求變」，才能保持長青不墜！

圖 6-9

產品線策略與新產品發展策略

壹　產品線決策的理論分析

貳　新產品發展策略

壹　產品線決策的理論分析

一、意義

產品線（product line）是一群彼此相關之產品：

1. 可能是功能相似。
2. 可能是賣給相同的顧客群。
3. 可能是類似的銷售途徑。
4. 可能是屬於同一價位。

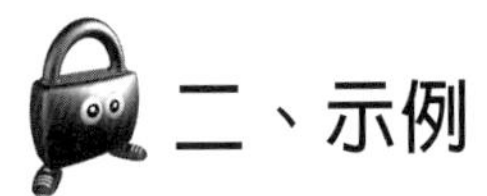

二、示例

在美國通用電器公司的消費電器部門（consumer appliance division）中，包括電冰箱、洗衣機、電爐、烘乾機、錄放影機等產品線，均各由一位產品經理來負責。另外，美國 P&G 公司亦是如此作業。

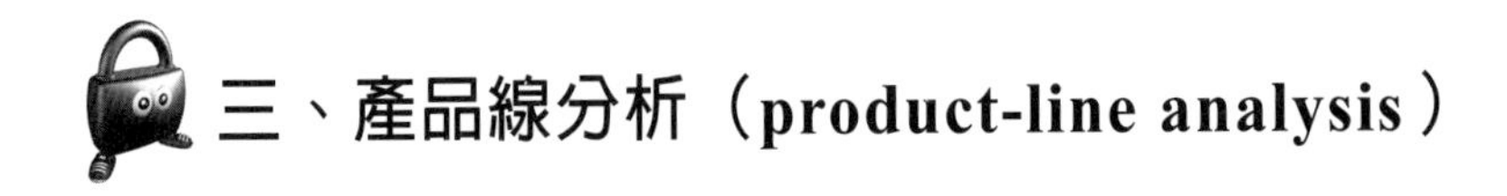

三、產品線分析（product-line analysis）

產品線經理除了全力開展自己所負責產品線之業務發展外，另對以下兩件事應密切瞭解：

1. 他必須知道產品線上不同品目產品之銷售額及其利潤狀況。
2. 他必須明瞭此產品線如何對抗同一市場上競爭者的產品線，亦即該產品線在市場上之輪廓為何（product-line market profile），然後再進行行銷定位與其策略。

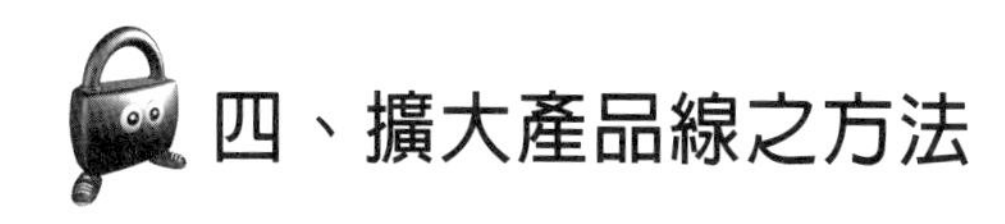

四、擴大產品線之方法

㈠ 產品線延伸決策（line-stretching decision）

1. 向下延伸（downward stretch）

此係指公司原本在高價位市場，現在開始產銷中或低價位之產品。例如，美國 IBM 公司過去以來一直是從事大型電腦市場之經營，但現在也快速擴大小型個人電腦市場之開發；再如，P&G 公司 SK-II 化妝保養品是高價位，但歐蕾產品是開架式的中低價位保養品，亦即高低價位的保養品均要通吃。

公司採取產品線向下延伸之理由，主要為：

⑴ 公司過去經營良好的高品類（高價位）產品，正受到激烈之競爭，可能不再如以往那樣獲利豐厚，因此，轉往低品類產品另開新的戰場經營。

⑵ 公司初期進入高品類市場，主要是要先塑造一個良好形象，有助往後推出之中低價位與品類之產品。

⑶ 高品類產品已步入成熟階段，成長將趨緩慢，未來已不再被看好。

採用產品線向下延伸策略，也可能帶來一些不利影響，包括：

⑴ 低品類產品可能會傷害到原先高品類之產品。

⑵ 經銷通路系統也可能不太願意促銷此種產品，主因是利潤微薄。

2. 向上延伸（upward stretch）

原先產銷低品類之產品也有機會向中高品類之產品發展。例如，TOYOTA 的 LEXUS 即為高價位汽車，有別於 CAMRY 、CORONA 、VIOS 、ALTIS 等中低價位車。採取的主要理由是：

⑴ 可能受到高品類產品之可觀獲利率誘惑而加入。

⑵ 可能希望成為一個完整產品線（full-line）之供應廠商。

但採此方向也會有一些潛在之風險：

⑴ 客戶不相信中低品類之廠商有能力生產高品類產品。

⑵ 公司的業務組織及通路組織成員可能均尚未有充分之能力與準備進入此類

市場。

⑶ 可能造成高品類廠商之反擊，而危及公司原有中低品類之市場。

3. 雙向式延伸（twoway stretch）

公司若定位在中間範圍之公司，可同時向產品線的上下兩個方向伸展，如圖 7-1 所示：

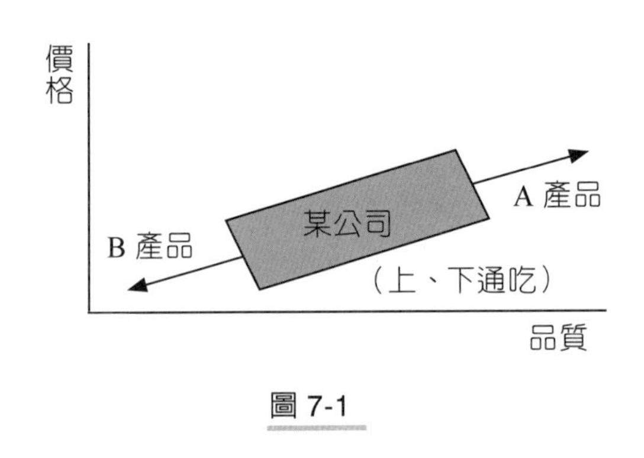

圖 7-1

A 產品為高品質、高價位；B 產品為低品質、低價位；分成兩個方向發展。

㈡ 產品線補充決策（line-filling decision）

此策略係指透過增加現有產品線範圍內更多的產品項目，達到增長目的。例如，統一食品公司的食品與飲料產品線是最多的。

採取產品線補充策略之動機有：

1. 增加總利潤。
2. 希望成為完全產品線之領導者。
3. 滿足經銷商一次進貨與顧客購買之需求。

五、產品線刪減決策（line-reducing decision）

當產品線經理發覺某些產品銷售量、利潤都急速下降時，這表示該產品已步入了衰退期，必須深入檢討，是否有必要予以刪減，不再生產或減縮生產量。

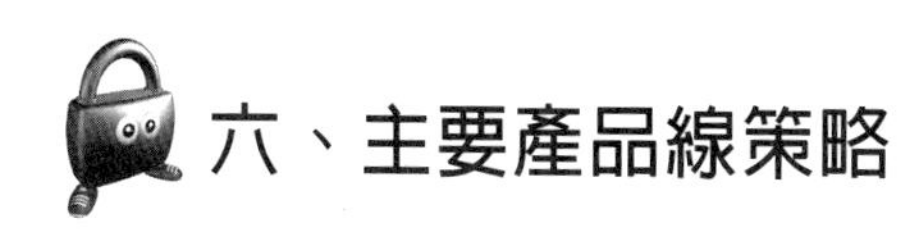

六、主要產品線策略

就產品線而言，其可採行的策略可包括以下幾種：

㈠ 擴增產品組合策略（**increasing product line**）

包括增加產品組合之廣度與深度在內，以達到完整產品線（full product line）之目標。

㈡ 縮減產品組合策略（**reducing product line**）

此與前述恰好相反，對獲利不夠理想的產品予以裁縮，以有效利用行銷資源，集中於主力產品上。

㈢ 高級化策略（**trading up**）

此係增加產品線中較高級層次的產品，以提升商品與品牌形象，建立長遠生命。

㈣ 低級化策略（**trading down**）

此乃配合產品生命週期步入成熟期或衰退期時，所採行在價格上的降低策略。

㈤ 發展產品新用途策略（**new-use**）

此即在不大幅影響現有市場與產品組合下，發展產品的新用途，以增加新的目標市場或增加銷售量。

㈥ 副品牌策略

為發展某一個新市場，或應付競爭對手的低價攻擊，因此可能推出一個不同價位定位副品牌，以使與原有的主品牌作為區隔，希望不影響到主品牌。

七、美國 Apple 的產品線不斷擴增

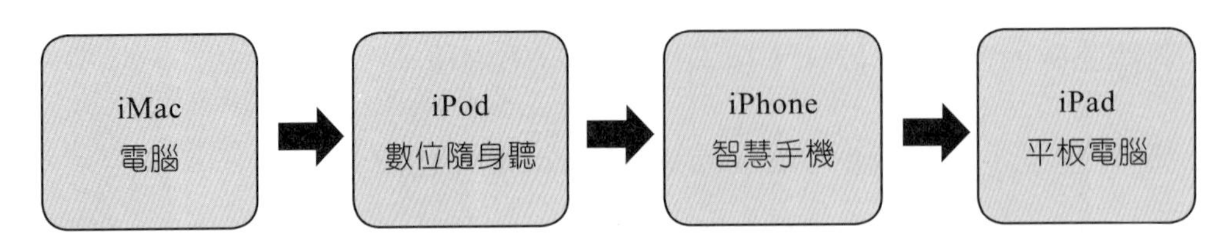

八、廠商產品線隨經營時間增加而變多

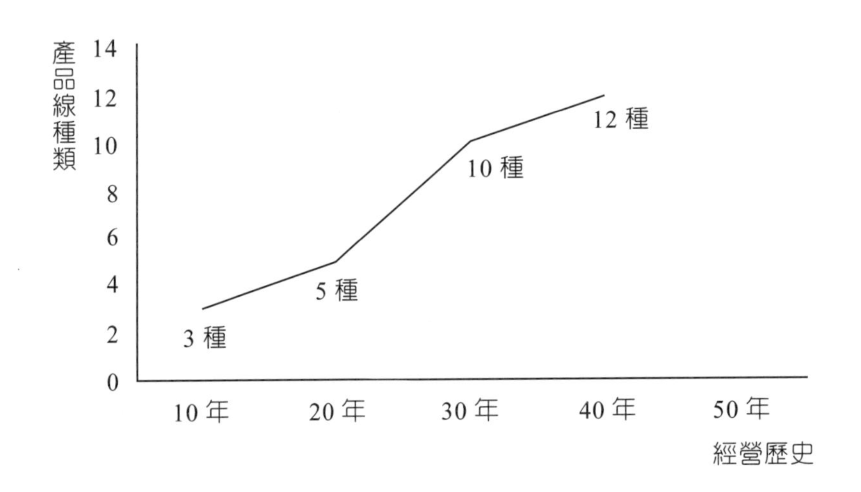

九、大型廠商產品線組合漸趨完整的五大原因

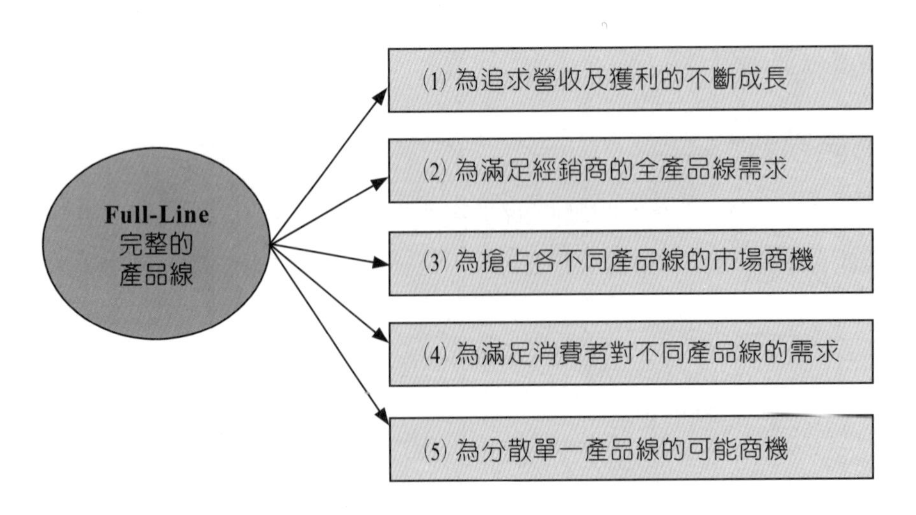

十、大、中、小型廠商不同的產品組合策略

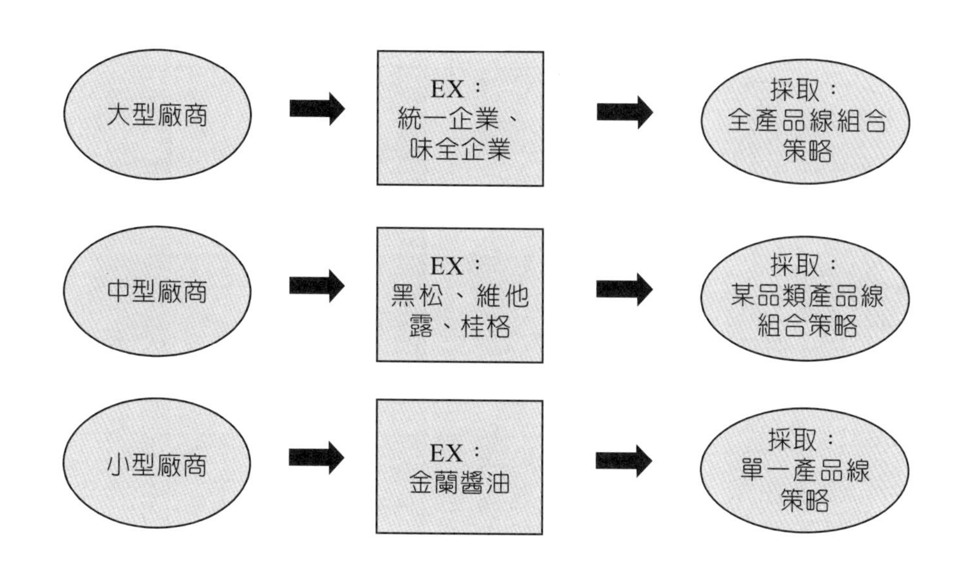

十一、全產品線組合策略：爭食該產業中最大的市占率

例如：

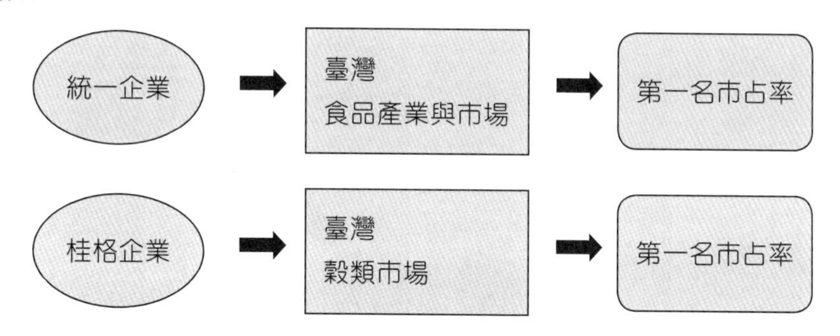

十二、全產品線的三大競爭優勢

(一) 可以搶占零售據點最多的產品陳列空間。

(二) 可以滿足及搶占最多的各種消費族群。

(三) 可以塑造最強的品牌優勢。

 十三、PLC（產品生命週期）與產品線策略的互動

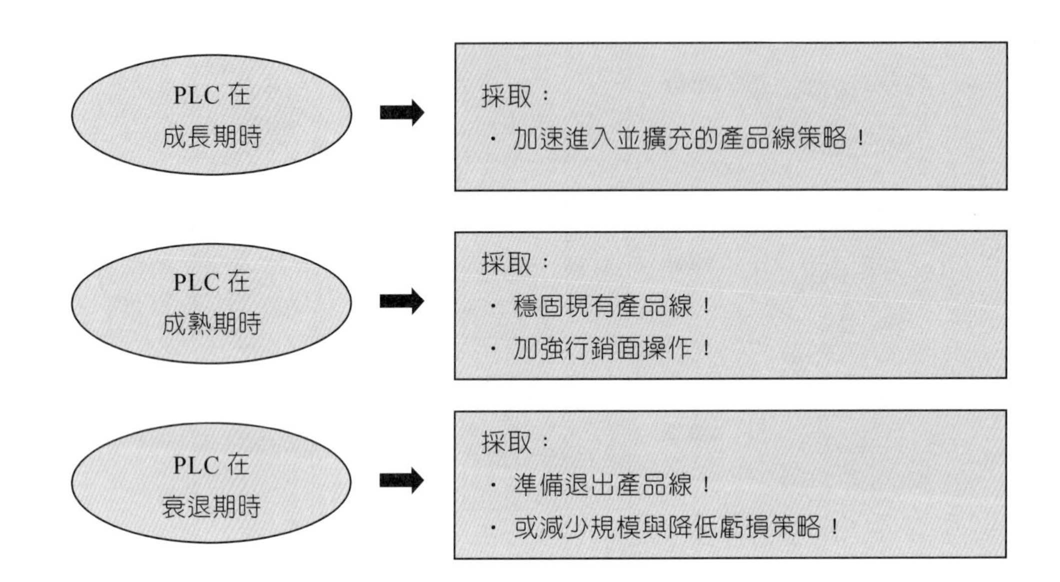

 十四、追求成長：產品線組合策略的三部曲

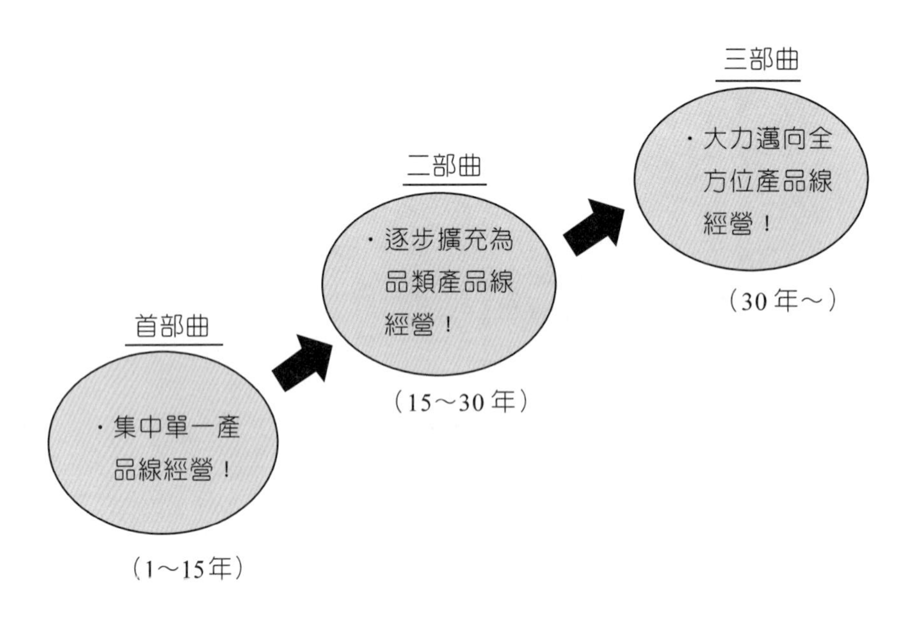

十五、中小企業：資源有限的對策

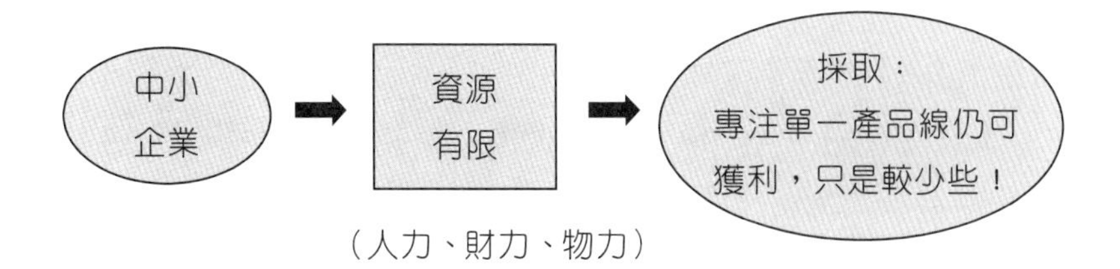

十六、採取：專注單一產品線策略

例如：

1. 金蘭醬油
2. lativ（服飾網購公司）
3. 東京著衣（服飾網購公司）
4. 黑人牙膏
5. 舒酸定牙膏
6. 維力泡麵
7. 山葉機車

十七、廠商進入另一個產品線策略之五大考量點

⑴ 考慮自家公司的資源及能力夠不夠？

⑵ 考慮此產品線未來有沒有成長性及潛力？

⑶ 考慮進入此產品線成功把握的機率有多大？

⑷ 考慮進入另一產品線行銷致勝的策略何在？

⑸ 考慮若失敗時的風險承擔力夠不夠？

十八、廠商產品線要因應市場的變化趨勢

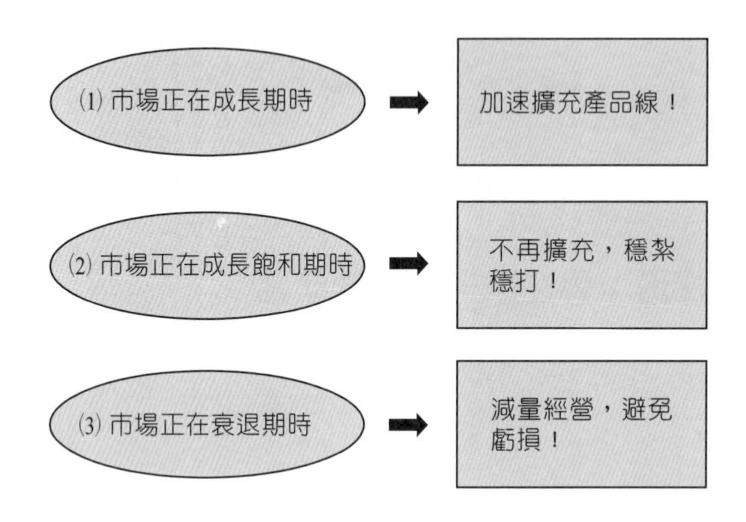

十九、三種不同產品線盈虧的可能組合狀況

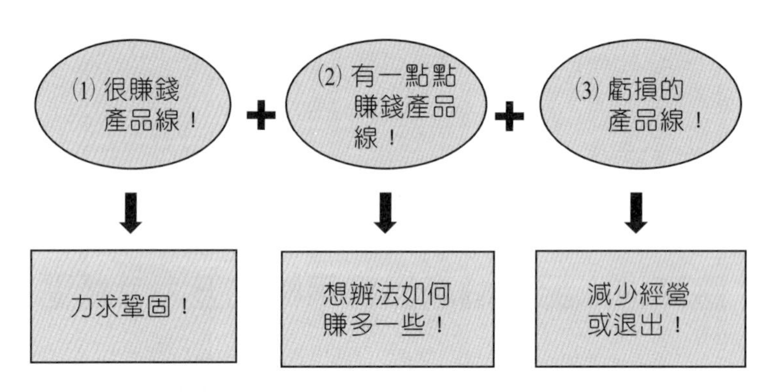

二十、公司產品線的兩種重要性

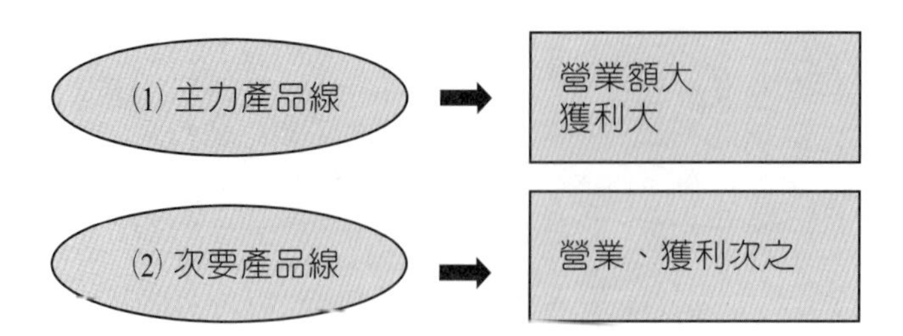

二十一、主力產品線全力鞏固、加強三大方向

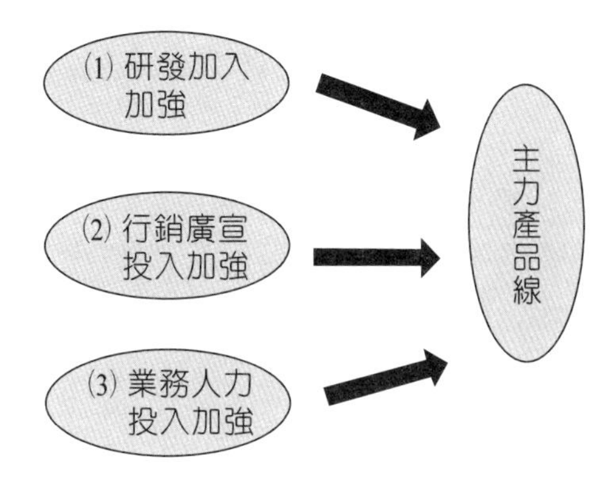

二十二、案例

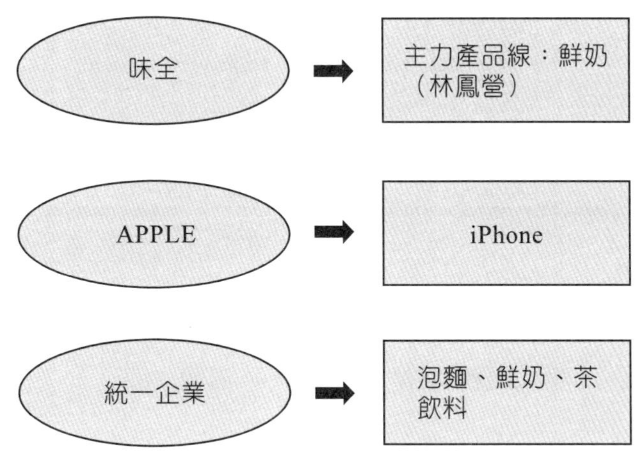

貳 新產品發展策略

新產品發展策略可從兩個構面加以考量（見表 7-1）：

表 7-1　新產品發展策略九種類型

		(二)技術新的程度（服務新的程度）		
		1. 原有技術	2. 改進原有技術	3. 新技術
(一)市場新的程度	1. 現有市場		(1-2) 產品成本、品質及供應之配合（Reformulation）	(1-3) 產品替換（Replacement）
	2. 加強現有市場	(2-1) 增加推銷（Remerchandising）	(2-2) 產品改良增加效用（Improve Product）	(2-3) 產品線擴大（Product Line Extension）
	3. 新市場	(3-1) 新用途（New Use）	(3-2) 市場擴伸（Market Extension）	(3-3) 多角化（Diversification）

茲舉例如下：

1. 2-2：改進原有技術（或服務）與加強現有市場。例如：
   (1)《蘋果日報》以圖解式的編輯方式，精簡文字。
   (2) 星巴克或丹堤咖啡連鎖店經營。
   (3) DHC 日式型錄，爭取化妝美容保養品市場。
   (4) 洗衣乳（或洗衣精）取代過去顆粒狀的洗衣粉。
2. 2-3：加強現有市場與提出新技術或新服務。例如：
   (1) 空氣清淨機的推出。
   (2) P&G 公司除了洗髮精產品線外，推出 SK-II 美容保養品線擴大。
   (3) 液晶電視（LCD TV）推出，取代傳統電視機。
   (4) 銀行推出金卡升級為白金卡。
3. 3-2：以新市場與改進原有技術或服務。例如：
   (1) 筆記型電腦（NB）推出。

⑵ 愛之味鮮採番茄汁帶動很多過去不喝番茄汁的人口。

⑶ 統一超商推出九種菜色，50 元的升級國民便當，希望擴大過去不吃國民便當的人口。

⑷ 中華電信 ADSL 業務為市場擴伸。

4. 3-3：新市場及新技術（或新服務）。例如：

1. PDA 上市。
2. 數位電視機上盒（STB）帶動數位頻道及隨選視訊市場。
3. 多媒體手機及 4G 手機。
4. 數位相機取代傳統相機。
5. 有線電視頻道開創出一個新市場。
6. 電視購物、網站購物、型錄購物等亦是。

8 零售商自有品牌（PB）時代來臨

一、意義

通路商自有品牌係指由通路商自己開發設計，然後委外代工，或是研發設計與委外代工全交由外部工廠或設計公司執行的過程，然後掛上自己的品牌名稱，此即通路商自有品牌的意思。

此處的通路商，主要指大型零售通路商為主，包括：便利商店（7-ELEVEN、全家）、超市（頂好）、量販店（家樂福、大潤發、愛買）、藥妝店（屈臣氏、康是美）；此外，也包括百貨公司自行引進的代理產品（例如，新光三越百貨、遠百、太平洋 SOGO 百貨等）。

二、通路商品牌與製造商（全國性）品牌之區別（NB 與 PB 商品）

㈠ 早期的品牌，大致上都以製造商品牌（或稱全國性品牌）為主，英文稱為 Manufactor Brand 或 National Brand（NB），包括：統一企業、味全、金車、可口可樂、P&G、聯合利華、花王、味丹、維力、雀巢、桂格、TOYOTA、東元、大同、歌林、松下、SONY、NOKIA、裕隆、MOTO、龍鳳、大成長城、舒潔、黑人牙膏……等，均屬於全國性或製造商公司品牌，都是擁有自己在臺灣或海外的工廠，然後自己生產並且命名產品品牌。

㈡ 近來，通路商自有品牌出現了，其英文名稱可稱為 Retail Brand（零售商品牌）或 Private Brand（自有、私有品牌）（PB）等，意味著零售商也開始想要有自己的品牌與產品了。因此，委託外部的設計公司與製造工廠，然後掛上自己零售商所訂定的品牌名稱，放在貨架上出售，此即通路商自有品牌。目前包括：統一超商、全家、家樂福、大潤發、愛買、屈臣氏、康是美……等，均已推出自有品牌。

三、通路商自有品牌的利益點或原因

為什麼零售通路商要大舉發展自有品牌放在貨架上與全國性品牌相競爭呢？這主要有以下幾項利益點：

㈠ 自有品牌產品的毛利率比較高

通常高出全國性製造商品牌的獲利率。換言之，如果同樣賣出一瓶洗髮精，家樂福自有品牌的獲利，會比潘婷洗髮精製造商品牌的獲利更高一些。

過去，傳統製造商成本中，以品牌廣宣費用及通路促銷費用占比頗高，幾乎達到 40% 左右。但零售商自有品牌在這 40% 的兩個部分，幾乎可以省下來，最多只支出 10% 而已。因此，利潤自然高出三～四成，既然如此，何必全部跟製造商進貨，自己也可以委託生產來賣，這樣賺得更多。當然，零售商也不會完全不進大廠商的貨，只是說要減少一部分，而以自己的產品替代。

舉例：

某洗髮精大廠，假設一瓶洗髮精製造成本 100 元，加上廣告宣傳費 20 元及通路促銷費和上架費 20 元，再加上廠商利潤 20 元，故以 160 元賣到家樂福大賣場，假設家樂福也要賺 16 元（10%），故最後零售訂價為 176 元。

但現在如果家樂福委外代工生產洗髮精，假設製造成本仍為 100 元，再分攤少許廣宣費 10 元，並決定要多賺利潤，每瓶想賺 32 元（比過去的每瓶 16 元增高一倍），故最後零售價定價為，100 元 +10 元 +32 元 =142 元。此價格比跟大廠採購進貨的訂價 176 元仍低很多，因此，家樂福提高了獲利率，也同時降低了該產品的零售價，消費者也樂得採購。

為何自有品牌利潤較高？

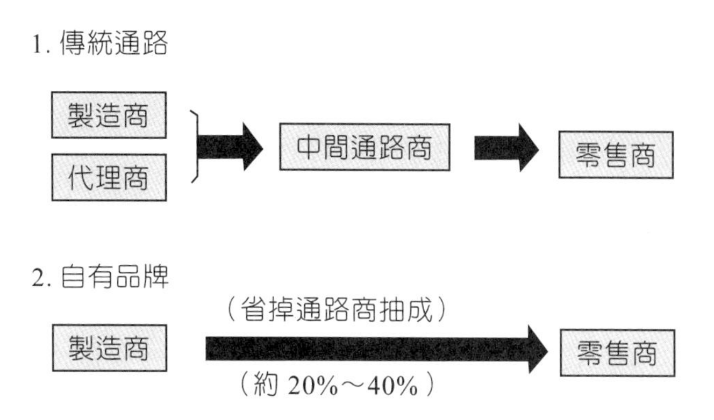

（二）微利時代來臨

近幾年來由於國內國民所得增加緩慢，貧富兩極化日益明顯，M 型社會來臨，物價上漲，廠商加入競爭者多，每個行業都是供過於求；再加上少子化及老年化，以及兩岸關係停滯，使臺灣內需市場並無成長的空間及條件，總的來說，就是微利時代來臨了。面對微利時代，大型零售商自然不能坐以待客，因此就尋求自行發展具有較高毛利率的自有品牌產品了。

（三）發展差異化策略導向

以便利商店而言，小小的 30 坪空間，能上貨架的產品並不多，因此，不能太過於同質化，否則會失去競爭力及比價空間。所以，便利商店紛紛發展自有品牌產品。例如，統一超商有關東煮、各式的鮮食便當、OPEN 小將產品、7-11 茶飲料、嚴選素材咖啡、CITY CAFÉ 現煮咖啡……等上百種之多。

（四）滿足消費者的低價或平價需求

最後一個原因，在通膨、薪資所得停滯及 M 型社會成形下，有愈來愈多的中低所得者，愈來愈需求低價品或平價品。所以，到了各種賣場週年慶、年中慶、尾牙祭，以及各種促銷折扣活動時，就可以看到很多的消費人潮湧入，包括：百貨公司、大型購物中心、量販店、超市、美妝店、或各種速食、餐飲、服飾等連鎖店均是如此現象。

㈤ 低價可以帶動業績成長，又無斷貨風險

由於在不景氣市況、M 型社會及 M 型消費下，零售商或是量販店主打「價格戰」（price war），因此，零售通路業者可以透過所屬低價自有品牌產品，吸引消費者上門，帶動整體銷售業績的成長。

另外，更重要的是，此舉也可以避免全國性製造商品業者不願配合量販店促銷時的斷貨風險。

四、什麼自有品牌產品最好賣

並不是每一樣自有品牌產品都會賣得很好，因而必須掌握幾項原則：

第一：與人體健康品質並無太大想像關聯的一般日用產品及簡單性產品。例如，家樂福的牙線、棉花棒等產品市占率即達 70%；大潤發的大姆指衛生紙在店內市占率第一，其次是燈泡等。

第二：與知名全國性品牌形象的產品類別能有所避開者。例如，自有品牌的沐浴乳、化妝品、保養品等就不會賣得太好。

第三：自有品牌產品若能具有設計、功能、包裝、成分、效益等獨特性與差異化，亦比較能賣得好。

五、國內各大零售通路商發展自有品牌現況

‧統一超商經營 7-SELECT 自有品牌現況

㈠ 7-SELECT 系列產品（計有十七種之多）

1. 絲柔發熱衣系列
2. 純棉長袖內衣系列
3. 洋芋片系列

4. 經典茶飲系列
5. 隨手包零食系列
6. 微波冷凍食品
7. 美味輕食
8. 人氣飲品
9. 美顏精補飲
10. 便利日用品
11. 蜜餞系列
12. 鍋物系列
13. 暢銷零嘴系列
14. 下酒菜系列
15. 風味小點系列
16. 水系列
17. 三合一咖啡系列

(二) 7-SELECT 自有品牌產品成功因素

(1) 平價 + (2) 超值 + (3) 代言人行銷

・容量加多：10%～30%
・低售價：低於市場 10%～30%

(三) 7-SELECT 代言人行銷

㈣ 7-SELECT 商品包裝設計

1. 花錢請日本知名設計公司負責。
2. 呈現出時尚感。

㈤ 7-SELECT 品質保證

1. 與國內知名一線大廠代工合作，確保評價高品質。
2. 從通路商角度擅長的消費行為分析與消費需求連結，將商品、規格、內容、包裝等一一重新檢視、進行提案，並且與一線大廠合作生產，同時推出適量包裝的規格，是 7-SELECT 廣受歡迎的主因。

㈥ 7-SELECT 自有品牌＋其他自有品牌

1. 已占總營收額 20%。
2. 為利潤增加帶來貢獻。

㈦ 統一超商自有品牌名稱與品項

1. CITY CAFÉ（現煮）。
2. 思樂冰。
3. 鮮食商品：御便當、飯糰、關東煮、飲料、光合農場（沙拉）、速食小館（米食風港點、餃類、麵食、湯羹）、麵店（涼麵）、巧克力屋（黑巧克力、有機巧克力）。
4. OPEN 小將：經典文具收藏品、生活日用品、美味食品、飲品、零嘴。
5. 嚴選素材冷藏咖啡。
6. 7-11 茶飲料。
7. 其他（陸續開發中）。

㈧ 家樂福自有品牌經營現況

家樂福的自有品牌涵蓋類別很廣，從飲料、食品，橫跨到文具、家庭清潔用品、大小家電，應有盡有，品項約有兩千多種，占總營收的一成。

提供自有品牌的三大保證：

保證 1：傾聽心聲，確保新品開發符合需求

傾聽消費者的期待，經專業的市場分析後，進行開發新產品。

保證 2：嚴格品選，確保品質合乎期待

與市場領導品牌比較後，品質同等或優於領導品牌，但售價低於市價 10%～15%。

保證 3：精選製造廠，確保製程嚴格控管

家樂福委託 SGS 臺灣檢驗科技股份有限公司專業人員進行評核及定期抽檢，以控管其作業符合標準。

註：SGS 集團服務類別包括檢驗、測試、鑑定，以及驗證領域，遍布全球 1,250 多個辦公室及實驗室，有豐富的經驗、專業知識及全球性網狀服務，提供品質及驗證的檢測服務。

㈨ 屈臣氏自有品牌經營現況

屈臣氏自有品牌的品項大約占店內商品的 5% 左右，營業額占總營收的一成以上，包括藥物、健康副食品、化妝品和個人護理用品，以至時尚精品、糖果、心意卡、文具用品、飾品和玩具等。自有品牌品類幾乎橫跨所有 17 個品類，單是 2007 年就增加 22 個新品項，總計也有 400 個品項，平均每十位來店的顧客就有一位選購屈臣氏的自有品牌商品。以銷售業績來看，自有品牌商品年營業額每年都以 2 位數字成長。

屈臣氏自有品牌名稱與品項有：

1. watsons：吸油面紙、濕紙巾、衛生紙、袖珍面紙、紙手帕、廚房紙巾、盒裝面紙、衛生棉、免洗褲、免洗襪、輕便刮鬍刀、輕便除毛刀、嬰兒用品系列、電池。
2. miine：沐浴用具、美妝用具、髮梳用具、棉織品。
3. 小澤家族：洗髮精、沐浴乳、護髮霜、造型系列、染髮系列。
4. 蒂芬妮亞：護膚系列，包括：洗面乳、化妝水、乳液、面膜、吸油面紙、護手霜等。
5. 歐芮坦：家用品系列，包括：洗衣粉、洗衣精、室內芳香劑、衣物芳香劑、除塵紙。

6. 男人類：洗面乳、洗髮精、沐浴乳。

7. 吉百利食品：甘百世食品。

8. okido：凡士林。

9. 優倍多：保健食品。

㈩ 大潤發

大潤發的自有品牌「大拇指」，目前有 1,200 多項，衛生紙、家庭清潔用品、個人清潔用品、燈泡、礦泉水、包裝米、飲料沖調食品、休閒零食、罐頭、泡麵、調味料、內衣襪帕……，應有盡有，滿足顧客生活需求。以食品類最多，其中業績最好的是寵物類商品，其次是照明與家具類。其他商品以抽取式衛生紙賣得最好。

㈩㈠ 愛買

愛買「最划算」的品牌，以平均低於領導品牌 10%～20% 的價格，推出食品雜貨、文具、五金、麵條、醬油等日常用品，其中衛生紙銷售量居所有自營品牌商品之冠。商品總數約 400 支，平日「最划算」系列業績可達整體的 2% 左右，每週二會員日則可飆高至 5%。未來會主推酒類的自有品牌，還將衛生紙、飲用水等產品占比提高至 30%～35%。

茲列示國內三大量販店目前在自有品牌的操作狀況，如表 8-1：

表 8-1

公司	自有品牌商品數量	總店數	自有品牌名稱	自有品牌的營收占比
家樂福	1,000 支	90 家	⑴ 超值（低價） ⑵ 家樂福（平價） ⑶ 精選（中高價）	700 億 ×10% = 70 億
大潤發	1,200 支	25 家	⑴ 大姆指 ⑵ 大潤發 ⑶ 歐尚	250 億 ×10% = 25 億
愛買	400 支	18 家	⑴ 最划算 ⑵ 衛得	150 億 ×10% = 15 億

六、製造商從抗拒代工，到變成合作夥伴

從最早期的製造商是採取抵制、抗拒、不接單的態度，如今已有部分大廠商改變態度，同意接零售商的 OEM 訂單，成為「製販同盟」（製造與銷售同盟）的合作夥伴。包括永豐餘紙廠也為量販店代工生產衛生紙或紙品，黑松公司、味丹公司等也代工生產飲料產品。

主要的原因有如下幾點：

1. 製造商體會到低價自有品牌產品，已是全球各地的零售趨勢，這是大勢所趨，不可違逆。
2. A 製造商如果不接，那麼 B 製造商或 C 製造商也可能會接，最終還是會有競爭性。既然如此，為何自己不接單生產，多賺一些生產利潤呢？
3. 製造商如悍拒不接單生產配合，那麼往後在通路為王的時代中，將會被通路商列入黑名單，對往後的通路上架及黃金陳列點的要求，將會被通路商拒絕。

七、日本通路商發展自有品牌概況——有助廠商提升成本競爭力

日本零售流通業發展自有品牌歷史比臺灣要早一些。目前日本 7-ELEVEN 公司的自有品牌營收占比已達到近 50%，遠比臺灣統一超商的 20% 還要高出很多，顯示臺灣未來成長空間仍很大。

另外，日本大型購物中心永旺零售集團旗下的超市及量販店，在最近幾年也紛紛加速推展自有品牌計畫，從食品、飲料到日用品，超過了三千多個品項，目前占比雖僅 5%，但未來上看到 20%。

日本零售流通業普遍認為 PB 自有品牌的加速發展，對 OEM 代工工廠而言，很明顯帶來的好處之一，就是它可以有效地帶動代工工廠的成本競爭力之提升，各廠之間也有了切磋琢磨的好機會與代工競爭壓力。

八、零售通路 PB 時代來臨

㈠ PB 時代環境日益成熟

從日本與臺灣近期的發展來看，我們似乎可以總結出臺灣零售通路 PB（自有品牌）時代確已來臨。而此種現象，正是外部行銷大環境加速所造成的結果，包括 M 型社會、M 型消費、消費兩極端、新貧族增加、貧富差距拉大、薪資所得停滯不前、臺灣內需市場規模偏小不夠大，以及跨業界限模糊與跨業相互競爭的態勢出現及微利時代等，均是造成 PB 環境的日益成熟。而消費者要的是「便宜」、「平價」，而且「品質又不能太差」的好產品條件，此乃「平價奢華風」之意涵。

㈡ 全國性廠商也面臨 PB 的相互競爭壓力

PB 環境愈成熟，全國性廠商的既有品牌也就跟著面臨很大的競爭壓力，全國性廠商的品牌市占率必然會被零售通路商分食一部分而去。

㈢ 全國性廠商的因應對策

而到底會分食多少比例呢？這要看未來的各種條件狀況而定，包括：不同的產業、行業，不同的公司競爭力及不同的產品類別等三個主要因素而定。但一般來說，PB 所侵蝕到的有可能是末段班的公司或品牌，前三大績優全國性廠商品牌所受影響，理論上應不會太大。因此，廠商一定要努力：⑴ 提升產品的附加價值，以價值取勝；⑵ 提升成本競爭力，以低成本為優勢點；⑶ 強化品牌行銷傳播作為，打造出令人可信賴且忠誠的品牌知名度與品牌喜愛度才行。此外，中小型的廠商可能必須轉型為替大型零售商 OEM 代工工廠的型態，而賺取更為微薄與辛苦的代工利潤，行銷利潤將與他們絕緣。

九、日本 PB（零售商自有品牌）時代來臨

㈠ 日本「製販同盟」由零售業主導——日本 7-ELEVEN 獲得大型製造商加入代工生產 PB 產品

擁有 12,000 家的日本 7-ELEVEN 公司，自 2007 年起，即推出「7-11 premium」，即 7-ELEVEN 自有品牌代工的高品質、高價值的產品設計規劃；到了 2008 年時，此項計畫已經獲得大部分大型製造廠的同意代工生產，包括：日清食品公司、日本火腿公司、森永乳業公司、山崎麵包、東洋水產公司、味之素公司、龜甲萬醬油公司、三洋食品公司、UCC 上島咖啡公司……等數十家之多。

此時，「通路為王」的現象已完全浮現出來了。而全國性製造商品牌（National Brand, NB）抗拒不為零售商代工生產的狀況，則完全反轉。

㈡ 一線製造廠商為何同意代工生產

日本一線 NB 品牌大廠為何願意代工生產呢？主要理由如下：

第一：零售商 PB 產品的出現，確實使全國性製造廠的營收額受到不少的衝擊而下降，其降幅達到一成到三成之間，令生產廠商受不了。

第二：一線廠即使不願代工，但二線廠或三線廠也極願意代工，這些廠商的品質及設計在經過一些調整改善之後，其狀況也不輸一線大廠。

第三：一線大廠若堅持不配合，最終可能惹火零售大公司，而使得日後在零售店的進貨安排及銷售區隔位置的安排等都受到一些不好的對待，終究會影響到他們的銷售利益。

第四：NB 大廠最後也發現，即使代工的利潤微薄，但總是也有些賺頭，總比機器設備閒置在那邊要好一些。

基於上述理由，使得近年來零售商主導的 PB 自有品牌商品大幅崛起，並且受到消費者的歡迎。不管在便利商店、大賣場、超市、折扣店、藥妝店等都可以看得到 PB 產品所引起的衝擊。

㈢ PB 產品比較便宜，確實得到消費者的支持及購買

在面臨油價上漲、原物料上漲及完成品上漲的通膨壓力下，PB 商品訴求比一般 NB 產品的價格要低兩成到三成左右，的確引起消費者的注意及行動。我們舉例日本泡麵（杯麵）的兩個價格對照表就可以看出來，見圖 8-1。

如圖 8-1 所示，零售商 PB 產品比 NB 全國性廠商在廣宣費、促銷費、物流費，以及批發通路費用等，均較便宜，亦即成本比較低，故有能力用低價格（低定價）來銷售出去給消費者。

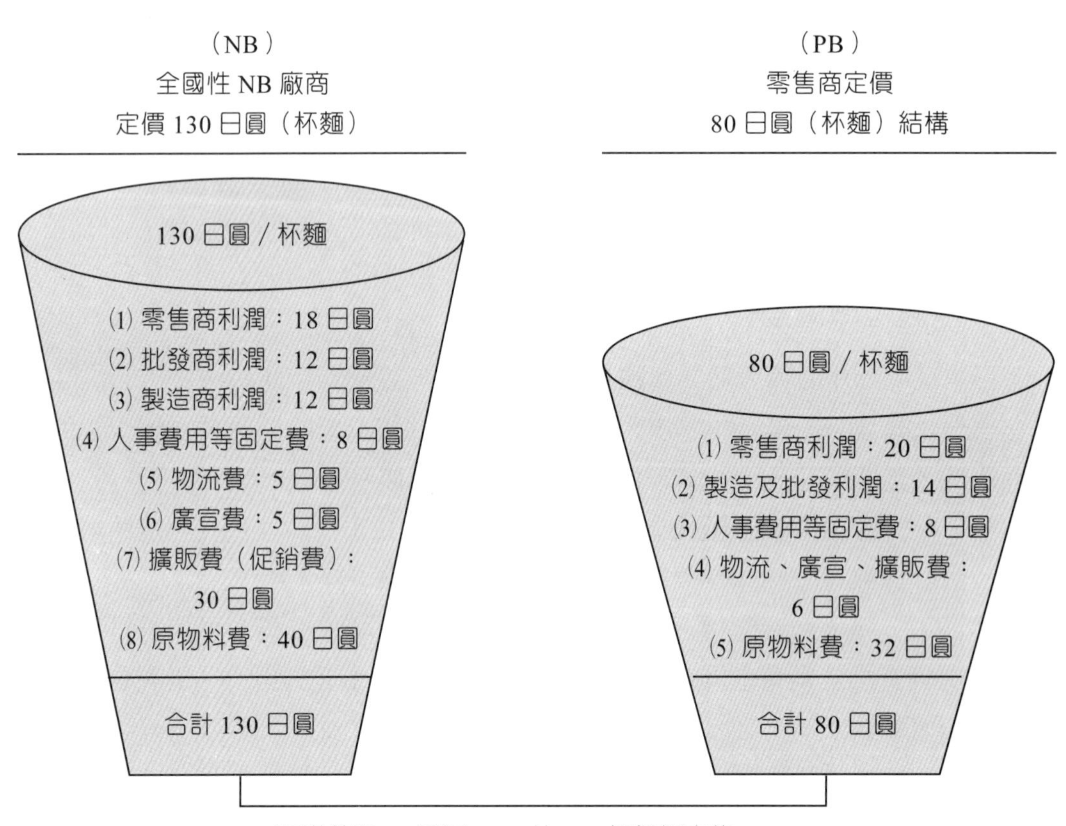

圖 8-1

十、零售商自有品牌對部分製造商帶來不利影響

㈠ 營收額下降。

㈡ 獲利減少。

十一、「通路為王」時代來臨

例如，7-ELEVEN、全家、屈臣氏、康是美、家樂福、大潤發、愛買、全聯、新光三越、SOGO、大遠百、101 購物中心、微風百貨、頂好……。

十二、消費者為何能接受自有品牌？

㈠ 平價、低價（低 10%～30%）。

㈡ 品質還可以。

㈢ 比較沒有知名品牌意識。

十三、比較容易接受零售商自有品牌的人

㈠ 追求低價的人。

㈡ 不在意知名品牌的人。

第三篇

新產品開發管理

PART 3

9 新產品開發管理綜述

壹　新產品開發的原因及其成功與失敗要因歸納
貳　新產品開發的組織體系、架構及發展步驟
參　創意發想來源
肆　產品「概念化」的各種層面探索
伍　新產品開發的「評價項目」及開發上市成功的「四大核心能力」
陸　市場調查與新產品開發
柒　新產品「品類分析管理」
捌　新產品上市後的「檢討管理」
玖　攻擊競爭對手第一品牌的新產品與行銷策略
拾　7-ELEVEN 的產品研發與行銷創新
拾壹　以多芬（Dove）卸妝乳產品開發歷程為例
拾貳　臺灣松下用消費者研究抓準產品新方向，提案通過率逾七成
拾參　3M 新產品開發流程
拾肆　荷蘭商葛蘭素史克藥廠（GSK）創新研發四大原則
拾伍　七個產品開發關鍵點

壹 新產品開發的原因及其成功與失敗要因歸納

一、新產品發展原因

新產品要發展的主要原因有以下五點：

㈠ 市場需要

由於生活習慣改變與生活水準的提升，消費者對於便利、速度、安全、功能、價值、品質及價格等需求增加，以及價值觀念的轉移，以至於產生新產品及新服務需要。

下面舉一些例子，說明市場需求如何冒出來：

1. 傳統隨身聽→ MP3、MP4、數位隨身聽。
2. 傳統電視機→液晶／電漿平面電視機。
3. 百貨公司→大型、豪華購物中心（shopping mall）。
4. 一般平價商品→名牌精品。
5. 一般超市→頂級超市。
6. 一般書局→誠品大型旗艦店。

㈡ 技術進步

由於新的原材料、原物料、新包材、新零組件、新技術突破、新設計及更好的生產製造方法等，使得廠商能夠提供更好的產品。

例如，智慧型手機、小筆電、液晶電視機、平板電腦等新產品的出現，就是由於技術的進步所產生的。

以下舉一些例子：

1. 磁片→光碟片→隨身碟。
2. 娛樂電影的動畫技術進步（魔戒、星際大戰、納尼亞傳奇、哈利波特……等）。
3. 傳統購物→電視購物→網路購物→手機購物。

4. 傳統電視→數位電視→網路電視→手機電視。
5. 類比隨身聽→數位隨身聽。
6. 有線上網→無線上網。
7. 2.5G 手機→ 3.0G 手機→智慧型手機。
8. 桌上型電腦→筆記型電腦→平板電腦。

(三) 競爭力量

如果沒有競爭，也許廠商會固守原有產品，而不去理會市場需要改變或讓技術進步；但在競爭力量逼使下，不得不努力去謀求發展新產品，以保持或增加市場地位。

(四) 廠商自身追求營收成長及獲利成長

廠商為了追求營收額及獲利額不斷地成長，當然必須持續開發出新產品，才能帶動成長的要求。因為如果只賣既有產品，這些產品必然會面對競爭瓜分、面臨產品老化、面臨產品不夠新鮮而顧客減少等威脅，因此，廠商當然要不斷地研發新產品上市，才能保持成長的動能。

(五) 每個產品都有生命週期影響

基本上，每個產品都會面臨成長期、成熟期及衰退期的影響，沒有一個產品是百年長青不墜的，因此必須推陳出新以為因應。

二、新產品開發的「新動向」

廠商除了面對上述新產品開發的五大基本原因外，很多研究顯示，廠商也面臨下述五大外部環境的新動向及新趨勢，因而影響到新產品研究與開發的方向、內涵及作法。這五大新動向如圖 9-1 所示，包括：

1. 廠商面對嶄新及突破性新技術的出現，包括寬頻、數位、無線、奈米、網際網路、IT 資訊、生物科技、生命醫學、液晶面板、微電子……等。
2. 廠商面對大競爭的時代，是一個全球化、國內／國外大競爭的時代，給廠商帶來更大的壓力、威脅，以及可能的商機。

3. **廠商面對以全世界市場爲視野的寬廣市場基礎**，而不再侷限自己的國內市場。
4. **廠商面對國內經濟低成長**，例如：日本及臺灣，甚至全球各國等。在這種低成長環境下，對開發新產品及改良既有產品的評估及選擇也帶來影響。
5. **廠商也面對國內及國際標準環保要求的法令規定**，這對新產品的功能、品質、包裝、設計、材料……等，也帶來一定程度的影響及因應對策。例如：對汽車業、化學品業、化工業、塑膠業、家電業、鋼鐵業、資訊電腦業、辦公事務機器業、原物料業、電鍍業、電機零組件業、包裝業……等，都帶來一定的正面與負面的影響及新產品開發改變因應對策。

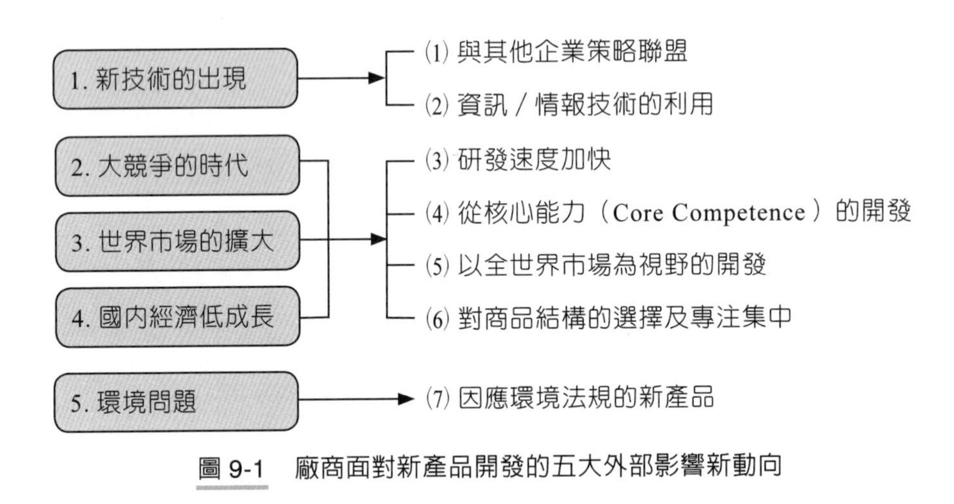

圖 9-1　廠商面對新產品開發的五大外部影響新動向

 三、新產品「開發上市成功」要因探索

根據日本一項針對 160 家企業研發主管的調查報告顯示，他們認為影響新產品開發成功的要因，可以歸納為如表 9-1 所示的五大要因及十七項細節因素。這五大要因如下：

㈠ 高階因素

高階主管、高層老闆的全力支持、強力推動、明智的決斷，以及目標達成的明確化等要因。

(二) 能力因素

公司與組織能力及資源夠不夠好、夠不夠強大的因素。這種組織能力與人員能力因素，包括了研發、商品開發、行銷、生產、設備……等核心能力如何。

(三) 市調正確與精準的因素

是否能夠掌握目標顧客群的需求、偏好及心理等，這是需求面的本質問題，必須抓好本質內涵。

(四) 跨部門的充分與完美協力合作發揮要因

這指的不僅是新產品開發專案小組或專案委員會的部門及成員，更指全公司

表 9-1　新產品開發成功要因（日本調查報告）

		百分比
(一) 高階因素	(1) 高階的支持、判斷力及決斷	50.3%
	(2) 長期的視野及強力的推動	44.6%
	(3) 目標設定的明確化	46.5%
(二) 能力因素	(1) 本公司自身的研發能力	46.5%
	(2) 開發小組的獨創性及協力合作	36.4%
	(3) 開發小組領導者的卓越	16.3%
	(4) 本公司的生產技術及設備的適合	35.2%
	(5) 本公司行銷能力的適合	16.35%
	(6) 行銷通路的強大	24.53%
(三) 市調因素	(1) 對消費者需求的發掘及充分精準的市場調查	33.3%
(四) 協力合作	(1) 開發、生產、營業的共同合作	23.9%
	(2) 內部各單位的通力合作	6.9%
(五) 上市後的管理	(1) 強力的宣傳及促銷活動	12.5%
	(2) 獨特的商品及商品差異化	56.6%
	(3) 品質優、信賴度高、成本合宜	41.5%
	(4) 產品的用途被放在正確位置上	15.7%
	(5) 產品上市加入的時間點恰當性	27.6%

資料來源：日經雜誌，2011 年度。

所有相關部門及人員的充分、完美、迅速的協力合作，發揮一種整體資源的戰鬥力量，包括：研發、技術、採購、生產、品管、製程、物流、倉儲、行企、銷售、服務、財會、人資、法務、智產權、專利、資訊 IT 、行政總務、廣宣、公關、通路經銷商……等全體部門的支援力量。

㈤ 新產品上市後的有效管理要因

包括上市的強大行銷宣傳、通路商的全力配合、業務人員全力動員，以及上市後迅速檢討顧客的反應及業績狀況，而做因應調整。

四、新產品發展「失敗」的原因（之 1）

根據國內外很多實證研究顯示，新產品發展的成功比例通常並不高，只有 10%～20%， 而 80% 都是失敗的。研究其失敗原因，大概有以下幾點：

1. 由於市場調查、分析與預估錯誤。
2. 由於產品本身的缺失，無法做到預期的完滿。
3. 成本預估錯誤。
4. 未能把握適當的上市時機（季節性、流行性，或是還不到成熟時機）。
5. 行銷通路未能做到及時與有力之配合。
6. 由於市場競爭過於激烈，生存空間漸失。
7. 由於行銷推廣預算支出之配合程度不足，導致產品知名度未能打開。

五、新產品發展「失敗」的原因（之 2）——造成新產品失敗十三大原因

根據國內中小企業創業顧問楊鳳美的研究及經驗，她提出下列新產品失敗的十三個原因，如下：

1. 老闆或高階主管一意孤行，不顧反對，尤其忽略來自行銷面的訊息時。
2. 對於市場規模估計過於樂觀。

3. 市場定位錯誤。
4. 行銷手法粗糙、訂價過高、宣傳不足。
5. 投入過多研發費用，而商品短時間無法回收，使得經營困難、資金短缺、周轉不靈。
6. 遭逢競爭對手強力反擊，競爭對手也投入相同商品研發或替代商品時。
7. 商品缺乏創意。例如：清潔劑類，除了香味與包裝、規格外，效能通常差異不大，而大多同類商品，外觀與功能都很相似。
8. 市場過於競爭導致分散。
9. 社會與政府的限制。推出的新產品必須符合消費者保護法規，還有該類商品應遵守的相關法規要求，這些法令的約束，明顯地讓業者研發成本增加及降慢速度。
10. 研發費用過高。許多高科技商品動輒投入上千萬、甚至億元以上的研發成本，加上行銷費用，耗資甚鉅。
11. 資金短缺。徒有創意卻無足夠資金生產，尤其許多生物科技業最常遭遇，此時除非能有金主投資，否則就只能出售研發成果或是讓美夢幻滅。
12. 研發時間縮短。當同業有相同創意出現時，只有搶先上市才能有最佳利潤。像日本「SONY」與韓國「LG」在研發商品時，會考量同業的研發與生產條件，而將目標定為比對手快，而且品質更好的策略。
13. 商品生命週期縮短。韓國「LG」為比同業更快攻下市場，在冰箱的研發與製造上將時間縮短，平均一年就逐步汰換掉三分之一的商品款式。

六、新產品發展「失敗」的原因（之 3）——新產品研發及上市失敗要因

另外，根據日本企業界一項大規模的研究調查報告指出，他們也歸納出 80% 研發及上市失敗的十三個要因，如圖 9-2 所示內容。又可精簡出六大要因，如下：

㈠組織與能力問題

1. 高階未全力支持及關心。
2. 專案小組及其領導人能力不足。
3. 公司研發技術能力不足。
4. 公司行銷能力不足。
5. 跨部門協力合作不足。

㈡產品問題

1. 產品缺乏特色及缺少差異化。
2. 產品品質不夠穩定。
3. 產品口味、設計、包裝、功能、質感未能滿足消費者。
4. 產品定位不夠清楚。

㈢市調問題

市調不足，無法有效且精準瞭解顧客需求及設定正確的客層。

㈣定價問題

定價不當，無法讓顧客接受，無法感受到物超所值之感。

㈤通路問題

通路經銷商及零售商鋪貨不夠廣泛與及時上架。

㈥客層選擇問題

目標客層（target）選擇不對或產生偏誤，或與原先設想的發生落差，無法吸引他們來消費。

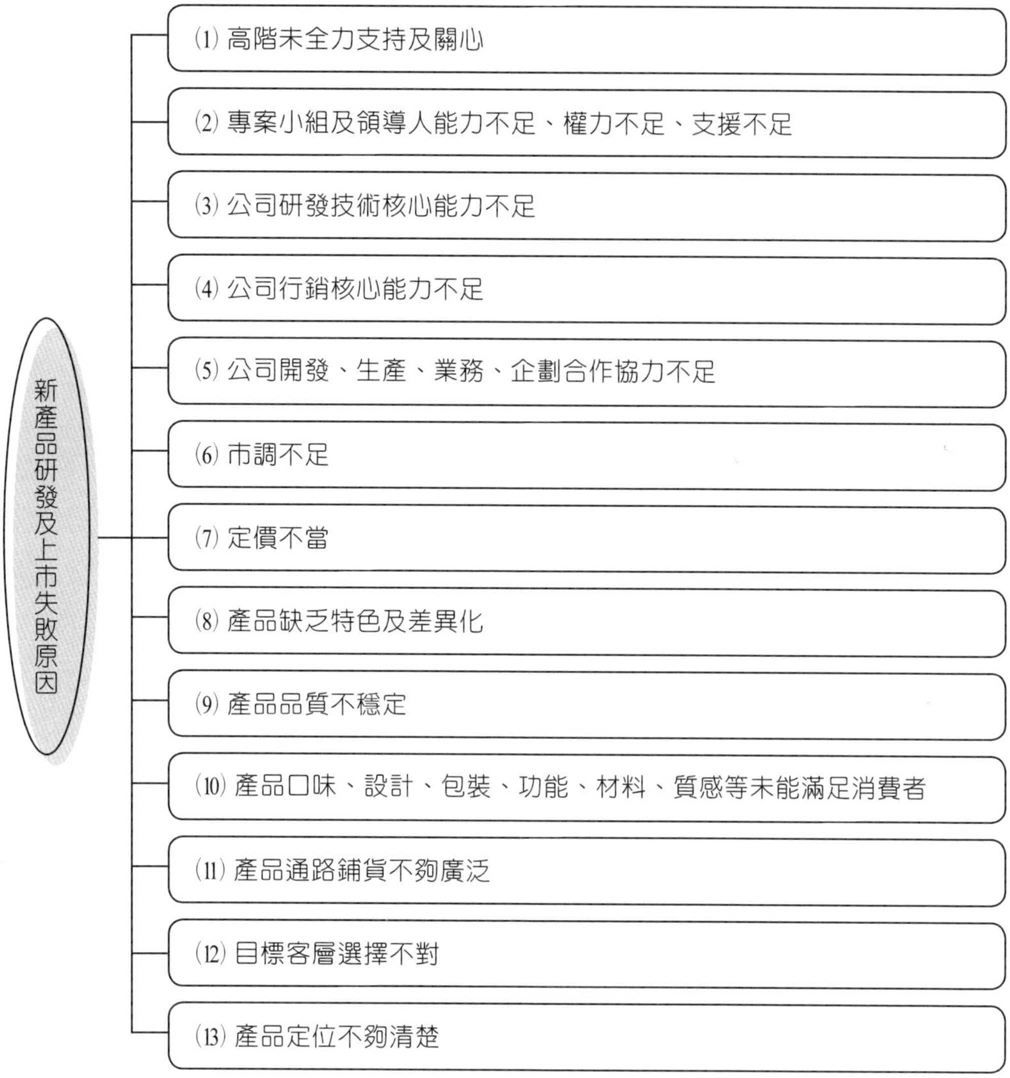

新產品研發及上市失敗原因

- ⑴ 高階未全力支持及關心
- ⑵ 專案小組及領導人能力不足、權力不足、支援不足
- ⑶ 公司研發技術核心能力不足
- ⑷ 公司行銷核心能力不足
- ⑸ 公司開發、生產、業務、企劃合作協力不足
- ⑹ 市調不足
- ⑺ 定價不當
- ⑻ 產品缺乏特色及差異化
- ⑼ 產品品質不穩定
- ⑽ 產品口味、設計、包裝、功能、材料、質感等未能滿足消費者
- ⑾ 產品通路鋪貨不夠廣泛
- ⑿ 目標客層選擇不對
- ⒀ 產品定位不夠清楚

圖 9-2　新產品研發及上市失敗原因

貳 新產品開發的組織體系、架構及發展步驟

一、產品開發的組織單位

一般來說，新產品開發的組織單位可能有下列五種狀況：

1. 各事業部所屬研發單位負責。
2. 全公司直屬的中央研發單位負責。
3. 商品開發部負責。
4. 成立跨部門的新產品開發「專案小組」（project team）負責。
5. 成立矩陣組織小組負責。

二、日本花王公司研究開發組織單位

如圖 9-3 所示，日本花王公司有一個非常強大與完整的專業研究開發組織架構及分工功能。該公司將研發區分為兩個區塊：

第一：商品開發研究領域，又分為六個研究所。

第二：基礎研究開發領域，又分為六個研究所。

合計有十二個研究單位，專責不同事情，計有約 2,000 人的編制組織。

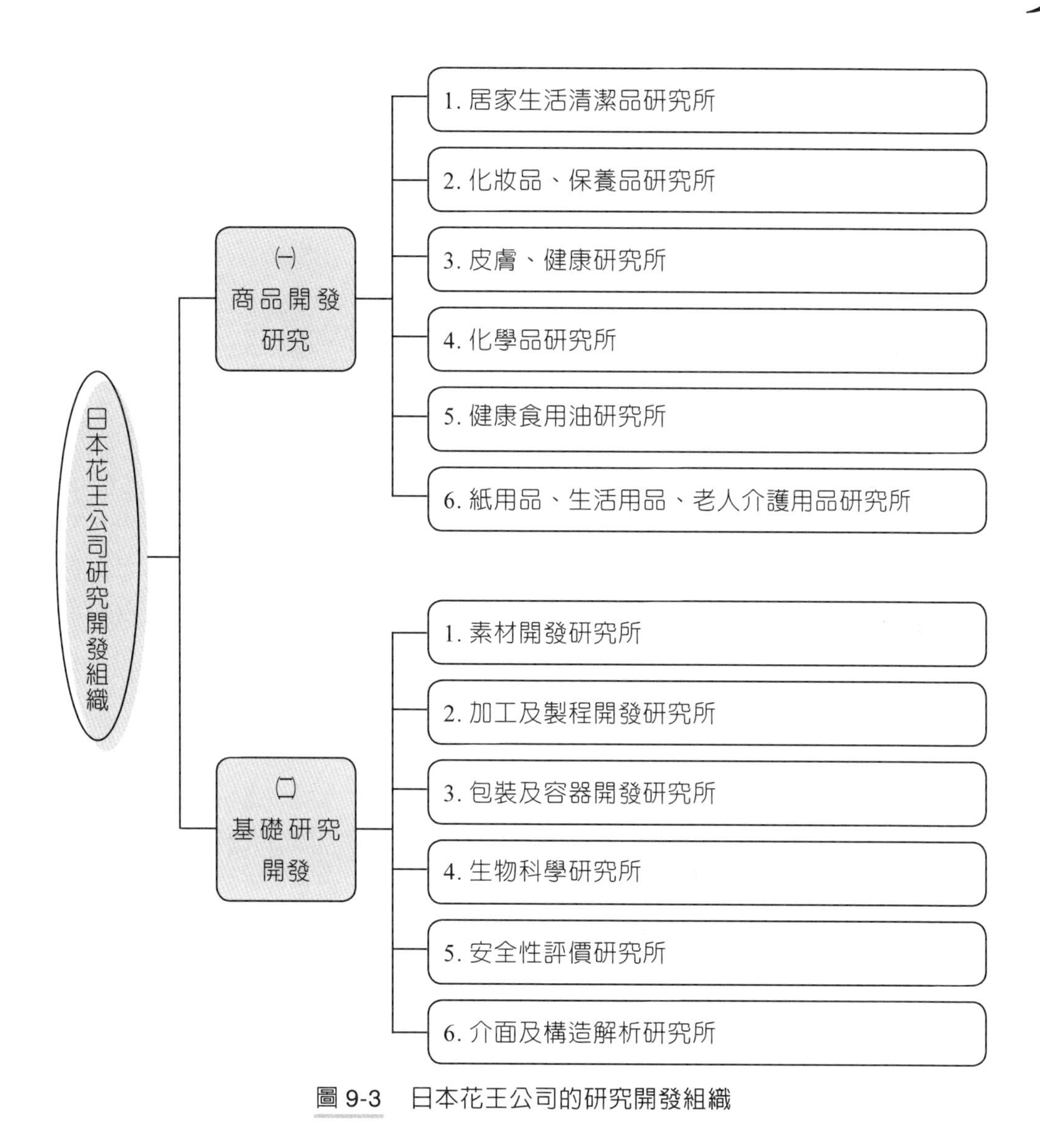

圖 9-3　日本花王公司的研究開發組織

三、統一企業中央研究所

㈠ 統一企業中央研究所組織架構

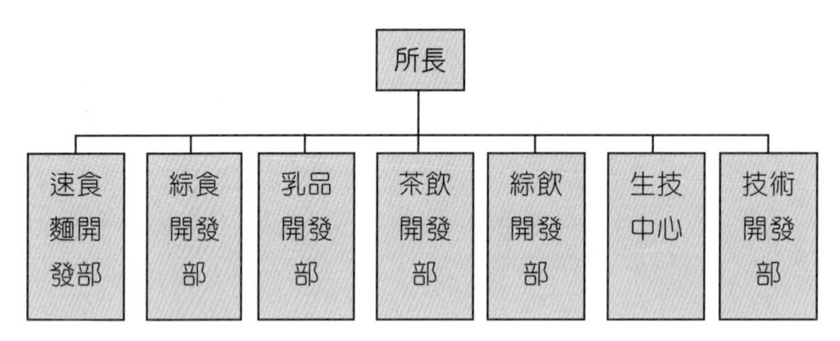

人員總數：150 多人

㈡ 統一企業中央研究所四大任務

1. 新產品開發

透過配方設計與調味技術，開發出消費者喜愛之商品，同時利用添加物之資訊掌握及應用技術開發出具差異化、獨特性、競爭力之商品。

2. 新技術開發

中央研究所持續創新研發食品科技，賦予產品競爭力保證。例如，建立非油炸速食麵配方製程、建立生乳危害因子監控與源頭管理、掌控穩定乳源品質、建立茶飲料上游製程技術及原料農藥殘留管理技術、掌握關鍵技術以保持持續領先。

3. 品質提升及改善

在產品保健功能及品質提升相關研發上，如建立低溫除菌技術保留鮮乳營養、開發免疫力提升菌種之 LP33 發酵乳、單細胞萃取技術保留茶葉的風味及成分。在分析研究上，建立危害因子與營養成分檢測技術，架構原物料安全之防護網，確保產品營養及安全。

4. 掌握原物科技技術及降低產品成本

中央研究所在原料成本控管上，以技術觀點制定原料品質規格，並建立各種原料第二供應商品質認證，破除價格聯合壟斷，擴大採購議價空間，降低公司營運成本。

(三) 七個研發部門職掌

1. 速食麵開發部：負責速食麵、麵粉、食用油等研究開發。
2. 綜食開發部：負責冷凍食品、鮮食、肉品、冰品等研究開發。
3. 乳品開發部：負責鮮乳、豆奶、優酪乳、調味乳、甜點等研究開發。
4. 茶飲開發部：負責茶飲料研究開發。
5. 綜飲開發部：負責果汁、咖啡、礦泉水、包裝水、機能性飲料、運動飲料等研究開發。
6. 生技中心：負責烘焙食品、保健食品開發、中草藥應用、生化功能性驗證平臺等研究。
7. 技術開發部：負責包材、香料應用、功能品評、統計市場、精密儀器分析等研究與研究管理統籌事務。

四、專案研發小組成功要因

根據實務經驗顯示，專案研發小組在一個新產品是否推動成功的因素中扮演了重要的角色及要因。

茲彙整一個專案研發小組要運作成功，應具備的十項因素如下：

1. 高階的支持與獎勵。
2. 目標、主題及責任的明確。
3. 小組領導者的優秀。
4. 團隊成員的優秀。
5. 專職專責。
6. 賦予應有的權力及資源協助。

7. 各關係部門的充分合作及支援。
8. 情報蒐集正確。
9. 團隊士氣高昂、熱情投入。
10. 公司外部單位的協力。

 五、新產品開發研究的完整思維體系架構及內涵分析

從一個完整思維體系架構觀點，來看待一個企業在新產品開發研究的成功推展，它們應該考量到更完整的面向與工作事項，這些包括了如圖 9-4 所示的各項重點。

第一，從戰略面向來看，包括思考到：

1. 本公司競爭戰略方向的研究及評估，以及因而朝向哪些關鍵優先的新商品開發專案為何？
2. 應仔細思考我們的主力競爭對手是誰？我們的主力競爭產品為何？
3. 應正確評估我們現在及未來應在哪些市場爭戰？在哪些市場投入最大的資源以獲利？
4. 應正確做出計畫，將來如何才能成功爭戰？包括產品開發策略、廣告策略、促銷策略、新市場創造策略等。

第二，在確立上述公司經營戰略層面思考後，還要著手下列七件事項的思考、分析、調查、明確化及評估工作，包括：

1. 我們應進入何種「品類」（category）的總合性調查及評估，以及思考為何是這樣的品類抉擇？
2. 我們應該與主力競爭對手做全面性及品類性的競爭力比較，或競爭優劣性比較分析，才知道敵我的態勢及優劣點所在，然後知所進退或應加強的重點何在。
3. 我們應該確定及創造出到底當前及下一階段的研發主題（R&D topic）及產品開發主題何在？而這些主題必須是在上述品類發展調查之後，接著要做決定的。
4. 我們應該成立以專責、專人、專單位的全職方式，成立專案開發小組或專

案開發委員會，這個組織必然是調集各部門好手或招聘有經驗新手加入，必須確保此小組是強而有力的工作任務團隊。

5. 我們應該創造出可能的新品類，如此才可能創造出更有潛力的新市場。舉例來說，現在的液晶電視機、iPod 數位音樂隨身聽、iPhone 手機、高級時尚筆記型電腦、健康茶飲料、美白面膜……等，在一、二十多年前，這些都是尚未出現的新品類產品及新市場，但如今都成了大市場。
6. 我們應深入檢討及分析本公司在此品類市場、此研發技術、此產品、此製造設備等方向上，是否具備相等或超越競爭對手的實力與能力？如果綜合能力不足，那麼新產品開發及上市也無法勝過競爭對手，必然無法上市獲勝。
7. 我們應針對這樣新產品的概念化（conceptionalization）展開研究、分析、調查可行性、評估及最後的抉擇與判斷，以利將產品概念化落實成為「可行銷」、「可市場化」的有潛力新產品之目標。

第三，在第三階段的執行力方面，我們還應注意到幾件事情，包括：

1. 如何做好這個新產品的包裝、命名及設計要求。
2. 如何突破此研發技術。
3. 如何行銷及打造出一個新產品的好品牌知名度。
4. 如何展開試製品的測試工作，以確保它的完美性。

上述這些事情，當然都圍繞在這個新產品、新品類、新技術的基本概念主軸上，而做「一致性」（consistency）的推動及計畫。

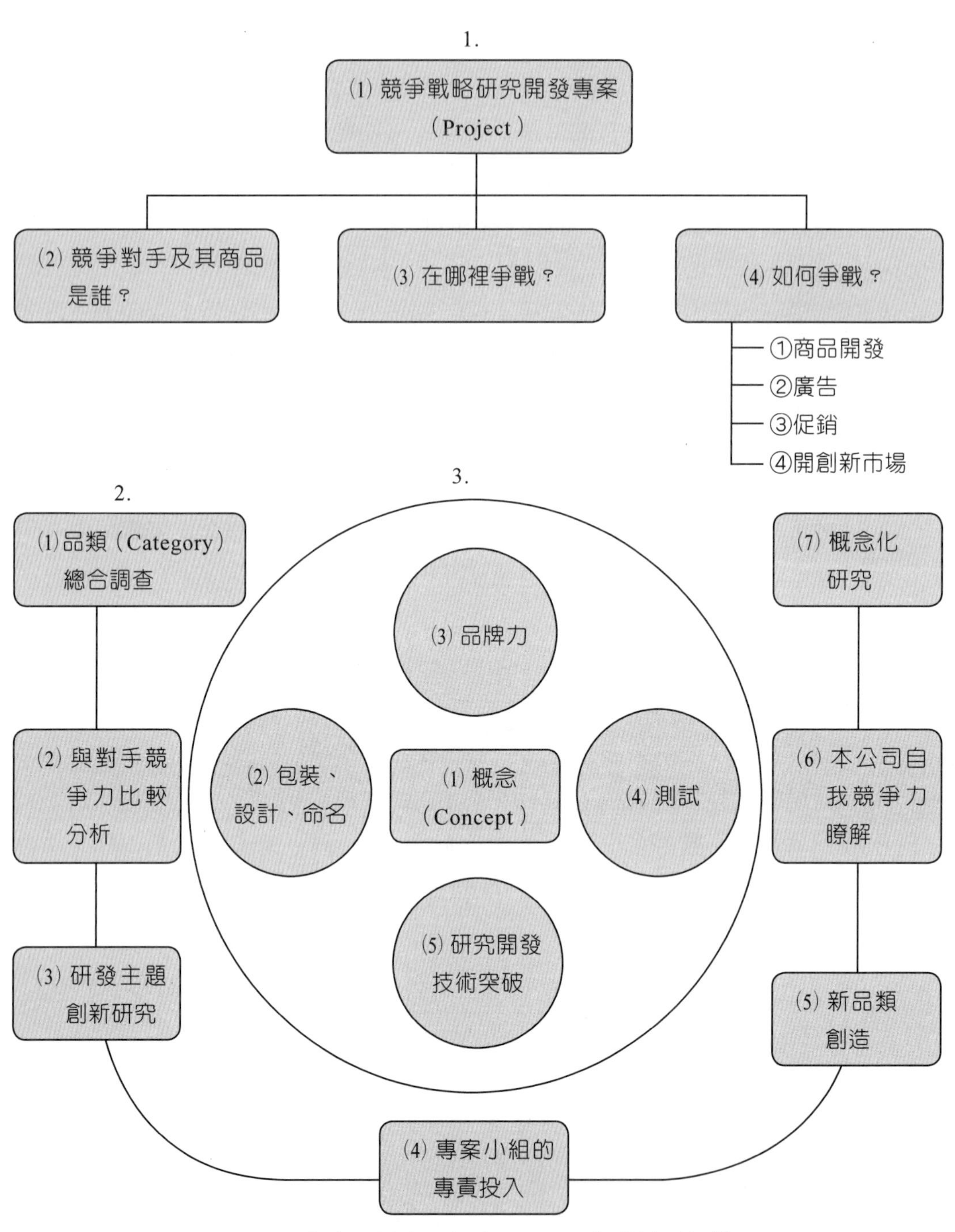

圖 9-4　新產品開發研究（Research）的體系架構

 六、創造「商品概念」及新產品「構想形成」的整體流程

對於如何創造新產品概念及構想形成的整體流程（process），有如圖 9-5 所示的七個過程，包括：

1-1. 公司對未來環境變化的洞察及分析。

1-2. 公司對此產業或跨產業或社會變遷的評估及洞察。

2. 公司對顧客未來潛在需求的預判及感受。

2-1. 公司的經營戰略及技術戰略如何應對及選擇。

2-2. 公司應有詳實的市調及消費者調查。

3. 公司蒐集各種新產品創意（idea）。

4. 公司對這些新產品創意的多場次、多部門的互動辯證、討論及確定。

5. 公司對此創意性商品與技術的概念化成形與通過其可行性，以及確立了開發的基本目標何在。

6. 進入研發（R&D）技術部門的細節執行層面工作及進度追蹤。

7. 完成試製品測試，經過修正調整，正式進入量產製造，以及安排準備上市行銷。

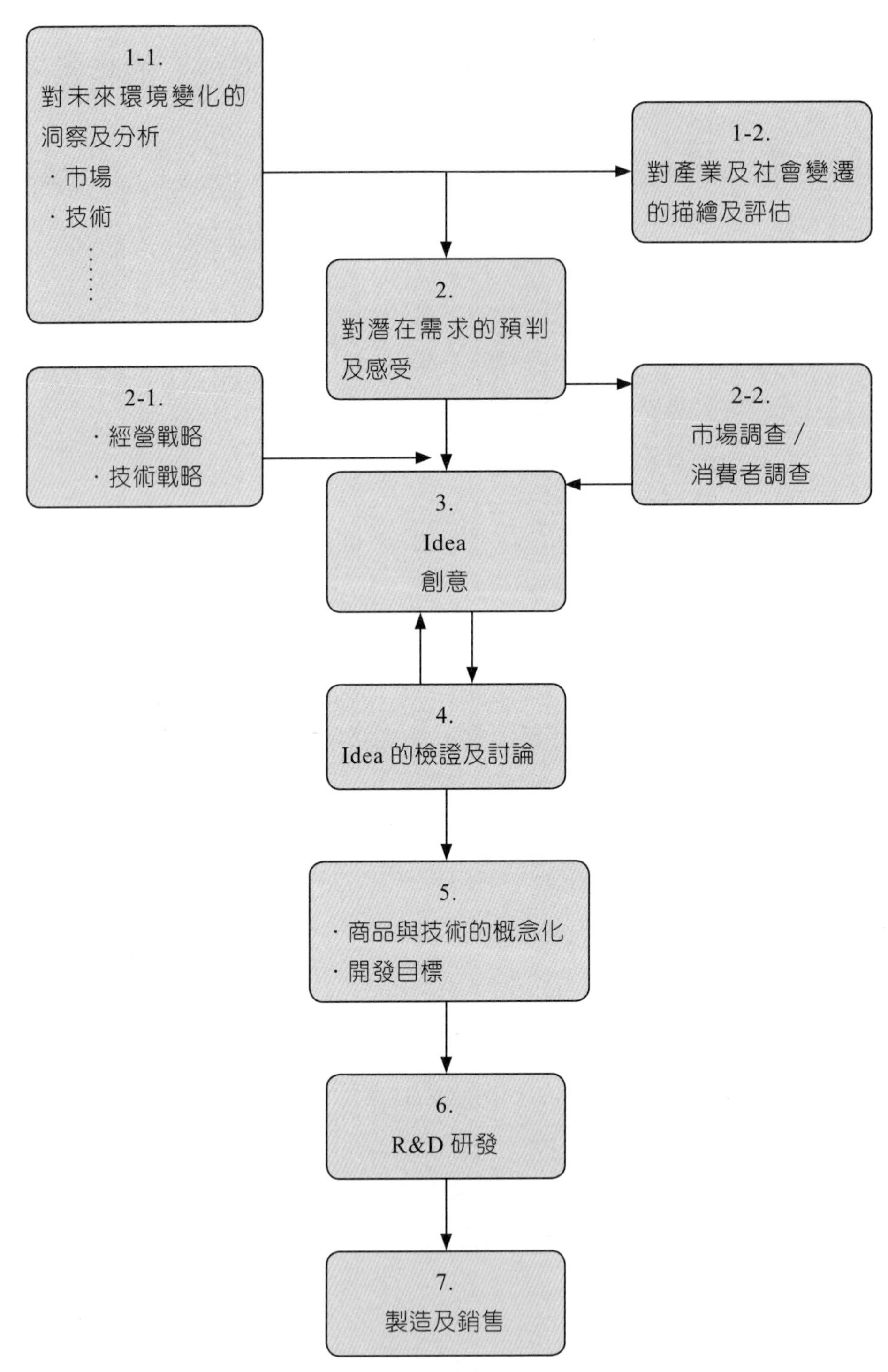

圖 9-5　創造產品概念及新產品構想形成的整體流程

 七、從 R&D(研發)到事業化(商業化)落實的流程

如圖 9-6 所示，一個新產品、新事業、新服務，從 R&D(研發)到可事業化及可市場化，其大致有八個邏輯化流程，如下：

1. 公司確立商品及事業的構想(concept)為何。
2. 公司對基礎技術及商品技術的活用施展。
3. 公司對關鍵要素、零組件技術的研發完成。
4. 公司對新產品開發及設計完成。
5. 公司對製造新產品完成。
6. 公司對新產品行銷及銷售完成。
7. 公司經由市場及客戶情報反應回到商品企劃及技術企劃上。
8. 公司對未來的市場與技術發展及趨勢的研判及評估。

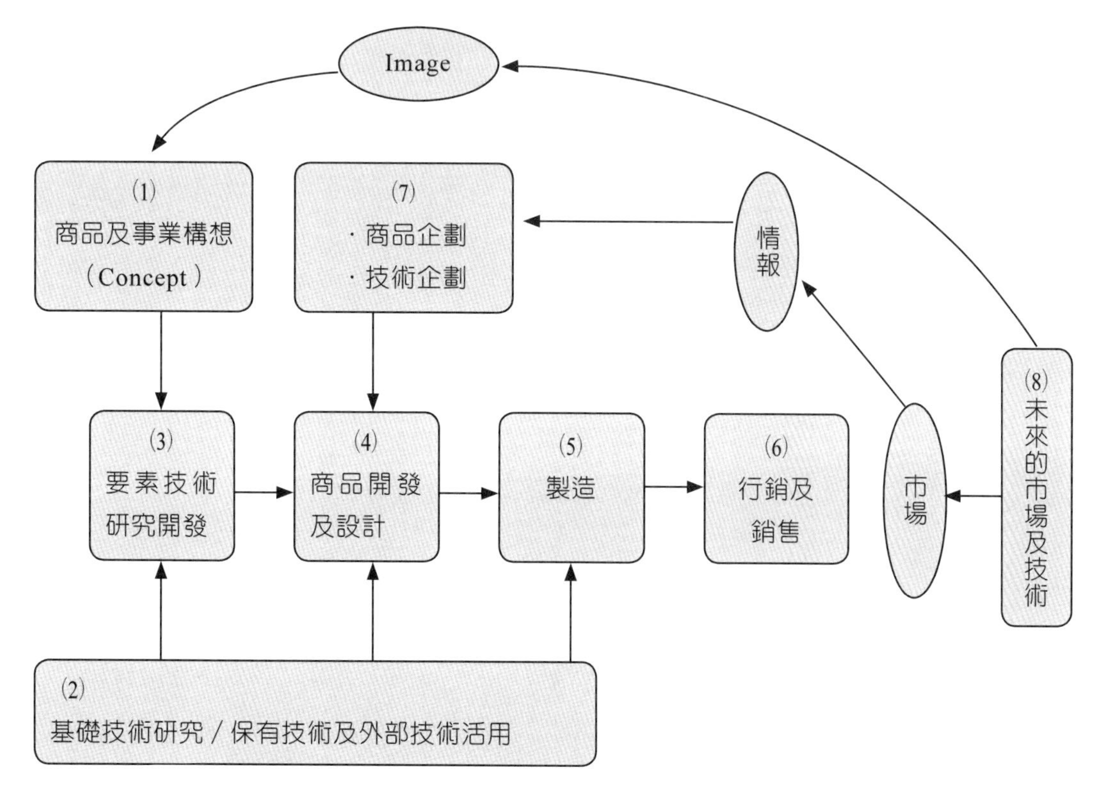

圖 9-6　從 R&D(研發)到事業化(商業化)落實的流程

八、新產品發展程序（之 1）

一項新產品從無到形成的發展程序裡，大致可劃分為以下幾個步驟：

㈠ 觀念發掘階段

新產品的產生，最開始可能是一個模糊的觀念。而這些產品觀念的來源可能來自業務人員、經銷商、消費者，或是公司的行銷企劃人員或研究人員等。

㈡ 觀念選擇階段

當然，並非所有的產品觀念都具有上市的可能性與必要性，因此，必須針對所提出之產品觀念進行初步的篩選；然後再進行分析，以最後確定一個新產品目標。其細密分析，應該包括市場面、技術面、資金需求面、獲利面、人才面等五大方面進行評估與預測。

㈢ 企業經營計畫階段

此階段應就產品觀念進行明確之計畫研訂，包括：

1. 產品的功能應有哪些？
2. 成本的結構與評估。
3. 市場需求量。
4. 行銷推廣的計畫與預算。
5. 資金需求的預算。
6. 行銷組織的編制。
7. 產品的售價。
8. 產品的行銷通路。
9. 產品的設備與製程能力的建立。
10. 考評督導小組的成立。

㈣ 產品工程設計與模型階段

新產品觀念經認定可行後，即需進行藍圖設計、模型裝配、色彩式樣及功能測試等工作；然後，將一個完成品再做研究、調查、分析、評估及改善，最終才完全定案，並進行小量的測試。

㈤ 試銷

試驗性的量產，可先交給通路成員及部分客戶試用看看，以決定是否有再予以改善之餘地。

㈥ 全面上市

經試銷之結果，證明具有市場潛力時，可安排在適當時機，並有良好推廣計畫配合下，全面推出市場。

九、新產品發展程序（之 2）——新產品開發上市七大步驟

另外，也有實務界將他們的新產品開發上市過程，歸納出下列七個步驟，如圖 9-7 所示。

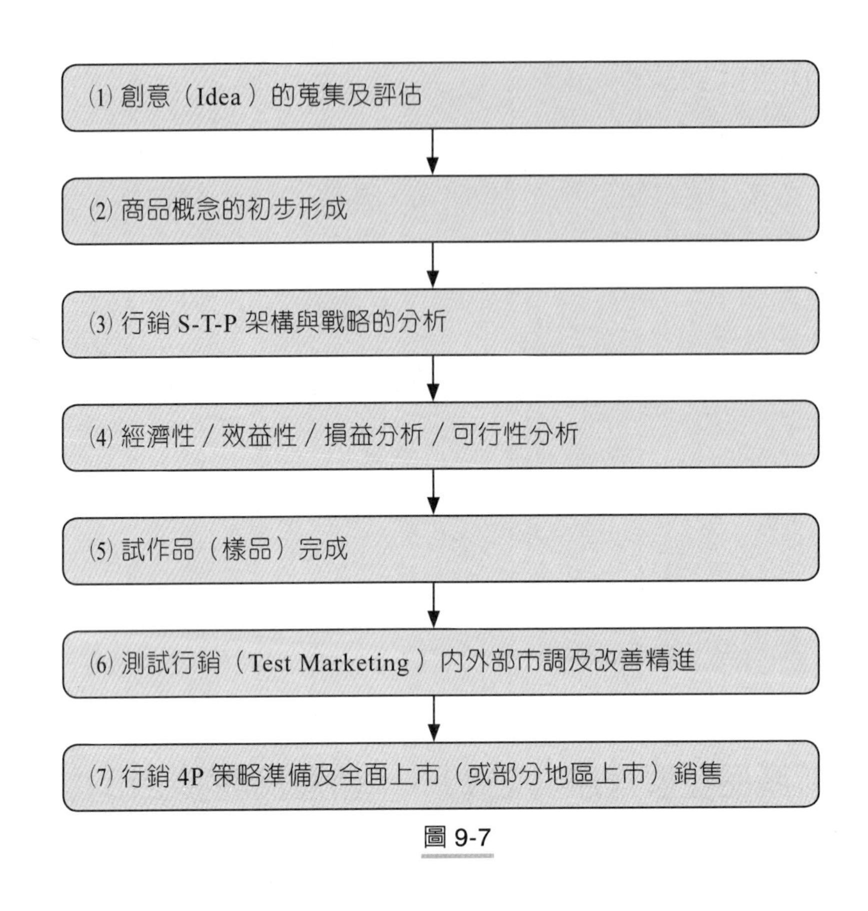

圖 9-7

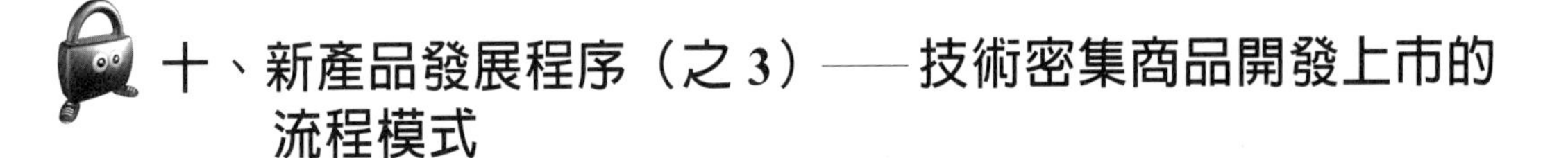

十、新產品發展程序（之 3）——技術密集商品開發上市的流程模式

根據日本 160 家企業的調查報告顯示，在屬於技術密集的商品，例如：電機產品、資訊電腦產品、數位家電、通訊產品、精密儀器、汽車……等類型的商品，其新產品開發及上市的流程（process），大致可歸納出四大步驟及十二個小項流程，如圖 9-8 所示。

這四大步驟包括：

1. 公司應確立開發方針何在。
2. 公司應蒐集情報及使新產品概念化形成。

3. 公司展開新產品試作及試作品測試與改良。
4. 最後推動新產品行銷上市。

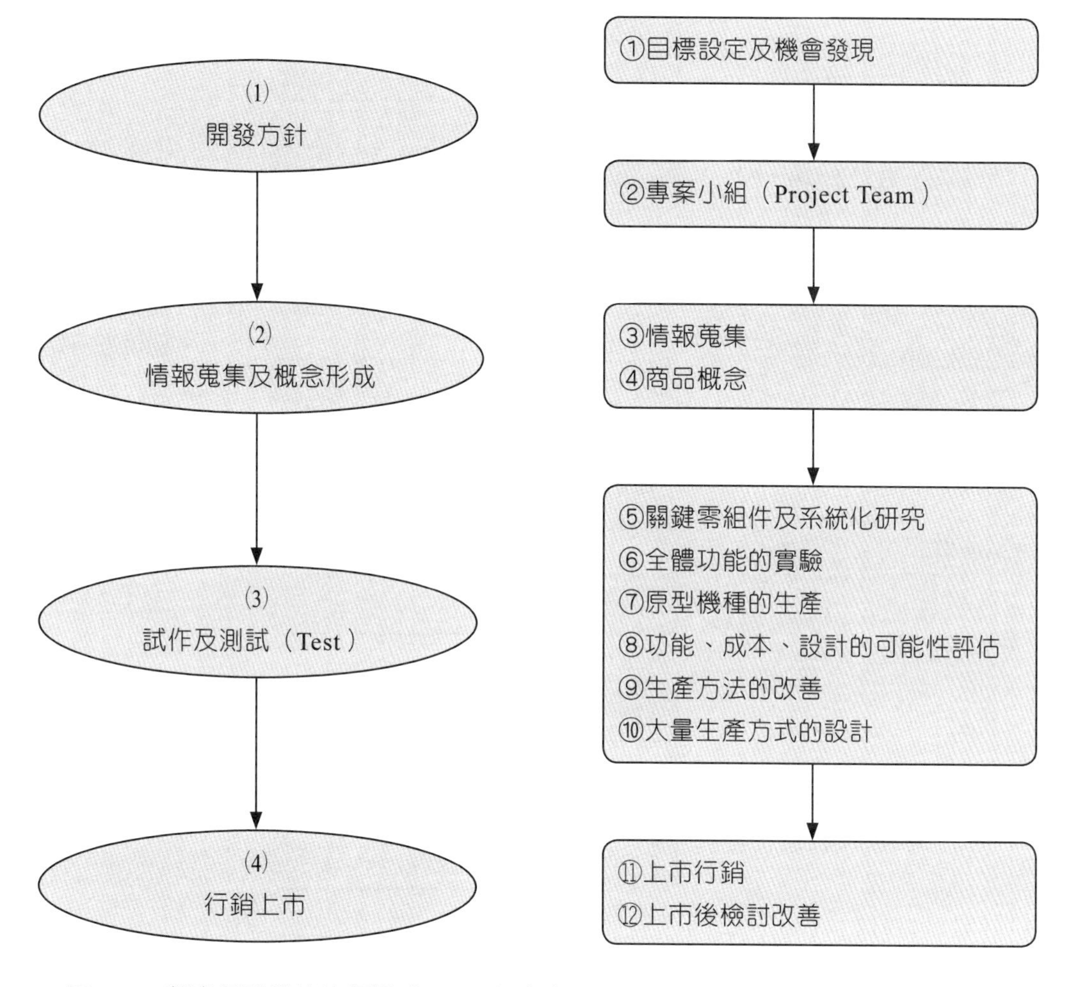

圖 9-8　新產品開發的流程模式——技術密集的商品（日本 160 家企業調查報告）

十一、新產品發展程序（之 4）——傳統消費品開發上市的流程模式

同樣地，在傳統消費者的新產品開發上市過程中，日本企業調查報告也歸納

出如圖 9-9 所示的過程內容。

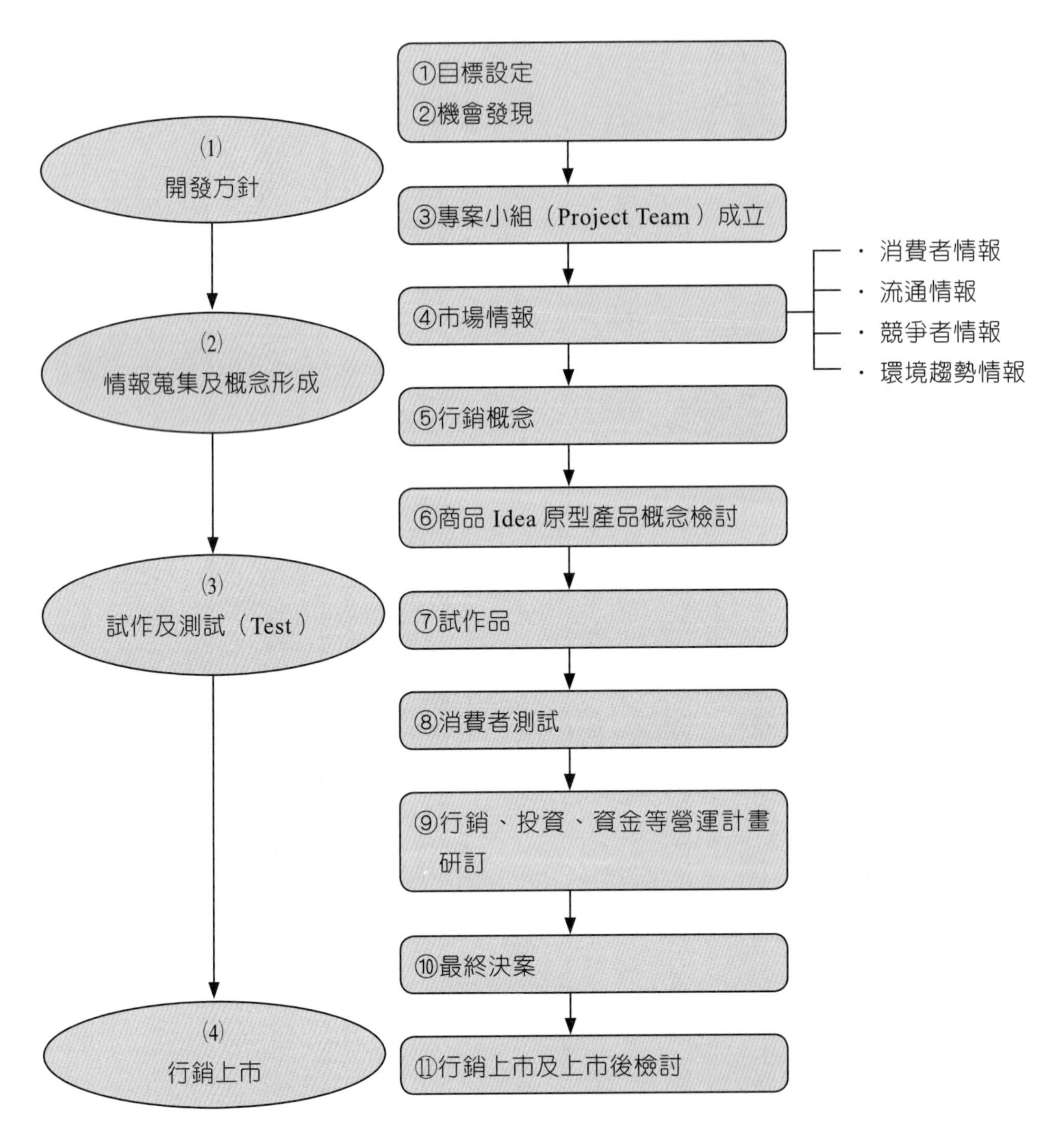

圖 9-9　新產品開發的流程模式——傳統消費品（日本 160 家企業調查報告）

〈案例 1〉瞭解「高流行感女性」，才能設計產品，滿足女性需求——掌握消費者情報

1. 每四位臺灣女性就有一位高流行感女性

多金幸福、氣質出眾的時尚名媛孫芸芸，穿著一襲黑禮服緩緩走出，與身旁線條充滿簡單內斂氣息、面板顯現雍容華貴感的冰箱，相互輝映……。

這是微風廣場時尚總監孫芸芸難得為家電拍攝的廣告。一向走在流行尖端的她，生活要求質感，家電也講究時尚品味。

孫芸芸可以說是「高流行感女性」的代表，這類女性具有敏銳積極的流行態度，流行消費力高人一等。這股「女力」興起所帶來的商機及消費動能，讓行銷人員眼睛為之一亮。

消費者研究顧問公司東方線上與政大企研所教授別蓮蒂所進行的「臺灣消費者生活型態研究調查」，發現以生活態度、消費行為來定義的「高流行感女性」，近年來逐年增加，每四位臺灣女性就有一位高流行感女性。

2. 高流行感女性的面貌描述——追求更精緻、更豐富的時尚生活與價值認同

究竟這類高流行感女性的面貌為何？根據東方線上的調查資料，高流行感女性不論逛街購物、享受美食、購買美妝及精品，乃至科技商品、傳統家電等，都較其他女性具有更高的流行消費力。

除了流行消費能力強，她們對流行資訊的吸收力也最強，就像超強吸收力的海綿一樣。女人是求知慾旺盛的動物，她們有追尋新知、流行趨勢的恐懼和渴望，深怕落後別人。因此，報紙、雜誌、電視、網路、朋友的口碑相傳都是流行資訊的來源。

此外，她們不僅熱愛接觸流行資訊，而且具備行動力，購物不拖泥帶水，新奇、獨特的商品最容易擄獲芳心。價格、功能不再是購買考量，「流行」是她們購買的考量因素，逛街已經成為一種生活常態。

對外表光鮮亮麗、樂於嘗試的高流行感女性來說，她們在意和追求的是更精緻、更豐富的時尚生活。追求時尚是一種生活態度，相信自己永遠是其中的一員，對她們來說，這是一種身分、價值的認同。

3. 女性消費力將更具主導力，但必須觸動她們的情感渴望，還必須有說服她們購買的理由

就如同男人對車與速度的追求，用同理心思考女人對流行與美的追求，打動女性消費者需要更多瞭解、認同與感動。

這股女力崛起，是整體社會的一半能量，也是較新的能量，意味著新的市場和新的商機，行銷人員必須找到與其對話的管道，才能享用這塊大餅。

女性消費者的需求變化多端，要讓她們購買商品，要能觸動她們的情感渴望，還必須有說服她們購買的理由。隨著高流行敏感度女性不斷增加，代表女性將有更多的消費意見主導力和影響力，不容廠商忽視。

〈案例 2〉掌握環境趨勢情報

臺灣市場面臨「少子＋高齡＋薪資成長慢」的趨勢問題，衝擊內需市場。

1. 少子化，使經濟成長動力受挫

臺灣近年人口老化及少子化速度讓政府擔心，雖然忌憚婦女團體反彈，仍呼籲國人要多生孩子，「增產報國」，阻止人口結構失衡。

政府的擔心不是沒有理由，儘管臺灣經濟成長率已回升、扶養比率也降到約 40% 的歷史新低、房地產股市齊漲，但是消費力卻遠不如預期，讓百貨公司、車商齊嘆氣，原因就是少子化和人口老化。

數字會說話！2010 年臺灣新生兒人數已經遽降至 18.5 萬人，比起 30 年前的 40 萬人，整整少了一半。新生兒出生人數快速下降，不僅影響國內生產力，更對國內消費造成衝擊。

1980 年以前人口增加率約 1.9% 至 2% ，但到 2010 年增加率卻跌落至 0.38%，現在頂多生兩個，更多的是生一個或乾脆不生。

寶華綜合經濟研究院院長梁國源研究，在每人平均消費成長率不變的前提下，2010 年臺灣平均消費比 2000 年掉了 0.4% ，他說：「人口下滑的確減弱民間消費力。」

少子化讓消費萎縮，少子化的社會所需要的奶粉、糧食、衣飾與婦產科的需求必然減少，將導致經濟成長動力受挫。

2. 老年人口比例上升

中研院經濟所研究員吳中書表示，我國 65 歲以上的人口所占比率從 1951 年的 2.45% 上升至 2010 年的 12%。根據研究結果顯示，老年人口比率上升，會提升我國消費占所得的比率，不過前提是優質的消費。

梁國源舉日本為例，日本現在蓋醫院很賺錢，很多有錢人投資興建醫院，吸引重病老人住院，等於是一個具有醫療設備的老人院，這可顯示，少子化雖減少了消費的動能，但老人化社會卻帶來消費型態的革命，銀髮照顧產業將是未來消費主流。

3. 薪資成長緩慢，中產階級逐漸消失

臺灣 2000 年以後薪資所得一直無法增加，也是消費不振的關鍵。1980 年代動輒 6% 至 7% 的薪資成長幅度，在 1990 年趨緩，2000 年以後更是連續在 2006～2010 年出現負成長，口袋的錢沒有增加，M 型社會中產階級消失，也成為影響民間消費成長的阻力。

十二、新產品發展程序（之 5）——新產品開發的一般性流程步驟

總結來說，對於新產品開發的一般性流程步驟，大概可以歸納為如圖 9-10、圖 9-11 的內容，請自行參閱。

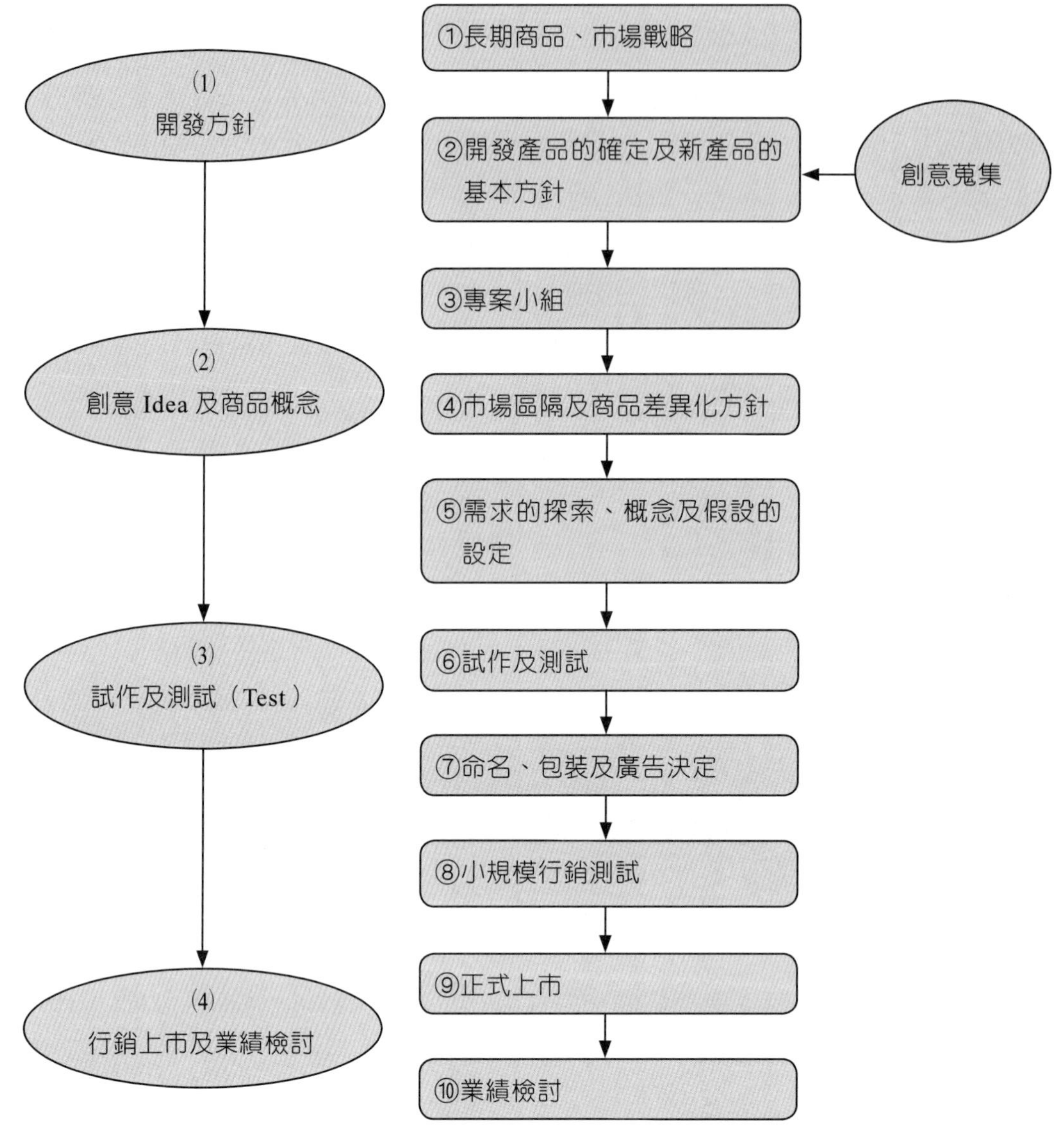

圖 9-10　新產品開發的一般性流程步驟

十三、新產品發展程序（之 6）——產品開發與研究流程

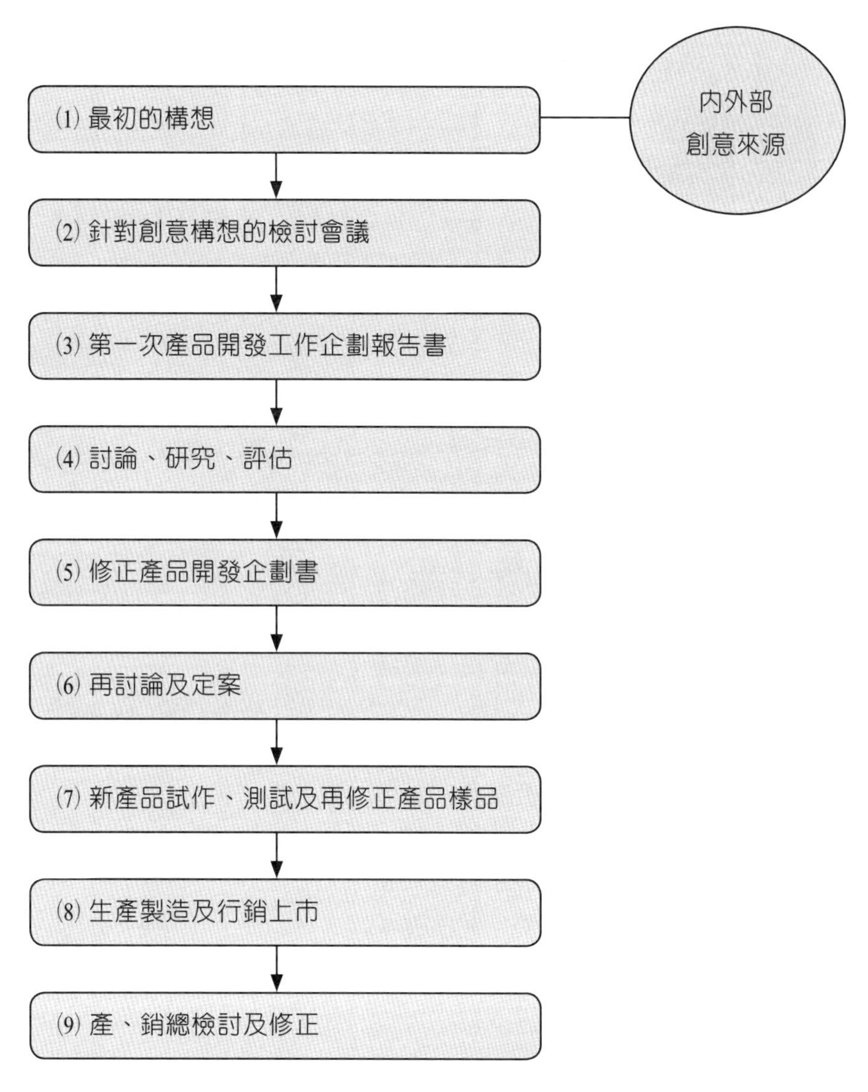

圖 9-11　新產品開發與研究流程

十四、新產品（改良式產品）開發歷程

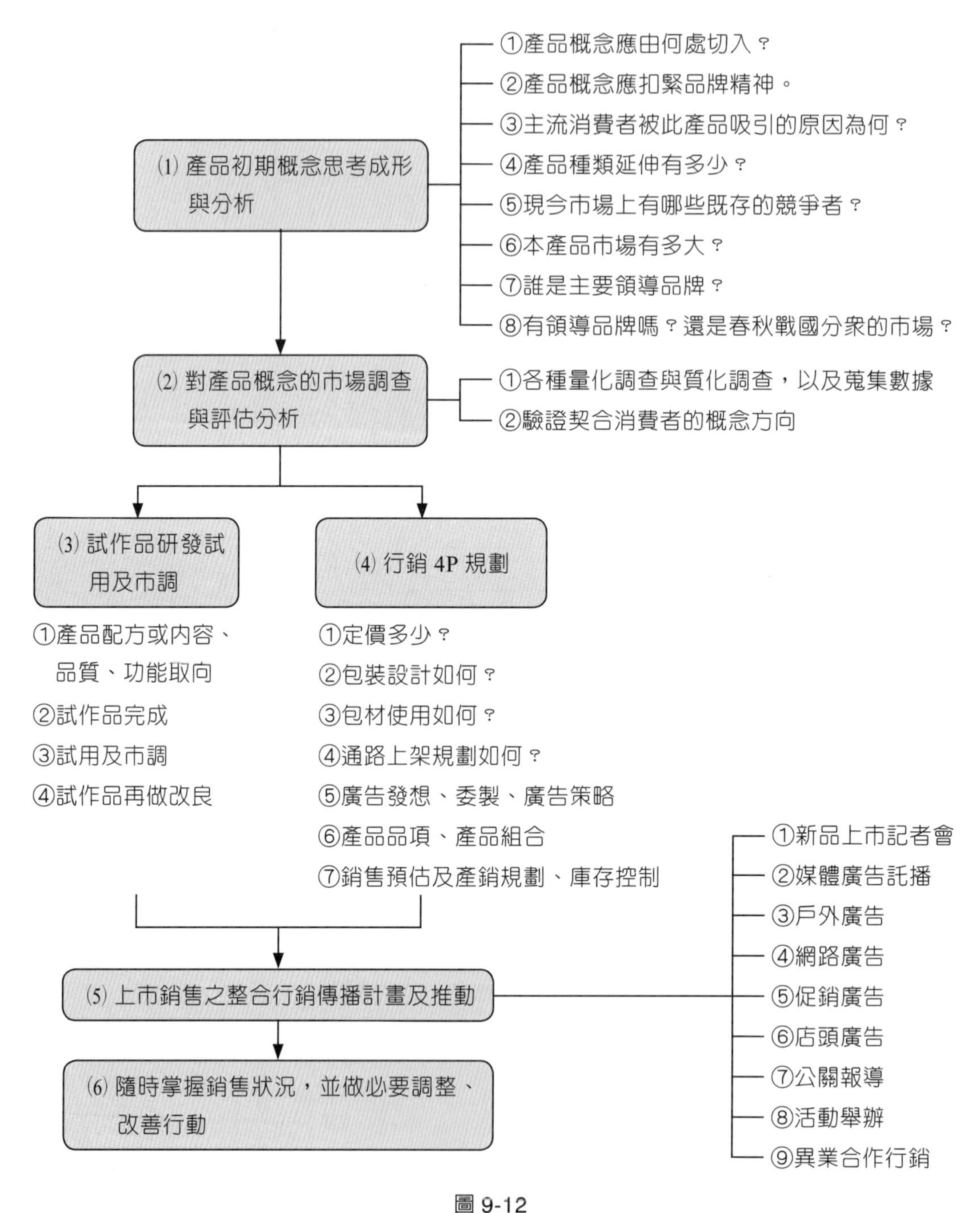

圖 9-12

參 創意發想來源

一、創意發想的動機及著眼思考點

新產品創意發想的動機及著眼點，如果從大的方向來看的話，應該從圖 9-13 所示的幾點去思考及分析，包括：

1. 本公司、本事業部門及本品牌單位現在及未來經營課題何在？這是一個基本大政方針的思維核心點。
2. 本公司對外部市場及消費者生活環境的變化，有何詮釋、分析、評估？
3. 本公司對整個技術革新與技術創新的動向有何掌握及預測？
4. 本公司對未來開發的新產品或新服務，有何觀察及洞見？為何有此種洞見？Why？這些洞見是正確無誤的嗎？Why？
5. 本公司對未來新產品、新服務的形式、樣態、內涵、呈現、視覺、功能及目標、目的等，有何嶄新的發想？有何願望？有何夢想？Why？這些發想、願望、夢想，足以呼應及滿足上述 1.～4. 項的變化及洞見嗎？Yes 或 No？
6. 最後，基於上述一連串縝密的分析、問題、討論、辯證、情報、調查、研判及抉擇，然後就要得出對未來本公司、本事業部新產品、新創意（idea）產生的根本方針與原則。

二、新產品開發創意（idea）來源

新產品開發的創意來源，其實是可以很多元化與多角化的。最笨的公司，其產品創意只依賴自己的研發部門或商品開發部門的有限人力，這樣是不足的。

卓越企業的新產品開發源源不斷，主要是仰賴了多元化、豐富化的來源。圖 9-14、圖 9-15 即詳實列示了多元化產品創意的來源，供公司選擇評估之用。

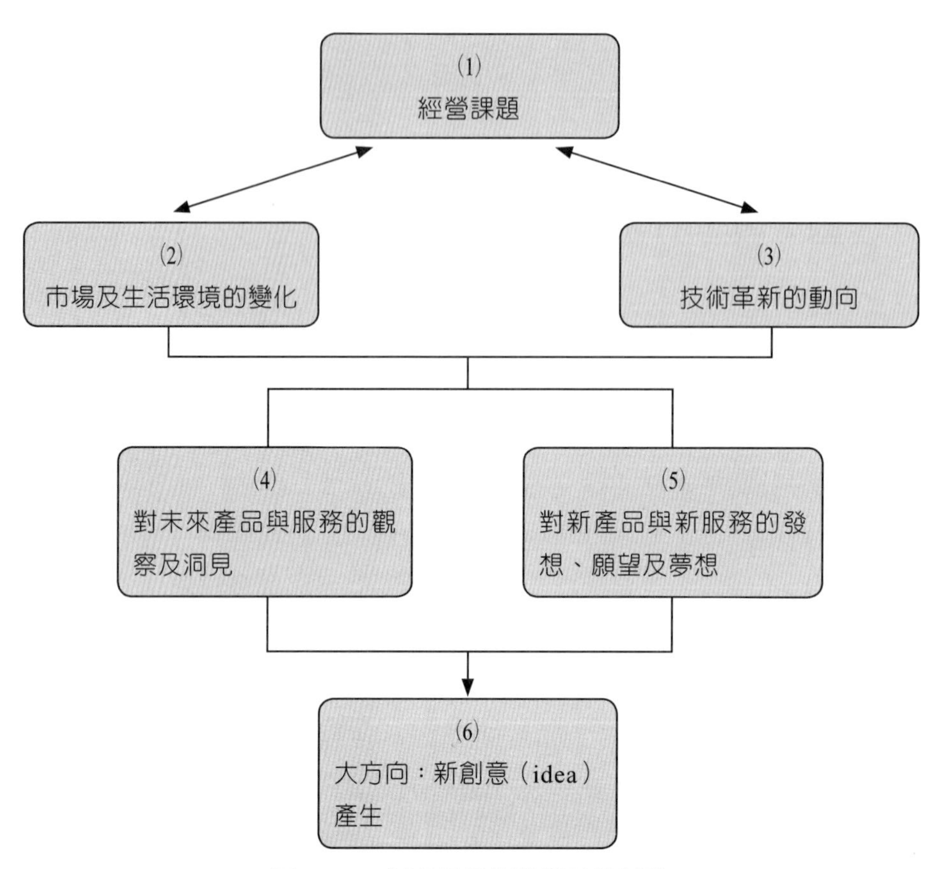

圖 9-13　創意發想的動機及著眼點

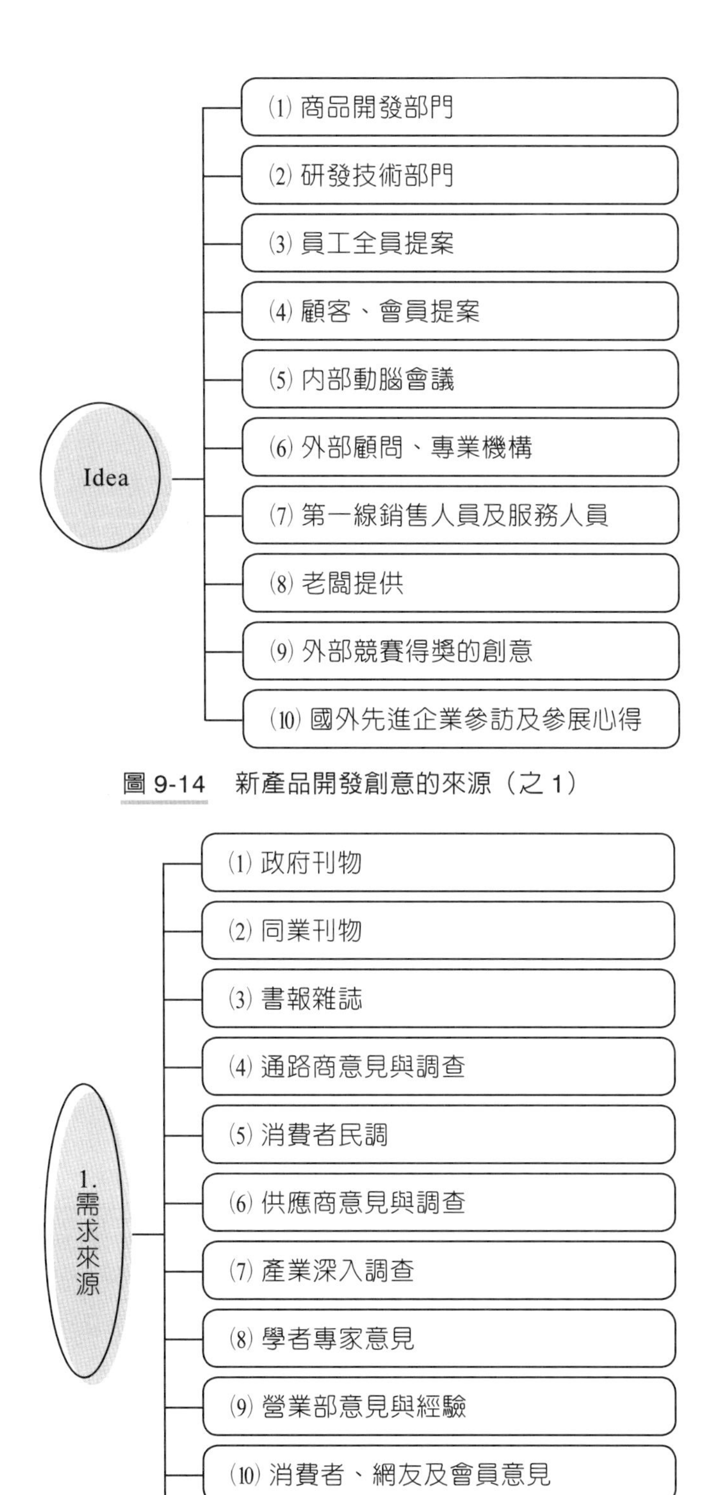

圖 9-14　新產品開發創意的來源（之 1）

（續上頁）

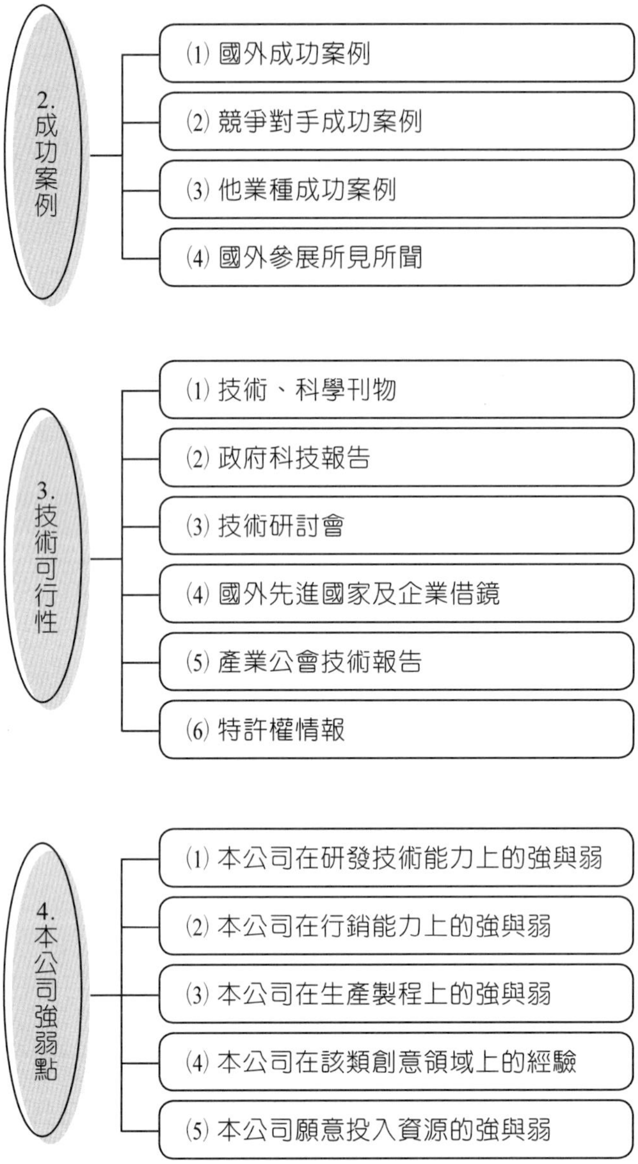

2.成功案例

- ⑴ 國外成功案例
- ⑵ 競爭對手成功案例
- ⑶ 他業種成功案例
- ⑷ 國外參展所見所聞

3.技術可行性

- ⑴ 技術、科學刊物
- ⑵ 政府科技報告
- ⑶ 技術研討會
- ⑷ 國外先進國家及企業借鏡
- ⑸ 產業公會技術報告
- ⑹ 特許權情報

4.本公司強弱點

- ⑴ 本公司在研發技術能力上的強與弱
- ⑵ 本公司在行銷能力上的強與弱
- ⑶ 本公司在生產製程上的強與弱
- ⑷ 本公司在該類創意領域上的經驗
- ⑸ 本公司願意投入資源的強與弱

圖 9-15　新產品開發創意的來源（之 2）——資訊情報來源

三、創意篩選案例——法藍瓷公司嚴選 4% 創意，5 年營收翻 36 倍

(一) 自己與自己競爭的淘汰賽

2002 年創立的瓷器品牌——法藍瓷，全球擁有六千多個銷售據點，2010 年全球營收為 3,000 萬美元（約合新臺幣 12 億元），是成立當年（6 月至 12 月）50 萬美元的 60 倍；臺灣區 2010 年營收較 2009 年成長 47%。5 年營收持續成長，來自一套新產品週期：每年兩季各一次「自己與自己競爭」的淘汰賽，讓設計師的創意，從設計到上市都能精準抓住消費者的心。

(二) 每年安排設計師出國參展，預測流行趨勢，畫出設計圖稿

每年，法藍瓷有 1,000 件新產品設計圖稿，經過四步驟循環篩選、修正，決選出 200 件產品上市；再根據「二八法則」，最終只有 40 件成為當年度暢銷商品。

淘汰賽的第一關，從國際禮品展中剔除不符合潮流的設計元素。總裁陳立恆每年帶領幾位設計師和部門主管出國參展，白天在現場蒐集資訊，晚上由成員提出報告後，再進行動腦會議，解構未來商品的趨勢特色。

「老闆看方向，設計師看細節。」行銷總監葉皓城表示，參展後由總裁界定下季產品「色、質、型」等設計走向。例如，顏色是黑白或亮彩，材質是平光還是霧面，造型來自什麼形式的線條、構圖、風格等。

資深設計師江銘磊認為：「設計師感受現場氛圍，就是設計的原點！」接下來才是將流行元素融入設計本身。例如，某次歐洲禮品展現場產品多呈現幾何圖形、高低層次，以及俐落線條的「現代感」，回國後，他一改「飽滿圓潤」的設計風格，刻意以「菱角構圖」表現形體，將展場的流行元素昇華為創新。

(三) 由主要銷售國家代表評選，依全球消費者眼光，決定生產方向

帶回展場趨勢後，第二階段，法藍瓷 15 位設計師須在一個月內完成設計圖稿，每季約有 500 件「具賣相」的設計圖進入此階段的淘汰賽。總裁和各單位主管初步挑選，將圖稿寄至大中華區、美國、義大利、加拿大、澳洲、歐洲主要銷

售國家進行「市場接受度評比」，由全球的眼光決定設計圖能否進入生產程序。

評比裁判包括大中華區一千多位業代、歐洲兩家代理商、美國十三家經銷商第一線人員，把消費者喜好回饋給當地行銷主管，再由主管給予各圖稿 A 、B 、C 、D 四級分。綜合六國的分數意見，產生一個排行榜，榜上取 20% 的設計圖進入生產階段。「法藍瓷各國銷售排行榜前十名，有 80% 是相同產品。」陳立恆認為，人類對美的感受是雷同的，透過全球評分，可找出市場最大化的設計。

然而，設計圖交到研發部門進行打樣、雕模、白胚，在少樣產出上市前，還有三個月的開發期，由於市場需求隨時在變，圖稿仍動態地進行第三階段篩選與調整。第三階段調整的根據，來自每年六千多個經銷點、兩百多萬張日報、月報、季報和年報表，客服信箱中一千封全球顧客意見，以及不定期面訪和問卷調查。其中，「銷售總表」是最直接的調查，行銷主管依經驗解讀消費者購買行為，歸納市場喜愛的顏色、杯盤或水果盤的功能性、五至八件套組或單品的「購買力分析」。

㈣ 以秀展現場下單數做最終決選，決定商品將夭折、量產或延伸品項

淘汰賽的最後一關，即是秀展——新品發表會。經銷商和行銷單位在現場進行下單（test order），下單數可說是淘汰賽決選的評分表，決定產品是夭折、大量產出或是加碼延伸更多樣的品項。例如，2002 年在紐約禮品展中獲得「最佳禮品」（The Best In Gift Award）殊榮的「蝴蝶系列」，當年五件式商品，現已陸續發展出三十多種品項，而後延伸蝴蝶系列意象推出「蝴蝶花園」系列，甚至設計出同系列的珠寶、飾品。蝴蝶商品推出至今，每月銷售成績仍經常是排行榜冠、亞軍。

肆 產品「概念化」的各種層面探索

一、產品「概念化」的四個層面

產品「概念化」(**conceptualization**)是一個重要的思維、分析、辯證、探索及確認的過程。因為產品的「創意」來源會很多，也不見得每個都具有可行性、價值性、市場性及顧客需求的滿足性。因此，產品必須儘可能落實化、概念化及成形化。總的來說，行銷人員可以從四個層面去看待商品如何概念化。這四個層面，如圖 9-16 所示。

第一，從這個產品的「功能」(function)概念化分析起。例如，它是否具有省電、省力、安全、效率、品質、多功能合一、操作、穩定、壽命等各種可能的功能性優點概念化。

第二，從這個產品的「場合」概念化分析起。例如，它是否為消費者帶來生活空間、季節變動、社會習慣、生活場合等各種可能的場合性優點概念化。

第三，從這個產品的「價值」(value)概念化分析起。例如，它是否為消費者帶來健康、經濟、愛情、倫理、快樂、美麗、變身、心理尊榮、時間、技能等各種可能的價值性優點概念化。

第四，從這個產品的「生活者」概念化分析起。例如，它是否為消費者帶來生理、社會、個人生命週期及個人生活型態(life style)等各種可能的生活者優點概念化。

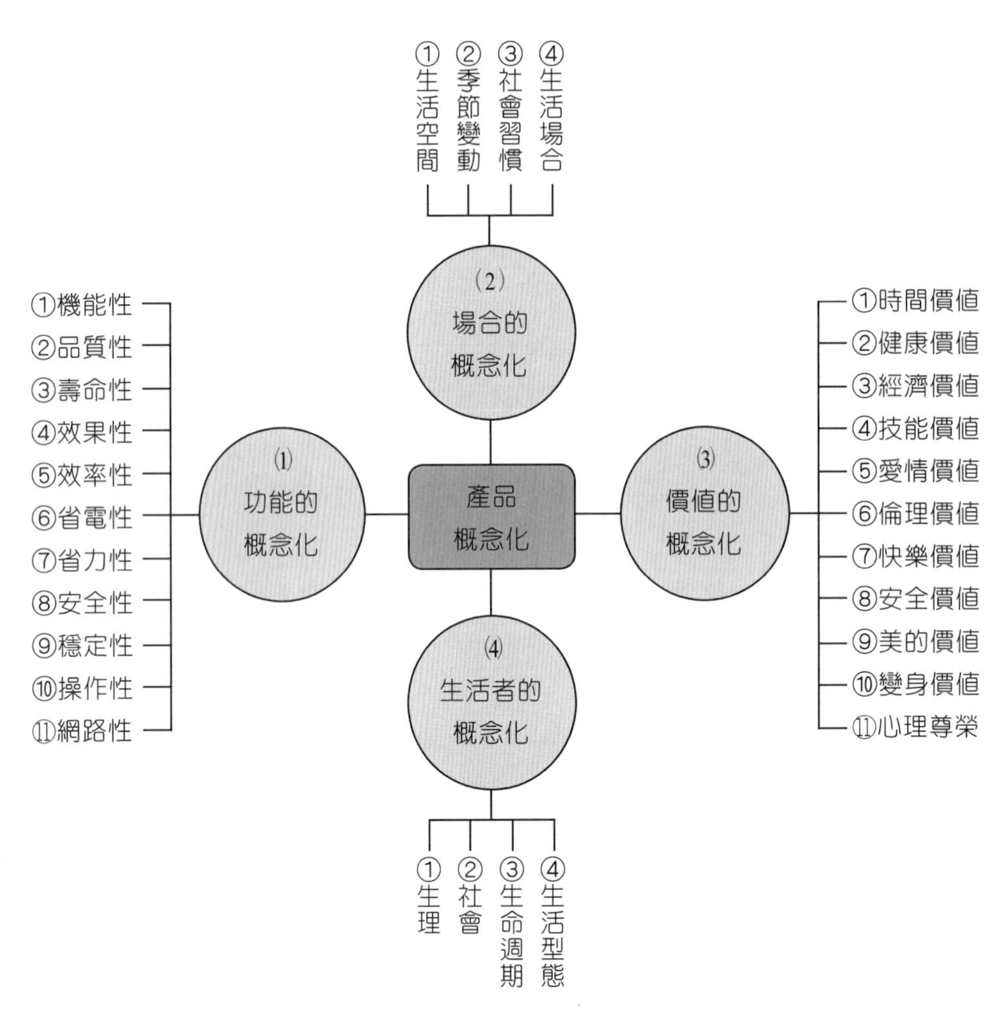

圖 9-16　從四個層面去看產品的概念化

二、產品「概念」與消費者「價值」須配適（match）

產品「概念化」的最重要基軸，就是必須與消費者的價值、消費者的生活樣式相互 match 才行。如圖 9-17 所示，商品在左端，消費者在右端，新產品端的效用及功能，必須 match 到消費者端的生活型態與個人價值觀，兩者合一契合，新產品的概念化才算是可行性的及可市場化的。這是在任何一個新產品研發、評估、討論及測試調查中，最不可忽略的關鍵重點所在。

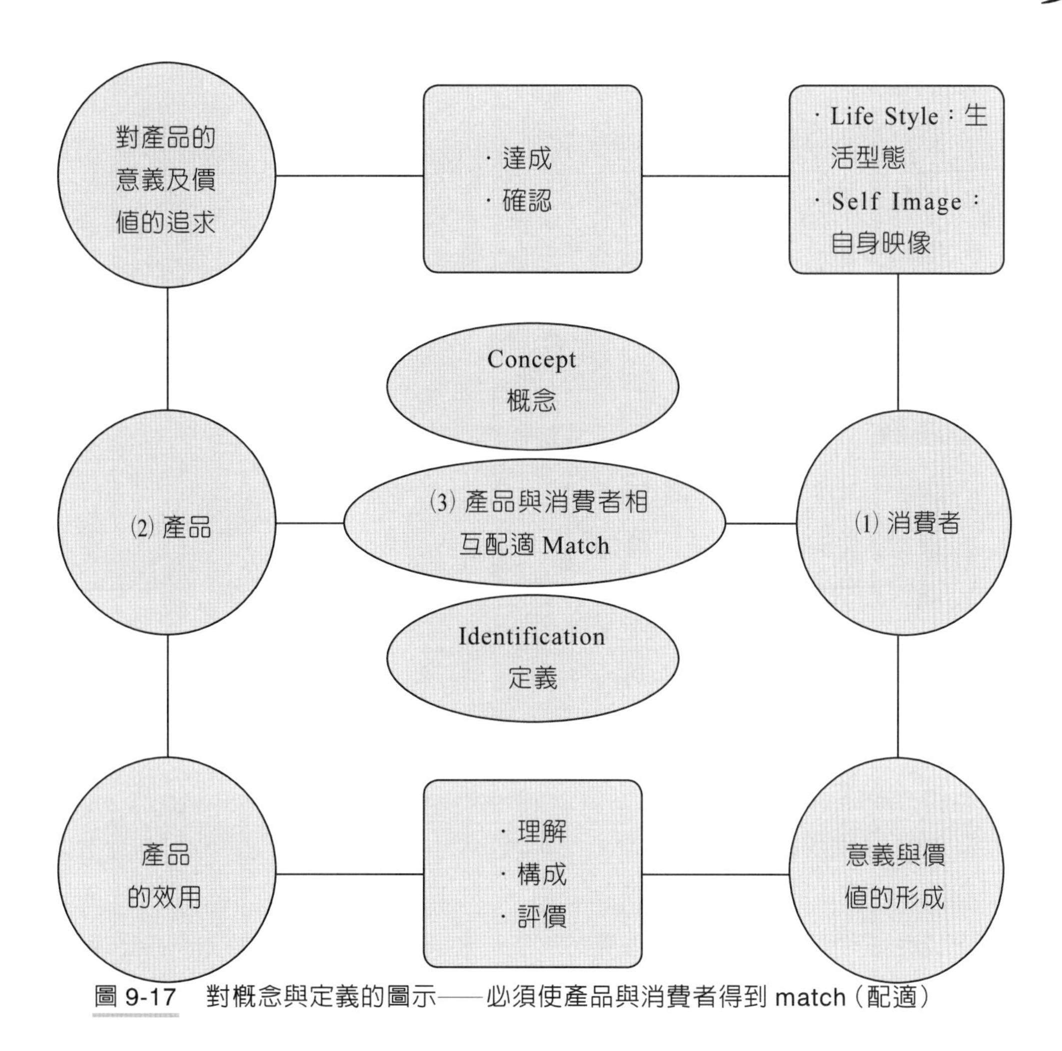

圖 9-17　對概念與定義的圖示——必須使產品與消費者得到 match（配適）

 三、以消費者價值為商品化計畫——COM 法

一般來說，經常使用 COM 法（Concept Oriented Merchandising，概念導向商品化），亦即以商品概念化的九個視點，來看待如何商品化計畫。

這九個商品概念化視點，如圖 9-18 所示，包括了：

㈠ 商品觀

1. 商品帶來「感覺」的效用如何？
2. 商品帶來「意義」的效用如何？
3. 商品帶來「實質」的效用如何？

換言之，此新產品、新概念，是否為目標顧客群帶來使用後的好感覺、好意義、好實質的三好效用？是很好或還算好或平凡的效用？

㈡ 顧客觀

1. 顧客的生理系統反應如何？
2. 顧客的心理感覺系統反應如何？
3. 顧客的購買及消費的意義系統反應如何？

㈢ 環境系統觀

1. 此產品使用的時間為何？
2. 此產品使用的場合為何？
3. 此產品使用的方法為何？

上述就是從三大面向與九個視點，去分析、評價、判斷及抉擇這樣的商品概念化，是否具有進一步「商品化」市場行銷上市的可能性及可行性。如果通不過這些檢測，亦即代表著這些產品創意或產品構想對消費者而言是沒有價值的，或價值低的，或與現有產品比較並無超越非凡之處，因此，開發上市的成功率就很低，也是不值得列入優先開發上市的對象。

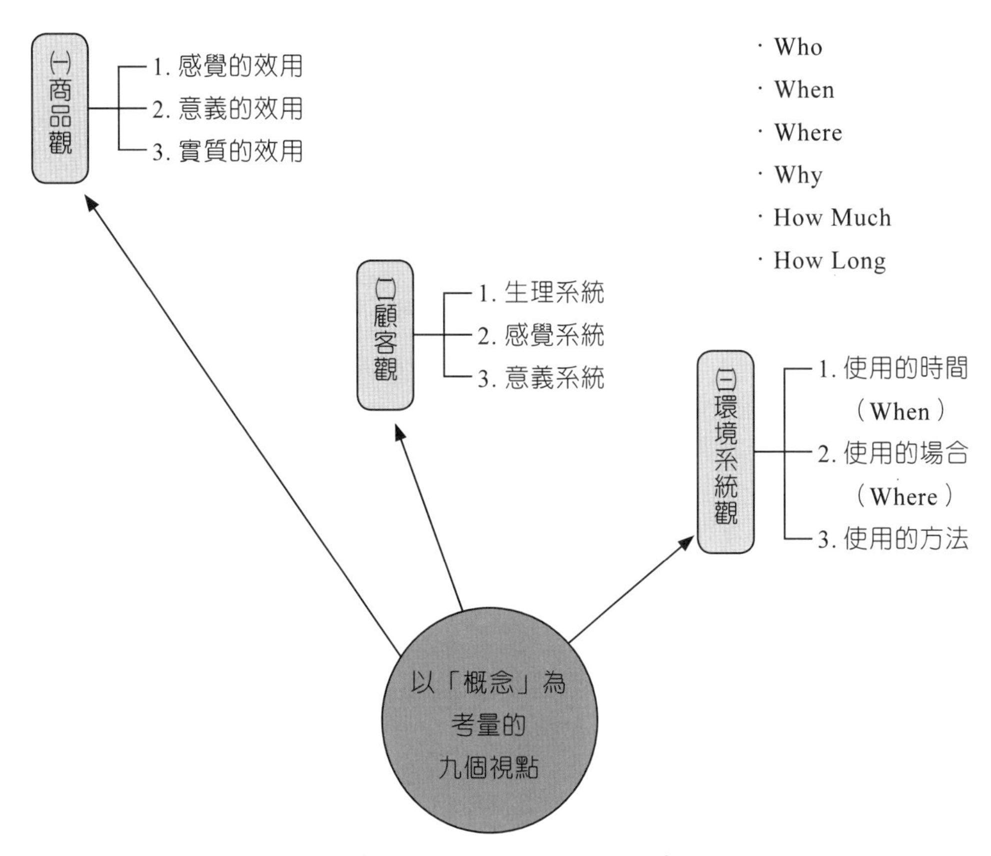

圖 9-18　以消費者價值為導向的商品化計畫——COM 法

四、從五個重點探索新產品「概念」

另外，也有很多國內外學者專家指出可以從如下的四個圖示（圖 9-19 至圖 9-22），去探索產品的「概念」是什麼？以及是否成型？成型為什麼？

這五個探索新產品「概念」的重點，包括：

1. 可從商品的「目標市場」（target market）來探索新產品概念。
2. 可從商品的「實質效用／功能」（substantial function）來探索新產品概念。
3. 可從商品的「感覺效用」（feeling effect）來探索新產品概念。
4. 可從商品的「意義效用」（meaningful effect）來探索新產品的概念。

5. 可從商品的核心利益、正常功能及外圍功能來探索新產品的概念。

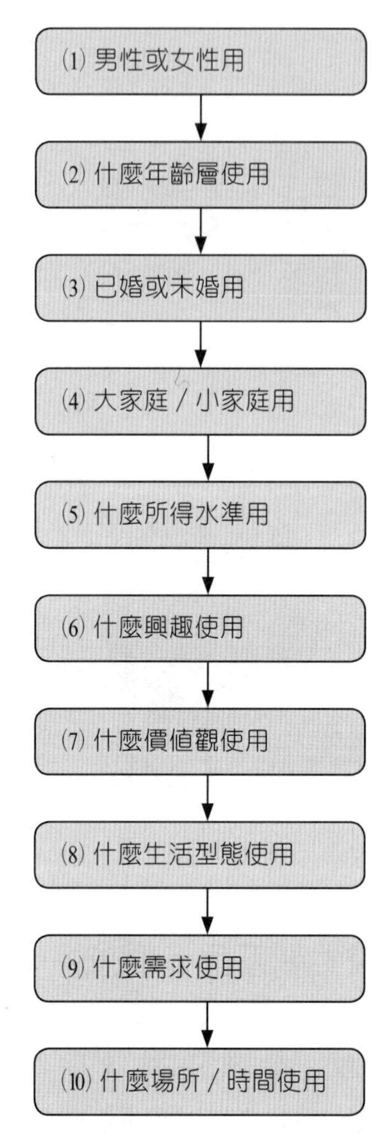

圖 9-19　從商品的「目標市場」來探索概念

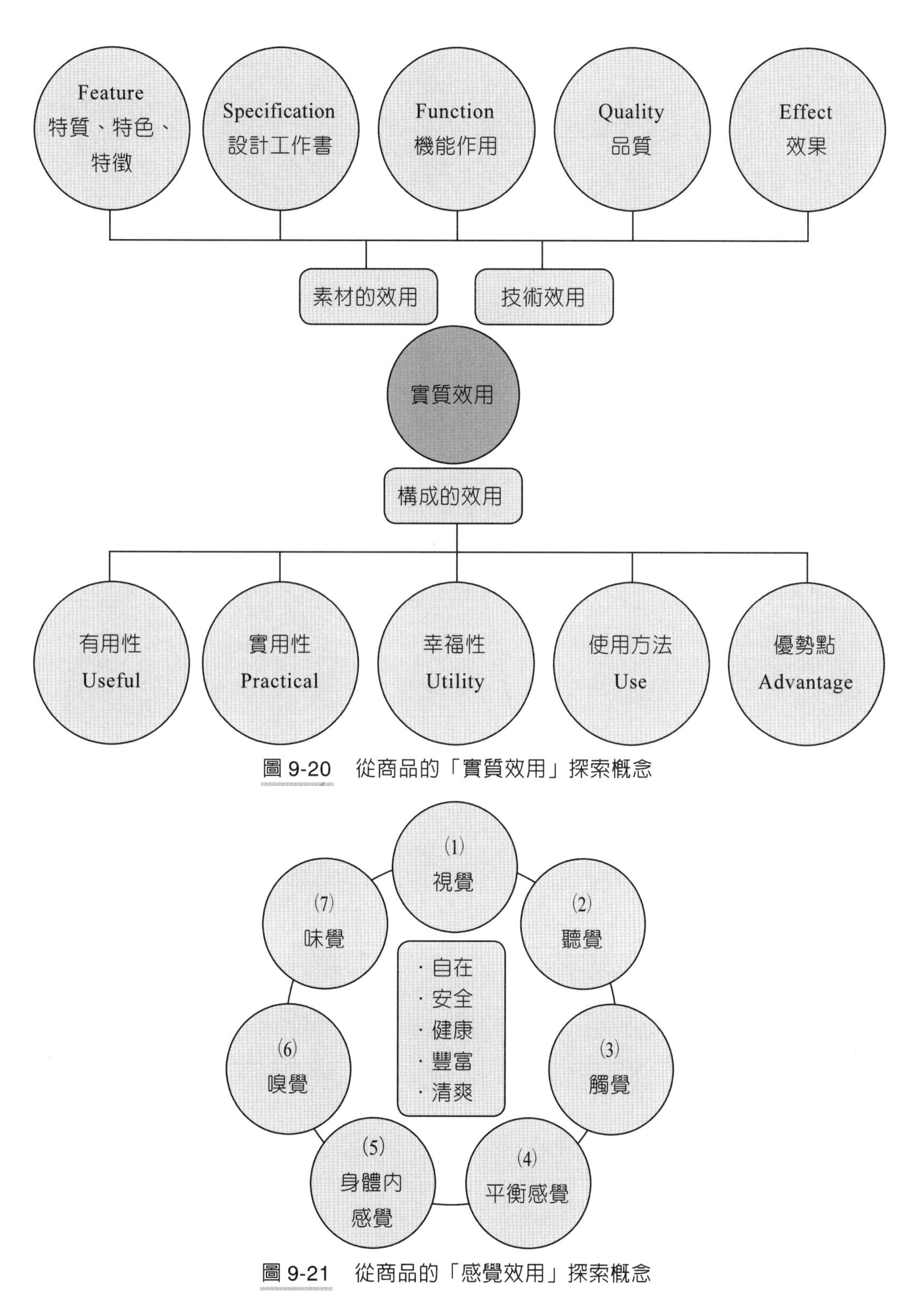

圖 9-20　從商品的「實質效用」探索概念

圖 9-21　從商品的「感覺效用」探索概念

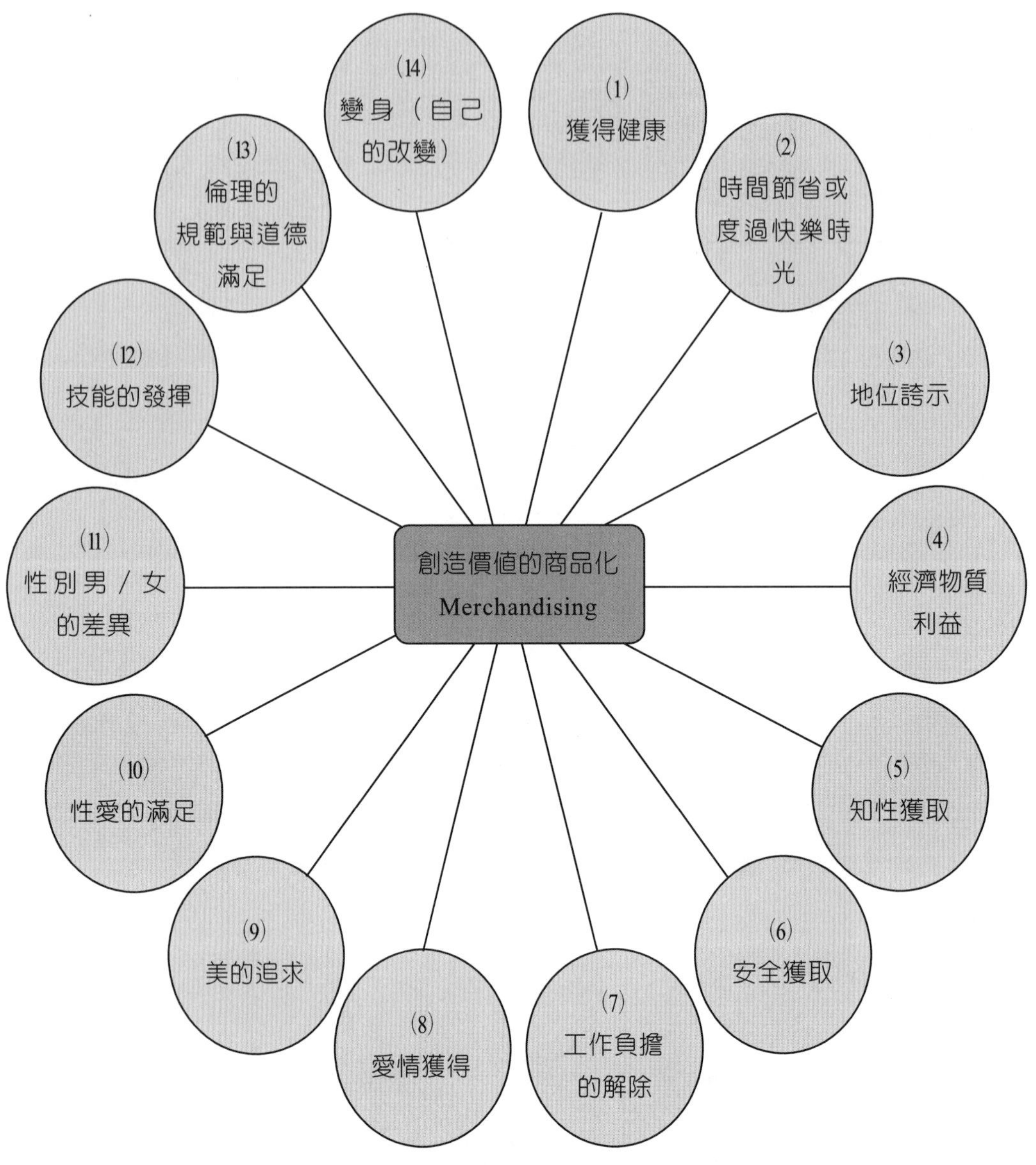

圖 9-22　從商品的「意義效用」探索概念——十四個社會價值

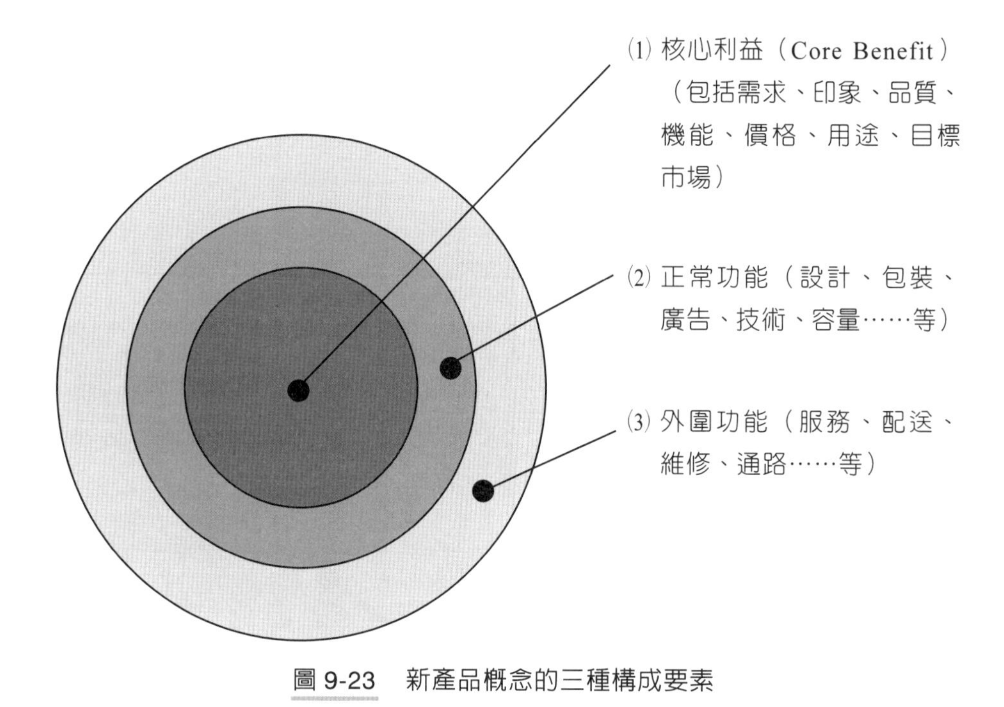

圖 9-23　新產品概念的三種構成要素

 五、令消費者有全新的感動

不管最終產品通過的概念化是什麼，以及它最終做出來的產品呈現如何，它一定要有一種力量讓消費者得到全新的感動。

如圖 9-24 所示，就是在呈現出這種最佳的狀況。

而這些感動的來源，包括：

· 採用新技術。
· 採用新的素材。
· 採用新製法。
· 採用新商品型態。
· 創造新的效用價值。
· 創造新的感性。
· 創造新的使用方法。

· 創造新的使用場合。
· 創造新的象徵（symbol）。
· 創造新的生活型態。

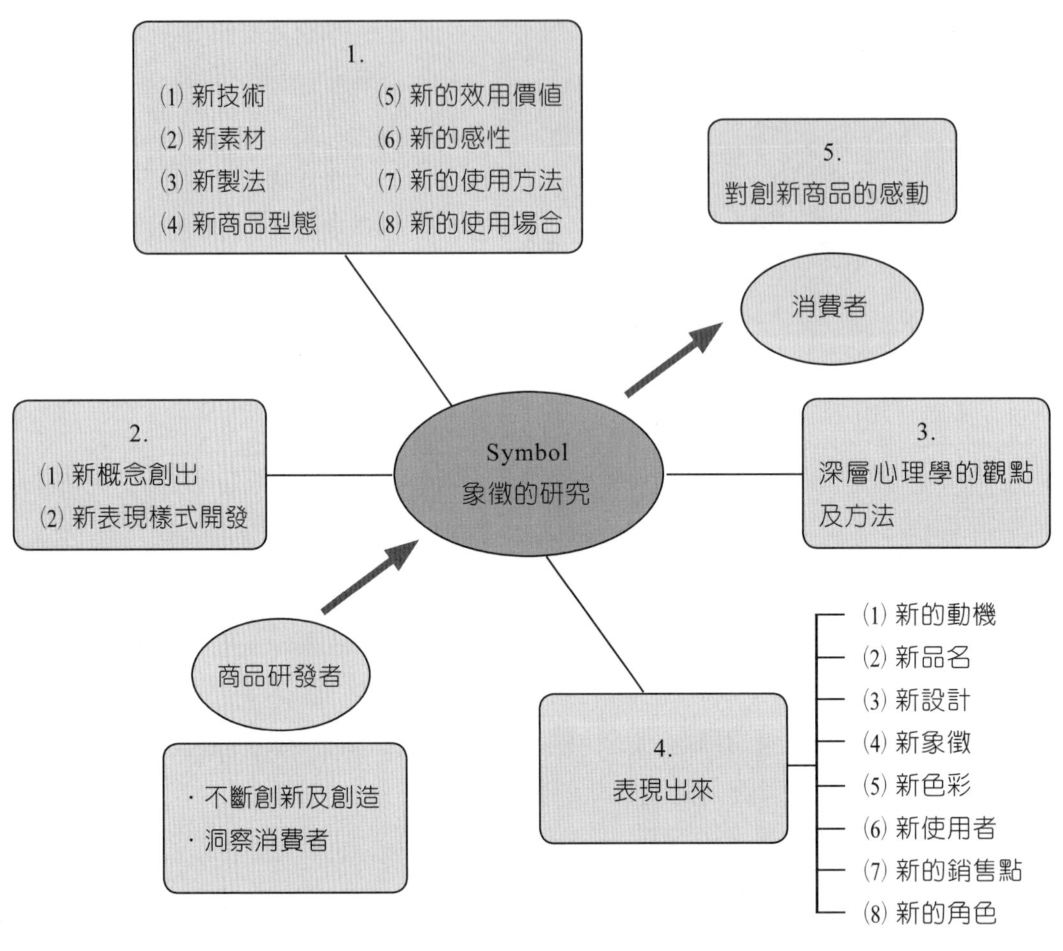

圖 9-24　令消費者有全新的感動

伍 新產品開發的「評價項目」及開發上市成功的「四大核心能力」

一、新產品開發的可行性評價項目

如圖 9-25、圖 9-26 均為新產品開發是否具有可行性評價的項目內容。

在圖 9-25 中，大概可以從五個層面來評估一個新產品是否值得投入開發的五種可行性要因，包括：

第一：同業與市場的吸引力及魅力程度如何？

第二：在生產與銷售面的可行性程度如何？

第三：本公司的整體競爭力程度如何？

第四：此新產品或戰略性產品，對本公司現在事業及未來性事業的貢獻程度及影響力程度如何？

第五：此新產品對本公司的獲利貢獻程度如何？

至於每一項評價要因的細目，請參閱圖 9-25。

而圖 9-26，其對新產品概念的可行性評價則包括有十個分析項目：

1. 技術評價。
2. 競爭與合作評價。
3. 市場性評價。
4. 價格競爭力評價。
5. 商品差異化評價。
6. 概念獨特性的評價。
7. 行銷能力的評價。
8. 開發期間的評價。
9. 生產製造能力的評價。
10. 原物料來源的評價。

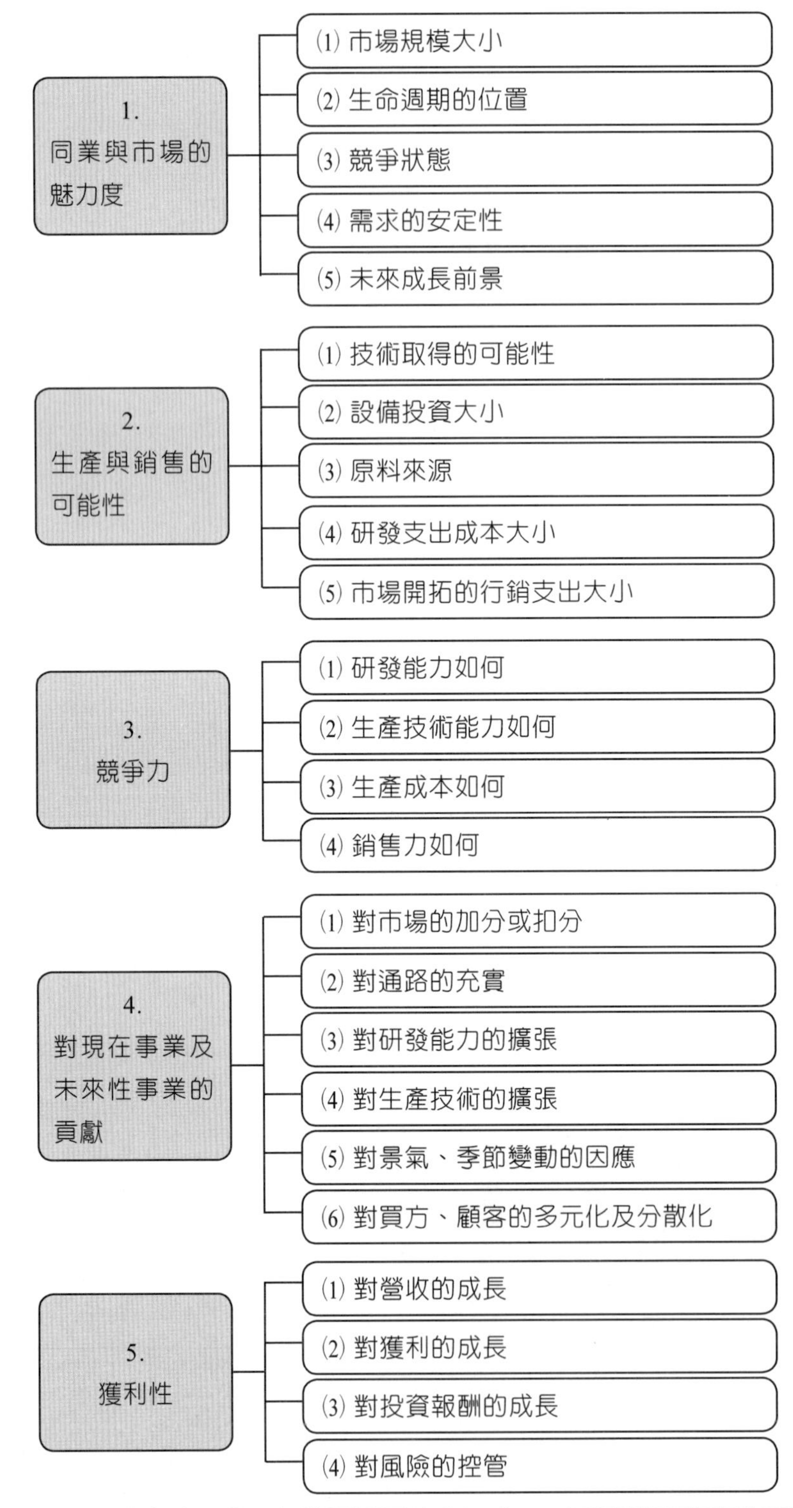

圖 9-25　對新產品的可行性評價項目（之 1）——五項評價要因及其細目

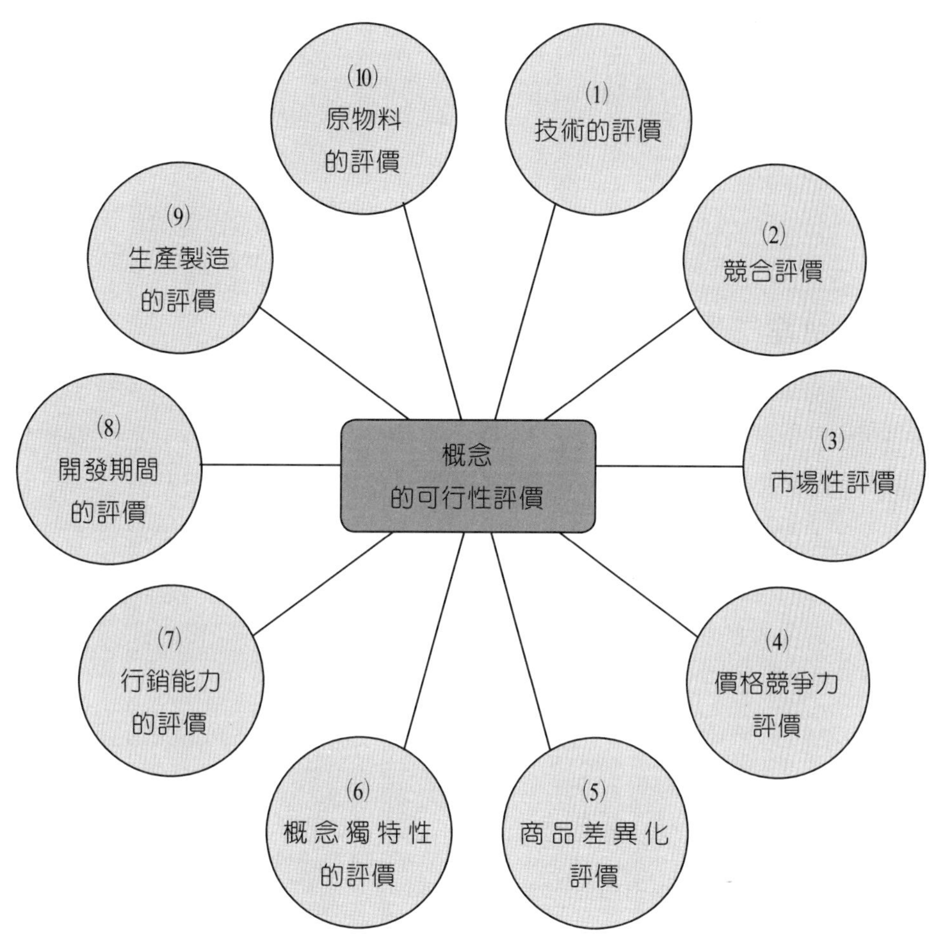

圖 9-26　對新產品的可行性評價項目（之 2）——概念的可行性評價

二、選擇新產品的標準

新產品選擇之標準，在各種不同的情況下，自然有不同的條件，但一般而言，以下幾點是可以參考遵循的：

1. 是否具有足夠的市場需求？
2. 是否適合於現有的行銷結構與行銷能力？
3. 是否適合於現有的生產設備與生產能力？

4. 是否適合目前公司的財務結構與能力？
5. 是否具有所需要的管理統合人才？
6. 考慮對企業形象之影響。
7. 考慮法律相關因素。

三、新產品開發上市成功的四個核心能力

根據很多企業實務的研究及經驗顯示，新產品開發及上市成功的關鍵因素，除了屬於外部環境及消費者因素外，其實這些都還算不難掌握及評估。比較難的是，公司到底有沒有強勁的內部組織能力及公司資源，來支撐這些創新產品的研發及上市，而這些組織能力及公司資源，當然意指必須比國內外競爭對手更加優越或領先，至少不能輸於對手，否則新產品在研發及上市過程中，就無法勝過競爭對手。

如圖 9-27 所示，大致有四個「**核心能力**」（core competence）是公司及組織必須擁有的，包括：

1. 擁有 powerful 的技術核心能力。
2. 擁有 powerful 的市場行銷核心能力。
3. 擁有 powerful 的人才資源核心能力。
4. 擁有 powerful 有效率的組織化作戰核心能力。

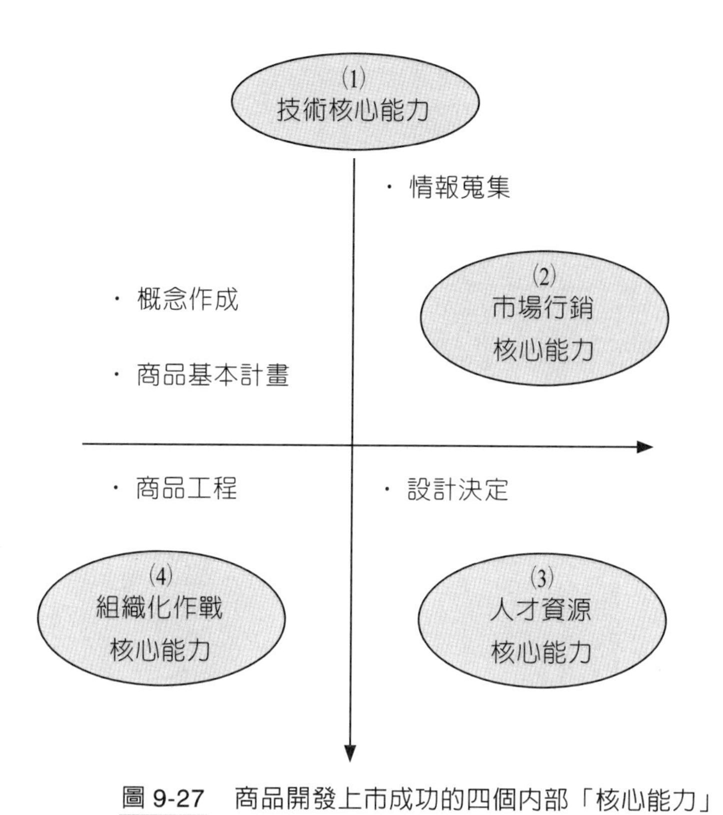

圖 9-27　商品開發上市成功的四個內部「核心能力」

四、案例

〈案例 1〉日本豐田汽車商品開發成功要因

1. 技術核心能力

(1) 商品開發的速度。
(2) 品質管理的堅強。
(3) 零組件成本控管佳。

2. 市場核心能力

⑴ 過去資訊情報的累積及活用。
⑵ 滿足顧客的需求。
⑶ 對經銷通路商的管理佳。
⑷ 促銷及廣宣活動佳。

3. 人才核心能力

⑴ 高階決策能力佳。
⑵ 現場製作組裝汽車技能佳。
⑶ 汽車研發人才堅強。

4. 組織的核心能力

⑴ 新車開發小組的整合化與制度化。
⑵ 相關部門充分的支援及合作。

〈案例 2〉正新輪胎（MAXXIS）──R&D（研發）是打造一流品牌的強力後盾

1.MAXXIS 已成為國際知名輪胎品牌

有愈來愈多的英、美知名國際賽事都冠名「MAXXIS OPEN」。透過運動行銷，影響力迅速擴展至全球各主要汽車市場的正新輪胎，持續打出漂亮的品牌戰。而這一波波精采品牌戰的強力後盾是「研發」。

已連續 7 年獲得臺灣十大品牌獎殊榮的正新輪胎，堪稱是本土同業中唯一技術生根的品牌，每年研發費用占營業額的 3% 以上。國內外大環境不佳，他們之所以能年年成長，主要就是靠研發，尤其是朝高性能輪胎方面發展。

「說自己的產品有多好，不如實際上場，活生生在那裡證明給大家看。」正新輪胎總經理陳榮華曾這麼說過。1989 年，正新輪胎自創 MAXXIS 輪胎品牌，一步步將它推向國際。美國職棒大聯盟比賽，洋基球場本壘板後甚至曾出現「MAXXIS」的看板廣告，MAXXIS 的國際品牌形象正極大化中。

2. 品牌，要以強大產品研發做後盾，獲利亦是如此

近年來，國際原物料價格高漲，橡膠材料成本節節升高，在在有侵蝕獲利之虞，但正新輪胎的營收卻持續爬升，2008 年年營收達 760 億元。問他們原因何在？答案是「研發」。

位於彰化大村鄉的正新輪胎總廠，一座投資 4 億多元興建的研發中心占地達三千多坪，是要給該公司三百多位研發人員研發新胎之用，未來還有二期、三期工程，總投資超過 10 億元。

正新輪胎研發中心副總經理曾永耀表示，儘管 MAXXIS 品牌在國際間已相當知名，但企業不能光靠「品牌」，還要有「研發」做後盾。

3. 研發團隊朝高單價、高利潤的高性能輪胎產品發展

經過這些年的努力，光從 MAXXIS 輪胎揚名海外再紅回臺灣、在大陸設廠還可以每年匯上千萬美元回來這兩點，就足以說明，正新輪胎在以「研發」做有力支撐下，已成為國內產業界自創高級品牌行銷國際的典範，堪稱臺商投資大陸的「模範生」。

現在，以 MAXXIS 品牌知名國際的正新輪胎，以臺灣總廠為中心，並於中國、泰國、越南等地投資設廠，且版圖仍在持續擴大中。國際原物料成本攀升，正新當然也受到波及，然而，及早掌握到 M 型社會的發展趨勢，正新研發團隊早已朝高單價、高利潤的高性能輪胎方面發展，因此，營收不僅沒有衰退，反而屢創新高，成為該公司逆勢成長的有力憑藉。

五、評價公司 R&D 研發部門的生產力

公司 R&D 研發部門既然重要，當然也要每年定期評估及評價他們的工作績效表現，才能確保公司 R&D 實力的不斷精進與強化。

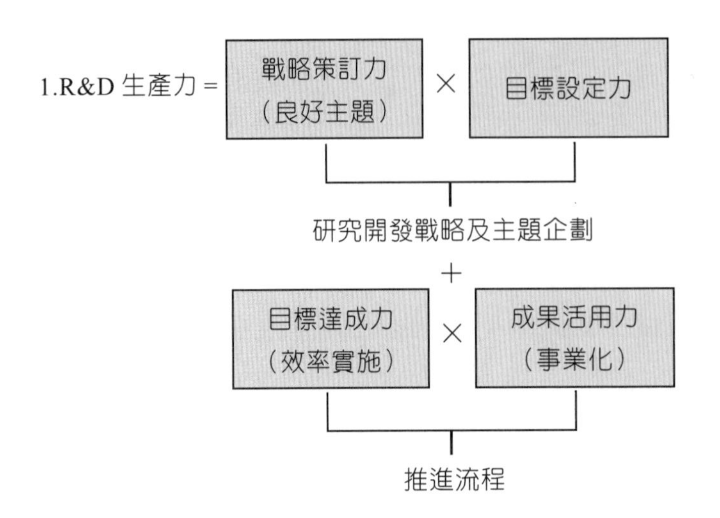

2.R&D 投資效率＝$\dfrac{\text{R\&D 成果額}}{\text{R\&D 投資額}}$

陸　市場調查與新產品開發

一、新產品開發市場調查全方位八扇門

根據企業實務發展，新產品開發及上市過程中，並不是企業內部或專案小組事事可以自行做主或做出正確判斷。有時候，有些決策必須仰賴各種市場調查的機制，才能得出各種科學化的佐證數據資料，也才有利於新產品開發專案過程中的成功確保。在圖 9-28 中，列示了八個可能必須運用到市調工具與數據的工作，包括：

1. 對整個新產品開發研究體系與架構化內容的必要調查。
2. 對如何激勵專案小組的心理學調查。
3. 對新產品「概念化」的研究市調。
4. 對「假設」概念的事前評價市調。
5. 對產品名稱及包裝的市調。

6. 對試作品出來之後的測試市調及改良市調。
7. 對此類產品長期性需求趨勢的預測市調。
8. 對整個研究流程的控管調查。

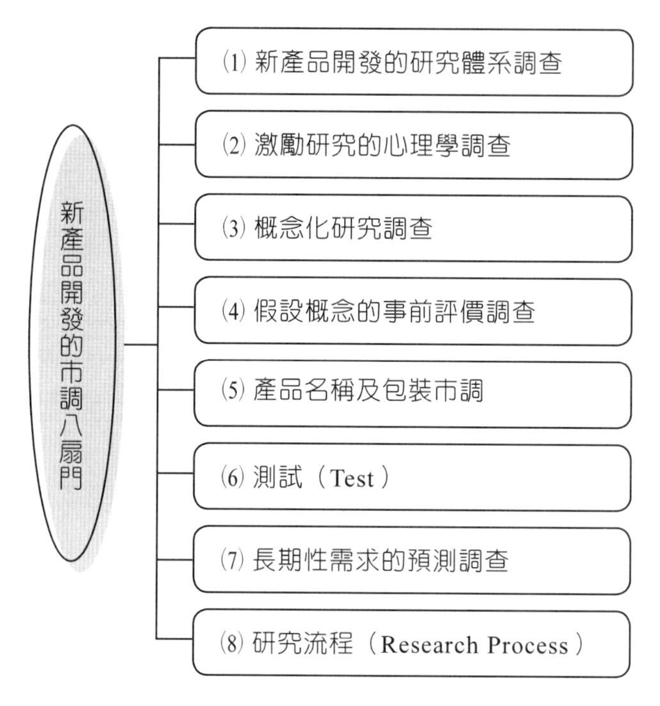

圖 9-28　新產品開發的市場調查全方位八扇門

二、對新產品的消費者接受度市調

除了上述全方位的市調內容外，如果回到消費者本身對新產品的接受度來看，一個嚴謹探索消費者內心生理與心理的各種評價及接受度，可能要包括如圖 9-29 的八個市調項目，包括：

1. 消費者對品質需求的市調。
2. 消費者對價格可接受度的市調。
3. 消費者對品名喜愛與記憶的市調。
4. 消費者對新產品設計與包裝喜愛及印象深刻的市調。

5. 消費者對口味偏愛的市調。

6. 消費者對產品功能性需求的市調。

7. 消費者對廣告 CF 喜愛度及促購度的市調。

8. 消費者對新產品代言人合適性及喜愛性的市調。

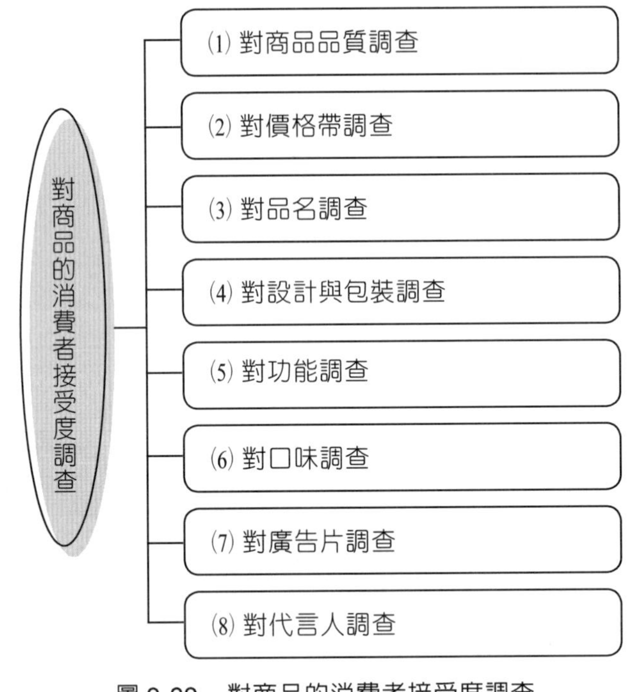

圖 9-29　對商品的消費者接受度調查

三、蒐集顧客意見的方法

傾聽顧客聲音與蒐集顧客意見，是落實顧客導向的第一步。其方法有下列幾種：

1. 銷售資料及其他次級資料。

2. 調查蒐集：

⑴ 郵寄問卷。

⑵ 人員座談（Focus Group Interview, FGI，小組座談討論法；或 Focus Group Discussion, FGD，焦點團體座談會）。

⑶ 一對一專家、學者、消費者代表等訪問。

⑷ 電話訪問。

⑸ 傳真機（FAX）。

⑹ 電子郵件（e-mail）。

⑺ 網路會員意見上傳表達。

3. 其他蒐集方法：

⑴ 意見箱（意見問卷填寫）。

⑵ 0800 免費電話（客服中心）。

⑶ 由公司員工提供意見。

⑷ 經理人員對顧客的觀察／應對。

⑸ 喬裝顧客（由本公司派人或委託外界市調公司喬裝調查）。

⑹ 由公司監視或督導人員（督導或區顧問）。

四、新產品開發的市調綜述

㈠ 市調的目的

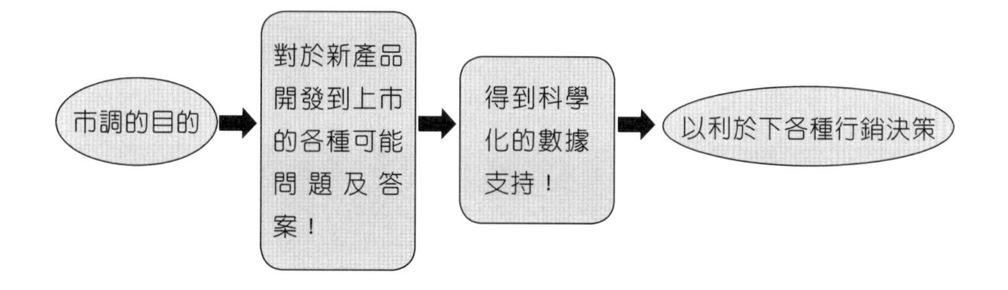

㈡ 市調的兩大類方法

量化調查（大樣本）
- 屬廣度調查法
- 方法：

⑴ 網路問卷法
⑵ 電話訪問問卷法
⑶ 店內填寫問卷法
⑷ 街頭訪問調查法
⑸ 家庭問卷填寫法
⑹ 現場觀察填寫法

質化調查（小樣本）
- 屬深度調查法
- 方法：

⑴FGI/FGD（焦點團體座談會）
⑵ 一對一專家深度訪談
⑶ 錄影觀察方法
⑷ 日記填寫法

㈢ 兩大類方法目的

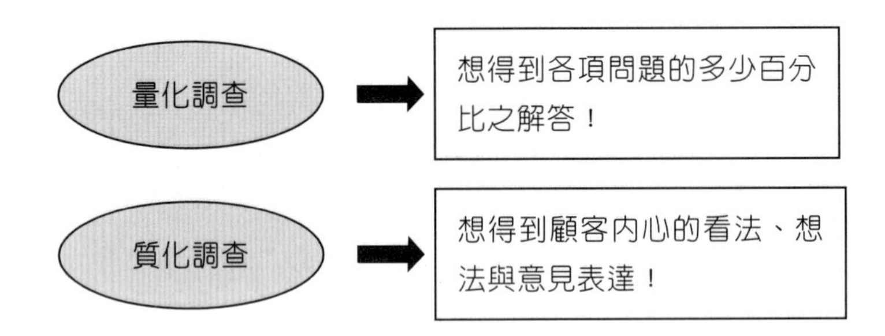

㈣ 市調執行兩種可能

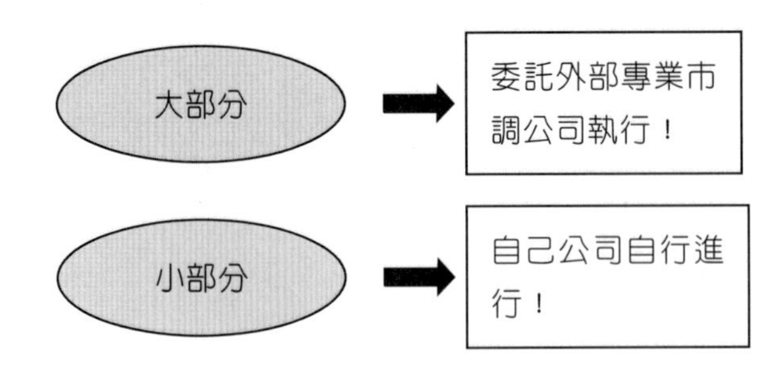

㈤ 市調專業三種方法名稱

1. U&A 調查
   - Usage & Attitude
   - 消費者使用行為與態度調查
2. Blind Test
   - 消費者盲目測試（盲飲、盲吃、盲測）
   - 去掉公司及品牌 logo 標誌後的調查法
3. FGI/FGD
   - Focus Group Interviews
   - Focus Group Discussion
   - 焦點團體座談會

㈥ FGI/FGD 質化調查法

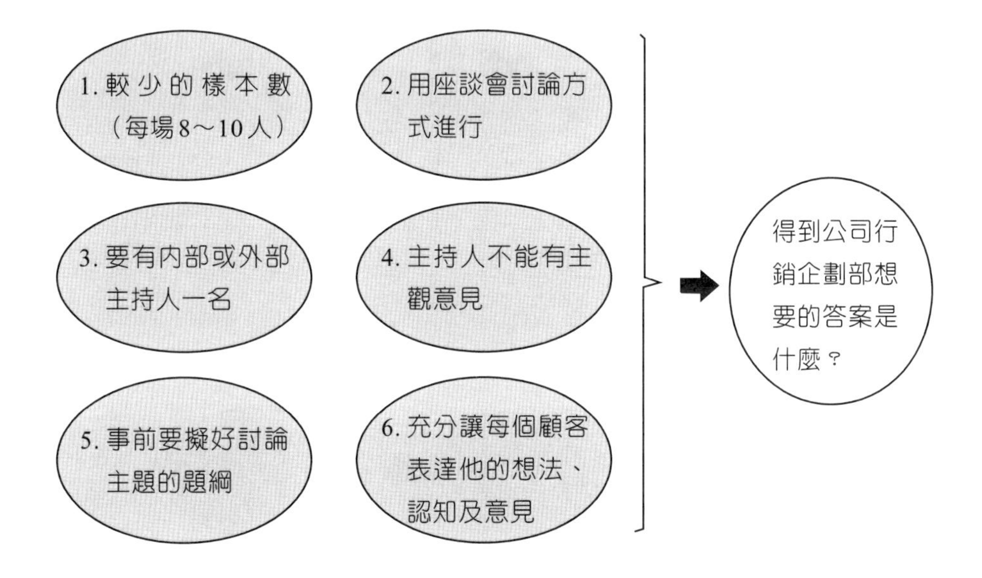

㈦ 市調費用

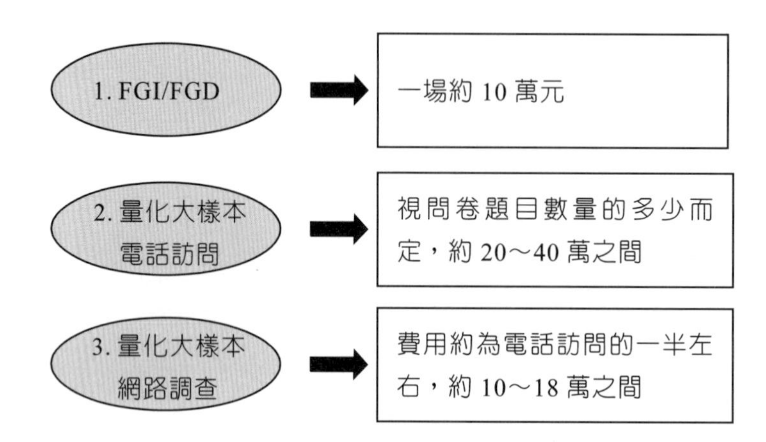

㈧ 新產品開發到上市的市調

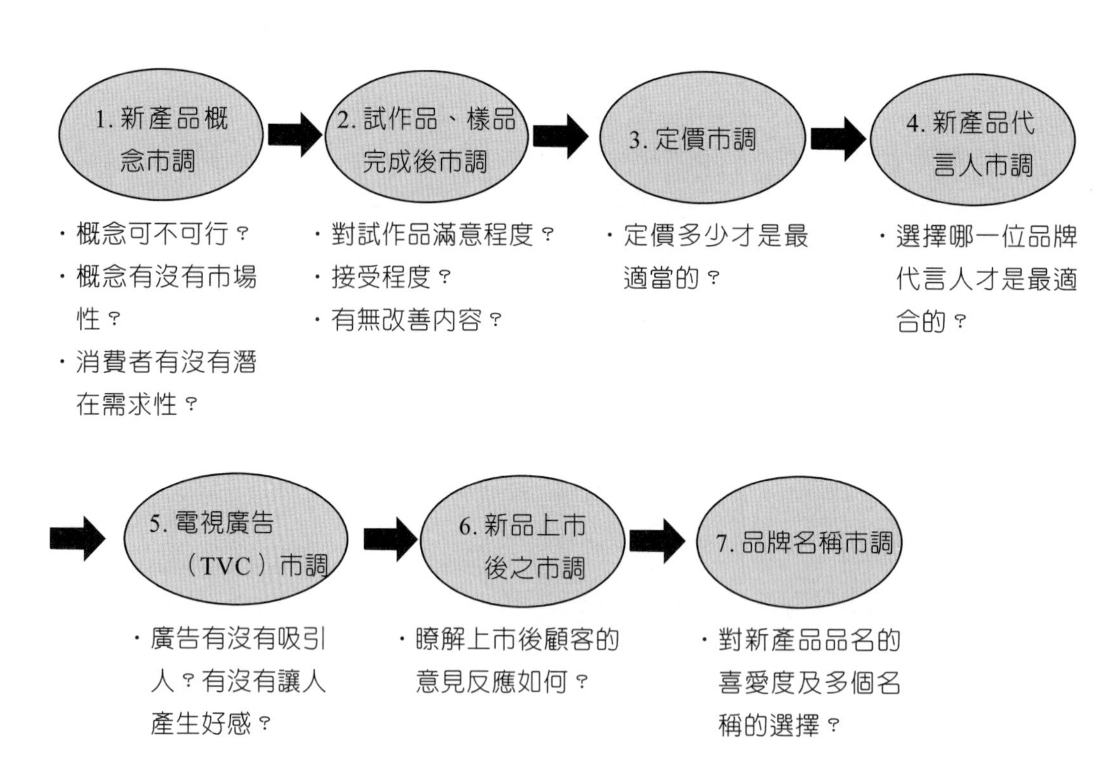

㈨ 新產品的消費者接受度市調內容項目

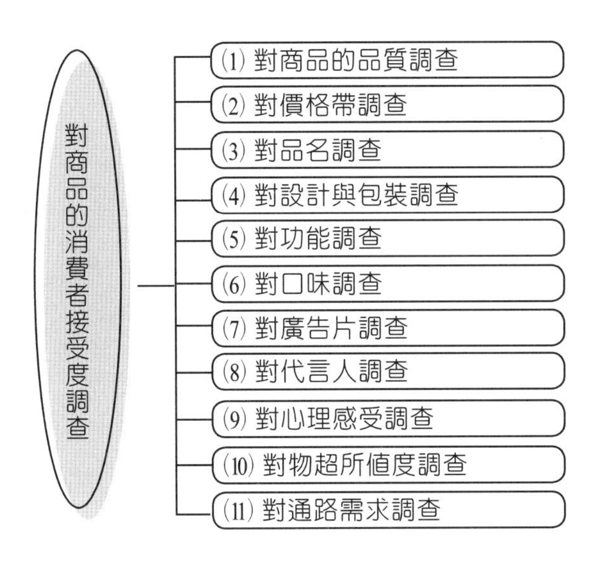

㈩ 新產品的改良、改善行動

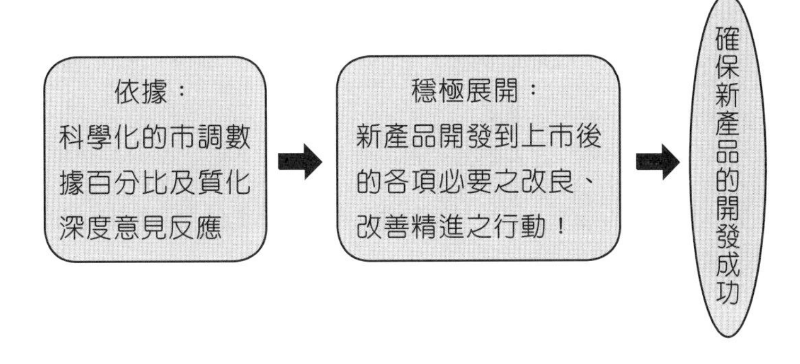

㈩㈠ 國內較知名的專業市調公司

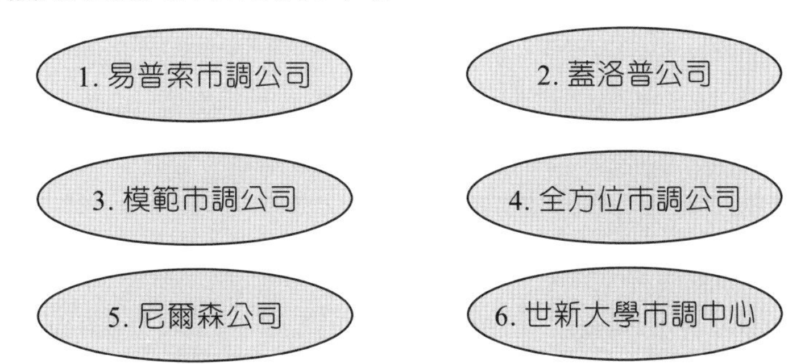

五、日本朝日啤酒公司洞見顧客需求與新產品開發上市的三種必要調查程序

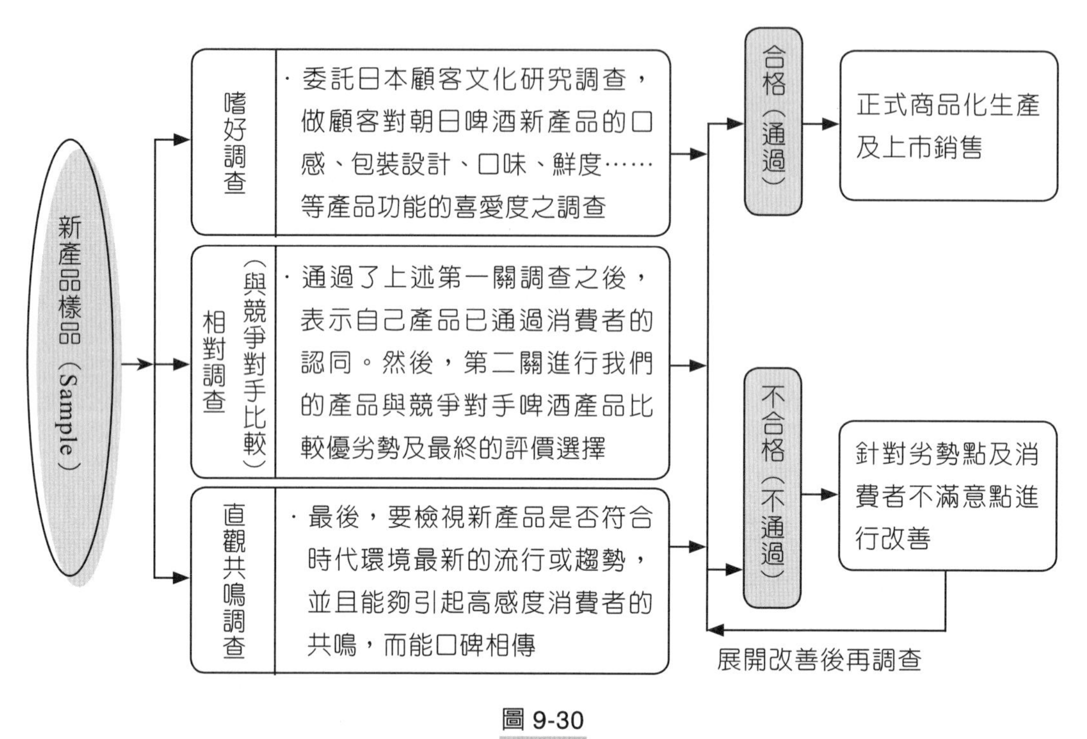

圖 9-30

六、消費者是創造者，也是公司的參與者

消費者是創造者，促使很多品牌成功。如 Nike ID 網站（www.nikeid.com）讓消費者自己設計運動鞋；Converse 的廣告（www.conversegallery.com）讓消費者可以與品牌溝通；或邀請消費者跳過老式的「給主編的信」，將自己對產品與服務的意見直接告訴品牌；寶僑互動網站（vocalpoint.com）與有影響力的媽媽，一起幫助公司開發媽媽真正關心的產品與服務。

當行銷的 4P 仍然不變時，可以再加上消費者參與（participation）這一 P。以前品牌與消費者是單向溝通，目前變成雙向關係，因此不能再將消費者看成是旁觀者。消費者是聰明的，有自己的想法、觀念與需求。與消費者連結，在參與中獲得消費者對公司的貢獻。Yahoo 行銷總裁 Cammie Dunaway 在全國廣告協會的會議上表示，行銷總裁的任務不是提出讓人厭煩的溝通訊息，而是讓 Yahoo 的使用者能建立訊息與社群，吸引其他使用者增加使用 Yahoo 的時間。這就是所謂「參與式行銷」，讓使用者塑造品牌經驗，讓消費者喜歡你的品牌。

在今日高度競爭的市場環境中，品牌要存活必須接受行銷新法則，讓消費者當家做主，讓消費者參與。

柒　新產品「品類分析管理」

一、「品類化」戰略的三個層面

品類化戰略是新產品開發、選擇、投入及上市過程中的一個重要議題（issue）。而從一個比較全方位與戰略層級來看待品類化時，大致上可以再區分為三大區塊的品類化分析層面，如圖 9-31 所示，包括：

第一：從製造商角度看，本公司究竟在「商品」品類化的選擇及評估如何。

第二：從通路商角度看，本公司在「賣場」品類化的評估及選擇如何。

第三：從消費者角度看，本公司在「消費者需求」及「消費群區隔選擇」品類化的評估及選擇如何。

有關各角度的細項，如圖 9-31 所示。

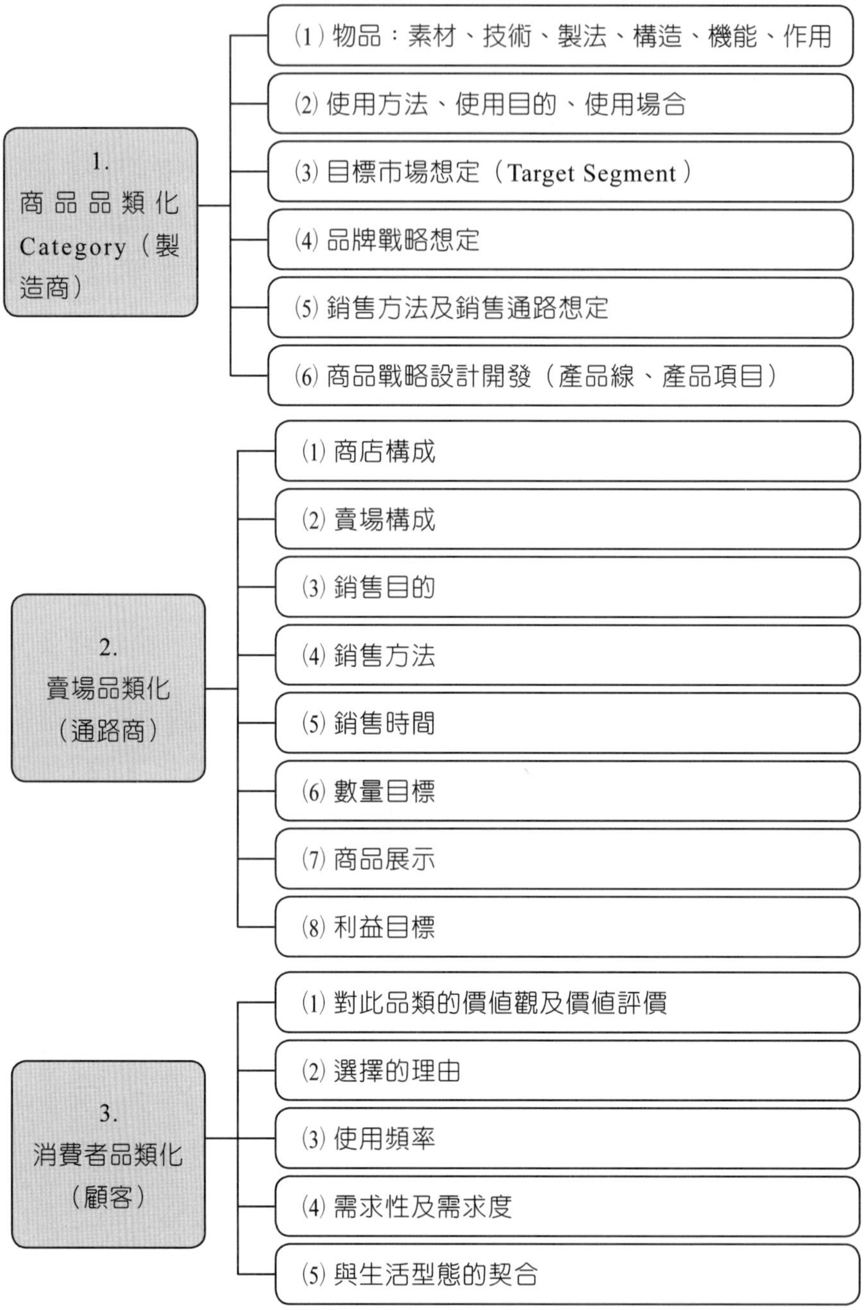

1. 商品品類化 Category（製造商）

- (1) 物品：素材、技術、製法、構造、機能、作用
- (2) 使用方法、使用目的、使用場合
- (3) 目標市場想定（Target Segment）
- (4) 品牌戰略想定
- (5) 銷售方法及銷售通路想定
- (6) 商品戰略設計開發（產品線、產品項目）

2. 賣場品類化（通路商）

- (1) 商店構成
- (2) 賣場構成
- (3) 銷售目的
- (4) 銷售方法
- (5) 銷售時間
- (6) 數量目標
- (7) 商品展示
- (8) 利益目標

3. 消費者品類化（顧客）

- (1) 對此品類的價值觀及價值評價
- (2) 選擇的理由
- (3) 使用頻率
- (4) 需求性及需求度
- (5) 與生活型態的契合

圖 9-31 「品類化」戰略示意圖

舉個簡單例子，假設本公司是一家多角化的飲料公司，本公司對未來核心飲料品類的評估及選擇可能如下：

1. 商品品類化：以茶飲料品類為主軸。

2. 賣場品類化：以銷售量占最大比例的便利商店連鎖通路為主軸。

3. 消費者品類化：以年輕、女性、上班族群、學生族群及重視飲料健康意識的消費族群為主軸。

 二、品類與品項、消費者類型、品牌之矩陣關聯圖

接著，在企業行銷實務發展上，行銷經理及產品開發經理經常會做出三種如下圖示的矩陣關聯圖，以明示本公司在這些矩陣圖中，已有的或未有的或計畫開發的產品位置圖形，然後知道未來將何去何從，以及為何要如此做。

1. 在圖 9-32 中，顯示了本公司有不同的品類及不同對應的品項產品。
2. 在圖 9-33 中，顯示了本公司有不同的品類及不同對應的消費者類型或區隔目標市場何在。
3. 在圖 9-34 中，則顯示了本公司在不同的品類及不同品牌名稱對應的狀況如何。

以上這些關聯圖示，將有助於公司相關行銷及開發決策人員對：⑴ 品類，⑵ 品項，⑶ 品牌，⑷ 消費群等四者的重要關聯性，包括是否要積極進入、要退出、要守住、要攻擊、要防衛等，形成一個架構性及全方位的評估、分析及抉擇等重大事宜。

	A 品類（茶飲料）	B 品類（果汁飲料）	C 品類（乳品飲料）	D 品類（咖啡飲料）
第一品項（常溫）	A1	B1	C1	D1
第二品項（冷藏）	A2	B2	C2	D2

圖 9-32　品類與品項商品矩陣的選擇與區隔

		消費者類型				
		a	b	c	d	e
商品類型	A					
	B					
	C					
	D					

圖 9-33　品類與消費者類型矩陣圖示

1. 品牌與品類矩陣圖

	a 品牌	b 品牌	c 品牌	d 品牌
A 品類				
B 品類				
C 品類				

2. 品牌與目標消費客層矩陣圖

	a 品牌	b 品牌	c 品牌	d 品牌
A 客層				
B 客層				
C 客層				

3. 品牌與消費通路矩陣圖

	a 品牌	b 品牌	c 品牌	d 品牌
A 通路				
B 通路				
C 通路				

4. 品牌與戰略目的矩陣圖

	a 品牌	b 品牌	c 品牌	d 品牌
A 戰略目的				
B 戰略目的				
C 戰略目的				

圖 9-34　品牌戰略示意圖

捌　新產品上市後的「檢討管理」

一、新產品上市後的三種狀況

新產品上市後更應專注地投入及關心，因為這是考驗整個研發及行銷過程是否成功的唯一證明，也是過程努力後，每一個人都想看到的成果。

成果狀況可能有三種：

第一：**叫好又叫座**。一上市即成為暢銷商品，為公司帶來營收及獲利的成長。這是典型的新產品開發完美成功，大家自然很高興。

第二：**不叫好，也不叫座**。此代表新產品上市失敗，銷售緩慢，庫存積存多，消費者反應不佳，口碑不好，最終有可能成為失敗的下架商品。

第三：**普通，表現平平，不好也不壞**。此時，公司當然會積極展開市調，尋求產品快速改良，以契合消費者的需求及喜愛。

二、新產品上市後改良檢討的十五個項目

如上所述，少部分新產品上市才可望成為暢銷產品，但對大部分產品而言，不是失敗下架，就是必須展開檢討改善的行動。

而究竟應該有哪些檢討改善的項目及空間呢？如圖 9-35 所示，計有十五個產品的相關內容值得迅速改良。

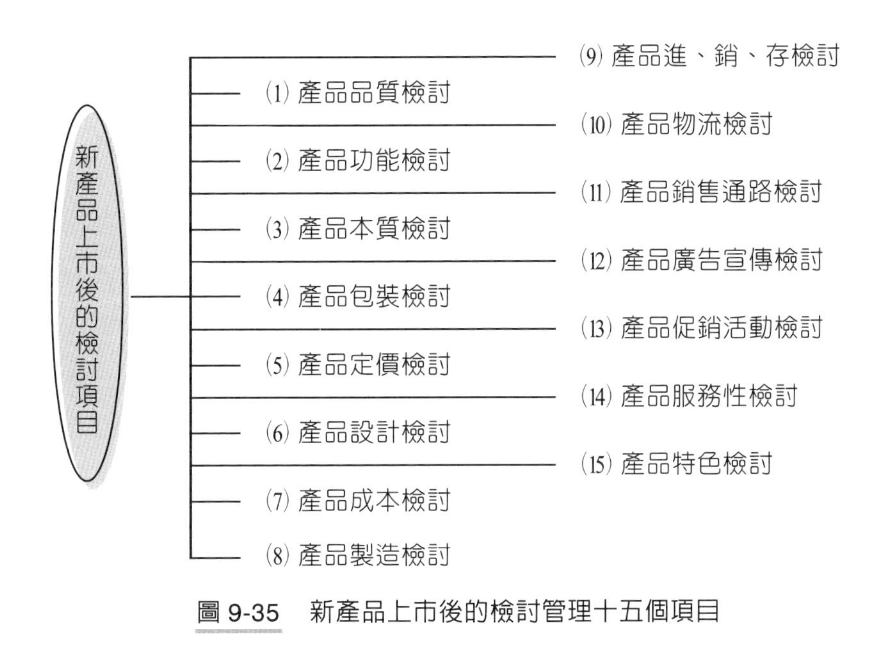

圖 9-35　新產品上市後的檢討管理十五個項目

三、長期性產品開發戰略考量的模式

公司新產品是不斷地被推出去的。公司每年在各品類中，總要推出幾個新產品，否則就會被競爭對手超越，或被消費者的喜新厭舊所淘汰。

因此，公司高階人員應該站在長期性產品開發戰略的觀點，做出一些決策或模擬一些未來的景象與狀況。

如圖 9-36 所示，這是一個長期性產品開發戰略的推演。此模式（model）包括四個事件，即：

1. 公司應確立及判斷此品類市場有哪些成長因子。
2. 公司應該對這些成長因子寄予厚望的原因解釋完整。
3. 公司應對此市場長期動向預測下的商品抉擇戰略做出明確的政策描述。
4. 公司應對在上述三點下的未來可能演變，做出因應的計畫對策方案（scenario）。

如此，公司即可在此大政方針及戰略指導原則下，穩步而不錯誤地朝向長期商品開發政策與目標，而知道努力的目標何在。

(1) 品類市場的成長因子	第一因子 × 第二因子 × 第三因子 × 第四因子
(2) 成長寄予厚望的因子述明	① ② ③ ④
(3) 對市場長期動向預測下的商品戰略	① ② ③ ④
(4) scenario（未來可能演變及對策方案）	① ②

圖 9-36　長期產品開發戰略考量的模式

 四、新產品開發「速度決定因素」

有些新產品上市具有時效性，過了時效，可能會不利競爭，可能會錯過季節性，可能會錯過流行性及可能會落後競爭對手等狀況。因此，對新產品開發速度的控管是很重要的。

根據日本 160 家企業調查報告指出，影響他們新產品開發速度的十個主要決定因素，如圖 9-37 所示。

	百分比
(1) 高階支持度	51.55%
(2) 目標、開發主題、日程的明確化	83.23%
(3) 與企業核心能力的一致性	44.1%
(4) 與外部的提攜合作	45.96%
(5) 收購持有優良技術的公司	1.86%
(6) 與各部門的協力合作	48.45%
(7) 專責的專案小組	52.8%
(8) 充分的預算、人員、設備投入	41.6%
(9) 進步的管理	22.9%
(10) 零組件共通化	9.94%
(11) 其他	1.86%

圖 9-37　新產品開發速度的決定因素調查（日本 160 家企業調查報告）

玖　攻擊競爭對手第一品牌的新產品與行銷策略

圖 9-38 列示十四種操作手法，透過新產品開發戰略及其相關行銷戰略，可以有效攻擊眾品牌，提升市占率。

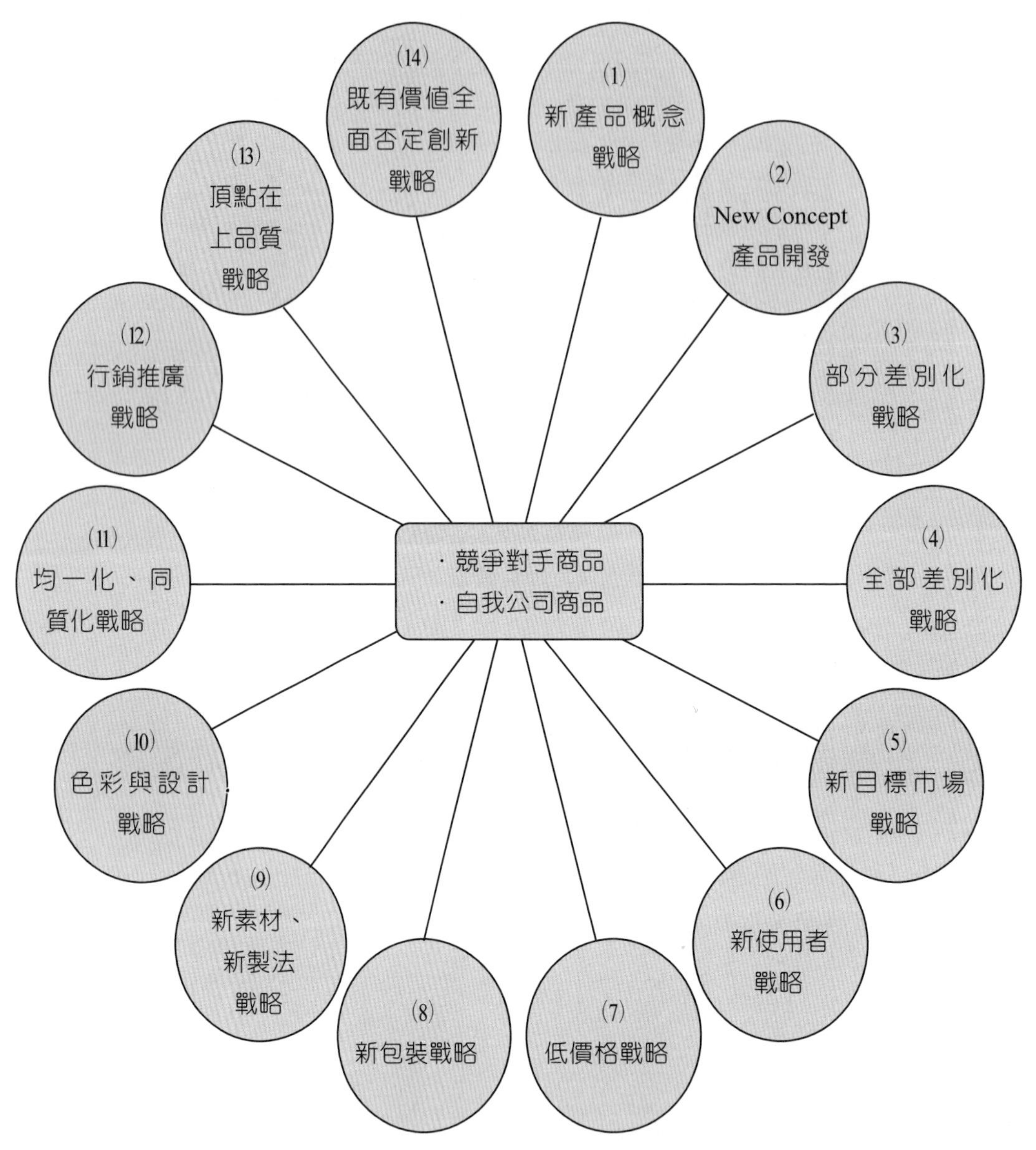

圖 9-38　攻擊競爭對手第一品牌的新產品與行銷策略

拾 7-ELEVEN 的產品研發與行銷創新

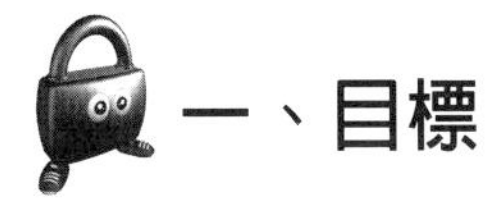

一、目標

7-ELEVEN 對於產品研發，致力強化鮮食與顧客服務的產品力以突顯差異化，結合御便當、御飯糰、速食、甜點，以及代收業務、電子商務、預購、資訊產品、ATM 經營等各項生產機能，建構消費者生活中心，引領新優質生活新型態。

二、7-ELEVEN 創新的方法

(一) 向外看，標竿學習。

(二) 融入臺灣消費者的生活與文化情境。

三、7-ELEVEN 在產品研發與服務的創新

(一) 24 小時營業的先鋒

1982 年決定 24 小時營業，成為臺灣商店不打烊的先鋒。

(二) 創新關鍵

1. 要多樣化，不要花樣多

追求的是變化，但千萬不要變成沒有意義的花樣多→「跑龍套的商品」。

2. 找出感動消費者的因子

御便當每兩週推新品，國民便當 40 元有七種菜色，符合當時經濟衰退情境；奮起湖鐵道便當賣的是一個時空背景。

3. 總有新東西和消費者溝通

內部經典名言：「消費者的不便利，就是商機所在。」徐重仁經典名言：「融入顧客情境。」提供影印、傳真、代收服務都是最佳例子。

商品開發及廣告行銷則採「波浪理論」，維持每兩週上檔一次廣告，每季或每半年則有一波大的形象廣告，每波都搭配新品或服務的推出。

4. 製販同盟

與生產廠商合作開發自有品牌產品，獨家販售，創造差異。到 2004 年自有品牌商品占三成（日本達五成）。另外，努力營造店面的季節感與節慶感，開發在不同時間點滿足消費者需求的商品。

找到正確的結盟工廠，是成功生產的關鍵。「工廠要跟 7-ELEVEN 理念相同，也就是對品質堅持，對工廠管理的堅持。」還要尋找食材供應商，預先掌控貨源。「不賣則已，全省 4,790 家店便當一起上架，數量非常驚人。」

5. 產品精品化

非指名牌精品，而為了滿足、甚至高過消費者的期待，讓其感動，就必須從產品的內在（食材、風味、口味）到外在（包裝、容器、標籤、配件）都力求完美，逐步提升。

四、創新種類區分

㈠ **在商品方面**：思樂冰、重量杯、御飯糰、國民便當、關東煮、茶葉蛋。

㈡ **在服務方面**：影印、傳真、代收、宅急便、預購、到店取貨、ATM 、ibon 。

㈢ *在行銷方面*：漢堡店、i-cash、HELLO KITTY 磁鐵、跳棋、迪士尼經典公仔。

五、配送與展示原則

㈠ 鮮食配送：一日一次配送→一日兩次配送→一日三次配送。
㈡ 三六九原則：週刊賣三天→半月刊賣六天→月刊賣九天。
㈢ 每兩週上檔一次廣告，每一季有一波大的形象廣告。
㈣ 代收服務花四年研發→一年一千多億元代收金→客戶三百多家。

六、行銷創新方面

㈠ 開拓型及維繫型行銷

在「顧客關係管理」的概念興起後，開始強調維繫舊顧客的「維繫型行銷」才能為企業獲利。以產品生命週期來看，在介紹期及成長期時，開拓型行銷比維繫型行銷適用；但進入成熟期，維繫型行銷就成為行銷的主要工作。例如，攝氏18 度是御便當保持美味與衛生的最佳溫度。

㈡ 服務行銷

隨著生產技術的改進，製造業在許多國家的比重已下降至 50% 以下，取而代之的是服務業。例如，影印、傳真、代收、宅急便、ibon、預購。

㈢ 體驗行銷

在服務中，能夠產生顯著差異化，而讓客人一再光顧的理由，就是顧客有「難忘的體驗」。所以，體驗行銷特別針對感官、情感、思考、行動、關聯這五個構面來探討如何強化服務過程，讓顧客產生畢生難忘的經驗。

㈣ 節慶行銷

節慶活動通常會成為城市（地方）行銷的主軸，例如：宜蘭的童玩節、彰化的花卉博覽會、鹽水蜂炮等，有時也會應用在大型的遊樂園、購物中心。

節慶活動是一個大型的 Event ，需要眾多的人員分工配合，同時結合各種行銷傳播工具。大型節慶活動就像憑空創造出來的體驗商品，吸引人們前往歡樂消費。例如，年菜、父親節。

㈤ 水平行銷

傳統的行銷作法，是找到目標市場區隔，予以深耕，發展出對應的行銷組合，但不斷區隔市場的結果是市場會小到無法獲利。

水平行銷則思考行銷組合、產品、市場是否能有新的應用領域，擴大運用範圍，避免困在枯井之中。例如，御便當推出了好幾種新的組合。

拾壹 以多芬（Dove）卸妝乳產品開發歷程為例

一、產品初期概念階段

在初期評估時，本品牌卸妝乳的整體產品概念有許多方向可走，需思考面向包括：

1. 產品概念應由滋潤切入抑或清潔？
2. 產品概念需緊扣本品牌之品牌精神。
3. 卸妝乳主流消費者會被何種品牌形象所吸引？
4. 產品種類有多少（卸妝乳／卸妝油／卸妝棉／卸妝慕絲）？
5. 現今市場上既存的競爭者為何（蜜妮／嬌生／歐蕾……）？
6. 卸妝乳市場有多大（一年 10 億元的市場？還是 8,000 萬元）？
7. 誰是主要領導品牌？

8. 有領導品牌嗎？會不會是極其分眾的市場？

二、實際執行

㈠ 行銷及研究人員會同市場調查公司，進入質化研究階段，尋找切合消費者的概念方向，並進行量化的市場模擬研究，得知進入市場之初步占有率及獲利。

㈡ 行銷人員並透過二手資料之蒐集，初步瞭解市場概況。

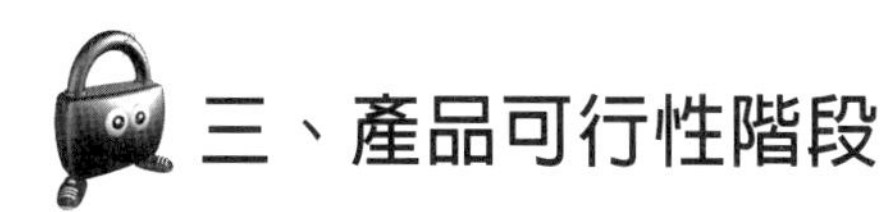

三、產品可行性階段

經過了第一階段的測試，決定基本方向，此產品除了帶出基本功能「徹底卸妝」之外，將主要訴求定位為「使肌膚柔嫩」，以區隔本品牌與他牌卸妝產品之不同。

進入此階段，需思考及評估的面向包括：

1. 本品牌卸妝乳上市「配方」為何？
2. 香味方向的決定，採用哪家香精公司？
3. 價格／包裝為何？
4. 廣告創意方向為何？

研發部門研發配方，並會同行銷研究部門與市調公司聯繫，進行消費者產品使用測試。透過內部主觀感受與消費者測試，決定產品「香味」方向：

1. 內部擬定價格方向。
2. 行銷人員與廣告公司開始研擬篩選產品包裝設計。
3. 行銷人員與廣告公司進行廣告腳本發想。
4. 行銷研究人員與市調公司溝通進行廣告前測。

四、產品市場潛力評估階段

經過一連串消費者產品測試，最後終於發展出一個合乎內部標準的卸妝乳配方及適合本品牌的香味，而廣告腳本也於前階段的測試後，篩選出最可行者進行初步拍攝，產品包裝決定仍延續本品牌的藍白色調，以按壓的瓶身做主要銷售包裝，價格則定位在高於一般開架式卸妝產品約 5%。

接下來需要思考的面向僅剩：

1. 這樣的整體行銷組合策略能否奏效？
2. 通路的安排需進行整體規劃。
3. 任何上市促銷活動。
4. 廣告檔期需儘早敲定。

五、實際執行

㈠ 行銷研究人員與市調公司接洽現階段的包裝／價格／貨架陳列／產品本身／廣告置入市場模擬研究模組，進行測試。

㈡ 通路行銷／客戶發展部門與業務人員開始進行通路聯繫與促銷活動之規劃。

㈢ 媒體經理與行銷團隊磋商媒體購買方向與時程。

㈣ 行銷人員、研發部門及供應鏈部門確認所有原料包材供貨無誤。

六、產品上市

經測試後得知本品牌卸妝乳上市後的利得超過設定標準，於是董事會准許於○○○○年○○月底前上市。

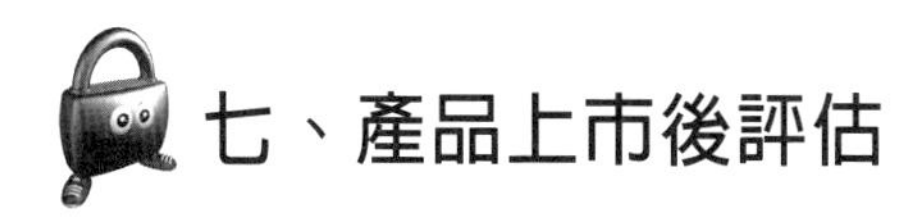

七、產品上市後評估

目前仍陸續追蹤市占率及廣告／品牌表現。

拾貳 臺灣松下用消費者研究抓準產品新方向，提案通過率逾七成

一、成立「生活設計創意中心」，解析消費者生活型態

一群人圍在三臺洗衣機前討論著：「為什麼按下除菌功能鈕會改變洗前行程亮燈？」、「斜取式滾筒洗衣機的門應該再多開 15 度。」這不是家電賣場的推銷場景，而是臺灣松下正在進行「模擬顧客使用狀態評價」，對消費者使用時可能產生的問題做最後修正，這也是產品開發流程的最後一道關卡。

曾獲得國家品質獎的臺灣松下，讓產品貼近市場需求的大功臣，正是進行上述研究的「生活設計創意中心」。這個 2004 年 10 月成立的單位，專門解析消費者生活型態，找出趨勢後提出產品開發提案。截至 2007 年 9 月，已完成 130 件反映提案數，實現率超過 70%。光是斜取式滾筒洗衣機的創新，就創下兩倍的銷售業績成長，還拿下經濟部頒發的「臺灣精品銀質獎」殊榮。

二、從愛用者名冊中找調查對象，對購買同類商品顧客做需求分析

無論是全新產品開發，或對既有商品進行大小變更，複雜度高的商品如滾筒洗衣機，動輒耗時 2 年半，延續機種也需 1 年時間。一切創新的基準，皆來自三

大面向的消費者研究。

首先，由生活研究小組進行問卷調查分析，對象是臺灣松下近 10 年來自經銷商、顧客回函累積逾 16 萬筆的「愛用者名冊」，針對曾購買同品類商品的顧客發放問卷做分析。

以冰箱為例，調查統計顯示，冷藏室和冷凍室使用頻率約為 7：3，而改善需求則是「冷凍空間太小」，因此，臺灣松下即率先設計出「下冷凍」的冰箱，便利冷藏室使用，並且加大冷凍空間。2006 年誕生的「下冷凍室大型構成」全新商品，隔年銷售業績占限地生產的大型冰箱機種 59%，成為主力銷售商品。

三、利用焦點團體、家庭訪談找出問題點，為產品創新提出最佳解決方案

第二，透過「焦點團體訪談」和「家庭訪談」，瞭解操作使用的不便性。焦點團體訪談同樣從愛用者名冊中挑選 10 到 20 位「近 3 年」購買商品的顧客至公司面訪，根據使用經驗填寫問卷；而家庭訪談則考量隱私性，創意中心透過員工的親戚朋友相互介紹，建立長期的合作關係，由女性同仁進行家庭拜訪。

「使用環境對產品開發影響大。」HA 科技事業生活設計創意中心處長蔡昭沛一語道出家庭拜訪的重要性。他說，從消費者家庭使用環境去觀察，使用的問題點一目瞭然。例如，研究小組發現，雙薪的家庭結構通常在晚間洗衣，又有 80% 以上家庭將洗衣機置放於後陽臺，根據這個結果，創意中心提議在洗衣機內置入 LED 夜視燈。

訪談結果往往是產品突破現狀的秘密武器，同時商品創新也成為最佳的問題解決方案。舉例，原本四門冰箱的冷藏室是以 5：5 作為對開門比率，訪談時消費者反映，若只開啟一個門會出現兩個問題：一是無法看到冰箱內全景，二是大型碗盤無法順利拿取。後來創意中心以 7：3 全面更新設計，解決此問題。

接下來，為了將顧客使用狀況即時反映到創意中心，臺灣松下在原有售後服務公司外，另成立「顧客商談中心」，設置電話專線處理顧客反應。所有抱怨、疑問、甚至誇獎的訊息，都會回饋到新產品設計提案上。在新產品發表期，一天反映的案件甚至達到兩百多件。

這些意見能協助創意中心改善被忽略的細節。顧客商談中心經理陳啟峰以2006年推出的HDTV高畫質電視舉例，商品一上市，商談中心便接到射擊遊戲玩家的抱怨，因打電動時畫面無法完全顯示。創意中心立刻進行小變更提案，2007年底即完成產品修正。

 四、新產品開發的火車頭，使消費者需求得到更大的滿足

「他們是新產品開發的火車頭。」商品行銷管理中心課長劉自明這樣定位生活設計創意中心對新產品開發的貢獻。儘管如此，他也說，各部門在「附加機能」和「成本」考量上仍各有堅持。例如，同樣機型的電冰箱，從非變頻改為變頻，增加成本與市場可接受價格就有3,000元價差，成本無法百分百反映在售價上，營業部偏向衡量市場競爭力。這樣的兩難，在每年年度商品企劃會議前後四個月不斷上演。

隨著消費者對整體生活品質要求的提升，對家電的需求，早已不再只是「有就好」，對使用的便利性、安全舒適度、外觀造型、環保、省電等功能面的要求，幾乎是全面性考量。臺灣松下的生活設計創意中心，結合日商技術和臺灣現地開發的在地觀察，似乎讓消費者極大化的需求更容易被滿足。

拾參　3M新產品開發流程

3M是全球號稱最會開發獨創商品的企業，自1902年成立以來，每年投入在產品研發的經費，至少占總營收5%～7%，超過10億美元（約新臺幣320億元）。即使在2009年金融海嘯期間，研發經費也一樣沒省。全球65家分公司分別深入各自在地的市場找出消費者需求，並把成功案例分享給他國的同事，當作仿效學習的對象。3M要求，30%的業績必須來自於近4年所發展出來的新產品，以確保創新的活力。

在3M，每個創新意見都要符合商品開發的三大原則——「RWW」（Real、Worth、Win），即「真實可行、值得投資，最後能贏得市場」。

3M 產品開發標準程度

1. 創意發想	2. 概念確認	3. 商品生死	4. 正式開發	5. 全面體檢	6. 上市追蹤	7. 後續追蹤
產品經理從消費者聲音中，做創意發想。	將消費者需求，發展成產品概念。	商品開發關鍵階段，通過才能繼續開發。	通過生死門後，確認可行，進入正式開發階段。	上市前跨部門確認一切就緒。	上市一年後，追蹤市場反映與消費者聲音。	上市五年後，追蹤商品延伸、商機開拓可能性。

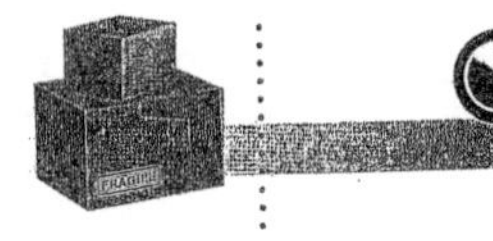

跨部門思考，蒐集市場資訊，刪選最佳市場區域。	跨部門思考，與各部門做腦力激盪，確認最佳概念。	跨部門思考，各事業群總經理綜合判斷，按燈決定商品生死。	商品試用，從消費者態度與反應中，做最後調整。	跨部門思考，商品上市總體檢，確認規格、定價、通路策略。	上市一年後，針對市場反映狀況，調整商品規格與策略。

在 3M 產品開發的過程中，產品經理扮演一個火車頭的角色，全權負責商品的生死存亡。但最重要的是，首先要傾聽消費者心聲，其次就是讓內部人員不斷激發創意，即使是主管也不能因一己的好惡而扼殺下屬的想法。

拾肆　荷蘭商葛蘭素史克藥廠（GSK）創新研發四大原則

GSK 藥廠開發過程嚴謹，再加上安定性測試及相關登記的時間，從發現消費洞察到產品上市最快都要 2 年，一般平均也要 3 到 5 年，不過這當中仍有許多關鍵的檢核點值得注意。

一、市場洞察

市場調查是 GSK 在研發時主要的靈感來源，除了以數據分析市場趨勢之外，臺灣 GSK 花更多時間在通路的觀察上，並從和消費者的互動中找需求。

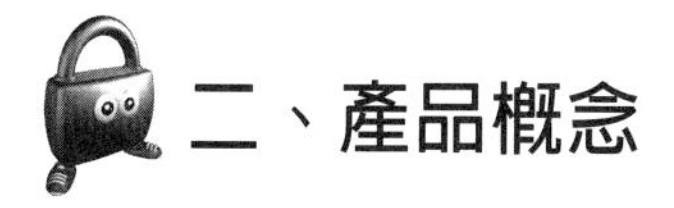

二、產品概念

GSK 在研發概念上講求創新，不作 me too 產品，因此往往能開發出具有特殊區隔的利基產品，或是一個全新的品類，同時也奠定了產品競爭力的基礎。

三、市場評估

對於 GSK 來說，一個新產品上市與否的重要決策，都有一些嚴格的規定層層把關。除了產品力之外，更要看是否有市場潛力。透過面訪、小組測試等相關調查，新產品需至少達到新臺幣 3,000 萬元以上的業績，才會推出。

四、溝通策略

普拿疼系列廣告，多半強調能清楚說明其療效的科學根據，使不管是哪一個階層的族群都能直接瞭解產品優勢。另外，在肌力行銷策略中，則是希望透過突顯使用場合的訴求，讓產品不屬於特定族群，而能接觸到所有有需求的消費者。

拾伍　七個產品開發關鍵點

產品開發的環節，就像化學結構分析，失之毫釐，謬以千里。有哪些關鍵該注意？分述如下。

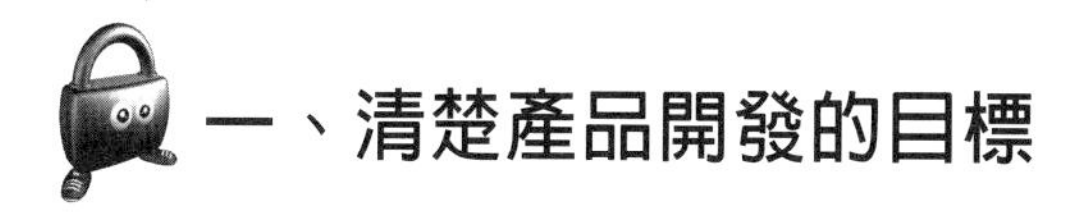

一、清楚產品開發的目標

開發產品要先有明確的目標，是為了擴大市場占有率？獲利？還是塑造形象？一旦目標確認，就不易被市場狀況或競品動作所影響而自亂陣腳。

 二、不要本位主義

科技人很容易陷入技術狂熱，做出自己想要的東西，而非消費者想要的。研發產品時，應聽取多方意見，避免一廂情願。

 三、不要想一試就成

產品開發是一個長期的過程，必須經過許多階段的測試和調整，以及多方面的配合，才能順利開發出新產品。

 四、功能不是愈多愈好

不要認為賦予產品最多的功能，消費者就會覺得划算。融合的功能愈多，產品的性能就需要更多的妥協，價格也因而更高。

 五、不要怕失敗，但要謹記從失敗中汲取教訓

台灣大哥大過去曾與 eBay 合作，試圖把在電腦上使用拍賣的經驗，直接轉移到手機上，卻因為手機的螢幕太小，導致用戶搜尋不便而失利。

因此，當台灣大哥大與 momo 購物合作，推出數位生活平臺 MoFun 時，就改用推播式、即時性的促銷訊息，方便消費者直接點選，使試用的滿意度高達八成。

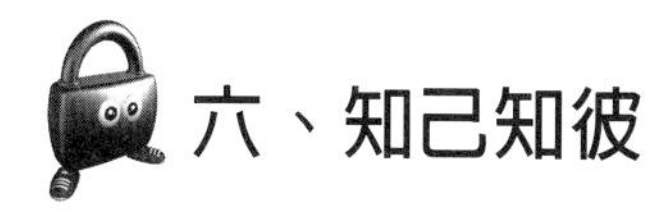

六、知己知彼

必須清楚自己的產品定位，找出目標對象、價格、使用情境、通路，與自家產品接近的競爭對手，才能明確地訂定與競品不同的產品訴求。

七、用對的方式推銷產品

清楚產品的優劣勢，才能量身打造產品的行銷手法。例如，主打環保、健康的清潔劑品牌「橘子工坊」的瓶身，以白色為主，如果跟通路上其他五顏六色的產品一起放，很容易被消費者忽視。因此，橘子工坊特地在賣場上設置了獨立的陳列架，並搭配解說產品訴求的小螢幕，來鼓勵消費者購買。

10 新產品開發到上市之流程企劃

一、新產品上市的重要性

新產品開發與新產品上市是廠商相當重要的一件事，主要原因有：

(一) 取代舊產品

消費者會有喜新厭舊感，因此，舊產品久了之後，可能銷售量會衰退，必須有新產品或改良式產品替代之。

(二) 增加營收額

新產品的增加，對整體營收額的持續成長也會帶來助益。如果一直沒有新產品上市，企業營收就不會成長。

(三) 確保品牌地位及市占率

新產品上市成功，也可能確保本公司的領導品牌地位或市場占有率的地位。

(四) 提高獲利

新產品上市成功，也可望增加本公司的獲利績效。例如，美國蘋果公司連續成功推出 iPod 數位隨身聽、iPhone 手機及 iPad 平板電腦，使該公司在 10 年內的獲利水準均保持在高檔。

(五) 帶動人員士氣

新產品上市成功，會帶動本公司業務部及其他全員的工作士氣，發揮潛力，使公司更加欣欣向榮，而不會死氣沉沉。

 二、長久沒有新品上市會如何：六大不利點

(一) 顧客會流失。

(二) 銷售量會逐步下滑。

(三) 品牌會生鏽。

(四) 獲利會衰退。

(五) 經銷商、通路商會不滿意，配合度會下滑。

(六) 零售通路上架會遇到困難，或安排在不好的位置。

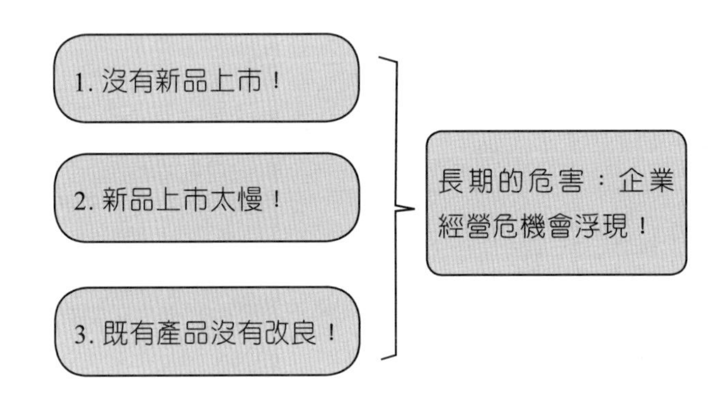

三、新品上市，企業成功的典範

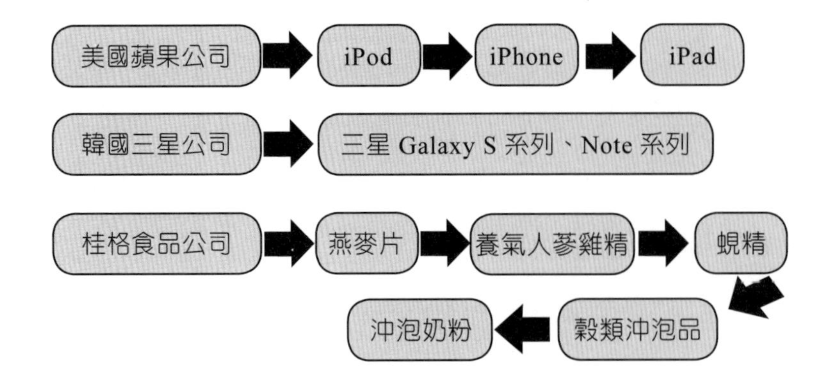

四、新產品開發到上市的流程步驟

廠商從新產品開發到上市，是一個複雜的過程，如圖 10-1 所示，並簡述如下：

㈠ 概念產生

首先是新產品概念的產生或新產品創意的產生。這些概念或創意的產生來源可能包括：

1. 研發（R&D）部門主動提出。
2. 行銷企劃部門主動提出。
3. 業務（營業）部門主動提出。
4. 公司各單位的提案。
5. 老闆提出。
6. 參考國外先進國家案例提出。
7. 委託外面設計公司提出。

㈡ 可行性初步評估

其次，公司相關部門可能會組成跨部門的新產品審議小組，針對新產品的概念及創意，展開互動討論，並評估是否具有市場性及可行性。

這個新產品審議小組成員，可能包括了：業務部門、行銷企劃部門、研發部門、工業設計部門、生產部門、採購部門等六個主要相關部門。

可行性評估的要點包括：

1. 市場性如何？是否能夠賣得動？
2. 與競爭者的比較如何？是否具有優越性？
3. 產品的獨特性如何？差異化特色如何？創新性如何？
4. 產品的訴求點如何？
5. 產品的生產製造可行性如何？
6. 產品原物料、零組件採購來源及成本多少？
7. 產品的設計問題如何？能否克服？
8. 國內外是否有類似性產品？發展如何？經驗如何？

9. 產品的目標市場為何？需求量是否夠規模化？
10. 總結，產品的成功要素如何？可能失敗要素又為何？如何避免？
11. 產品的售價估計多少？市場可否接受？

㈢ 試作樣品

接下來，通過可行性評估之後，即由研發及生產部門展開試作樣品，以供後續各種持續性評估、觀察、市調及分析的工作。

㈣ 展開市調

在試作樣品出來之後，新產品審議小組即針對試作品展開一連串精密的、科學化的詳實市調及檢測。市調的項目可能包括：

1. 產品的品質如何？
2. 產品的功能如何？
3. 產品的口味如何？
4. 產品的包裝、包材如何？
5. 產品的外觀設計如何？
6. 產品的品名（名牌）如何？
7. 產品的定價如何？
8. 產品的宣傳訴求點如何？
9. 產品的造型如何？
10. 產品的賣點如何？

而市調及檢測的進行對象可能包括：

1. 內部員工。
2. 外部消費者、外部會員。
3. 專業檢測機構。
4. 通路商（經銷商、代理商、加盟店）。

進行市調的方法可能包括：

1. 網路會員市調問卷。
2. 焦點團體討論會（FGI、FGD）。
3. 盲目測試（blind test）（即不標示品牌名稱的試飲、試吃、試穿、試乘）。
4. 電話問卷訪問。

㈤ 試作品改良

針對各項市調及消費者的意見，試作品將會持續性展開各項改良、改善、強化、調整等工作，務使新產品達到最好的狀況呈現。改良後的產品，常會再一次進行市調，直到消費者表達滿意及 OK 為止。

㈥ 定價格

再下來，業務部將針對即將上市的新產品展開定價決定的工作。

決定市場零售價及經銷價是重要之事，價格定不好，將使產品上市失敗。如何定一個合宜、可行且市場又能接受的價格，必須考慮下列幾點：

1. 是否有競爭品牌？他們的訂價是多少？
2. 是否具有產品的獨特性？
3. 產品所設定的目標客層是哪些人？
4. 產品的定位為何？
5. 產品的基本成本及應分攤管銷費用是多少？
6. 產品的生命週期處在哪一個階段性？
7. 產品的品類為何？品類定價的慣例為何？
8. 市場經濟的景氣狀況如何？
9. 是否有大量廣宣費用投入？
10. 消費者市調結果如何？可否做參考？

㈦ 評估銷售量

接著，業務部應根據過去經驗及判斷力，評估這個新產品每週或每月應該可有的銷售量，避免庫存積壓過多或損壞，並且準備即將進入量產計畫了。

㈧ 舉行記者會

在一切準備就緒之後，行銷企劃部就要與公關公司合作或是自行舉行新產品上市記者會，以作為打響新產品知名度的第一個動作。

㈨ 鋪貨上架

業務部同仁及各地分公司或辦事處人員，即應展開全國各通路全面性鋪貨上架的聯繫、協調及執行的實際工作。

鋪貨上架務使產品儘可能普及到各種型態的通路商及零售商，尤其是占比最大的各大型連鎖量販店、超市、便利超商、百貨公司專櫃、美妝店……等。

㈩ 廣宣活動展開

鋪好貨幾天後，即要迅速展開全面性整合行銷與廣宣活動，以打響新品牌知名度及協助促進銷售。這些密集的廣宣活動，可能包括了精心設計的：

1. 電視廣告播出。
2. 平面廣告刊出。
3. 公車廣告刊出。
4. 戶外牆面廣告刊出。
5. 網路行銷活動。
6. 促銷活動的配合。
7. 公關媒體報導露出的配合。
8. 店頭（賣場）行銷的配合。
9. 評估是否需要知名代言人代言，以加速帶動廣宣效果。
10. 異業合作行銷的配合。
11. 免費樣品贈送的必要性。
12. 還有其他行銷活動。
13. 新品上市廣宣費用（行銷預算）：
    ⑴ 消費品：至少 3,000 萬元以上。
    ⑵ 耐用品：至少 6,000 萬元以上。
14. 新品上市缺乏廣宣預算時，要上市成功，會很辛苦。
    ⑴ 因為沒有品牌知名度。
    ⑵ 因為上架通路不夠普及。

(十一) 觀察及分析銷售狀況

接著，業務部及行企部必須共同密切注意每天傳送回來的各通路實際銷售數字及狀況，瞭解是否與原訂目標有所落差。

(十二) 最後，檢討改善

最後，如果產品暢銷的話，就應歸納出上市成功的因素。若是銷售不理想，則應分析滯銷原因，研擬因應對策及改善計畫，即刻展開回應與調整。

如果一個新產品在一個月內銷售狀況無起色，就會陷入苦戰了；若三個月內救不起來，則可能要考慮放棄並下架，而宣告上市失敗，記取失敗教訓因素。

如果是銷售普通，則可以持續進行改善，一直到轉好為止。

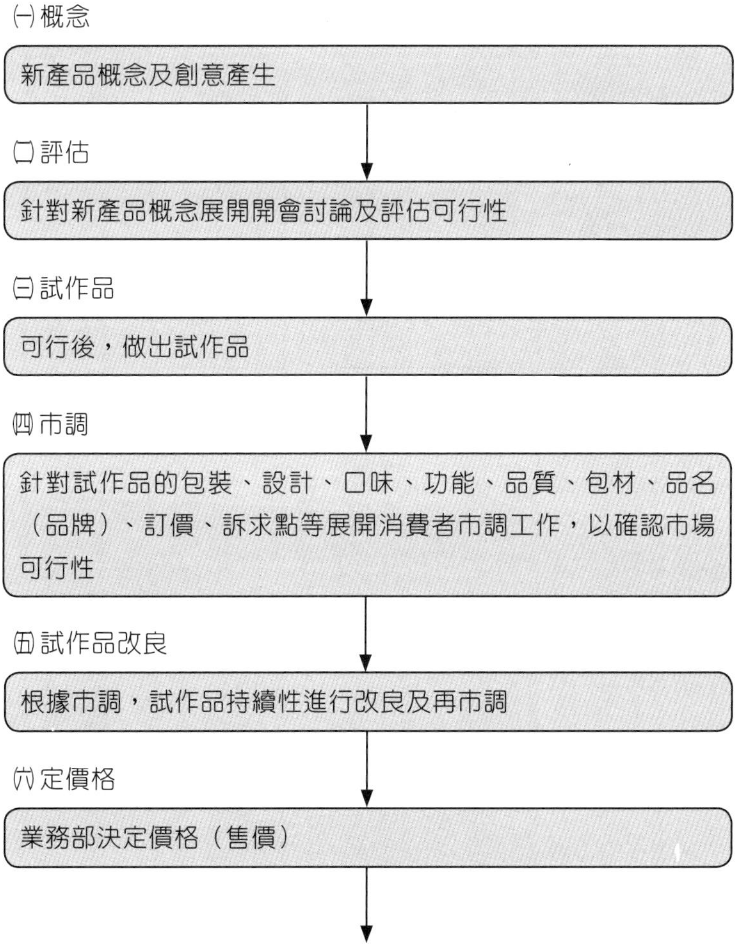

(一) 概念

新產品概念及創意產生

↓

(二) 評估

針對新產品概念展開開會討論及評估可行性

↓

(三) 試作品

可行後，做出試作品

↓

(四) 市調

針對試作品的包裝、設計、口味、功能、品質、包材、品名（品牌）、訂價、訴求點等展開消費者市調工作，以確認市場可行性

↓

(五) 試作品改良

根據市調，試作品持續性進行改良及再市調

↓

(六) 定價格

業務部決定價格（售價）

↓

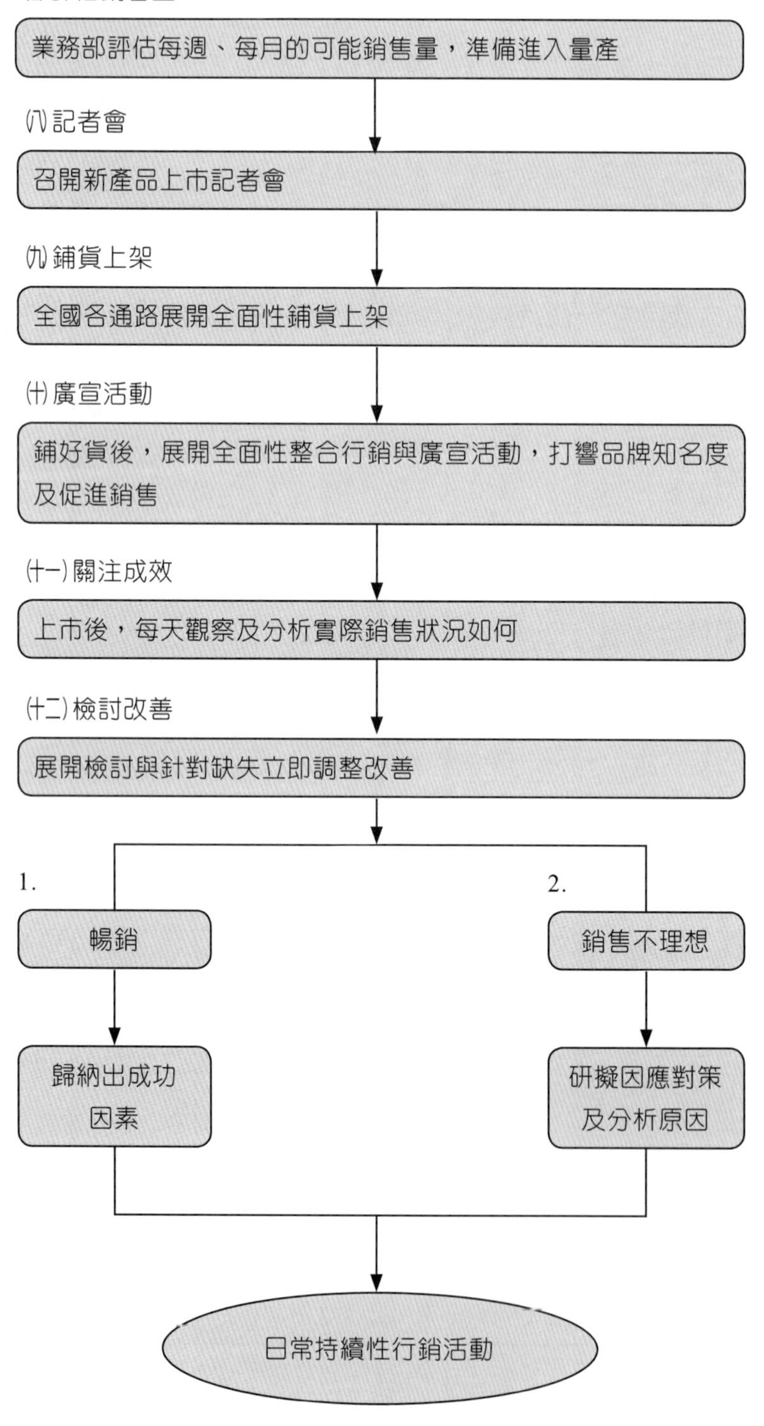

圖 10-1　新產品開發到上市之流程步驟

五、新產品開發及上市審議小組組織表（以某食品飲料公司為例）

(一) 組織表圖示

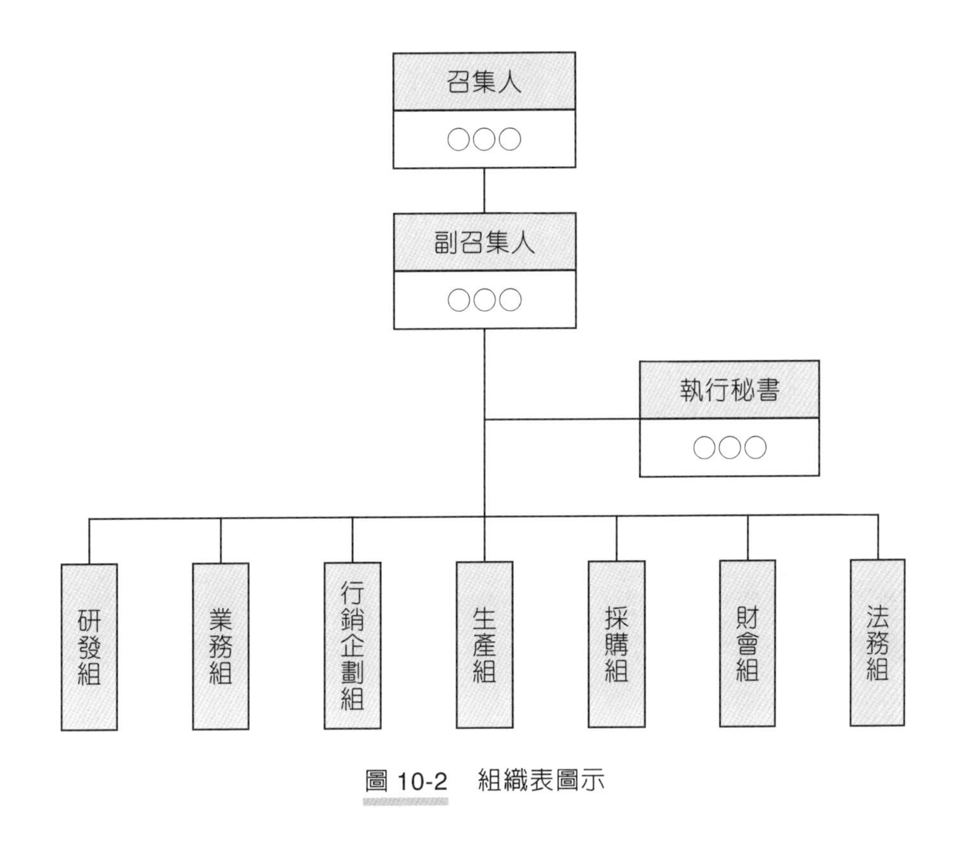

圖 10-2　組織表圖示

(二) 各組工作職掌

1. 研發組

(1) 負責新產品創意及概念產生。

(2) 負責新產品研究開發及設計工作。

2. 業務組

⑴ 負責新產品最終可行性評估工作。
⑵ 負責新產品通路上架鋪貨事宜。
⑶ 負責新產品價格訂定事宜。
⑷ 負責新產品業務目標達成之事宜。

3. 行銷企劃組

⑴ 負責新產品概念及創意來源。
⑵ 負責新產品市調及測試事宜。
⑶ 負責新產品上市記者會召開之規劃及執行事宜。
⑷ 負責新產品上市之整合行銷及廣宣、公關事宜。

4. 生產組

⑴ 負責新產品生產製造及品質控管事宜。
⑵ 負責新產品物流配送事宜。

5. 採購組

⑴ 負責新產品原物料議價、簽約及採購事宜。
⑵ 負責採購成本控制事宜。

6. 財會組

⑴ 負責新產品成本試算事宜。
⑵ 負責新產品價格分析事宜。
⑶ 負責新產品損益試算事宜。

7. 法務組

負責新產品商標及品牌權利之申請登記事宜。

六、新品開發到上市：四大部門負責事項

㈠ **R&D** 部 商品開發部	負責： 研發出最具競爭力的產品！
㈡ 行銷企劃部	負責： 品牌打造！整合行銷活動規劃與執行！
㈢ 業務部	負責： 通路快速全面上架鋪貨完成！
㈣ 製造部	負責： 生產出最具品質水準的產品！

七、新品上市成功率僅有三成

根據國內外統計調查：

新品上市成功率，只有三成！

新品上市失敗率，高達七成！

八、雖僅三成，仍要不斷開發新品的原因

因為既有產品總有一天會衰退，所以，平常就要做好準備！

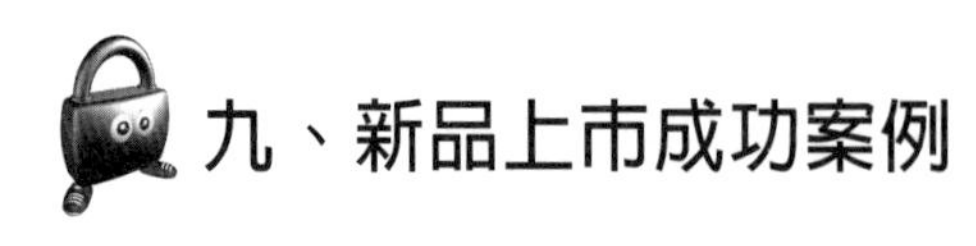

九、新品上市成功案例

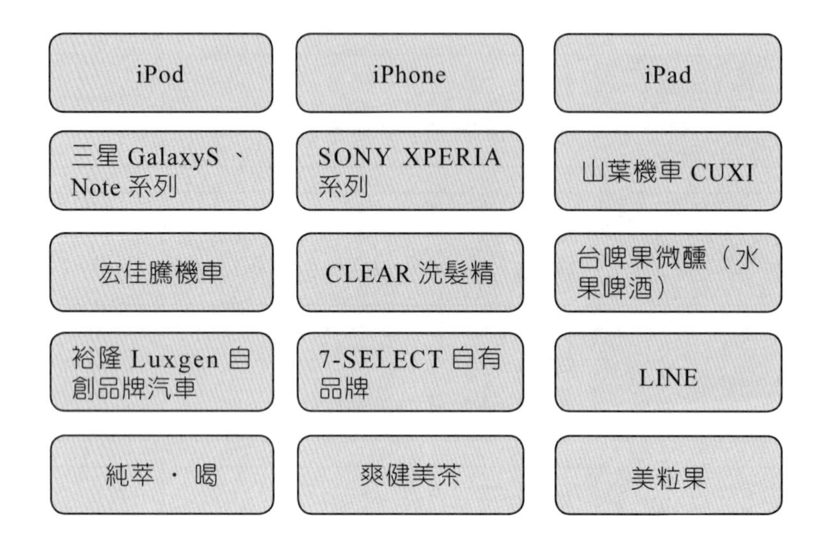

十、新產品開發及上市成功十大要素

依據眾多實戰經驗顯示，新產品開發及上市成功的十大要素，包括：

㈠ 充分市調，要有科學數據的支撐

從新產品概念的產生、可行性評估、試作品完成討論及改善、定價的可接受性等，行銷人員都必須有充分多次的市調，以科學數據為支撐。唯有徹底聽取目標消費群的真正聲音，是新產品成功的第一要件。

㈡ 產品要有獨特銷售賣點作為訴求

新產品在設計開發之初，即要想到有什麼可作為廣告訴求的有力點，以及對目標消費群有利的所在點。這些即是獨特銷售賣點（USP），以與其他競爭品牌有所區隔，而形成自身的特色。

㈢ 適當的廣宣費用投入且成功展現

新產品沒有知名度，當然需要適當的廣宣費用投入，並能有創意、新穎的呈現出來，以成功打響這個產品及品牌的知名度。有了知名度就可繼續進行，否則便走不下去。

因此，廣告、公關、媒體報導、店頭行銷、促銷等均要好好規劃。

㈣ 定價要有物超所值感

新產品定價最重要要讓消費者感受到物超所值感才行。尤其在景氣低迷、消費保守的環境中，不要忘了平價（低價）為主的守則。「定價」是與「產品力」的表現做相對照的，一定要有物超所值感，消費者才會再次購買。

㈤ 找到對的代言人

有時候為求短期迅速一砲而紅，可以評估是否花錢找到對的代言人，此可能有助於整體行銷的操作。過去也有一些成功的案例，包括：SK-II 、台啤、白蘭氏雞精、資生堂、CITY CAFÉ 、Sony Ericsson 手機、張君雅碎碎麵、阿瘦皮鞋、維骨力、維士比……等均是。代言人費用 1 年雖花 500 萬～1,000 萬元之間，但若產生效益，仍是值得的。

㈥ 全面性鋪貨上架，通路商全力支持

通路全面鋪貨上架及經銷商全力配合主力銷售，也是新產品上市成功的關鍵，這是通路力的展現。

㈦ 品牌命名成功

新產品命名若能很有特色、很容易記憶、朗朗上口，再加上大量廣宣的投入配合，此時，品牌知名度就容易打造出來。例如，CITY CAFÉ 、維骨力、LEXUS 汽車、iPod 、iPhone 、Facebook（臉書）、SK-II 、林鳳營鮮奶、舒潔、舒酸定牙膏、白蘭、潘婷、多芬、黑人牙膏、王品牛排餐廳……等均是。

㈧ 產品成本控制得宜

產品要低價，則其成本就得控制得宜或向下壓低，特別是向上游的原物料或零組件廠商要求降價是最有效的。

㈨ 上市時機及時間點正確

有些產品上市要看季節性、要看市場環境的成熟度，若時機不成熟或時間點不對，則產品可能不容易水到渠成，要先吃一段苦頭，容忍虧錢，以等待好時機到來。

㈩ 堅守及貫徹「顧客導向」的經營理念

最後，成功要素的歸納總結點，即是行銷人員及廠商老闆們心中一定要時刻存著「顧客導向」的信念及作法。在此信念下，如何不斷地滿足顧客、感動顧客、為顧客著想、為顧客省錢、為顧客提高生活水準、更貼近顧客、更融入顧客的情境，然後不斷改革及創新，以滿足顧客變動中的需求及渴望。能夠做到這樣，廠商行銷沒有不成功的道理。

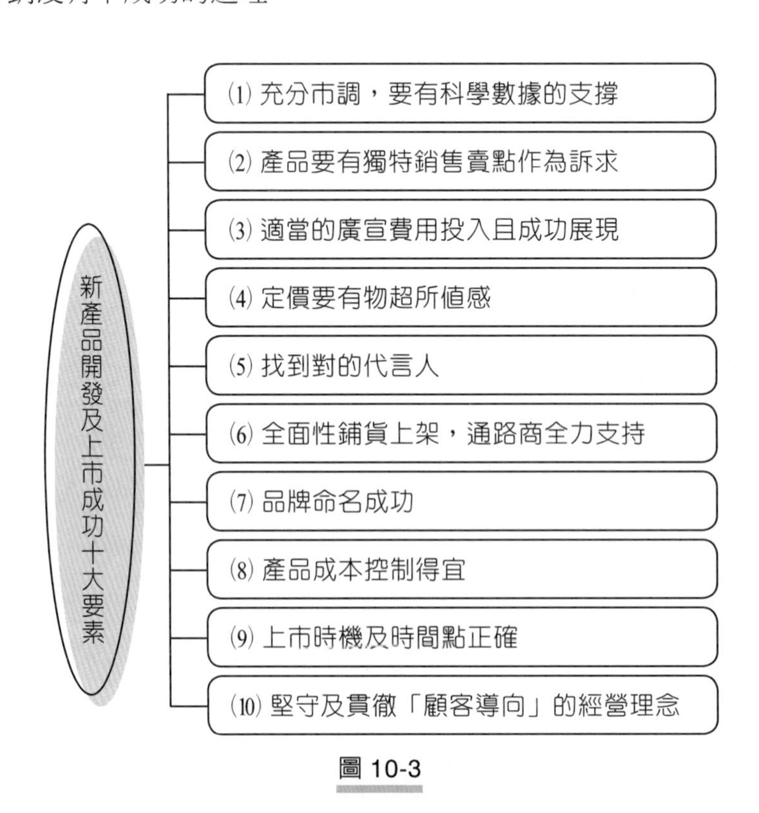

圖 10-3

11 某外商日用品集團新產品開發及上市流程步驟

一、標準流程：臺灣漏斗機制

㈠ What？

1. 任何本公司預計上市產品，需通過內部漏斗流程，方能正式上市。
2. 行銷研究在整個流程中扮演關鍵角色。
3. 產品發展的每個步驟，需經過研究調查審核，方可進入下一階段。

㈡ 漏斗的結構

此流程由五階段構成：

1. 初步產品概念／創意發想。
2. 可行性。
3. 產品市場潛力。
4. 上市準備。
5. 上市後評估。

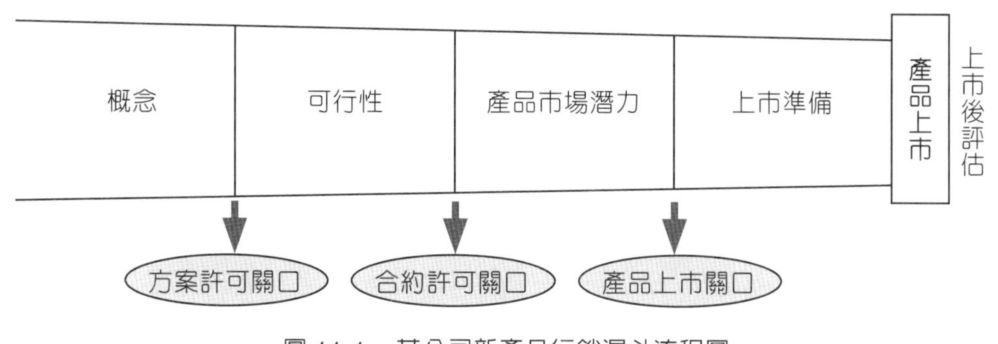

圖 11-1　某公司新產品行銷漏斗流程圖

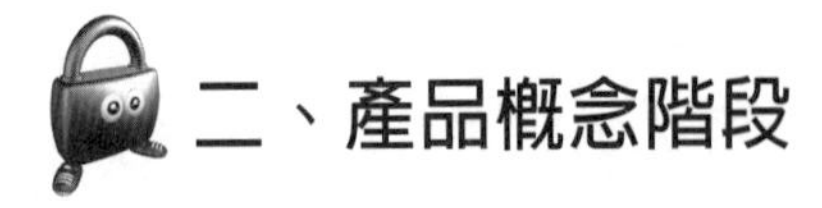

㈠ What？

1. 任何未來有發展可能的產品初期創意概念。
2. 這個發想有可能是成形的產品概念或實際存在，但未在臺灣市場上市的新產品。
3. 產品概念需透過特殊研究機制確認潛力，若未通過，需重測直至通過標準。
4. 若概念測試通過設定標準，則可進入下一階段，繼續發展。

㈡ How？

質化研究在此階段被廣泛運用：

1. 焦點團體座談。
2. 一對一深度訪談。

透過受訪者對測試概念的看法，釐清產品概念之強、弱處，同時發現未來可能有的機會點及外來威脅。

此階段廣告公司創意部門也參與創意發想。

㈢ Attention！

1. 此階段的產品概念可有許多，但每一個都必須明確，以免測試時受訪者混淆而無法提供有效資訊。
2. 產品概念愈創新、吸引人，愈有利於未來市場競爭力，所以不要害怕在此階段丟出任何令人眼睛一亮、為之驚訝的 idea。
3. 此階段參與部會包括：
   - 行銷人員
     構思未來想推出的產品，或搜尋國外新品上市以供參考，且為計畫主導擁有者（project owner）。

・研發人員

構思 idea，同時注入「可行性」的觀點，因產品未來的發展與他／她們切身相關。

・行銷研究人員

注入對消費者與市場的深度理解，發想切合市場需求的新創意。

・廣告創意

初期貢獻創意，但不與內部人員互通，以防機密性創意洩漏。

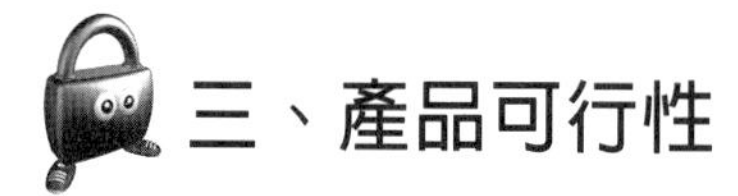

三、產品可行性

(一) What？

1. 在此階段，預計上市的產品需被評估、衡量其可行性。
2. 產品於此階段需具備初步行銷規劃（例如，產品配方、價格備案）以利評估。
3. 若產品未通過測試，則需在調整後進行第二次測試。
4. 若產品通過設定的測試標準，則可進入下一階段，繼續發展。

(二) How？

量化研究在此階段被廣泛運用：

1. 消費者產品測試。
2. 初步市場模擬：
   - 透過產品測試修正產品表現力，至消費者滿意的程度。
   - 研發部門在此階段扮演要角，需調配出好的產品配方。
   - 透過市場模擬，先行初步預估產品上市可能帶來的收益。

(三) Attention！

1. 在市場模擬測試中的產品包裝、概念方向需接近上市成品，若變動過大，將造成測試結果與實際預期不相符。

2. 受測試之產品不要支數太多，最好精選好的幾支進去測試，以免造成不必要的成本浪費。

3. 此階段參與部會包括：

· 行銷人員

構思產品概念需經過哪些研究測試，且仍為計畫主導擁有者（project owner）。

· 行銷研究人員

與行銷人員共同討論研究方法，並評估研究可行性。

· 研究公司

承接研究方案，執行調查。

· 廣告創意

提供創意概念實際初稿給客戶以利測試。

 四、產品市場潛力

㈠ What？

1. 在此階段，產品需已具備好的配方，預計上市的包裝、價格備案、廣告／媒體策略。
2. 整體行銷組合策略（marketing mix strategy，即 4P 策略）在此階段也將被置入特定市場模擬機制，確認是否通過設定的標準。
3. 若測試未通過設定標準，整個行銷組合策略將被檢討，調整至有信心的程度。

㈡ How？

運用市場模擬研究模組：

1. 此為量化研究，透過約訪，將目標群放置於與實際市場相似的環境，進行一連串與產品有關的訪問。
2. 透過市場模擬，進行上市預測，預估產品上市後可得的淨利市占率

（MPS）、市場占有率（market share），以及產品獨特性、媒體影響力，與消費者心目中對品牌／產品的價值認知……等重要資訊。

此階段產品廣告（若有廣告預算）進入後製階段，需要與廣告公司有大量接觸、溝通，做最後定案。

(三) Attention！

1. 產品在此階段已接近上市，模擬測試非常昂貴且關鍵，所有行銷 mix 需有充分自信方可置入測試，且測試結果方可愈趨近實際情形。
2. 此階段參與部會包括：
   - ·行銷人員
     計畫研究方案，並協調各單位準備測試的產品、包裝、廣告帶……等此階段所需之物件元素，仍為計畫主導擁有者（project owner）。
   - ·研發人員
     提供測試用產品。
   - ·行銷研究人員
     與行銷人員共同研討研究方案，並與研究機構聯繫委託調查案。
   - ·研究機構
     承接研究方案，執行研究調查。
   - ·廣告創意
     提供完成的廣告帶，供研究測試。

五、上市準備

若預計上市產品已通過所有測試關卡，產品即可進入最後預備階段：

- ·產品的媒體策略
  內部媒體經理、產品經理進行共同規劃，外部媒體購買公司執行媒體購買。
- ·實際託播廣告內容
  廣告公司需完成交代的廣告內容修正，提供完成的廣告帶。

· 原料／包材下訂及產品生產確認

行銷人員需與內部負責原料包材／供應鏈部門人員及研發部門人員達成協議，確認何時可有充足的資源。

· 通路策略／聯繫

通路行銷人員／客戶發展部門需確認所有合作方案及貨品上架時程。

· 促銷策略

通路行銷人員／客戶發展部門需確認所有促銷（promote）方案，作事先準備。

· 業務確認

第一線業務人員需與各通路商確認上架實際作業，並確保無誤。

待相關部會準備事項完成，即鋪貨上架，廣告上映，產品正式上市。

㈠ What？

產品上市後，隨即展開追蹤調查，以確認產品的銷售狀況及品牌健康程度。

㈡ How？

透過以下方式：

· 進階追蹤方案（ATP）

追蹤品牌知名度／廣告接觸率／產品購買率。

· 尼爾森零售通路查核／模範市調消費者追蹤調查得知產品市場占有率、滲透率等重要指標性數據。

〈案例研討〉某品牌卸妝乳上市流程

㈠ 產品初期概念階段

在初期評估時，某品牌卸妝乳的整體產品概念有許多方向可走，需思考面向包括：

1. 產品概念應由滋潤切入抑或清潔？

2. 產品概念需緊扣本品牌的品牌精神。
3. 卸妝乳主流消費者會被何種品牌形象所吸引？
4. 產品種類有多少（卸妝乳／卸妝油／卸妝棉／卸妝慕絲）？
5. 現今市場上既存的競爭者為何（蜜妮／嬌生／歐蕾……）？
6. 卸妝乳市場有多大（一年 10 億元的市場？還是 8,000 萬元）？
7. 誰是主要領導品牌？
8. 有領導品牌嗎？會不會是極其分眾的市場？

(二) 實際執行

1. 行銷及研究人員會同市場調查公司，進入質化研究階段，尋找切合消費者的概念方向，並進行量化的市場模擬研究，得知進入市場之初步占有率及獲利。
2. 行銷人員並透過二手資料之蒐集初步瞭解市場概況。

(三) 產品可行性階段

經過了第一階段的測試，決定基本方向，此產品除了帶出基本功能「徹底卸妝」之外，將主要訴求定位為「使肌膚柔嫩」，以區隔本品牌與他牌卸妝產品之不同。

進入此階段，需思考及評估的面向包括：

1. 某品牌卸妝乳上市「配方」為何？
2. 香味方向的決定，採用哪家香精公司？
3. 價格／包裝為何？
4. 廣告創意方向為何？

研發部門研發配方，並會同行銷研究部門與市調公司聯繫，進行消費者產品使用測試。

透過內部主觀感受與消費者測試，決定產品「香味」方向：

1. 內部擬定價格方向。
2. 行銷人員與廣告公司開始研擬篩選產品包裝設計。
3. 行銷人員與廣告公司進行廣告腳本發想。
4. 行銷研究人員與市調公司溝通進行廣告前測。

㈣ 產品市場潛力評估階段

經過一連串消費者產品測試，最後終於發展出一個合乎內部標準的卸妝乳配方及適合本品牌的品牌香味，而廣告腳本也於前階段的測試後篩選出最可行者進行初步拍攝。產品包裝決定仍延續本品牌的藍白色調，以按壓的瓶身做主要銷售包裝，價格則定位在高於一般開架式卸妝產品約 5%。

接下來需要思考的面向僅剩：

1. 這樣的整體行銷組合策略能否奏效？
2. 通路的安排需進行整體規劃。
3. 任何上市促銷活動。
4. 廣告檔期需儘早敲定。

㈤ 實際執行

1. 行銷研究人員與市調公司接洽現階段的包裝／價格／貨架陳列／產品本身／廣告置入市場模擬研究模組，進行測試。
2. 通路行銷／客戶發展部門與業務人員開始進行通路聯繫與促銷活動之規劃。
3. 媒體經理與行銷團隊磋商媒體購買方向與時程。
4. 行銷人員、研發部門及供應鏈部門確認所有原料包材供貨無誤。

㈥ 產品上市

經測試後得知某品牌卸妝乳上市後的利得超過設定標準，於是董事會准許於○○○○年○○月底前上市。

㈦ 產品上市後評估

仍應持續追蹤市占率及廣告／品牌表現。

六、公司組織架構

㈠ 最高主管：臺灣區總經理。

㈡ 部門包括：

・行銷部門（Marketing Division）

在公司，行銷不只著眼於產品本身，更在於產品是否滿足了在地消費者的需求。公司的行銷部門有著全球同步的專業網路，使行銷人員可以運用公司的全球資源，發展創造力，瞭解與滿足在地消費者的需要，並將產品的特性與特質，轉化為行銷優勢。

・客戶發展部門（Customer Development Division）

公司的客戶發展團隊，是公司與客戶間溝通的橋樑，以 Availability 、Visibility 、Everywhere 、Everyday 、Profitably 五大策略重點回應公司營運目標，並致力於創造產品在市場上陳列的機會，及產品銷售活動，使消費者能輕易買到產品。

・供應鏈部門（Supplier Chain Division）

公司以世界級供應鏈為目標，計畫（plan）、採購、製造、供配四大環節環環相扣，尊重專業也強調團隊合作，追求效率但決不妥協品質的生產部門，向來堅持品質優於效率，以高度團隊精神，供應鏈可靠、精實的工作精神作為前線衝鋒陷陣業務行銷的最佳後盾。

・財務部門（Commercial Division）

運籌公司資源、提供專業判斷、配合全方位服務，是財務人員的最佳寫照。

公司的財務部門，不僅精通會計及資訊系統業務，更結合管理會計，以專業的判斷，適時地提供價量分析建議，實際對公司績效負責，是公司核心幕僚之一。

・研發部門（R&D Division）

研發部門挾帶厚實的全球資源，針對在地需求，不斷開發、改良商品包裝和配方，以求滿足臺灣消費者每天、每處的需要，務求開發出有臺灣特色的公司產品。

・人力資源管理部門（Human Resources/Administration Division）

公司向來以人才培育及訓練著稱，視員工為公司最寶貴的資產。而公司的人力資源管理部門，不但適才適用，更能正確適時地滿足公司營運計畫所需，並且讓公司無後顧之憂，是持續公司整體營運不可或缺的中心性角色。

第四篇

新產品上市整合行銷操作活動

PART 4

12 產品經理「行銷實戰」暨對「新產品開發及上市」工作重點

壹　產品經理行銷實戰八大工作

貳　產品經理在「新產品開發及上市」過程中的工作重點

壹 產品經理行銷實戰八大工作

產品經理（product manager, PM）在本土及外商公司消費品產業中，扮演著公司營運發展的重要支柱，像 P&G（寶僑家品）、Unilever（聯合利華）、Nestle（雀巢）、L'OREAL（歐萊雅）、LVMH（路易威登精品集團），以及國內的統一企業等，均是採行產品經理行銷制度非常成功的企業案例。即使不是採取產品經理制度的，亦大部分是採取「品牌經理」（brand manager）或「行銷企劃經理」（marketing manager）制度的模式，其實這三者的差異，並不能說差異很大，畢竟，企業營運及行銷都要講求獲利及生存，組織方式、組織名稱及組織的權責分配狀況，倒不是唯一重要的。

因此，不管是品牌經理、產品經理或行銷經理，其相通的八大行銷實戰工作，根據筆者長期研究，大概可以歸納出下列具邏輯順序的八項重點。

一、市場分析與行銷策略研訂

任何行銷策略計畫研訂之前，當然要分析、審視、洞察及評估市場最新動態及發展趨勢，然後才能據以進一步訂下行銷策略的方向、方式及重點。在這個階段，產品經理還須細分下列五項工作內容，包括：

1. 分析及洞察市場狀況與行銷各種環境的趨勢變化。
2. 接著，對本公司現有產品競爭力展開分析，或對計畫新產品開發方向的競爭力分析評估。
3. 然後，找出今年度或上半年度行銷策略的方向、目標、重點及提出優先性。
4. 並且，試圖創造出行銷競爭優勢、行銷競爭力、行銷特色及行銷主攻點，然後才能突圍或持續領先地位。
5. 最後，再一次檢視、討論及辯證行銷策略與市場趨勢變化的一致性，以及策略是否會有效的再思考。

二、對既有產品改善與強化計畫，或是對新產品上市開發計畫，或是對品牌／自有品牌上市開發計畫

產品力通常是行銷活動的最核心根基及啟動營收成長的力量所在。因此，產品經理念茲在茲的，就是要先從既有產品或新產品的角度出發，展開革新或創新工作。

三、提出銷售目標、銷售計畫及產品別／品牌別的今年度損益表預估數據

此部分要配合業務部門及財會部門，參考同業競爭狀況、市場景氣狀況，以及本公司的營運狀況政策與行銷策略的最新狀況，然後訂出公司高層及董事會要求的績效與獲利目標。

四、銷售通路布建的持續強化

協助業務針對通路發展策略、獎勵辦法、教育訓練支援、賣場促銷配合及通路貨架上陳列等相關事項，做出提升通路競爭力的工作。唯有在各層次通路商良好的搭配下，產品銷售業績才會有好的結果。

五、產品正式上市活動及媒體宣傳

產品經理必須提出整合與行銷傳播配合方案，不只是透過單一廣告媒體的宣傳而已，務使其各種行銷傳播工具或活動的進行，將新品牌知名度在極短時間內拉到最高。

六、銷售成果追蹤與庫存管理

產品改良上市或新品上市後，才是產品經理挑戰的開始。產品經理必須與業務經理共同負起銷售成果的追蹤，每天／每週／每月均密切開會，交叉比對各種行銷活動及媒體活動後的銷售成績，找出業績成長與衰退原因，並且立即研擬新的行銷因應對策，再付諸實施。另外，庫存數量的管理也很重要，庫存過多，影響資金流動；庫存過少，則不能及時供貨給通路商。

實務上，除了檢討銷售業績外，對於各品牌別的損益狀況及全公司損益狀況，公司高層必然也會及時的在次月 5 日或 10 日前，即展開當月別的損益盈虧狀況的檢討及分析，然後對產品經理及業務經理提出資訊告知及對策指示。

七、定期檢視品牌健康度／品牌檢測

品牌權益價值常隨顧客群對本公司品牌喜愛及忠誠度的升降而有所改變。產品經理必須注意到在幾個主要競爭品牌與時間的消長狀況如何。同時，通常每年至少一次或二次要做品牌檢測的市場調查報告，以瞭解本品牌在顧客心目中的變動情況，是更好或變差了，或是維持現狀，然後有所因應。

八、準備防禦行銷計畫或採取改變行銷計畫

產品經理其實最痛苦的是每天必須面對競爭對手瞬息萬變的激烈競爭手段，例如，常見競爭對手採取大降價、大促銷、大廣告投入、全店行銷等各種強烈手段搶攻市占率、搶客戶、搶業績。在此狀況下，產品經理有何防禦計畫或轉守為攻的攻擊行銷計畫，也都是產品經理在產品上市或日常營運過程中，每天必然面對的無數挑戰。

結語：敏銳、彈性、創意、溝通協調、前瞻、耐操，是產品經理應具備的六條件

產品經理擔負著八項繁重的行銷工作，從規劃、到執行、到考核追蹤等，可以說非常辛苦，經常要每天加班到晚上，因為在各品牌激烈競爭中，要維持既有成果或創造成長空間，都不是一件容易的事情。因此，一個優良且成功的產品經理人員，一定要具備以下六項條件，包括：

1. 對市場變化具「敏銳性」。
2. 對行銷計畫推動具「彈性因素」。
3. 對致勝祕訣具「創意性」。
4. 對內外部協力支援單位具良好的「溝通協調性」。
5. 對整體營運發展趨勢具「前瞻性」。
6. 對每天長時間的工作具「耐操性」。

看來，要保持一個「行銷常勝軍」紀錄的卓越產品經理，還真不是一件簡單的事，不僅需要公司或集團強大資源的投入支援，而且個人也須具備上述這六項要件。

圖 12-1 顯示出這八項產品經理工作的內涵細項，這些都很重要，請各位讀者納入平時工作的參考點。

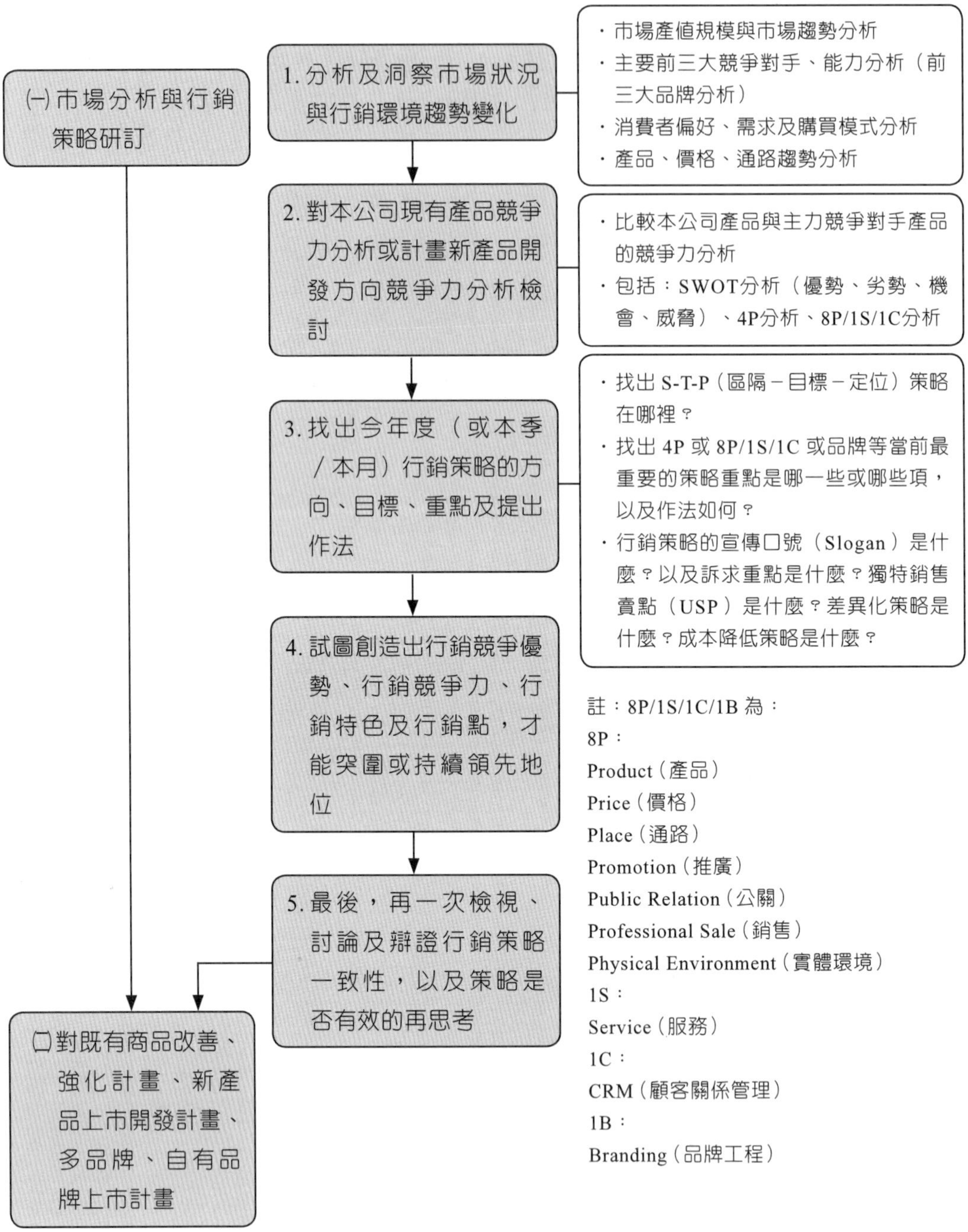

(一)市場分析與行銷策略研訂

1. 分析及洞察市場狀況與行銷環境趨勢變化

- 市場產值規模與市場趨勢分析
- 主要前三大競爭對手、能力分析（前三大品牌分析）
- 消費者偏好、需求及購買模式分析
- 產品、價格、通路趨勢分析

2. 對本公司現有產品競爭力分析或計畫新產品開發方向競爭力分析檢討

- 比較本公司產品與主力競爭對手產品的競爭力分析
- 包括：SWOT分析（優勢、劣勢、機會、威脅）、4P分析、8P/1S/1C分析

3. 找出今年度（或本季／本月）行銷策略的方向、目標、重點及提出作法

- 找出 S-T-P（區隔－目標－定位）策略在哪裡？
- 找出 4P 或 8P/1S/1C 或品牌等當前最重要的策略重點是哪一些或哪些項，以及作法如何？
- 行銷策略的宣傳口號（Slogan）是什麼？以及訴求重點是什麼？獨特銷售賣點（USP）是什麼？差異化策略是什麼？成本降低策略是什麼？

4. 試圖創造出行銷競爭優勢、行銷競爭力、行銷特色及行銷點，才能突圍或持續領先地位

5. 最後，再一次檢視、討論及辯證行銷策略一致性，以及策略是否有效的再思考

(二)對既有商品改善、強化計畫、新產品上市開發計畫、多品牌、自有品牌上市計畫

註：8P/1S/1C/1B 為：

8P：

Product（產品）

Price（價格）

Place（通路）

Promotion（推廣）

Public Relation（公關）

Professional Sale（銷售）

Physical Environment（實體環境）

1S：

Service（服務）

1C：

CRM（顧客關係管理）

1B：

Branding（品牌工程）

（續上頁）

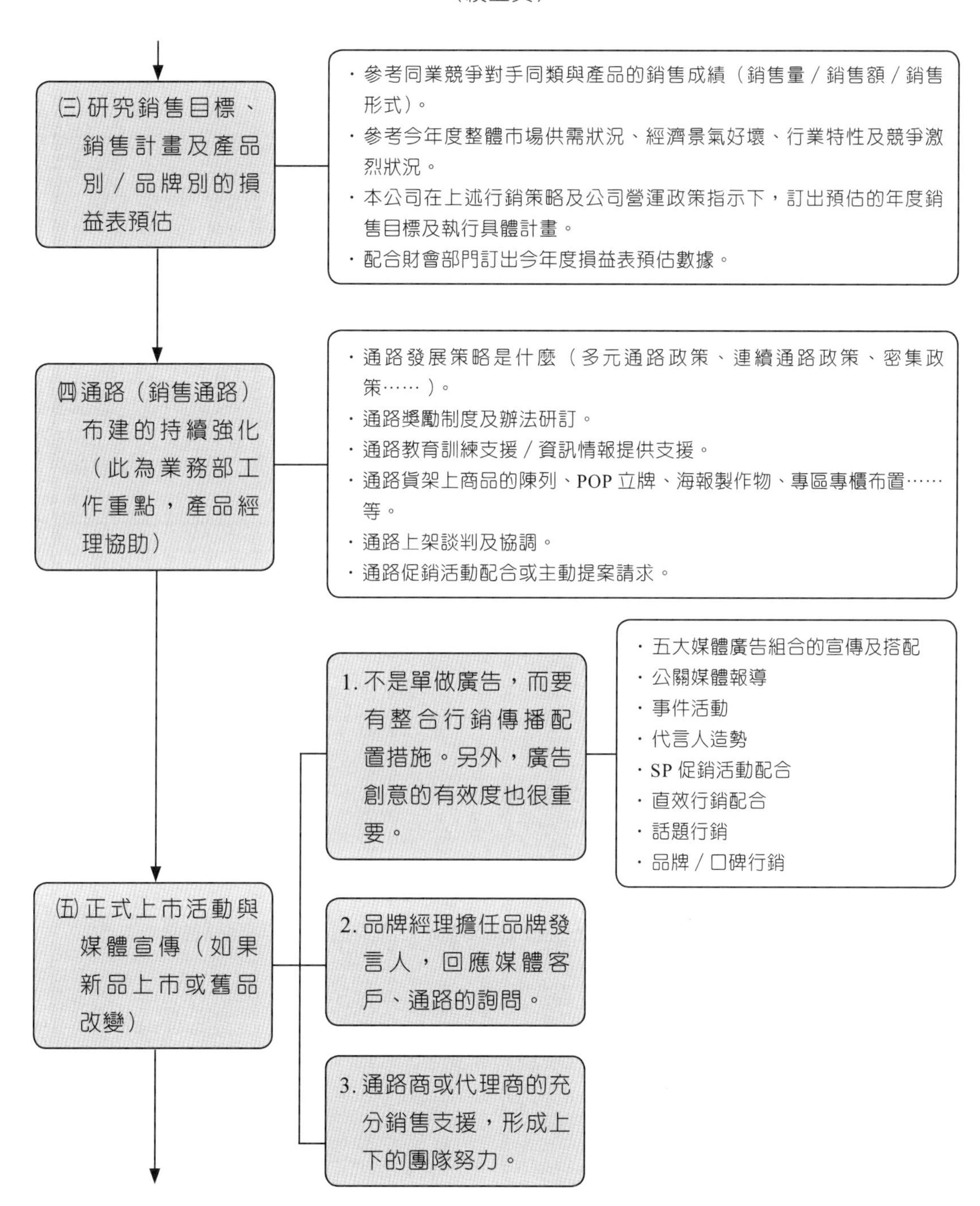
㈢研究銷售目標、銷售計畫及產品別／品牌別的損益表預估
‧參考同業競爭對手同類與產品的銷售成績（銷售量／銷售額／銷售形式）。
‧參考今年度整體市場供需狀況、經濟景氣好壞、行業特性及競爭激烈狀況。
‧本公司在上述行銷策略及公司營運政策指示下，訂出預估的年度銷售目標及執行具體計畫。
‧配合財會部門訂出今年度損益表預估數據。
㈣通路（銷售通路）布建的持續強化（此為業務部工作重點，產品經理協助）
‧通路發展策略是什麼（多元通路政策、連續通路政策、密集政策……）。
‧通路獎勵制度及辦法研訂。
‧通路教育訓練支援／資訊情報提供支援。
‧通路貨架上商品的陳列、POP 立牌、海報製作物、專區專櫃布置……等。
‧通路上架談判及協調。
‧通路促銷活動配合或主動提案請求。
㈤正式上市活動與媒體宣傳（如果新品上市或舊品改變）
1. 不是單做廣告，而要有整合行銷傳播配置措施。另外，廣告創意的有效度也很重要。
‧五大媒體廣告組合的宣傳及搭配
‧公關媒體報導
‧事件活動
‧代言人造勢
‧SP 促銷活動配合
‧直效行銷配合
‧話題行銷
‧品牌／口碑行銷
2. 品牌經理擔任品牌發言人，回應媒體客戶、通路的詢問。
3. 通路商或代理商的充分銷售支援，形成上下的團隊努力。

（續上頁）

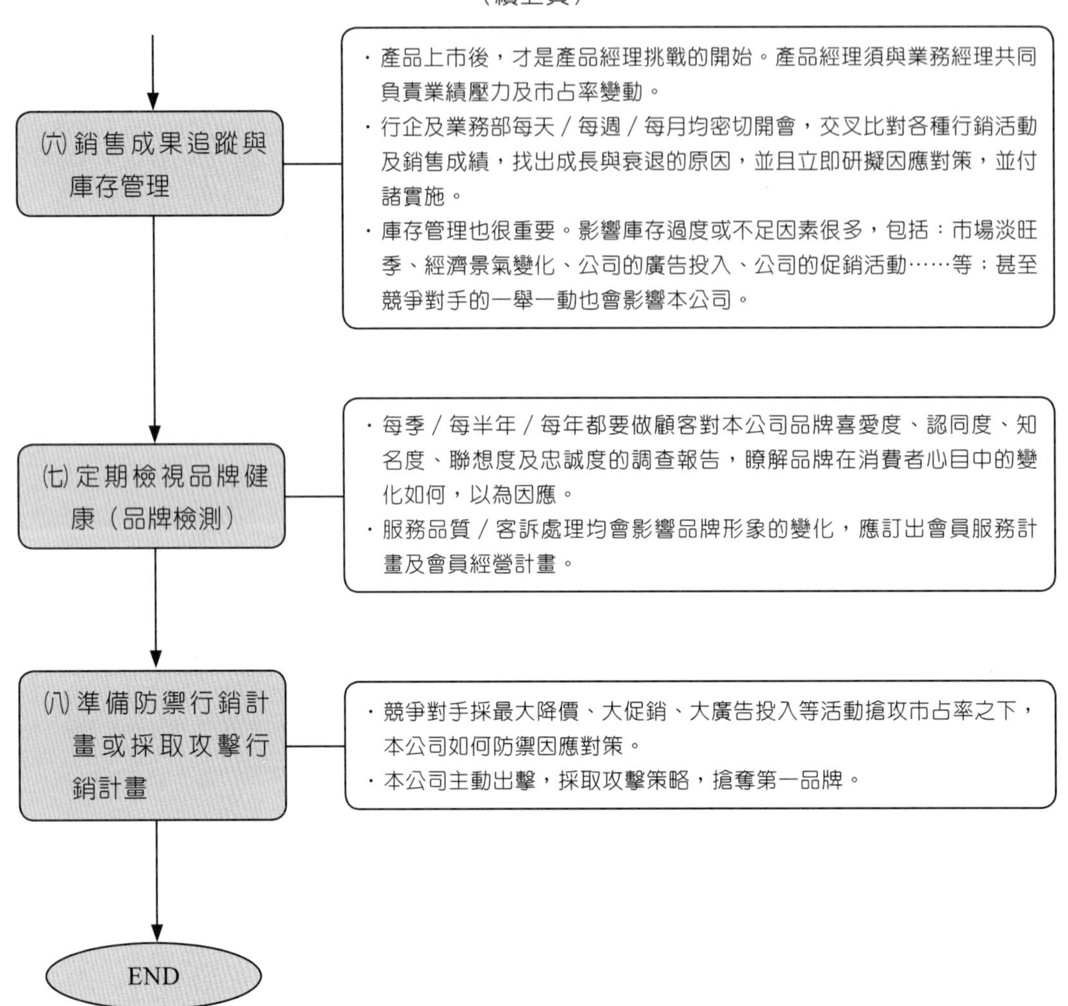

圖 12-1　產品經理（Product Manager）八大行銷工作重點概述

貳 產品經理在「新產品開發及上市」過程中的工作重點

新產品開發及上市，是產品經理非常重大的考驗。因為這不像一般既有商品的操作，它們會比較單純，只是一種維繫性工作，只要能保住原有銷售業績成果，就算可以向上級交差了事。而且，畢竟既有品牌也推出了好幾年，應有一些穩固的基礎了，尚不會在短時間內產生太大的變化。但是對於一個新品的全面研發及上市，則是一個全面性的任務及工作，不僅要打造知名度，而且還要賣得動，這多重任務及壓力，可以說是非常大的。但是公司又必須定期推出新產品，因為既有產品終究也會有老化或新鮮感過去的時刻。

因此，新產品開發及上市，當然是非常重要之事了，也是考驗產品經理有多大能耐與功力的時刻。

一般來說，產品經理在新產品開發及上架過程中，扮演著主導性專案小組工作，大概可再細分為七項工作重點，包括：

一、尋找切入點（商機何在？）

產品經理應該要尋找到可以「商品化」的概念，此即「市場切入點」。這些切入點的來源，包括產品經理對國內及國外市場和產業發展的最新趨勢及變化的掌握與判斷，也可以是各種來源管道的產品創意提案等來源。一旦尋得切入點，即要加快速度、大膽投入，克服各項難題，取得先機。

二、產品前測（上市前之工作）

在產品正式生產及上市之前，產品經理還應該做好下列幾件事情，包括：

1. 找出產品特有的屬性、特色及獨特銷售賣點（USP）。
2. 評估 S-T-P 架構，找出產品的區隔市場、目標客層及產品定位何在等策略決定。

3. 在試作品完成後，即應協同市調公司進行新品測試工作。例如，消費者對這個產品的口味、包裝、品名、包材、容量、設計風格、定價……等之反應，並針對缺失不斷調整改進，直到市調出最大多數人滿意為止。
4. 要求廣告公司、公關公司、活動公司提出產品上市後，整合行銷傳播計畫及行銷預算支出的討論確定。

三、準備進入生產製造或委外代工生產

產品經理此刻須與業務部門經理共同討論，以及做出前半年、前三個月的銷售預測，並納入生產排程，並且協調物流配送作業安排。

當然，此時除了產銷協調工作外，高層主管也會要求產品經理配合財會部門的作業，提出新產品上市每月及一年內的預估損益概況，以瞭解第一年的虧損容忍度是多少。有的公司甚至會被要求做出兩年度的損益預估表。當然，年度愈長就會不太準確，因為市場狀況變化會很大。

四、生產完成後，準時通路上架完成

產品經理在此階段，會要求業務部門一定要協調好各通路商，在限期內準備好新商品準時上架的目標。這也是一項複雜工程，要完成全省各縣市及各不同通路據點的上架，然後才能做出全面的廣告宣傳活動。

五、全面展開整合行銷宣傳

接著，產品經理就已經規劃好的行銷宣傳活動，即刻全面鋪天蓋地施展計畫，包括：第一波五大媒體的廣告刊播露出、代言人宣傳、新品上市記者會、媒體充分報導、販促活動舉辦、事件行銷活動舉辦……等在內，希望能一舉打響此

產品的知名度及促銷度。

六、隨時緊密檢討第一波新品上市後業績好不好

新品上市一個月，在貨架上大概就可以定生死了。賣得不好的，很快就會被便利商店體系通路退貨下架。也有可能出現大賣的好狀況。但不管賣得好或不好、或普通，產品經理及業務部門一定要緊密的開會討論，並且蒐集通路商意見及消費者意見，研討如何趕快因應改善的具體措施，可能包括：產品本身問題、價格問題、廣告問題、行銷預算問題……等各種可能的缺失或不夠正確性。

七、產品順利上市後，即應再由另一組人員積極籌劃下一個新產品上市計畫

「人無遠慮，必有近憂」，沒有永遠的第一名，因為總是有第二名、第三名虎視眈眈，想辦法搶攻第一品牌的位置。唯有不斷開發、不斷創新，公司才能保有半年到一年的領先優勢。

以上七個工作重點，可以整理如圖 12-2 所示：

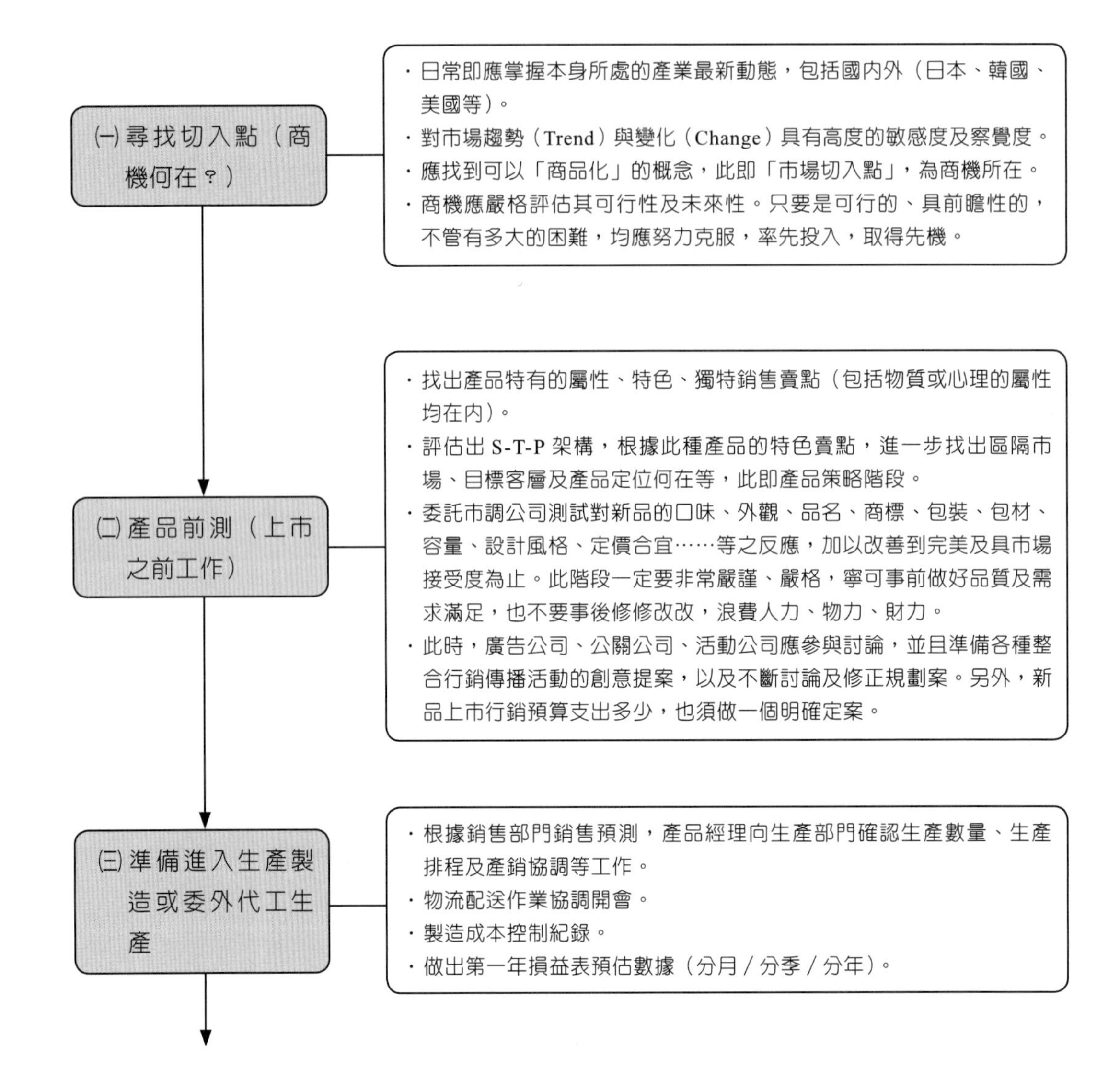
(一)尋找切入點（商機何在？）
‧日常即應掌握本身所處的產業最新動態，包括國內外（日本、韓國、美國等）。
‧對市場趨勢（Trend）與變化（Change）具有高度的敏感度及察覺度。
‧應找到可以「商品化」的概念，此即「市場切入點」，為商機所在。
‧商機應嚴格評估其可行性及未來性。只要是可行的、具前瞻性的，不管有多大的困難，均應努力克服，率先投入，取得先機。
(二)產品前測（上市之前工作）
‧找出產品特有的屬性、特色、獨特銷售賣點（包括物質或心理的屬性均在內）。
‧評估出 S-T-P 架構，根據此種產品的特色賣點，進一步找出區隔市場、目標客層及產品定位何在等，此即產品策略階段。
‧委託市調公司測試對新品的口味、外觀、品名、商標、包裝、包材、容量、設計風格、定價合宜……等之反應，加以改善到完美及具市場接受度為止。此階段一定要非常嚴謹、嚴格，寧可事前做好品質及需求滿足，也不要事後修修改改，浪費人力、物力、財力。
‧此時，廣告公司、公關公司、活動公司應參與討論，並且準備各種整合行銷傳播活動的創意提案，以及不斷討論及修正規劃案。另外，新品上市行銷預算支出多少，也須做一個明確定案。
(三)準備進入生產製造或委外代工生產
‧根據銷售部門銷售預測，產品經理向生產部門確認生產數量、生產排程及產銷協調等工作。
‧物流配送作業協調開會。
‧製造成本控制紀錄。
‧做出第一年損益表預估數據（分月／分季／分年）。

（續上頁）

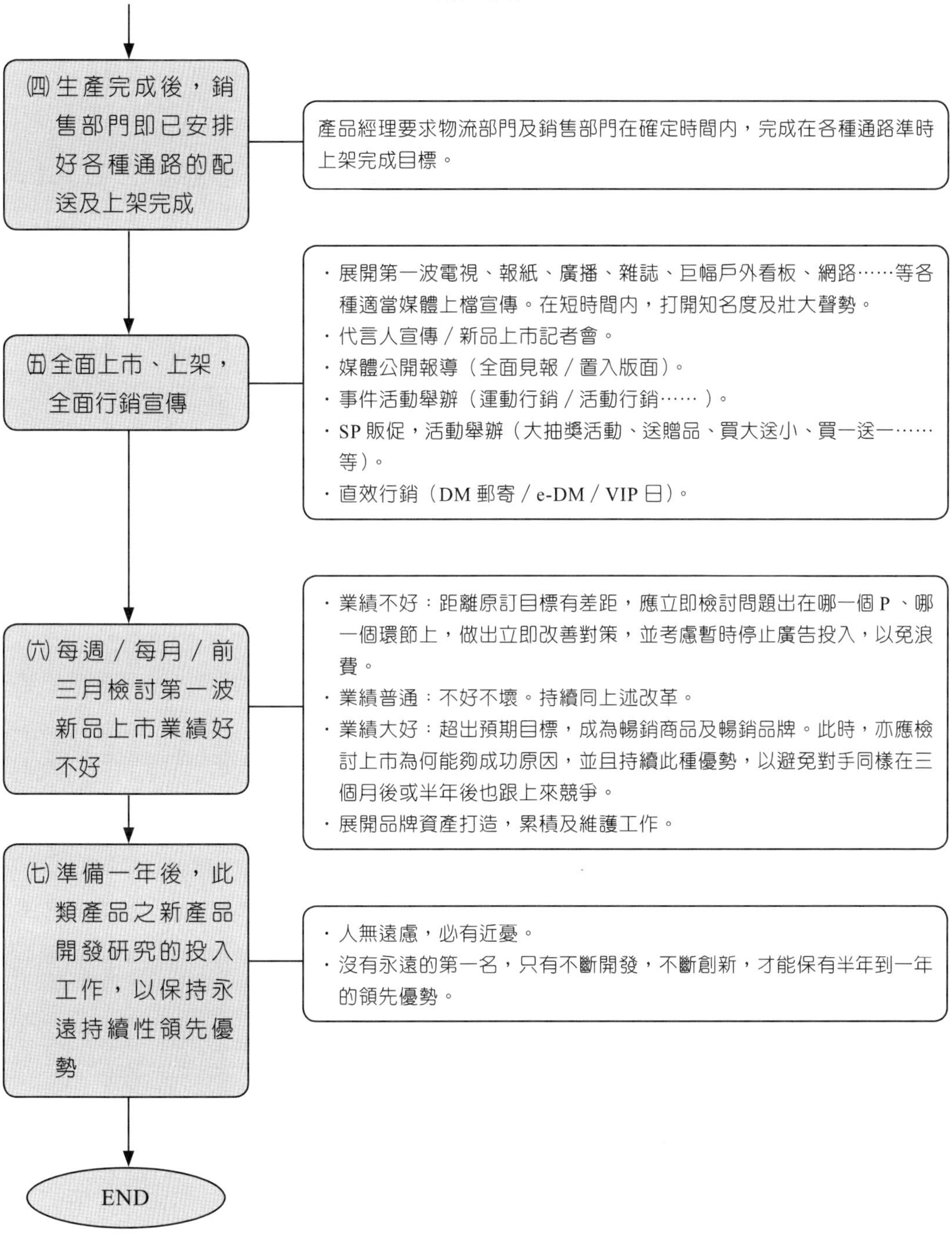

(四)生產完成後，銷售部門即已安排好各種通路的配送及上架完成

產品經理要求物流部門及銷售部門在確定時間內，完成在各種通路準時上架完成目標。

(五)全面上市、上架，全面行銷宣傳

- 展開第一波電視、報紙、廣播、雜誌、巨幅戶外看板、網路……等各種適當媒體上檔宣傳。在短時間內，打開知名度及壯大聲勢。
- 代言人宣傳／新品上市記者會。
- 媒體公開報導（全面見報／置入版面）。
- 事件活動舉辦（運動行銷／活動行銷……）。
- SP 販促，活動舉辦（大抽獎活動、送贈品、買大送小、買一送一……等）。
- 直效行銷（DM 郵寄／e-DM／VIP 日）。

(六)每週／每月／前三月檢討第一波新品上市業績好不好

- 業績不好：距離原訂目標有差距，應立即檢討問題出在哪一個 P 、哪一個環節上，做出立即改善對策，並考慮暫時停止廣告投入，以免浪費。
- 業績普通：不好不壞。持續同上述改革。
- 業績大好：超出預期目標，成為暢銷商品及暢銷品牌。此時，亦應檢討上市為何能夠成功原因，並且持續此種優勢，以避免對手同樣在三個月後或半年後也跟上來競爭。
- 展開品牌資產打造，累積及維護工作。

(七)準備一年後，此類產品之新產品開發研究的投入工作，以保持永遠持續性領先優勢

- 人無遠慮，必有近憂。
- 沒有永遠的第一名，只有不斷開發，不斷創新，才能保有半年到一年的領先優勢。

END

圖 12-2　產品經理在產品開發及上市上架過程中的七大工作重點

八、產品經理必須借助內外部協力單位

產品經理在整個新品開發、生產及行銷上市的複雜過程中，其實扮演的是一個跨單位的資源整合者角色。換言之，產品經理必須要有很多內部及外部各種專業人員的支援、分工及協助，才可以完成新品上市順利成功的工作任務。表 12-1 即是顯示出產品經理必須借助的各公司專業資源。

表 12-1

	聯絡單位	工作內容
對外	(1) 廣告公司	①工作內容指示（Briefing）；②廣告策略討論；③提案修改、確認；④事後評估討論。
	(2) 媒體服務公司	①媒體策略討論；②要求廣告報價；③通知媒體購買；④安排 CUE 表（媒體排期表）；⑤事後評估討論。
	(3) 公關公司	①工作內容指示；②提案修改、確認；③新聞內容資料提供；④活動相關製作物確認；⑤活動各細項確認；⑥事後評估討論。
	(4) 市調公司	①工作內容指示；②公關策略討論；③市調細節確認；④調查報告分析；⑤擬定行動方案。
	(5) 設計公司	①工作內容指示；②提案修改、確認。
	(6) 活動公司	①活動案確認、細節擬定；②相關製作物製作；③溝通公司內部相關部門配合；④確認活動順利執行；⑤事後評估討論。
	(7) 各類廣告商	①聽取提案；②尋找評估合適媒體。
	(8) 製作物／贈品公司	尋找合作廠商提供製作物／贈品。
	(9) 印刷廠	①印刷物／材料選定；②製作物／打樣確認。
	(10) 新聞媒體	①新聞資料提供；②新聞稿發布；③接受媒體採訪。

（續上頁）

對內	(11) 業務部門／店務部門	①行銷計畫報告；②新品計畫報告；③促銷活動討論；④銷售預估討論。
	(12) 後勤生產部門	①促銷活動討論；②銷售預估討論；③包裝需求通知。
	(13) 財務部門	①產品成本與毛利計算；②行銷預算控制；③閱讀相關報表。
	(14) 採購部門	①提出購買項目；②要求物品到達時間與數量。
	(15) 品管部門	①產品標示討論；②客訴問題處理。
	(16) 亞太地區／大中華區辦公室	亞太地區／大中華區專案討論與執行。

資料來源：《動腦雜誌》，第 360 輯，頁 43。

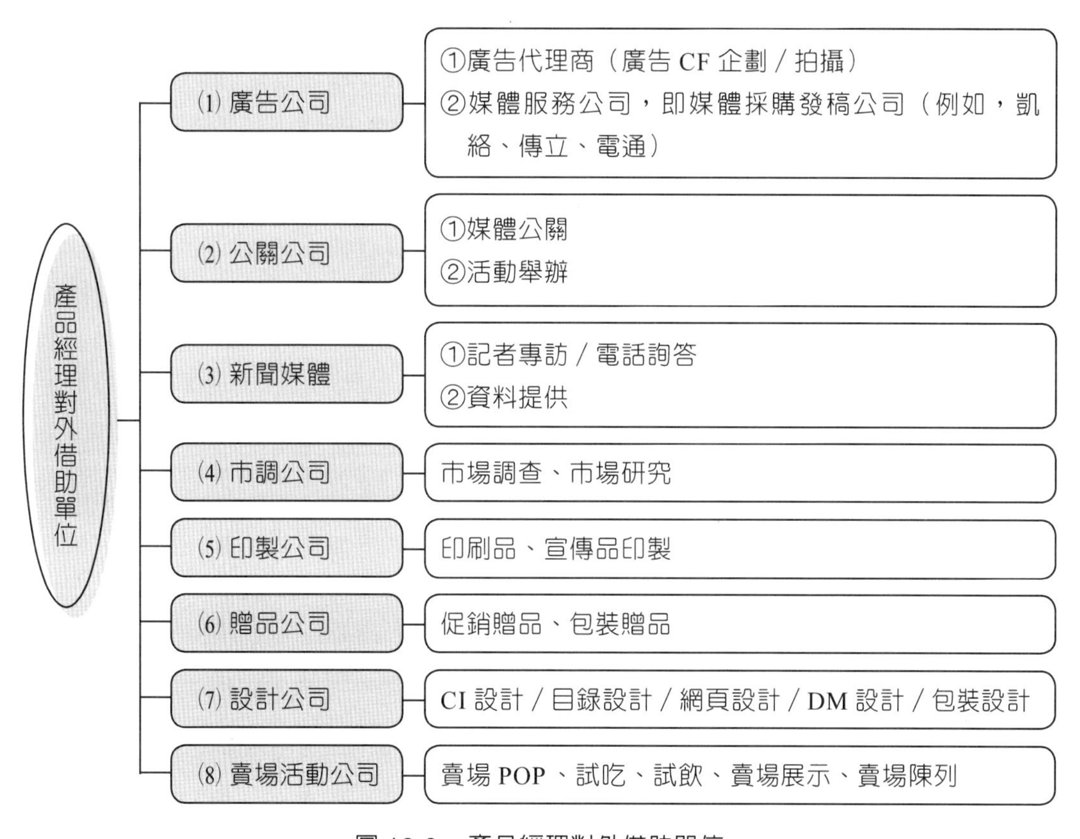

圖 12-3　產品經理對外借助單位

九、優秀產品經理的「能力」、「特質」及「歷練」是什麼？

(一)產品經理的四大能力

1. 多元化專業能力

(1) 產品經理是一個整合性工作，以及告訴別人應該如何做的指揮者，因此，必須有多元化的專業能力。

(2) 此外還包括：行銷專業知識、產品研發、業務銷售、產銷協調、廣告、公關及財務損益表分析等各科部門的歷練或開會學習成長。

2. 溝通協調力

(1) 產品經理必須面對很多的合作單位及內／外部協力單位，包括：廣告代理商、媒體代理商、媒體公司、公關公司、賣場活動公司、產品研發工作室、市調公司、委外代工公司、藝人經紀公司、通路經銷商、記者，以及異業合作公司。另外，還包括內部單位，如業務部、工廠。

(2) 因此，溝通協調能力、掃除本位主義、個人主義、利益共享原則、謙卑態度、站在對方立場思考等，均是必須做到的。

(3) 尤其，行銷品牌人員與業務部人員的衝突性較大，一個是花錢單位，一個則是背負業績壓力，彼此觀點、目標、作法、組織人員特質、利益等均不太相同。

3. 洞察力

(1) 產品經理每天／週接收來自各種管道的訊息、報表、市調報告等很多，如何抓取重點、抓取趨勢、見微知著，是一項考驗。

(2) 邏輯思考及見多識廣是洞察力兩大基礎。

4. 守護品牌的決心

各種規劃、活動、傳達均須與品牌精神和品牌定位具一致性，不能模糊、衝突、不一致。

（續上頁）

㈡產品經理的五大特質

1. 對品牌充滿熱情及生命。
2. 工作能吃苦耐勞，經常忍受超時工作，具 7-ELEVEN 精神。
3. 頭腦靈活，懂得隨市場變化而變通。
4. 源源不絕的創意。
5. 不斷學習，追求深度及廣度成長。

㈢產品經理的四大考驗歷程

1. 要有曾經主導企劃並執行過新品上市的活動及成功經驗。
2. 要研擬過品牌長期的行銷策略（至少三年）
3. 要經常到通路及賣場上聽取店員、顧客及店老闆的意見及反應。
4. 面對競爭對手激烈挑戰，仍能屹立不搖。

圖 12-4　優秀產品經理須具備的四大能力、五大特質、四大考驗

13 新產品上市的整合行銷與賣場行銷活動

壹　新產品上市整合行銷企劃活動完整內容

貳　整合行銷活動相關說明

參　新產品上市的賣場行銷活動

壹　新產品上市整合行銷企劃活動完整內容

當廠商面對新產品上市或既有產品重新包裝上市或重大推動某產品的行銷活動時，經常會使用所謂的整合行銷操作方法，茲簡述如下。

一、行銷致勝的「全方位整合行銷 & 媒體傳播策略」圖示

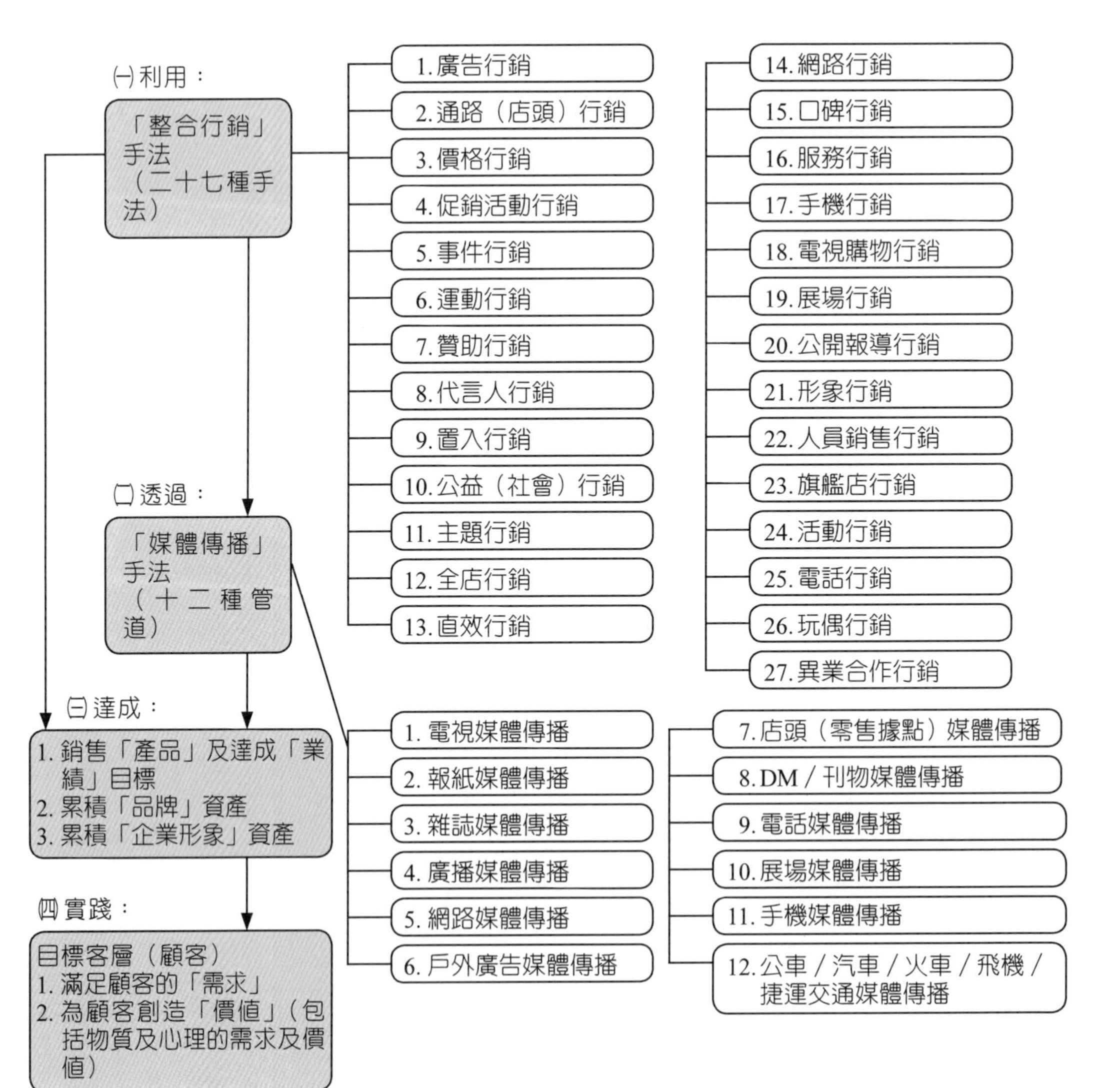

圖 13-1

二、行銷致勝的「360° 整合行銷 & 媒體傳播策略」圖示

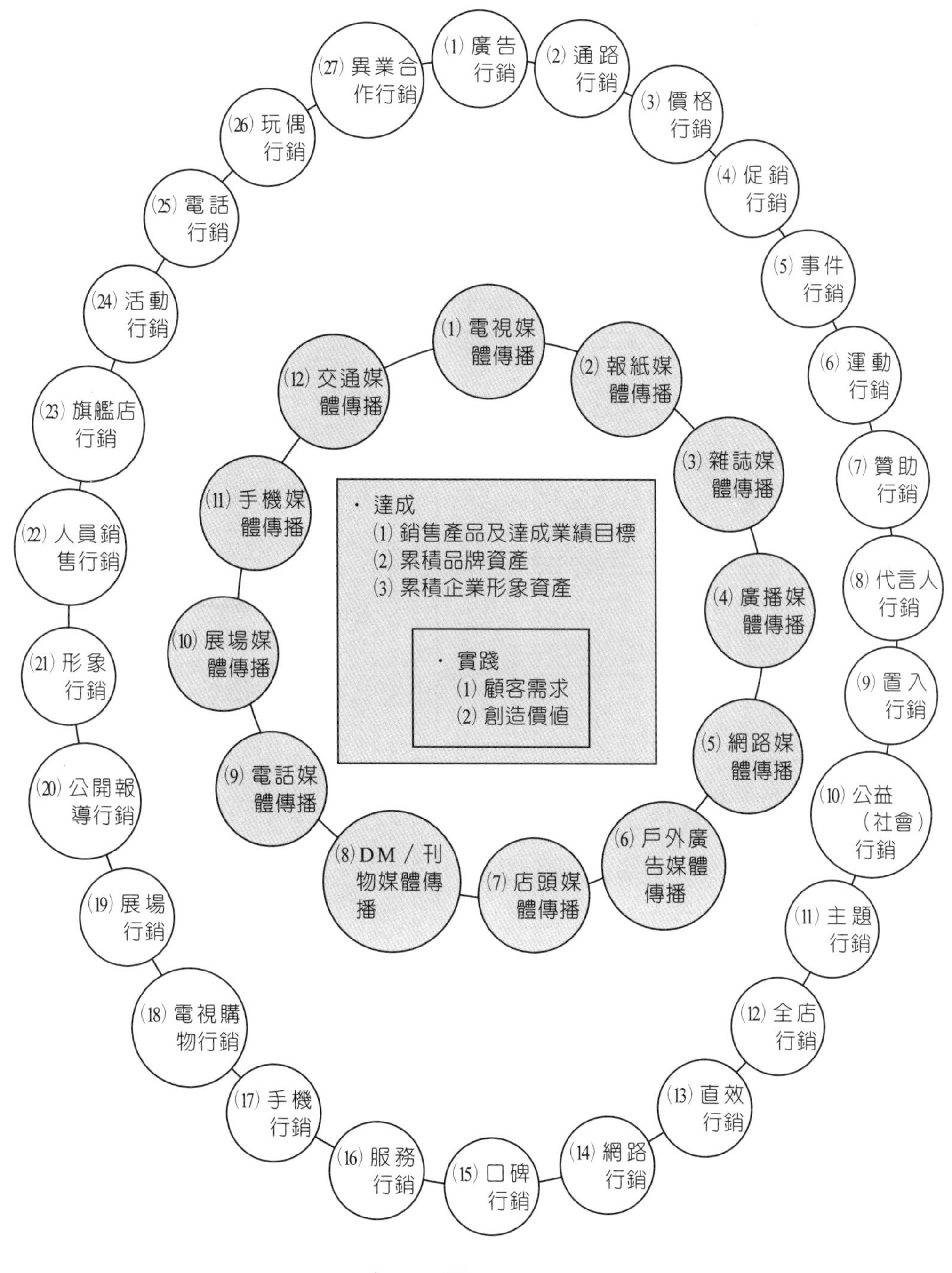

圖 13-2

三、整合行銷的二十七種方法

「整合行銷」二十七種方法

(1) 廣告行銷：
- 電視 CF 廣告片製作
- 報紙稿、廣播稿、雜誌稿與網路廣告文案設計及美編特輯

(2) 通路（店頭）行銷：
- 店頭／賣場 POP 廣告製作物
- 店招牌補助
- 招待旅遊
- 經銷商大會

(3) 價格行銷
- 折扣戰（短期的）
- 價格差異化
- 降價戰（長期的）

(4) 促銷活動行銷：
- 滿千送百
- 大抽獎
- 免息分期付款
- 購滿贈
- 加價購
- 買 2 送 1
- 紅利積點換商品

(5) 事件行銷：
- LV 中正紀念堂 2,000 人大型時尚派對
- SONY Bravia 液晶電視在 101 大樓跨年煙火秀

(6) 運動行銷：
- 國內職棒／高爾夫球賽
- 世界盃足球賽事冠名權
- 美國職籃、職棒賽事

(7) 贊助行銷：
- 藝文活動贊助
- 宗教活動贊助
- 教育活動贊助

(8) 代言人行銷：
- 為某產品或品牌代言，例如：林志玲、鄭弘儀、大 S、小 S、楊丞琳、Rain……等

(9) 置入行銷：
- 將產品或品牌置入在新聞報導或節目或電影中

(10) 公益（社會）行銷：
- P & G 的 6 分鐘護一生
- 各公司的捐助
- 花旗銀行的聯合勸募

(11) 主題行銷／預購行銷：
- 母親節預購蛋糕
- 過年預購年菜
- 北海道螃蟹季
- 國民便當

(12) 全店行銷：
- 7-ELEVEN 的 Hello Kitty 活動

(13) 直效行銷：
- 郵寄 DM 或產品目錄
- 會員招待會
- VIP 活動

(14) 網路行銷：
- 網路廣告呈現
- 網路活動專題企劃
- e-DM（電子報）
- 網路訂購／競標

(15) 口碑行銷：
- 會員介紹會員活動（MGM）
- 良好口碑散布

(16) 服務行銷：
- 各種優質、免費服務提供
- 例子：五星級冷氣免費安裝、汽車回娘家免費健檢、小家電終身免費維修

(17) 手機行銷：
- 手機廣告訊息傳送
- 手機購物
- 手機購票

(18) 電視購物行銷：
- 新產品上市宣傳
- 對全國經銷商教育訓練

(19) 展場行銷：
- 資訊電腦展
- 連鎖加盟展
- 美容醫學展
- 食品飲料展

(20) 公開報導行銷：
- 各大媒體正面的報導
- 各種發稿能見報

(21) 形象行銷：
- 各種比賽獲獎或專業雜誌正面報導（產品設計獎、品牌獎、服務獎、形象獎等）

(22) 人員銷售行銷：
- 直營店、門市店、營業所、旗艦店、分公司等人員銷售組織

(23) 旗艦店行銷：
- LV 旗艦店
- NOKIA 旗艦店
- 實務 Carnival 旗艦店
- 資生堂旗艦店

(24) 活動行銷：
- 除上述以外的各種活動舉辦

(25) 電話行銷（T/M）：
- 透過電話進行銷售行動
- 例子：壽險、信用卡借貸、禮券、基金……等

(26) 玩偶行銷：
- 利用玩偶、卡通之肖像或商品，作為促銷贈品或包裝圖像設計

(27) 異業合作行銷

圖 13-3

四、成功整合行銷「傳播工具力」

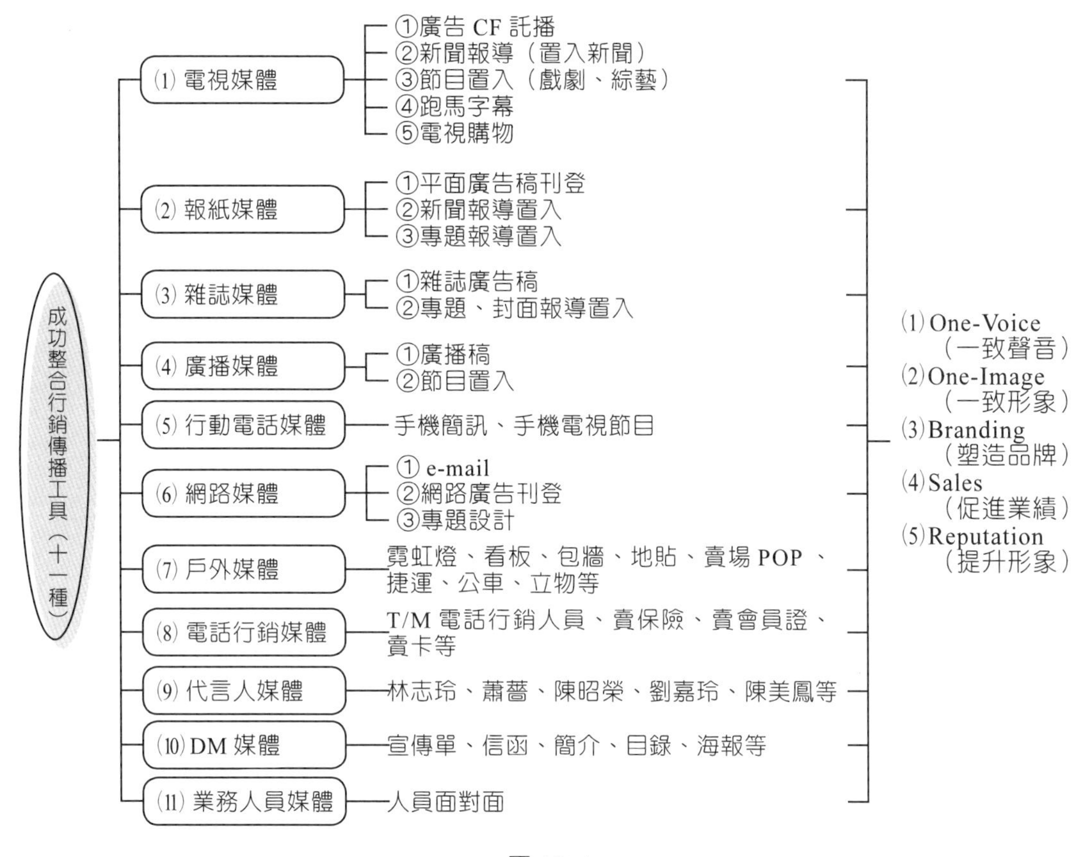

圖 13-4

五、案例：LV（路易威登）在臺北旗艦店擴大重新開幕之整合行銷手法（2006 年 4 月）

㈠ 廣告行銷（各大報紙／雜誌廣告）。

㈡ 事件行銷（耗資 5,000 萬元，在中正紀念堂廣場舉行 2,000 人大規格時尚派對晚會）。

㈢ 公開報導行銷（各大新聞臺 SNG 現場報導，成為全國性消息）。

㈣ 旗艦店行銷（臺北中山北路店，靠近晶華大飯店）。

㈤ 直效行銷（對數萬名會員發出邀請函）。

㈥ 展場行銷（在店內舉辦模特兒時尚秀）。

六、新產品上市記者會企劃案撰寫要點

㈠ 記者會主題名稱。

㈡ 記者會日期與時間。

㈢ 記者會地點。

㈣ 記者會主持人建議人選。

㈤ 記者會進行流程（run down），包含：出場方式、來賓講話、影帶播放、表演節目安排……等。

㈥ 記者會現場布置概示圖。

㈦ 記者會邀請媒體記者清單及人數。

1. TV（電視臺）出機：TVBS 、三立、中天、東森、民視、非凡、年代等七家新聞臺。
2. 報紙：蘋果、聯合、中時、自由、經濟日報、工商時報。
3. 雜誌：商周、天下、遠見、財訊、非凡。
4. 網路：聯合新聞網、Nownews 、中時電子報。
5. 廣播：News98、中廣。

㈧ 記者會邀請來賓清單及人數（包括全臺經銷商代表）。

㈨ 記者會準備資料帶（包括新聞稿、紀念品、產品 DM 等）。

㈩ 記者會代言人出席及介紹。

⑪ 記者會現場座位安排。

⑫ 現場供應餐點及份數。

⑬ 各級長官（董事長／總經理）講稿準備。

⑭ 現場錄影準備。

⑮ 現場保全安排。

㈥記者會組織分工表及現場人員配置表，包括：企劃組、媒體組、總務招待組、業務組等。

㈦記者會本公司出席人員清單及人數。

㈧記者會預算表，包括：場地費、餐點費、主持人費、布置費、藝人表演費、禮品費、資料費、錄影費、雜費等。

㈨記者會後安排媒體專訪。

㈩記者會後事後檢討報告（效益分析）：

1. 出席記者統計。
2. 報導則數統計。
3. 成效反應分析。
4. 優缺點分析。

貳　整合行銷活動相關說明

一、IMC（整合行銷傳播）完整模式圖式

㈠ IMC 的對象及顧客資料庫（顧客分析）

・對目標客層、利基市場、目標市場、市場區隔、主力顧客群、會員顧客的有效洞察、瞭解、分析、掌握及建立資料庫

1. 維繫既有顧客
   ⑴ 基本人口統計變數
   ⑵ 心理統計變數
   ⑶ 購買行為分析
   ⑷ 媒體行為分析
   ⑸ 會員分級制度
   ⑹ 顧客利益點
   ⑺ 顧客調查
2. 開拓新會員、新顧客

3. 其他利益關係人
   ⑴ 上游供應商
   ⑵ 下游供應商
   ⑶ 政府單位
   ⑷ 媒體界
   ⑸ 股東
   ⑹ 社團法人

4. 堅定顧客導向，為顧客創造價值及滿足需求

5. 建置 CRM 系統（顧客關係管理）

㈡ SWOT 分析

1. 市場環境分析（商機與威脅分析）（Market Environment）

＋

2. 主力競爭對手分析（Competitor）

＋

3. 行銷 4P 與行銷 8P/1S/2C 自我檢討分析（My Company）

㈢ IMC 的定位與 USP（Positioning & USP）

1. 產品定位與 USP（獨特銷售賣點）
2. 品牌定位與 USP
3. 服務定位與 USP

（續上頁）

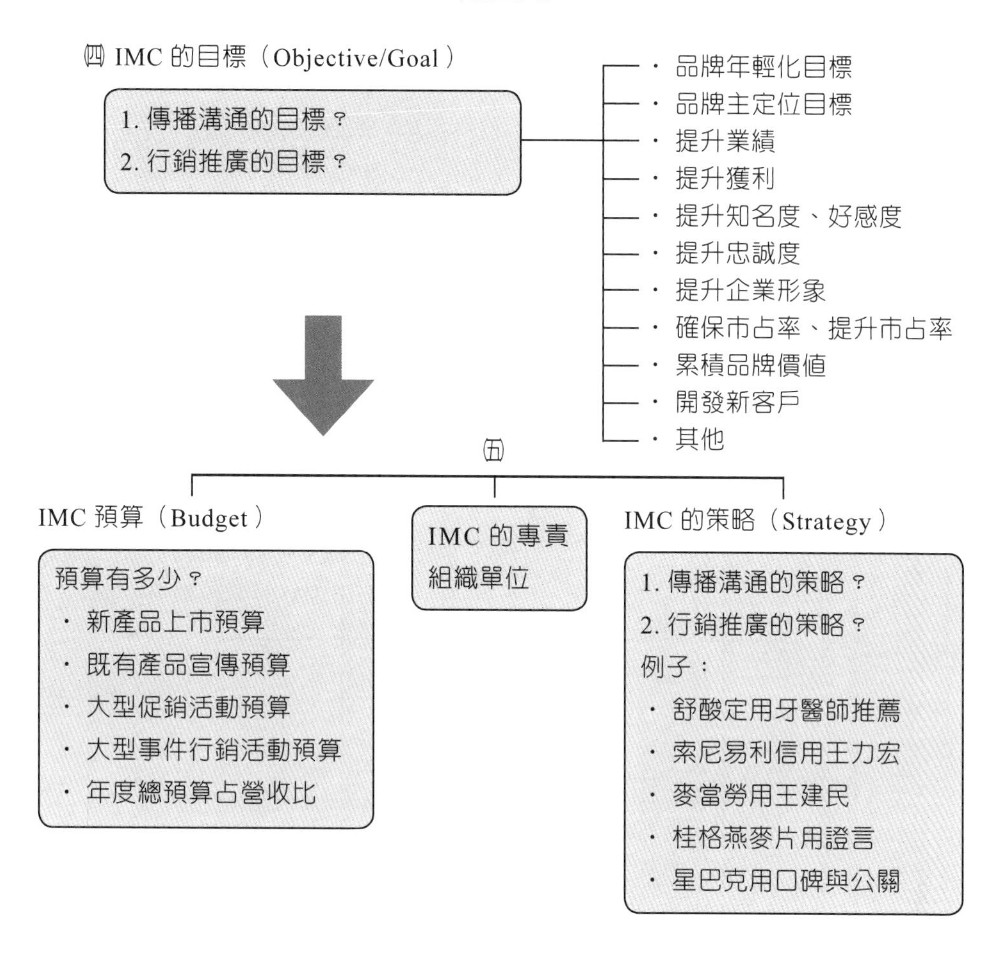
(四) IMC 的目標（Objective/Goal）
1. 傳播溝通的目標？
2. 行銷推廣的目標？
・品牌年輕化目標
・品牌主定位目標
・提升業績
・提升獲利
・提升知名度、好感度
・提升忠誠度
・提升企業形象
・確保市占率、提升市占率
・累積品牌價值
・開發新客戶
・其他
(五)
IMC 預算（Budget）
預算有多少？
・新產品上市預算
・既有產品宣傳預算
・大型促銷活動預算
・大型事件行銷活動預算
・年度總預算占營收比
IMC 的專責組織單位
IMC 的策略（Strategy）
1. 傳播溝通的策略？
2. 行銷推廣的策略？
例子：
・舒酸定用牙醫師推薦
・索尼易利信用王力宏
・麥當勞用王建民
・桂格燕麥片用證言
・星巴克用口碑與公關

（續上頁）

㈥ IMC 操作計畫（Plan）

1. 整合型傳播溝通操作計畫

⑴ 傳播溝通的訊息內容及訊息一致性

⑵ 媒體組合計畫與預算分配

⑶ 廣告創意（電視 CF／平面稿）

⑷ 媒體工具創意（網路、戶外、數位行動）

媒體工具：

電視、報紙、廣播、雜誌、網路、戶外等六大媒體為主

互相整合運用，發揮綜效

2. 整合型行銷活動操作計畫

⑴ 行銷 4P 工具之計畫

①產品

②通路

③定價

④推廣 —— SP 促銷、公關 PR、直效行銷、事件行銷

⑵ 行銷 8P/1S/2C 工具計畫

⑶ 二十七種行銷活動計畫

（代言人、旗艦店、玩偶行銷、主題行銷、店頭行銷、置入行銷、議題行銷、贊助行銷、運動行銷、廣編特輯行銷、DM 行銷、網路行銷……等）

㈦ IMC 進入執行（Do）

1. 內部組織與人員的整合執行
2. 與外部協力組織及人員的整合執行

㈧ IMC 的效益（Effectiveness）

1. 檢討 IMC 執行後的有利效益與無形效益
2. 策訂改善與應變計畫

㈨ IMC 的 ROI（Return on Investment）

針對 IMC 活動的投資報酬率（ROI）檢討改進

圖 13-5

二、大眾媒體與分眾媒體廣告

大眾媒體廣告	分眾媒體廣告
‧無線電視／有線電視廣告	‧網路廣告
‧報紙廣告	‧公車／捷運廣告
‧雜誌廣告	‧手機簡訊廣告
‧廣播廣告	‧大樓液晶 TV 廣告
‧戶外大型看板廣告及液晶 TV 廣告	‧e-mail 廣告
	‧店頭（賣場）POP 廣告
	‧電影院廣告
	‧DM 廣告
	‧其他廣告

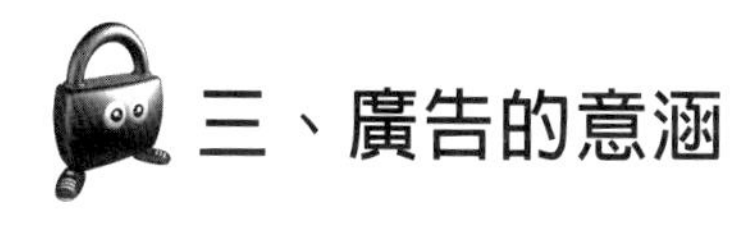

三、廣告的意涵

㈠ 對正確的消費者，在正確的時間、正確的地點、揭露正確的訊息。

㈡ 根據消費者的需求及意圖設定廣告策略，而且不會偏離廣告主張。

㈢ 廣告策略一定要在消費者瞭解品牌及產品的程度下，達到正確的效果。

㈣ 廣告可以激勵消費者購買該品牌的產品。

當消費者正在考慮要買什麼產品時，該廣告可以創造強烈的品牌聯想，而影響消費者的購買行為。

四、廣告人范可欽：廣告是為了建立品牌而做

㈠ 品牌屬於消費者，而產品屬於廠商。

㈡ 如果消費者不認同品牌，不知道品牌的來龍去脈，對品牌沒有感情，那麼產品不過就是放在倉庫裡的貨而已。

㈢ 對品牌認知，需要透過廣告行銷去穿透。如何將品牌價值的元素，轉換成消費者的利益點。

㈣ 成功案例：全國電子「揪甘心」的廣告系列，跟消費者感性溝通，廣告播送後，業績大幅成長。

 五、廣告「代言人」的思考問題

㈠ Which：什麼情況下，適合採用廣告代言人

- 產品差異不大，功能差異不大，必須用代言人來突顯品牌及品牌個性。
- 生命週期快的產品，希望加快產品被認識的速度，拉抬產品知名度。
- 全新的產品。

㈡ What：廣告代言人的標準

- 具有知名度、形象良好。
- 與目標消費群的喜好相一致。
- 與品牌和產品的個性及定性吻合。
- 能獲得消費者的信賴感。

㈢ How：如何操作代言人

- 要為品牌加分，重點在廣告創意上。
- 公關與媒體，操作有效，能上版面或電視新聞。
- 事件行銷操作。

六、公關活動與媒體報導

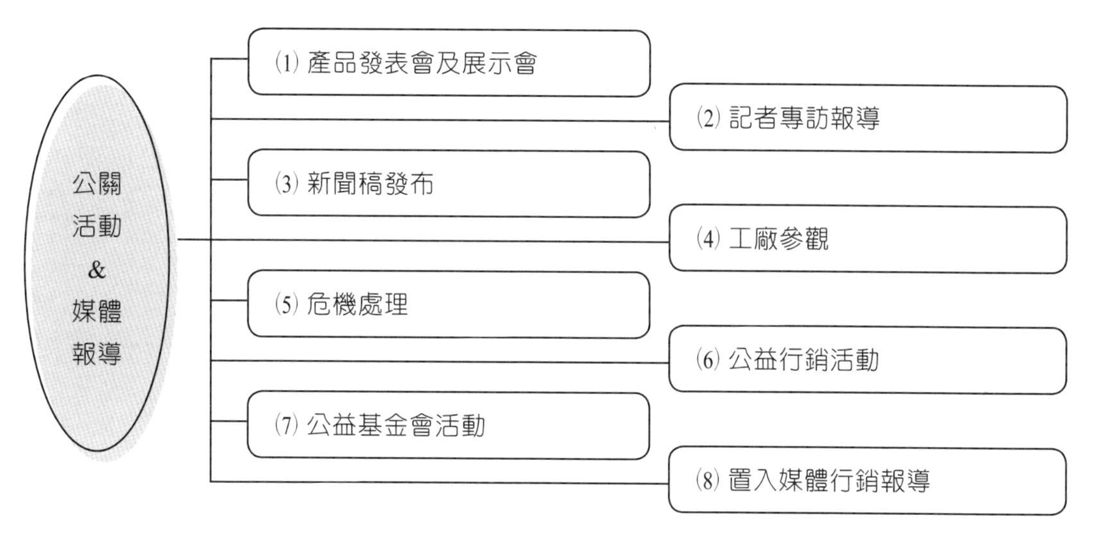

七、促銷活動（Sale Promotion, SP）

八、事件行銷（event marketing）

㈠ 事件行銷應注意的三個要點

1. 要接近的消費大眾與目標市場是否相符合？
2. 要具備讓消費大眾產生喜歡的注意力。
3. 要具備獨一無二的特色，其活動創意要能夠反映贊助者的品牌形象。

㈡ 各項運動、藝術、文化、休閒娛樂、宗教、健身、公益……等活動之贊助或參與。

㈢ 為何要採取事件行銷？

1. 可以透過事件行銷與符合該品牌特質的消費者做連結。
2. 提高公司及品牌的品牌曝光度及知名度。
3. 可以創造或強化消費者知覺。
4. 提供企業形象。
5. 對於社會議題傳達公司的關注力量。
6. 招待主要客戶。
7. 與各種直效行銷及競賽活動相結合。

九、實例照片彙輯

㈠ 代言人宣傳

照片 1　楊丞琳為優沛蕾產品代言

照片 2　徐若瑄為曼黛瑪璉內衣產品代言

照片 3　陳美鳳為寶島眼鏡代言

照片 4　章子怡為媚比琳化妝品代言

照片 5　天心為嬌蘭保養品代言

照片 6　羅時豐為台糖蜆錠產品代言

照片 7　蔡依林為 LUX 洗髮品代言（之 1）

照片 8　關之琳為勞斯丹頓手錶代言

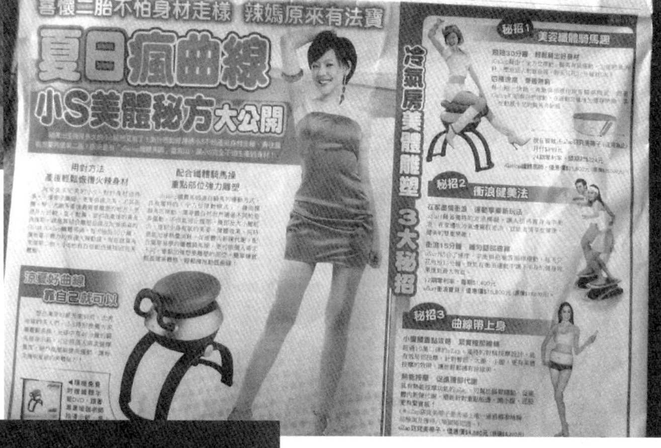

照片 9　小 S 為運動用品代言

照片 10　尼可拉斯凱吉為萬寶龍手錶代言

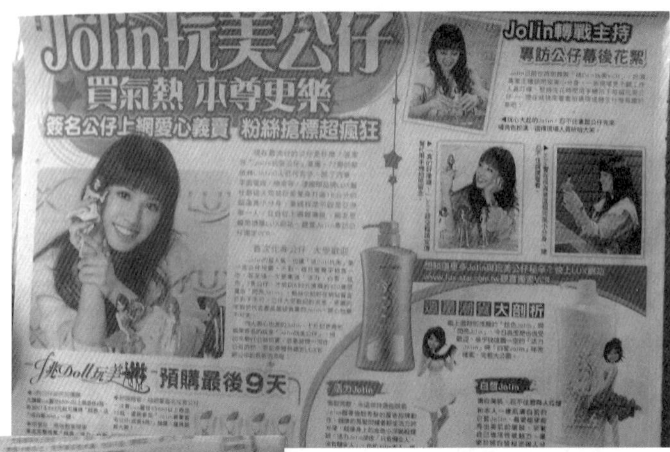

Jolin玩美公仔
買氣熱 本尊更樂
簽名公仔上網愛心義賣 粉絲搶標超瘋狂
Jolin轉戰主持
專訪公仔幕後花絮
預購最後9天

照片 11　蔡依林為 LUX 產品代言（之 2）

全球最有價值品牌 宏碁進榜
高盛:股價短期恐受衝擊 宏碁去年每股賺4.45元

照片 12　大聯盟投手王建民為 acer 電腦代言

(二) 戶外廣告宣傳

照片 1　高絲化妝品的巨幅看板廣告

照片 2　可口可樂的巨幅看板廣告

照片 3　索尼易利信的戶外巨幅看板廣告

照片 4　SONY 與電影蜘蛛人的戶外廣告

照片 5　VENUS 塑身內衣的戶外巨幅看板廣告

照片 6　黑貓宅急便的運送車廣告

照片 7　FedEx 聯邦快遞戶外廣告

㈢ SP（促銷）活動廣告

照片 1　全國電子買 5,000 送 600 折價券的促銷活動

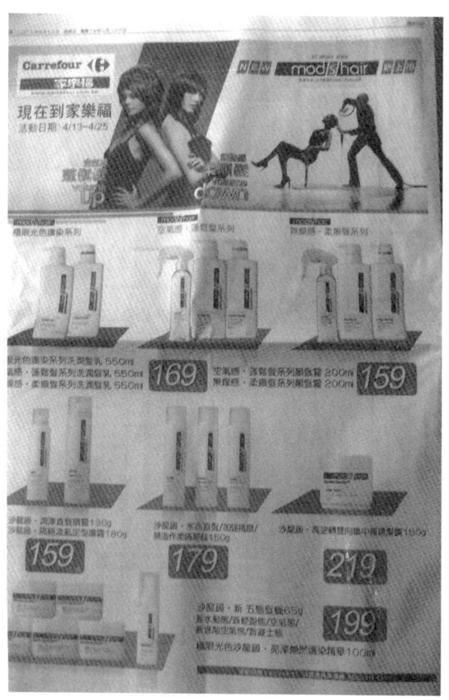

照片 2　Mod's hair 洗髮用品與家樂福大賣場合辦促銷降價活動

照片 3　視康隱形眼鏡舉辦第 2 盒半價促銷活動

照片 4　楊丞琳參加一日店長促銷活動

照片 5　新光三越舉辦品牌日促銷活動

㈣ 戶外行銷活動

照片 1　卡尼爾化妝保養品舉辦戶外行銷活動

照片 2　BMW 舉辦戶外體驗行銷活動

㈤ 廣編特輯式的平面廣告宣傳

照片 1　時尚大師 Kevin 代言塑身內衣平面廣告

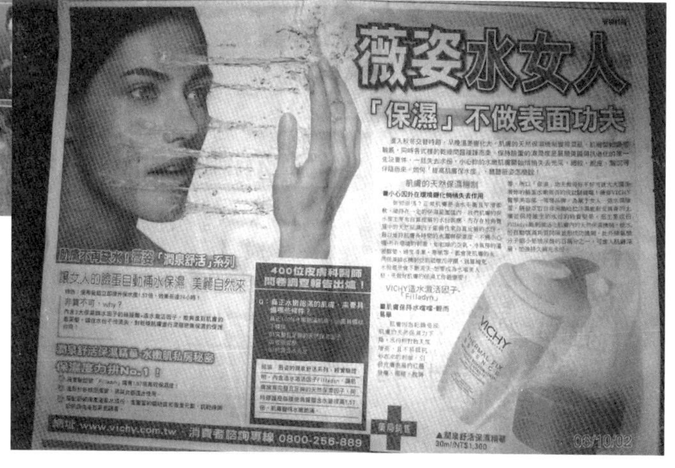

照片 2　薇姿產品的廣編特輯宣傳

照片 3　雀巢飲料的廣編特輯平面宣傳

照片 4　VOLVO 汽車的廣編特輯宣傳

㈥ 一般平面廣告類宣傳

照片 1　御茶園的平面廣告宣傳

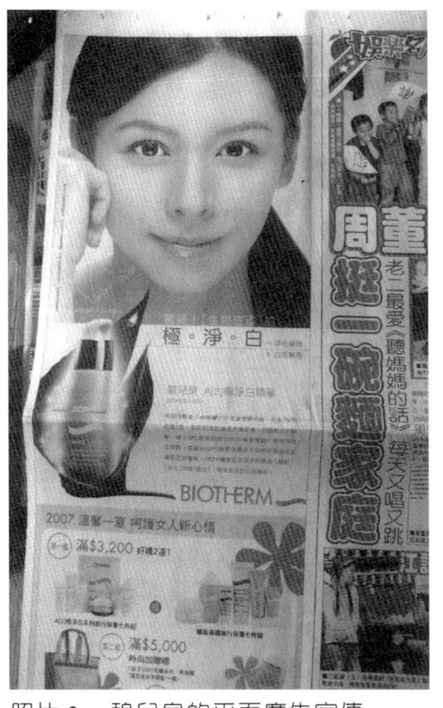

照片 2　碧兒泉的平面廣告宣傳

照片 3　SK-II 的平面廣告宣傳

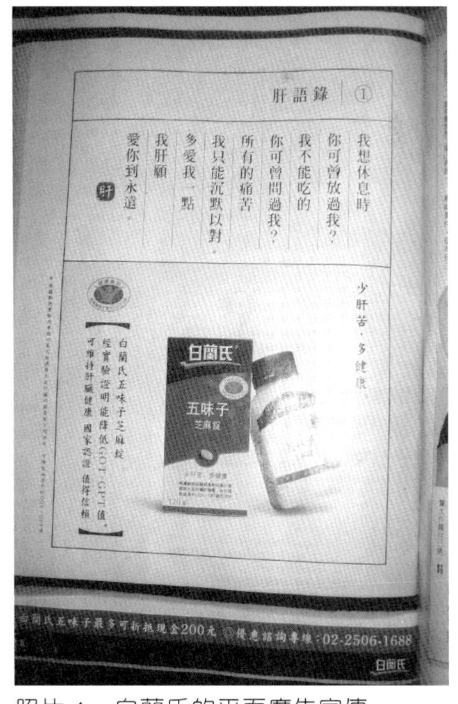

照片 4　白蘭氏的平面廣告宣傳

照片 5　黑貓宅急便的平面廣告宣傳

照片 6　Extra 口香糖的平面廣告宣傳

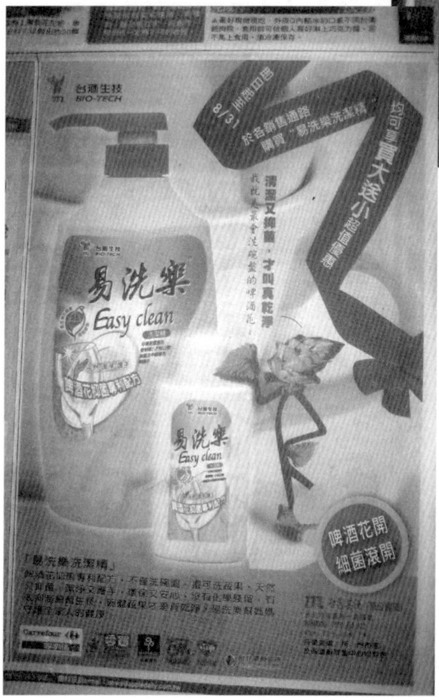

照片 7　台酒生技的平面廣告宣傳

參 新產品上市的賣場行銷活動

一、賣場／店頭行銷愈來愈重要的六大原因及六大力求

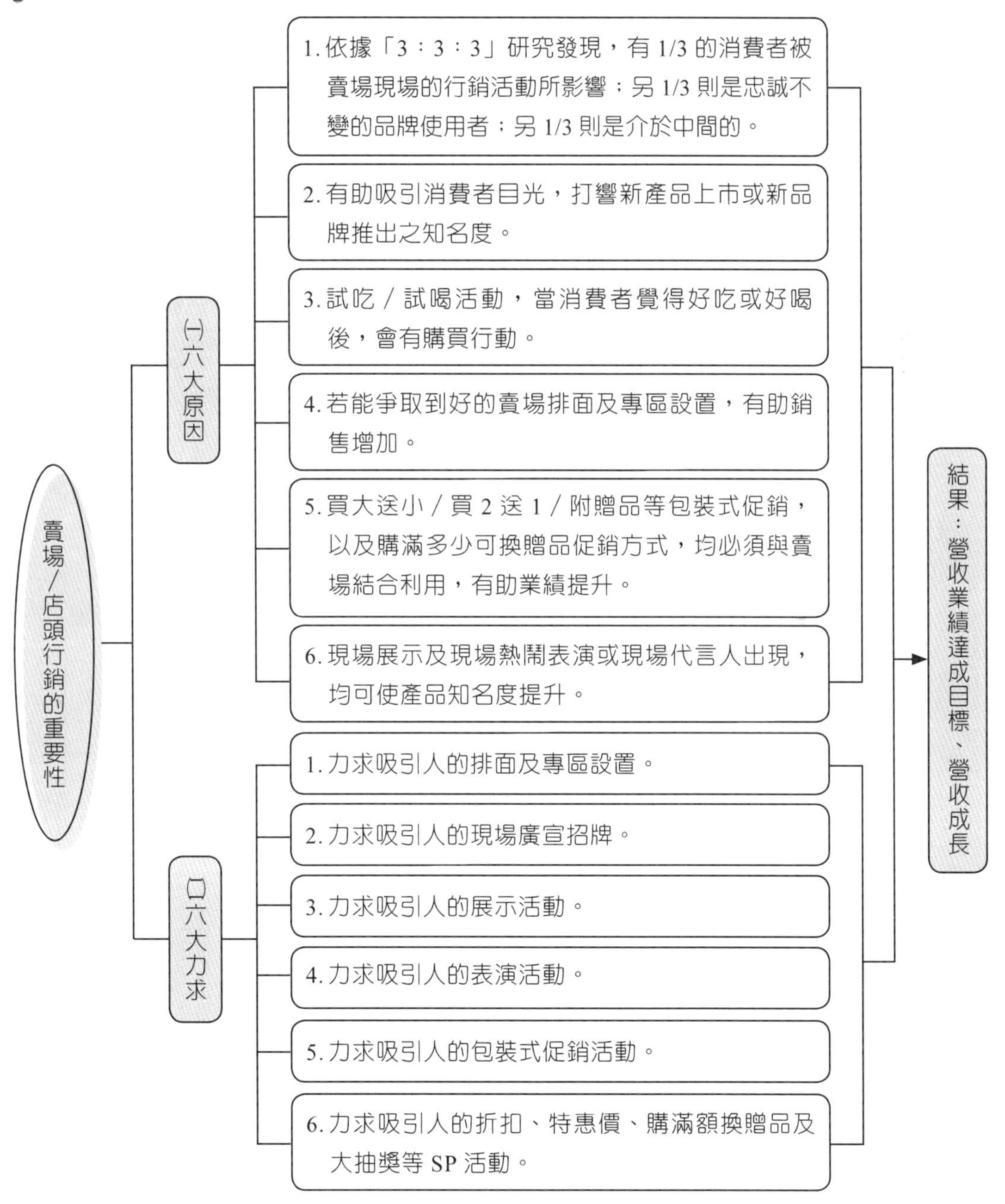

二、賣場／店頭行銷為何愈來愈重要

目前國內四大零售連鎖通路，包括家樂福、大潤發、全聯及屈臣氏等，幾乎占了 P&G（寶僑家品）、Unilever（聯合利華）、花王等品牌大廠全年業績的 40%～50% 之間，其重要性不言可喻。因此，促使大廠把行銷資源，從大眾媒體的預算挪移一定比例到店頭上來。

㈠ P&G 的看法

· P&G 好自在品牌經理表示：以前打廣告有用，只要產品具一定知名度就有用，可帶動銷售。但現在，在激烈競爭之下，做廣告及賣場陳列狀況已是基本必要投資，不一定可以吸引消費者。另外，還必須搭配店頭多元促銷活動，做 premium（物超所值）組合，以及配合大型賣場做主題式促銷活動，以刺激銷售，拉抬業績成長。

· P&G 目前有許多品牌的線下行銷活動（below the line）行銷預算，已經提高許多，有些品牌已快逼進傳統的線上行銷（above the line）預算了。例如，好自在、品客洋芋片等，這些品牌都把行銷預算轉移到賣場通路的展示精心設計上及現場的各種促銷活動上，以支援業務部的賣場作戰，效果不錯。

· 一般而言，由於大眾媒體廣告受到分眾化影響，以及通路勢力連鎖化及大型化的影響，再加上市場景氣低迷，因此，大眾媒體廣告有些式微。而通路（賣場／店頭）才是消費者購買決策點的關鍵影響及改變之所在。

㈡ 聯合利華的看法

· 聯合利華行銷協理表示：近來，聯合利華都以 5% 的比例逐年增加 below the line 的費用，支援業務部作戰。亦即對通路行銷的投資增加了，而且對品牌大廠而言，也從過去單純的產品促銷，改變到現在更加重視與通路大廠攜手合作「主題性聯合促銷」活動。此種陣仗不輸品牌大廠自辦的全國性 SP 活動。

· 現代消費者需要許多不同的 SP 促銷活動來吸引各式各樣偏愛的消費者。

這些作法包括：On Pack Promotion（包裝式促銷）、三重抽獎、獨家贈品，以及現在流行的消費者體驗（shopper excitement）來操作。例如，Mod's hair 新品上市，即與臺北市各大夜店及屈臣氏等店頭合辦活動。

· 在日用品市場，臺灣已陷入嚴峻的促銷價格戰了，因此，線下行銷也就愈來愈重要。

㈢ 屈臣氏的看法

屈臣氏業務主任表示：

1. 品牌大廠及通路大廠雙手資源雄厚，一起投入資源，才能對雙方業績發揮加乘效果。
2. 這種效果包括：
   · 對通路商：建立及鞏固某些品類「品類殺手」的領導地位，並且拉高連鎖賣場營收業績。
   · 對品牌大廠：鞏固及提高自身品牌的品牌市占率及業績目標。
3. 每一次屈臣氏做一檔大型促銷活動，品牌廠商都要提供 6、7 萬份贈品。若是為了推廣新品上市，要上屈臣氏的 DM 封面，則必須投入更多行銷資源（亦即指錢）。因為屈臣氏的 DM ，每次至少數十萬本，週年慶甚至高到 200 萬本，印製費用達數千萬之鉅，但效果亦佳。

品類殺手，例如：

· 全聯號稱是「乾貨」的 killer 或第一。
· 屈臣氏號稱是「personal care」的 killer 或第一。
· 家樂福號稱是家庭食品的 killer 或第一。
· 業者估計，例如：衛生棉產品的銷售量推估，1/3來自量販店，1/3來自全聯，1/3來自個人美妝店，三方勢均力敵，都在爭取做品類殺手的通路商。

三、品牌大廠的因應對策

· 逐年調增線下行銷或店頭行銷的預算費用。主要包括賣場實出的陳列、展示與布置預算，以及各種促銷活動（包裝贈品、抽獎活動、滿額贈品等三種主要 SP 活動）預算支出。

· 很多品牌大廠已成立 key account（大型重要通路客戶）部門，直接歸總經理及業務主管負責管轄。例如，P&G 公司就成立 MSP 小組（Marketing & Sale Promotion），結合行銷企劃及業務部門，為不同的通路大廠做好區隔化、配合化及公平化，以使整合業績達到最大。

· 對大型通路商的重視程度較過去提高很多，視他們為重要夥伴，加強與他們的人脈關係及互惠合作關係。

四、量販店（大賣場）通路現況分析

㈠ 通路密集現象

各種量販店（大賣場）、便利商店、百貨公司、購物中心……等日益在都會區呈現密集與普及現象。例如，在臺北市內湖區，即有大潤發、好市多、家樂福等量販店競爭者；在大直區亦有群集在美麗華購物中心周邊 1,000 公尺的家樂福、愛買及大潤發等。量販店通路在都會區密集程度已愈來愈高。

㈡ 品牌與通路相互依存

1. 商品必須透過大賣場通路才能找到消費者，消費者也才有便利感。
2. 通路也必須依賴全國性知名品牌廠商的上架販售，才能充實大賣場。

㈢ 廠商不能進入主流大賣場的後果

將使廠商的銷售量起不來，或原有的好業績直線下滑。因此，品牌大廠商也不敢得罪或挑戰大賣場通路商。

㈣ 廠商與通路賣場的相關事務

包括：

1. 進貨及零售價格的協調事務。
2. 陳列位置事務。

3. 促銷活動配合舉辦事務。
4. 新產品上架費談判事務。
5. 對賣場大檔期破盤價（賠本銷售）的影響協調事務。

五、量販店（大賣場）的促銷活動

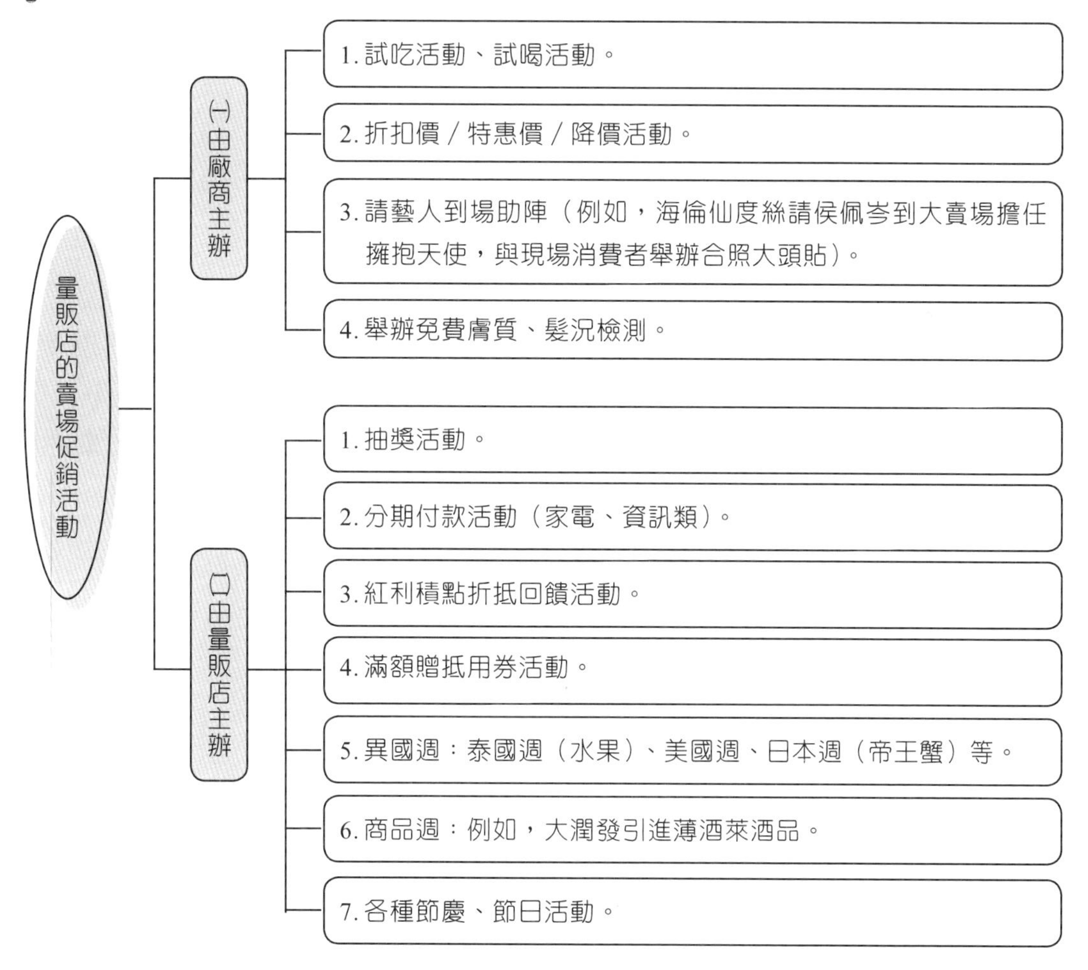

㈠ 舉辦賣場活動的目的

1. 吸引人潮。
2. 促銷產品。

因此，賣場行銷活動對廠商及量販店通路均有互利雙贏之利益，已被肯定。

㈡ 量販店對賣場活動的要求

量販店均會在與廠商的採購年度合約上，要求品牌大廠商每年度應舉辦多少種不同型態及不同程度規模的賣場活動，而且最好是「獨家」活動，以創造出與其他競爭賣場的差異性。

六、品牌大廠與通路廠聯合促銷案例

〈案例 1〉310 家屈臣氏門市推出「變髮大明星」聯合促銷活動

1. 專攻髮品市場，此次計有 30 個品牌、700 個品項參加。
2. 訴求給消費者更新、更優惠、更完整的選擇。
3. 此檔行銷產品主軸為聯合利華大廠的 Mod's hair 洗髮品牌。該公司在店內送造型娃娃，做免費髮型造型站，派出髮型大師 Leo 站臺，趁勢推出自家新品五態髮蠟。Mod's hair 獲得最好的、最多的排面，並且登上百萬份屈臣氏 DM 的封面。
4. 業績結果：髮類產品銷售成長近一倍之多。

〈案例 2〉全聯福利中心與好自在（P&G 公司）聯合促銷案登場

1. 好自在在全聯陳列達十多種品項。
2. 提供午安枕、高級寢具等贈品。
3. 活動當天找代言人林嘉欣到店頭跟消費者玩趣味遊戲，並推廣新產品「超柔軟瞬潔」衛生棉。
4. 此舉除提升好自在銷售業績外，亦為全聯福利中心的女性專區造勢。
5. 此項合作促銷，使好自在在全聯業績，在單月份成長 20% 的好成績。

店頭（賣場）行銷，重要性大幅提升！

 七、實例照片彙輯

照片 1　一匙靈在賣場的產品專區陳列

照片 2　白蘭在大賣場的產品專區陳列

照片 3　舒潔在大賣場的產品專區陳列

照片 4　好自在在大賣場的產品專區陳列

照片 5　飛柔在大賣場的產品專區陳列

照片 6　高露潔在大賣場的產品專區陳列

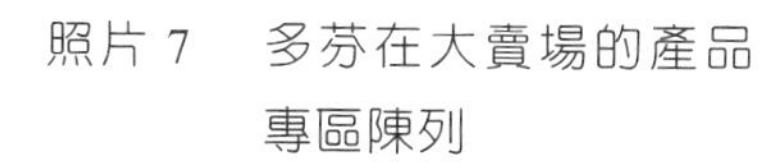

照片 7　多芬在大賣場的產品專區陳列

照片 8　廠商在外貿協會參展促銷

照片 9　NISSAN 汽車的展場行銷

照片 10　美容廠商參加展覽會促銷產品

照片 11　ASUS 參加電腦展的展場行銷

14 產品經理對業績成長的十三個行銷策略

業績成長策略（之1）——從「產品策略」著手

㈠ 進入不同品類著手：尋找最具成長性的品類切入

1. 飲料市場

茶飲料、鮮乳、水果飲料、果汁、運動飲料、礦泉水、機能飲料、美容飲料、豆類飲料、碳酸飲料、咖啡飲料……等不同的品類飲料。

2. 日用品市場

洗髮乳、沐浴乳、洗面乳、面膜、洗衣精、洗潔精……等不同品類日用品。

3. 牙膏市場

一般性牙膏、抗過敏性牙膏等不同品類市場。

4. 化妝保養品市場

化妝品、保養品、彩妝品、皮膚醫療品等不同品類市場。

5. 宅配運送市場

B2C、B2B及P2B。

6. 汽車市場

一般車、休旅車、跑車、平價車、中價位車及高價位車。

7. 咖啡連鎖店

賣咖啡、賣蛋糕、賣麵包及節慶產品等不同品類。

8. 便利商店

賣一般性產品、鮮食產品、服務性商品及全能性產品等不同品類。

㈡ 深耕同一品類

- 茶飲料系列，即包括：綠茶、紅茶、烏龍茶及花茶等不同茶種，每一茶種又有更細的或不同品質等級的區分，故可以不斷深耕下去。
- 鮮乳系列，也有不同的產地乳源、不同的等級品質初乳等。
- iPod → iPod shuffle → iPod nano → iPod video。

㈢ 採用不同的包材

- 例如：飲料的包材，包括：鋁罐、保特瓶、利樂包、新鮮屋、玻璃瓶、塑膠瓶……等各種包材，可以在不同的地方使用或適合不同喜愛的人購買。

㈣ 對既有商品，每年定期更新及改變一些外觀和內容

- 例如：TOYOTA 汽車 CAMRY 車型，每一年都會做一些外觀及內裝的改變及更新，讓人有跟過去不一樣的感覺，符合新年度新車型的市場需求。
- 某些食品、飲料、洗髮精、沐浴乳、洗衣精等外觀、設計、色系、使用方法、配方……等都會做一些改變、更新及調整，以維持一定的銷售業績。

㈤ 產品創新領先

- 蘋果公司率先推出 iPod 數位音樂隨身聽。

業績成長策略（之 2）——從「定位改變策略」著手

往更有潛力的市場，改變定位

- 白蘭氏雞精已轉向「健康食品」定位，而非僅定位在「雞精」產品的領先者而已，故白蘭氏也推出了健康一錠、蜆精等產品。
- 微風廣場轉向「名牌精品廣場」為新的定位，走出過去泛稱的購物中心的困境。

業績成長策略（之 3）——從「品牌策略」著手

㈠ 採用品牌延伸不同的產品項目

- 伏冒感冒、伏冒頭痛、伏冒肌立酸痛、伏冒咳嗽……等。
- 味全貝納頌咖啡、貝納頌茶飲料。
- 伯朗咖啡飲料、伯朗咖啡連鎖店。
- 蘋果數位音樂隨身聽 iPod → iPhone（蘋果手機）→ itv（蘋果電視）。

㈡ 採用多品牌策略

- 統一鮮乳、統一瑞穗鮮乳、統一 Dr. Milk 鮮乳、統一 72°C 低溫鮮乳。
- P&G 公司的潘婷、飛柔、海倫仙度絲……等不同品牌洗髮精。
- 聯合利華公司的多芬、麗仕等不同品牌產品。
- 王品餐飲集團的王品、西堤、陶板屋……等。

㈢ 採用深耕品牌策略

- 統一企業限定營業額 5,000 萬元以上的才可以留下來經營，其他小品牌一律退場不做，並將品牌區分為四級，最高一級為營收額 10 億元以上，包括茶裏王、統一優酪乳等。品牌深耕即代表將公司有限的行銷資源集中在有限的重要品牌上，才可以看到成果。

業績成長策略（之 4）——從「通路策略」著手

㈠ 拓展不同及更多的多元化通路

- 從實體通路到虛擬通路（例如，網路購物、電視購物、預購、型錄購物等），或是從虛擬通路走到實體通路。
- 拓展不同、多元、主流的實體通路（例如，百貨公司、量販店、便利商店、超市及其他連鎖性通路）。
- 建立自營（直營）連鎖據點及通路體系（例如，統一企業擁有統一超商、康是美、星巴克、多拿滋等自營實體通路）。

㈡ 重視店頭（賣場）特別陳列的布置

- 店頭（賣場）特別陳列的布置已成為通路及業務部人員重要的工作任務。這種專區式特別陳列方式，具有較大的空間以吸引消費者目光注視，若再配合價格促銷活動，則會有效提升該月業績。

業績成長策略（之 5）——從「廣宣策略」著手

㈠ 代言策略

- 找到適當的、對的、高知度的、與產品特質相一致的，以及形象良好的產品代言人，的確對產品在某一個時期內的銷售業績，會帶來一定程度的成長，包括成長一成、二成、甚至三成。
- 代言人策略已經成為現代行銷的重要方法，包括：化妝保養品、飲料、健康食品、名牌精品、鑽錶、預售屋、電腦、速食、銀行、手機、汽車、洗髮精、酒品……等，幾乎都會用到代言人的廣宣模式。

㈡ 廣告（CF）策略

- 一支成功的、吸引人的廣告（CF），經常也能打響新產品的知名度，甚至於促購價，以及打紅這個產品。
- 例如，舒酸定 、Extra 口香糖、LEXUS 汽車、貝納頌咖啡、多芬洗髮精、PayEasy 網路購物、蘋果日報……等 CF。

業績成長策略（之 6）——從「主題行銷活動策略」著手

㈠ SONY-101 大樓跨年煙火秀主題活動

- 2006 年及 2007 年度的新年跨年煙火秀，均由 SONY 臺灣公司取得權利。一場活動下來，花費 3,000 萬元，但國內外各大新聞臺、各大報紙均大幅報導，值回十倍即 3 億元的廣告宣傳費。
- 對 SONY 旗下的液晶電視機（BRAVIA）、照相手機、音樂手機、攝錄影機……等均帶來相當業績的成長。

㈡ 家樂福大賣場各國美食週主題活動

- 家樂福每年定期推出韓國產品週、日本產品週、澳洲產品週、泰國產品週、美國產品週、義大利產品週……等，具有刺激買氣提高業績作用。

㈢ 統一超商在 2005 年度成功的 Hello Kitty 主題行銷活動

業績成長策略（之 7）——從「大型促銷活動策略」著手

1. 大型週年慶折扣促銷活動。
2. 大型年中慶折扣促銷活動。
3. 大型會員招待折扣週促銷活動。

4. 大型節日、節慶折扣促銷活動，例如：情人節、端午節、父親節、母親節、中秋節、元宵節、春節、尾牙、國慶日、聖誕節、教師節、勞工節……等。
5. 大型抽贈獎促銷活動。
6. 大型免息分期付款促銷活動。
7. 大型包裝附贈品促銷活動（買大送小、買 2 送 1）。
8. 其他各種多元、多樣化的促銷活動。

業績成長策略（之 8）——從「價格策略」著手

㈠ 逐步「降價策略」

・例如，液晶電視機、筆記型電腦、數位照相機、手機、數位音樂隨身聽等耐用財，基本上都呈現剛上市時的定價很高，但到第二年、第三年、第四年之後，即顯著價格下滑、降價的必然現象，此亦顯著有助於這些產品業績的大幅成長。像液晶電視機剛上市時，一臺定價至少都 7、8 萬元以上，現在大概 1、2 萬元即可買到，全年臺灣市場銷售量達 60 萬臺的規模。

㈡ 通吃高、中、低三種價位策略

・NOKIA 手機即有高價、低價及中價位三種不同定價的手機產品，可以涵蓋更多的市場區隔及業績成長。

・TOYOTA 汽車也有高價位的 LEXUS 汽車，中價位的 CAMRY 汽車及低價位的 Yaris、ALTIS 汽車。

業績成長策略（之 9）——從「業務人員與組織策略」著手

1. 對現有業務人員展開特訓，提升其銷售技術。
2. 向競爭對手好的、強的業務團隊挖角。

3. 擴編業務組織與人力陣容。
4. 改革和改造現有業務組織結構，以符合外部環境的變化。
5. 引進現代化的資訊科技工具供業務人員配備使用。
6. 導入 BU（Business Unit，責任利潤中心體制）制度，要求業務人員更大的責任制度及賞罰分明的制度，以提振業績。

業績成長策略（之 10）——從「現場環境改裝策略」著手

- 例如，百貨公司、大飯店、餐廳、大賣場、超市及各種連鎖店等，定期改裝，提高現場環境的質感及氣氛，均有助於業績提升。

業績成長策略（之 11）——從「CRM（顧客關係管理）策略」著手

- 家樂福推出「好康卡」，會使顧客比較忠誠地常到家樂福消費，而獲得累積點數的現金折減優惠。
- 誠品書店「會員卡」，享有每次九折價格的優惠，會使顧客忠誠再購。

業績成長策略（之 12）——從「進入不同新行業策略」著手

- 例如，統一超商流通集團：

(1) 母公司：統一超商（7-ELEVEN）。

(2) 子公司：

統一星巴克

統一康是美

統一速達（黑貓宅急便）

統一多拿滋

統一無印良品

⋮

業績成長策略（之 13）——從「拓展海外市場策略」著手

以進軍我們所熟悉的「中國市場」為優先考量

包括：統一星巴克、統一康是美、新光三越百貨、旺旺食品、大潤發、信義房屋、太平洋 SOGO 百貨、85 度 C 咖啡、永和豆漿、統一企業、味全企業、頂新康師傅……等內銷行業，均已進軍中國市場而有不錯成果。

彙總：業績成長十三個策略圖示

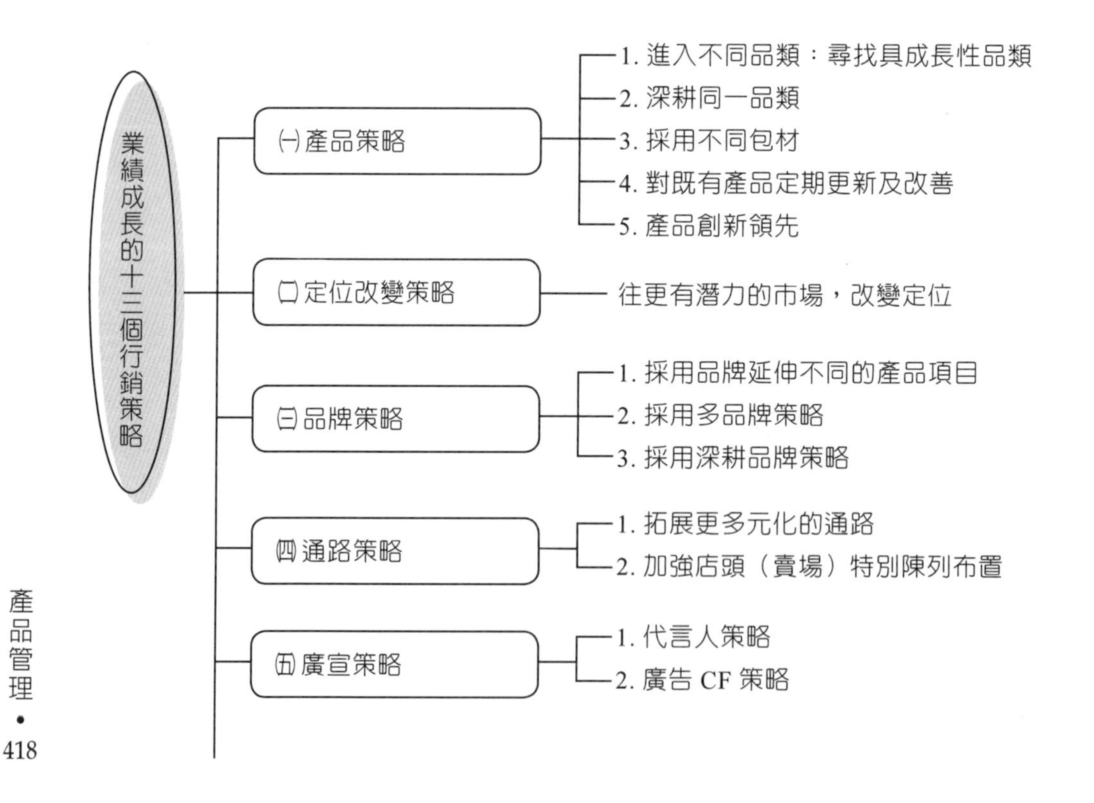

（續上頁）

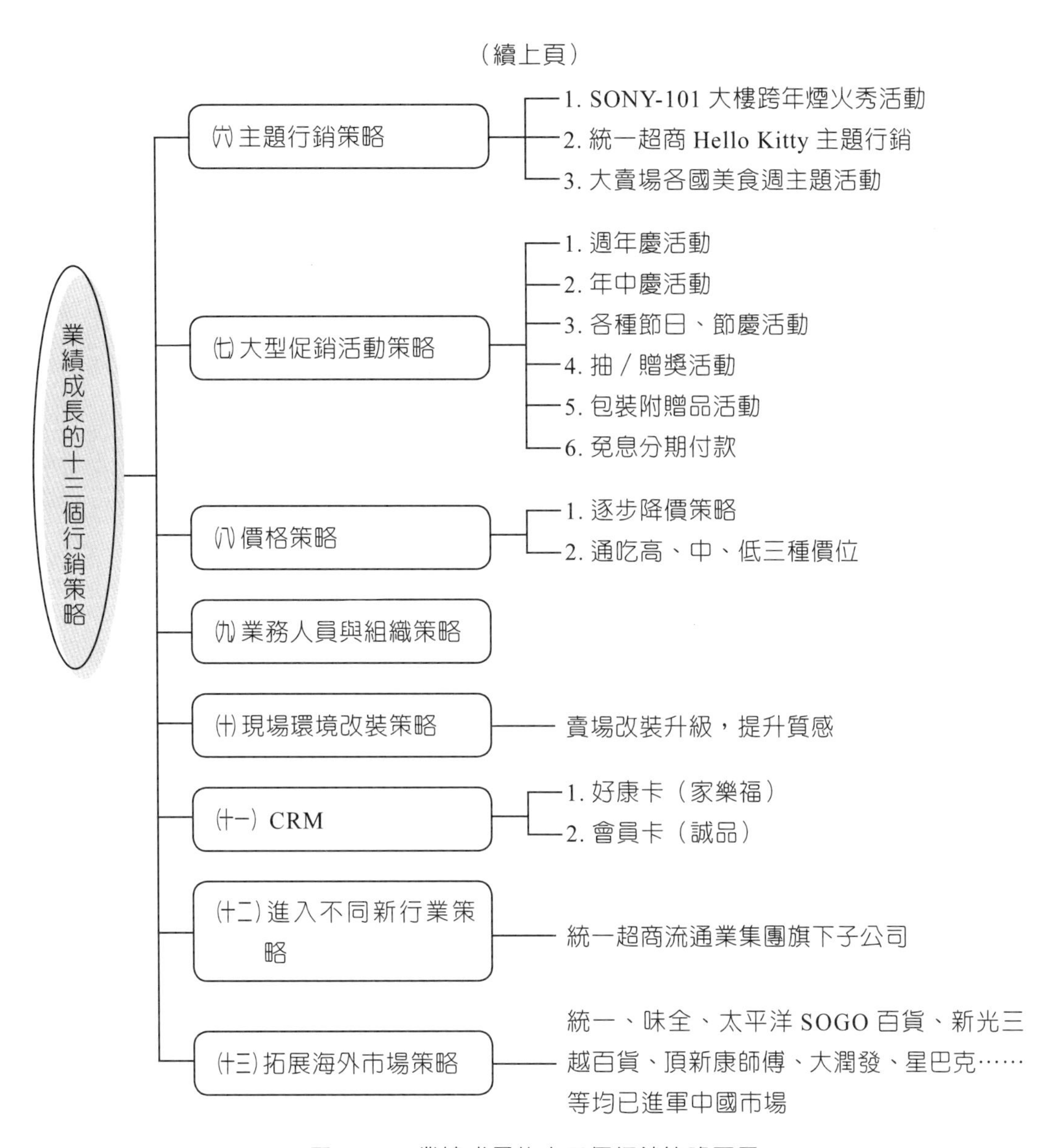

圖 14-1　業績成長的十三個行銷策略圖示

第五篇

如何打造暢銷商品暨產品行銷致勝策略實務專文案例

PART 5

15 如何打造暢銷商品實務專文案例

壹 打造暢銷商品密碼

貳 三合一黃金組合打造暢銷商品祕技

參 長銷商品的撇步

肆 掀開商品開發力的成功祕訣

壹 打造暢銷商品密碼

一、產品壽命不過三週

很多在商店或大賣場擺設的新產品，經常在一個月內就不見了。有一位日本大型便利商店採購人員即表明，每年夏天，在日本即有200種新飲料上市，但能夠禁得起考驗而存活下來的只有一成而已。更多的泡麵廠商產品開發人員則更嘆息，新產品的壽命只有三週而已，大部分都遭到下架的命運。產品短命化的現象不斷加速中。

二、「多產多死」的悲鳴

但是在短命產品週期中，仍看到廠商為了追求營收及獲利的成長目標，不斷投入開發新產品上市。新產品持續氾濫，被下架的產品愈來愈多，這種現象在日本零售流通業界被譏為「多產多死」的慘痛現象，很多中小型廠商，甚至大廠也束手無策。最近日本的一項統計，在近5年內，日本罐裝咖啡、各式飲料、巧克力及食品等，其在市場銷售的品項數，均較5年前大幅增加2.5倍到3倍之多。例如，光是巧克力這個品項，即從600個品項大增到1,900個品項之多，顯見新產品上市的浮濫現象。即以日本7-ELEVEN公司為例，去年的新產品品項數即高達5,200項，而第二大的Lawson公司，新品項數更達6,800項之多。換算下來，在日本便利商店，實際上，每週即有100個新項目上市。

但是有很多賣不出去被下架的滯銷品，卻被批發商或經銷商堆積如山地放在倉庫裡頭，等待被低價殺出或被廢棄處理。「多產多死」在日本已成普遍化了，不只食品飲料業如此，連服飾品、家電業、日用品業等，亦均面臨著商品短命化的衝擊宿命。

三、掌握暢銷商品六大原則

在激烈競爭的商場環境中，廠商如何脫離「多產多死」、「不產又不行」的嚴厲挑戰？根據成功行銷廠商的各種經驗來看，要使新產品上市成功而成為暢銷商品，應該掌握六大關鍵成功原則：

第一：一定要創造出或找出新產品的獨特銷售賣點（USP）或差異化特色是什麼。若不能很明確地找出來或研發出來，新產品上市就會必敗無疑。

第二：上述的這些特色或賣點，必須能夠滿足目標顧客群實質上或心理上的需求，並且為他們創造出價值。

第三：在開發上市的速度上，必須能夠領先競爭對手一步。換言之，必須是創新速度的領先者，而不是跟著人家走。唯有領先一步，才能在消費者心中形成較高的品牌認知。

第四：廠商必須要以打造出知名品牌的心態，用心經營每一個新商品，必須非常慎重規劃推出新商品，而不能聽天由命或是抱著試試看的態度。

第五：對打造品牌知名度的行銷廣宣費用的投入，絕不可少，即使在不景氣當中，仍是如此。

第六：廠商對已推出上市的新產品，每年仍必須定期不斷的進行改善、改良、精進及革新，包括：配方、原料、口味、包裝、設計、製程、宣傳……等，要讓這個產品被感到每年都在更新。

四、做到滿足目標消費者的「五感」

此外，很多長期或一上市即能不被下架的暢銷商品，基本上來說，它們都能被歸納出下列五種被消費者感受到的特質，我們稱之為滿足消費者的「五感」，包括：

1. 消費者在使用後的「滿意感」。
2. 消費者在視覺上的「高級感」。
3. 消費者在整體上的「價值感」。

4. 消費者在心理上的「尊榮感」。

5. 消費者在效益上的「物超所值感」。

因此，廠商在研發、討論、設計及試作新商品時，應問問自己，我們的新產品，真的能夠滿足消費者對這個產品的五感嗎？即：滿意、高級、價值、尊榮、物超所值的五種感受、感覺及評價。

五、展開必要四大基本分析

然而，廠商對新產品開發，要能真正做到前述的掌握六大關鍵成功原則及滿足消費者的五感，倒也不是件容易的事，否則新產品上市成功的比例，也就不會低到只剩一成而已。

因此，在這些事情之前，還有一件事情必須做好，那就是在新產品研發之前或之中，必須要做好四大基本分析，包括：

第一：確實做好環境變化的分析與趨勢的研判，包括：景氣動向、人口結構、家庭結構、社會價值觀、流行、社會生活型態、財經、法令、科技、環保……等，諸多環境變數的影響與趨勢。

第二：確實做好消費（目標顧客群）變化的分析及趨勢的研判，包括：消費偏愛、消費型態、消費心態、消費水準、消費期待、消費區隔、消費通路、消費認知、消費選擇性……等，諸多消費者變數的影響與趨勢。

第三：確實做好競爭對手變化的分析及趨勢研判，包括：競爭對手的優劣勢、最新動向、行銷方式與競爭力的改變等。

第四：確實做好自我本身的各種資源、條件、政策及方向等之評估與審視，以及如何調整改變與強化改善等。

六、結語：成為「品牌商品」

總結來說，廠商在激烈多變的賽局中，要遠離「產品壽命不過三週」的宿命，以及「多產多死」的悲鳴，一定要做好前述四項基本的環境面向分析及評估，然後掌握好開發暢銷商品的六大關鍵成功原則，並真正做到滿足消費者五種感受的完美目標。這樣必然可以提高新產品上市成功的比例，而成為暢銷商品或有品牌的商品。

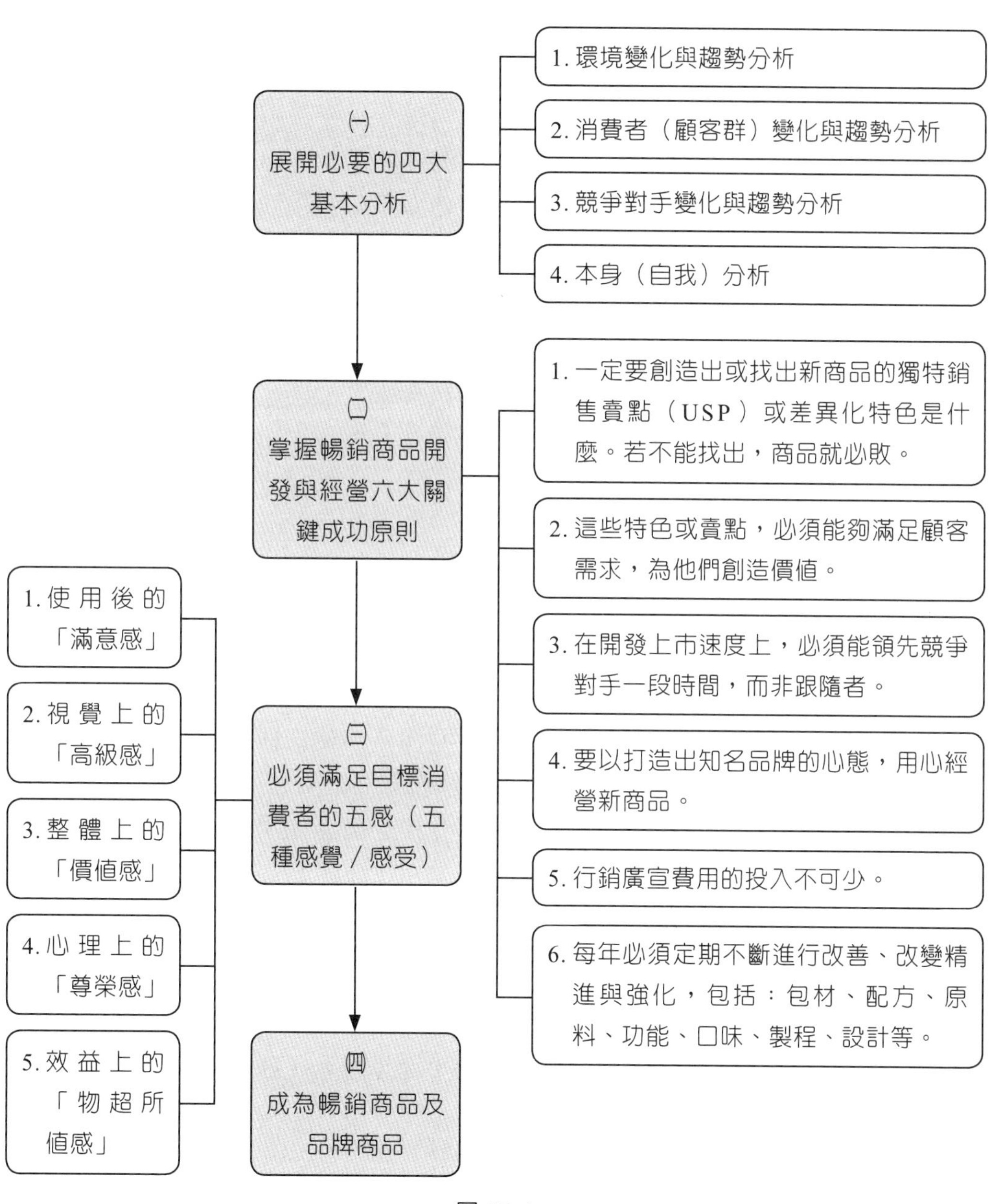

圖 15-1

七、學習重點

(一) 大部分新產品的壽命只有三週而已，便遭到下架的命運。產品短命化的現象不斷加速中，並且出現「多產多死」的悲鳴。

(二) 如何打造暢銷商品六大原則：

1. 找出及研發出新商品的獨特銷售賣點（USP）。
2. 這些賣點及特色，一定要能創造出顧客所可感受到的價值。
3. 在開發速度下，必須領先競爭對手一步。
4. 對新產品必須具認真用心打造知名品牌的心態及作法。
5. 行銷費用的投入絕不可少，即使在不景氣中亦是如此。
6. 每年仍須不斷進行改善革新，要讓這個產品被感到每年都在更新。

(三) 新產品研發之前，應做好四大基本分析：外面大環境、目標顧客群、競爭對手，以及自我本身等四大面向的深度分析及檢視。

貳　三合一黃金組合打造暢銷商品秘技

暢銷商品在何處？唯有不獨以企業本身的角度出發，而是以顧客、員工及企業領導者三合一的黃金組合，才能透澈瞭解市場需求。

產品力是任何行銷成功的最根本基礎，企業的商品如果不具競爭力，做再多的廣告宣傳亦屬枉然。尤其是中小型企業，若將大筆經費花在宣傳不具競爭力的商品，投資報酬將難以回收。

小林製藥公司、ESTEI 化學公司、Honeys 服飾連鎖等三家日本中型企業，能持續不斷成長的關鍵，即在於打造暢銷且獨特的商品。他們的獨門秘技，在於開發新商品時，不獨以企業本身的角度出發，而是結合了顧客、員工以及企業領導者，成為三合一的黃金組合。

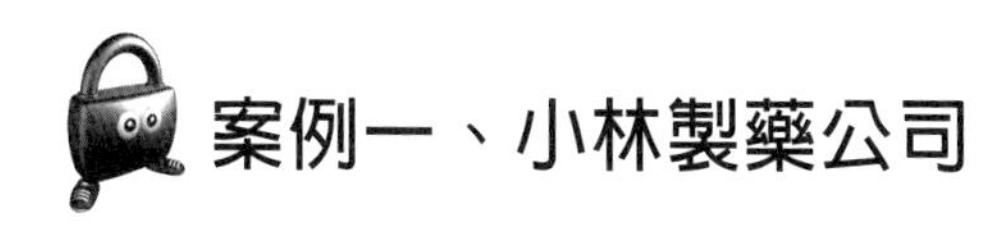

案例一、小林製藥公司

㈠ 員工提案，人人都是創意來源

小林製藥是一家中型優良的日用雜貨品、衛生雜貨品及眼藥水等產品的製造廠商。即使在面對市場價格持續下滑的日用雜貨品業，小林製藥仍連續 5 年在營收及獲利上保持雙雙成長。

針對日用雜貨品開發上市，小林製藥分為五個階段：⑴ 創意提案；⑵ 概念立案與完成試作品；⑶ 銷售戰略規劃檢討；⑷ 新商品製造與上市銷售；⑸ 營收及獲利擴大。

小林製藥總經理小林豐表示：「嶄新的創意，是公司經營持續致勝的關鍵所在。而小林製藥多年來新商品的源頭，就是全員參加經營的創意提案企業文化。」

近 1、2 年來，小林製藥暢銷的芳香除臭劑、眼藥水、排尿改善用藥等，均是由員工創意提案所產生的。所有員工均可以依公司制式的商品創意提案書面格式撰寫，然後交到品牌行銷部門彙整、分析及評估處理。

每月定期舉行一次兩天一夜「創意合宿」討論會，主要由行銷部門人員及中央研究所的商品技術人員為主力，針對這個月收到的商品開發主題及項目，召開深度討論及辯證會議。經過第一天內部深入討論後，第二天則整理出本月預計開發的商品項目、內容說明、原因分析、市場利基、產品特色、製造、行銷策略規劃等，然後向總經理及各部門副總經理級主管做簡報提案及討論，最後做成是否列入新商品開發的決議裁示。

小林豐表示：「小林製藥成功法則，是儘可能在產品市場上避開與花王（Kao）、P&G 等大廠正面對戰，而是尋找比較小的利基市場切入，然後以產品獨特性及開發速度，獲取較高市占率。」事實上，這正是小林製藥推出的商品能深受消費者喜愛的原因。過去，小林製藥新商品上市的營收額，已占全部營收額的 35%，對公司的貢獻占有重要地位。

小林製藥對員工創意提案亦採取成果獎勵措施，最具貢獻的提案，員工可以獲得 100 萬日圓的特別獎金。此外，也將員工的提案績效與他們的年終人事考評、薪資、獎金等產生連結效應，以此塑造小林製藥人人都是創意來源的深厚企業文化。

當然，在過往經驗中，小林製藥也注意到了新品項及品牌過多的不良弊端。因此，他們不為新商品而做新商品，而是將新商品開發數及品牌數控制及聚焦在某個適當的規模內。例如，目前每年新商品上市數量，已從 5 年前的 40 個，降至最適當的 20 個；而在總品牌數上，亦從 5 年前的 160 個，降到目前的 120 個。小林製藥的商品開發政策及經營資源，是聚焦在對既有商品的不斷有效革新，以及對有力及具利基競爭優勢的主題性新商品開發等兩個主力方向上。

小林製藥做了什麼？
- 全員參加經營的創意提案企業文化。
- 每月定期舉行「創意合宿」討論會。
- 對員工創意提案採取成果獎勵措施。
- 尋找比較小的利基市場切入。
- 將新商品開發數及品牌數控制及聚焦在某個適當的規模內。

(二) 小林製藥暢銷商品開發五階段

1. 創意提案

* 已連續 25 年，全體員工參加「提案制度」。
* 每月一次舉辦兩天一夜的「創意合宿」會議。
  - 從 2,003 名員工中蒐集新商品創意，每年約 2 萬件提案。
  - 每年從顧客端蒐集顧客聲音及意見 4 萬件。

2. 概念立案及完成試作品

* 由中央研究所及品牌經理負責新產品的企劃到開發完成。
* 將試作品交給 600 人固定顧客群試用，並展開家戶訪談及小型焦點座談等調查機制。
  - 平均 13 個月即完成新商品開發（從創意到商品上架銷售）。

3. 銷售戰略規劃檢討

* 以品牌管理為中心，展開各種行銷企劃活動，包括：商品命名、廣告宣傳規劃、媒體公關規劃、通路布置、價格訂定、行銷支出預算、營收預估等。
  · 由 300 人的營業團隊，負責全國營收較大的 8,300 店面賣場的安排及促進銷售。

4. 新商品製造與上市銷售

* 有些商品為控制設備投資，故初期均委外生產。
* 正式上市銷售。
  · 每年有 15 個新品項上市銷售，占全年營收額 10%。
  · 每 4 年內的新商品上市銷售額，則占全年總營收額 35%。

5. 獲利提升

* 在一段時間後，若產品能獲利，即改為內製，減少外製。
* 行銷策略因應環境而不斷的調整應變，要求達成預估業績目標。
  · 持續改善及降低製造成本。

資料來源：小林製藥

 案例二、日本 ESTEI 化學公司

賣場走透透，五感分析瞭解顧客

ESTEI 化學公司也是日本中型的化學日用品公司，總經理鈴木喬是一位行動派總經理，為了商品開發的創意，經常自己一個人每天抽空到零售賣場瞭解、查核及探索商品新創意的來源及想法。

該公司近來上市的 Air Wash 新品牌芳香消臭劑業績不錯，鈴木喬每天到賣場向店長、店員及消費者詢問問題及蒐集情報，也瞭解競爭對手的新商品陳列狀況、定價、促銷活動、包裝，以及消費者為何選用的原因等。當然，他也會問消

費者為何買或不買自家產品的原因。

不少人質疑總經理應該坐鎮在辦公室，聽取屬下報告即可，根本不需要到賣場走透透，但鈴木喬拒絕這種方式，他說：「如果我不在賣場，我就會覺得不安，到現場去視察是我的精神安定劑。從賣場中，可以培養出自信的判斷力，激發出一些行銷創新的 idea，以及提升危機意識與革新原動力。」

鈴木喬總結他對商品開發及行銷決策，源自於三項的組合，除了每週 POS 系統的營業統計結果，以及營業日報表系統的文字分析說明之外，自己在各賣場親自觀察與思考，也是其中很重要的因素。

鈴木喬認為，僅憑 POS 資料分析是不夠的，應該再加上「五感分析」，亦即要親自看到、聽到、聞到、問到及摸到才可以。唯有經過扎實的五感鍛鍊，才會增強商品開發討論及行銷決策判斷能力，這絕對不是每天坐在辦公室看營業數據及營業檢討報告，所能達成的效果。

ESTEI 化學做對了什麼？

- 到賣場向店長、店員及消費者詢問問題及蒐集情報。
- 現場視察激發出行銷創新 idea。
- 報表數字之外再加上五感分析。

案例三、Honeys 女裝服飾連鎖店

㈠ 顧客＝店員，第一現場商品開發員

Honeys 是日本一家中型的平價女裝服飾連鎖店，以 15 至 25 歲年輕女性為目標顧客群，全日本已有 400 家店。

該公司的獨特商品開發秘技，也是集中在 400 家連鎖店上千個店員身上。由於他們的年齡幾乎都在 25 歲以下，與顧客群相似，公司要求他們，每週一次把想要的、喜歡的，以及看過的服裝、皮包、配件、飾品等 idea 寫下來或蒐集起來，彙整到總公司，然後由各營業區督導及總公司商品開發人員和行銷人員三方匯聚召開「商品企劃會議」，每週平均要決定 70 個新產品品項，再將設計式樣、材質要求、裁剪規格等，發往中國大陸工廠縫製。從商品企劃到上架銷售僅需 40

天，完全符合「流行行業」的快速特質。

Honeys 公司總經理江尻義久認為：「聽取店員的聲音，是本公司商品開發的起點。因為這上千個店員，每天都接觸到更多的消費者，瞭解自己，也瞭解消費者，所以走在流行的最前端。」傾聽顧客的聲音固然重要，但他認為在快速變化的服飾產業，顧客就等於店員，因此，他們都是公司分布在第一現場的最佳商品開發人員，也是公司不斷快速成長的支柱力量。

(二) 成功關鍵：三合一黃金組合

在商品開發上，長期以來，大家都知道要做到顧客導向，也都明瞭針對顧客做各種市場調查的重要性，但這還不夠，公司內部員工其實也是理想及合適的商品創意開發有力來源，如何透過有效的管理與激勵機制，以開發出員工的商品創意潛力，這是未來企業努力的方向之一。

另外，商品開發主管、行銷主管及高階領導者本身，也都應該經常到第一線營業據點、門市及零售賣場，觀察、詢問、思考及分析所有的現場情報，包括：競爭對手、自身公司、消費者等 3C（Competitor、Company、Consumer）面向的所有最新發展與變化。唯有以腳到、手到、眼到、口到、耳到等親自五到與五感，才能全方位提升行銷決策與經營視野能力。

Honeys 女裝做對了什麼？

- 聽取店員聲音作為商品開發的起點。
- 每週彙整員工的相關 idea。
- 每週召開「商品企劃會議」決定新產品品項。
- 從商品企劃到上架銷售，僅需 40 天。
- 瞭解自己，更瞭解消費者。

參 長銷商品的撇步

消費者是善變的，想要維持某商品長期銷售不墜是十分困難的，但這樣的例子不是沒有。能夠隨時掌握消費者喜好、強化核心利益，就可在市場上占有一席之地，走進消費者心中，成為永久的長銷商品！

最近，日本商業雜誌針對在日本上市銷售 20 年以上的長銷商品，做了一項調查，結論顯示，長銷商品大都擁有兩項共通的本質：

第一：對消費者嗜好與市場環境快速的變化，能夠及時掌握，並且快速的應對。

第二：對消費者的核心利益（core benefit），能夠非常明確而且不斷強化。所謂核心利益，即指廠商對消費者所提供的商品及服務，必須真正能夠帶來價值。例如，這東西真的好吃、這個產品藥效佳、這種服務真舒服、這種設計真好……等。

事實上，所有長銷商品並不是幾十年一成不變的，它們也經常進行商品改良與包裝改良。但重要的是，商品改良必須站在「顧客的觀點」及「顧客的情境」上，並反映出這種改良是符合及滿足消費者不斷改變中的需求及欲望才可以。另外，在嚴苛的商業競爭環境中，我們必須打出與競爭對手有所差異的商品。

總而言之，長銷商品的廠商及行銷人員，每每都要回歸原點，不斷地問自己：「究竟這種商品的核心利益何在呢？消費者為什麼會挑選它？」唯有這樣不斷地反省及改善，才能產生出永久的長銷商品。

一、各大便利商店長銷型商品

目前國內各大便利商店的商品結構，鮮食類大約占了 10%～15% ，而其他商品則約占 85%。每年便利商店都會下架換新 700 至 800 種品項，但在營業中，約有 10% 則屬於商品生命週期超長，上架後 5 年、10 年就再也沒有被換下來。這種長久受歡迎且成為習慣性購買的品牌商品，我們即稱為長銷型、長效型或長壽型商品（如表 15-1 列舉的便利商店 10 年以上長銷商品）。

表 15-1　銷售超過 10 年以上的便利商店長銷商品

公司	商品
7-ELEVEN	乖乖、統一麥香紅茶、小美冰淇淋、統一麵、箭牌口香糖、舒跑、森永牛奶糖
全家便利商店	來一客泡麵、蝦味先、可口可樂、伯朗咖啡、黑松沙士及汽水、德恩奈漱口水、黑人牙膏、蘋果西打
萊爾富	養樂多、77 乳加巧克力、加倍佳棒棒糖、紅標豆干、掬水軒營養口糧、小美冰淇淋

資料來源：各業者。

㈠ 長銷商品案例 1：日清泡麵

日清泡麵是日本第一大速食麵廠商，該公司在 1971 年開始販售日清杯麵，累計約 40 年來，該單項商品已達 2,000 億日圓的銷售額，經歷數十年的銷售長青歲月。該公司品牌經理分析該商品長銷之原因如下：

第一：採行品牌經理制度，彼此之間競爭激烈，每一個負責的品牌經理都設法讓自己的品牌能夠得到佳績。這種從商品開發、原料採購、宣傳廣告及損益分析等全方位責任之下，使商品壽命能夠在專人照顧下有效延長。

第二：在品牌形象與知名度方面，每年仍持續一定量的廣告宣傳費，以提醒顧客的記憶度及忠誠度。

第三：在商品方面，持續不斷進行改良換新，並加強「鮮度感」之訴求，吸引消費者。

第四：在副品牌方面（sub-brand），每年大概會推出 1～3 個副品牌商品，以延伸產品線的完整，並推陳出新，保持消費者所想要的新鮮感與換口味之需求。

該公司每個月均會舉行一次品牌經理會議，並把全日本各地分公司業務主管召回東京總公司，透過品牌經理與地區銷售經理的主動討論，以掌握市場、銷售及損益最新動態。

㈡ 長銷商品案例 2：寶礦力運動機能飲料

由日本大塚製藥所生產的寶礦力運動機能飲料，1980 年上市銷售以來，單項產品的累計營收額已達 1,400 億日圓，成為機能飲料中的長壽商品。寶礦力帶給消費者的核心利益，就是具有補充身體水分的機能飲料，包括在運動後及各種長途搭車、飛機旅途中均適合飲用。最近還被公布此種飲料對搭飛機有防止血栓作用，很適合心臟病患者飲用。

寶礦力商品在包裝變化方面，有鋁罐裝、保特瓶裝等大小不同容量的包裝，適合大人、小孩飲用。

㈢ 長銷商品案例 3：本田 50 c.c. 機車

本田機車公司從 1958 年生產上市本田 50 c.c. 女性機車以來，已歷約 53 年之久，累計在全球已銷售出 3,000 萬台本田 50 c.c. 機車。數十年來，本田 50 c.c. 機車歷經多次產品革新改善，包括如何使車身更輕巧、馬達更有力、排出廢氣減少、更加省油，以及設計更美觀等。就是由於本田機車公司的研發人員，堅守從「顧客觀點」力行產品改良，終能得到消費者的認同及肯定，這是創造產品長壽的根本所在。

㈣ 長銷商品案例 4：乖乖零食

乖乖公司成立於 1968 年，經營 40 多年，其中的商品——乖乖，是許多人成長的重要零食之一。這項長青商品近年來不斷擴大產品線，光乖乖就有五種口味，包裝也不斷換新。乖乖產品橫跨餅乾、糖果巧克力、零食及禮桶類等四大項目。乖乖是超過 40 年的老牌零食，大人、小朋友都愛吃。

㈤ 長銷商品案例 5：箭牌口香糖

口香糖是便利商店長銷商品之一，1年有將近 20 億元的產值規模。目前留蘭香企業的美國箭牌系列商品，有青箭、黃箭、白箭等，以及後來的 Airwaves、Extra 等，囊括市場七成以上占有率。箭牌口香糖在全球銷售已逾百年，在臺灣也有逾 30 年歷史。

㈥ 長銷商品案例 6：伯朗咖啡

伯朗咖啡銷售年資超過 29 年，每年的罐裝咖啡市場將近有 50 億元規模，而伯朗咖啡就占了一半以上，廣告也因口味不同而訴求不同族群。伯朗咖啡以具有人文訴求及年輕化的廣告，成功打動消費者，而廣告中最後一句話「Mr. Brown～咖啡！」，也成為廣告的經典名句。

二、長銷商品命名三原則

綜合各國長銷商品，其品牌命名非常重要，通常應具備三項原則：第一，品牌（名）的「獨特性」，讓人一聽就很容易記起來，具有特殊性；第二，品名的「共感性」，能夠觸動消費者的視覺、聽覺及心覺，而能深入消費者的內心深處，具有心象占有率（mind share）；第三，「一貫性」，亦即品名要有統一的鮮明感與一致性，不宜改來改去。

至於長銷商品的包裝色彩方面，較適合以白、青及紅三種色彩做設計。因為白色代表清潔感，青色代表信賴感，紅色代表健康精神等意義。

三、流行商品明星代言效果佳

長銷商品固然重要，但是消費者喜新厭舊的個性仍會反映在消費行為上，因此，廠商或便利商店經常要推陳出新，並且善用超人氣偶像歌手的代言行銷手法，以創造流行話題。例如，在日本，由早安少女組代言的泡麵或松浦亞彌代言文具的系列商品等，都造成不錯的銷售佳績。而在臺灣，統一超商與超人氣偶像歌手 SHE ，共同參與策劃推出「SHE 私人料理」的系列商品，合計橫跨八大類共 26 種商品，包括：零食、飲料、米飯、甜點、速食、泡麵、通訊（電話卡）……等，以吸引廣大的歌迷朋友來尋寶，同時訴求短期限量銷售，讓消費者有新鮮感，同時帶動銷售熱潮。此外，全家便利商店也找來五月天歌手代言飯糰，以男子團體訴求大飯糰，期望能吸引年輕族群的購買。

四、打造長銷型商品的行銷模式

綜合上述說明，筆者構思重整出如何打造「長銷、長賣型商品的完整行銷模式」（marketing model of creating longer selling product），如圖 15-2 所示。

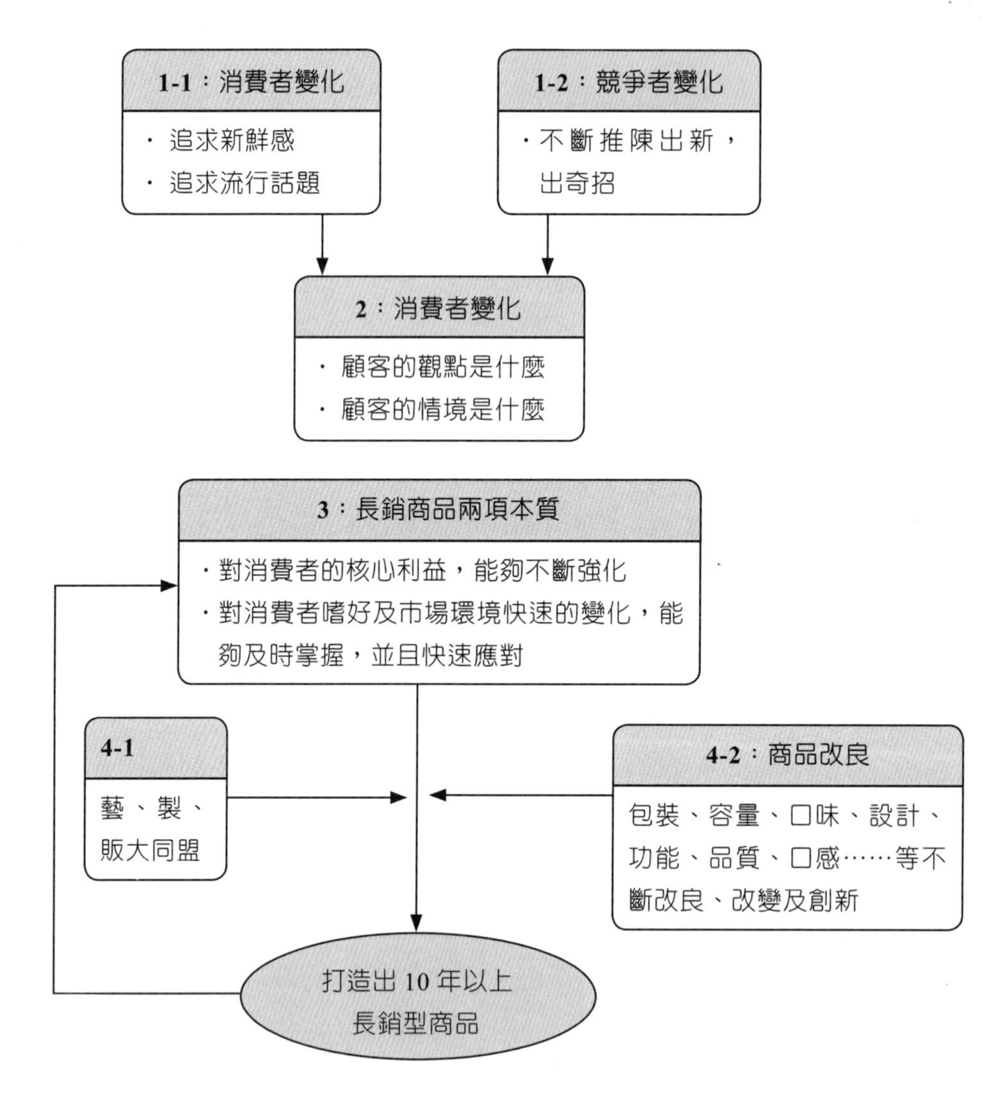

圖 15-2　打造長銷型商品的行銷模式關聯圖

此行銷模式的意思，主要是先從消費者及競爭對手兩方面變化分析起，然後把思考回歸原點，真正省思顧客的觀點與情境。接下來則是思考行銷活動的兩大原則與本質，亦即應將重心放在如何增強消費者的核心利益上，並不斷地強化。

最後，要展現執行力，必須透過「藝、製、販大同盟」與「商品改良」實際行動，終將有效打造出可大可久的長銷型及長壽型商品。

肆 掀開商品開發力的成功祕訣

一、強化商品的開發力

商品開發力是行銷活動的啟動引擎，因為如果沒有「商品競爭力」，那麼任何廣告宣傳費用的花費，最終會發現都是浪費的。因為最好的廣告其實就是「產品自身」，廣告 CF 只不過是強化形象的視覺效果而已。

〈案例 1〉日本 7-ELEVEN 的商品開發秘訣

2003 年 8 月，日本 7-ELEVEN 已突破 1 萬家店，成為全球突破萬店榮耀的唯一國家。

日本 7-ELEVEN 在「自有品牌商品」（Private Brand, PB）的開發方面，領先全日本零售業。2003 年前，日本 7-ELEVEN 的 PB 商品占 37% 的營收額結構比率，2011 年 1 月將可提升到 52% ，正式超過 NB 商品（National Brand ，全國性製造商品牌）。其實早自 1993 年起，便利連鎖商店即呈現成熟飽和狀態，全日本各店的平均營收額已略呈下降趨勢。但是日本 7-ELEVEN 的毛利率卻反而增加 1.2% ，這主要就是 PB 商品較高毛利率的貢獻挹注。日本 7-ELEVEN 的 PB 商品開發，已使該公司成為具有「獨自性」與「差異化」商品的領先型公司。

2003 年在日本 7-ELEVEN 上市的「凍頂烏龍茶」，即非常成功，2 個月內賣出 800 萬瓶飲料。這是因為它是採用來自中國原產地的烏龍茶葉，精緻調配而成的茶飲料，與日本所產的烏龍茶飲料，口味方面有顯著不同。此外，日本 7-ELEVEN 亦與日清食品公司共同尋找全日本各地拉麵飲食名店，推出名店系列的速食麵，也有不錯的銷售業績。

日本 7-ELEVEN PB（自有品牌商品）的開發體制，稱為 Team Merchandising（團隊商品開發體系），簡稱為「MD」。他們從市調開始到商品概念、具體商品規格、技術考量、試作成品試吃、行銷促銷計畫及最後上市銷售等一系列的作業流程與機制，是非常縝密細緻、深度投入與顧客導向的。下面為日本 7-ELEVEN MD 人員在每週商品開發過程中的層層關卡會議狀況：

日本 7-ELEVEN 商品開發作業流程管控

- 某週一早上：新商品開發小組（Team）試吃大會——Team 成員，全員試吃評價。

  某週一下午：MD 會議——將便當、加工食品、雜貨品等全商品部門的商品開發人員集合，共同檢討，並邀請其他相關部門人員參與確認。
- 某週三早上：FC 會議（加盟店主會議）——邀請 FC 店主參與新商品政策的討論，由 MD 人員主持。

  某週三下午：Team 內就 MD 會議與 FC 會議所出現的問題點進行討論改善，並且對商品開發進度加以確認。

日本 7-ELEVEN 商品開發過程中，有一項很重要的是對「目標品質」設定，即對於所謂「好吃的」、「口感極佳」的形容詞，必須有客觀的數值目標訂定。例如，拉麵商的麵條的「彈力」根據測定要求；再如煎餅與米果的「硬度」指標測定；以及「米飯」的「柔軟黏度」指值測定目標要求等。此外，為了達成這些好吃的指標數值，日本 7-ELEVEN 要求廠商必須添購最新最好的製造設備。

日本 7-ELEVEN 的 MD 人員達到 60 多人，這些人員即負該公司高毛利率自有品牌商品開發的重責大任，並充分與各相關部門及供應廠商密切配合，然後透過不斷的「試作」與「試吃」，才會有不斷超人氣的 Hito（熱賣）商品出現。同時，這也是日本 7-ELEVEN 營收不斷成長的根本所在。

〈案例 2〉日產（NISSAN）汽車的商品開發秘訣

日產汽車法國籍執行長高恩在 2000 年時導入新的組織變革，打破過去縱向本部組織架構，成立「矩陣式」組織架構。特別是在新車型商品開發的組織制度方面，改變尤具革命性。高恩執行長打破過去以「商品部主管」為主的舊制度，而改以「任務導向」專責的與賦予最大自主權力的「矩陣式」商品開發專案小組組織。例如，日產汽車在 2003 年成功推出的小型車（Cube），就是由跨部門的「5 人小組」負責。該 5 人小組調派具有不同專長功能背景的優秀人員組成，包括：產品企劃、設計、生產、銷售及損益分析管理等五種特異功能的跨部門人員。並由專責此新型車損益分析的主管，擔綱總負責人，稱為 Program Director（專案負責人，簡稱 PD）。此 PD 的權力非常高，他只對負責商品開發領域的執行董事及執行長負責，不受他在原有部門主管的牽制。

高恩還鼓勵這種矩陣式任務導向組織，必須充分辯論，不要有過去一言堂的虛假，而要實現「健康的衝突性」，才會有成功的創意產生，這也才是新生的日產汽車公司所需要的組織文化與商品開發創新成功的機制。專責 Cube 小型車開發的 5 人核心小組及 25 人團隊成員，為了研發這款專為年輕人購買使用的汽車，耗費 2 個多月，經常到年輕人聚集的遊樂區、滑冰場、海灘、KTV 、PUB 等場所，訪談至少 1,000 人次以上年輕人的想法與需求，然後才把 Cube 小型車的概念確定。該車款上市 2 週內，即有 8,000 輛銷售佳績，這是導入矩陣式與高權力的專案 5 人商品開發核心小組變革帶來的新成果。

〈案例 3〉伊藤榮堂購物中心的商品開發祕訣

與日本 7-ELEVEN 是同一個關係企業的伊藤榮堂購物中心，也是日本最大的零售流通集團。前董事長鈴木敏文鑑於近幾年來，日本各大賣場銷售的服飾品，幾乎 80% 從海外輸入，其中 80% 又是以中國生產的低價產品為主軸。為突破此種割喉低價局面，鈴木敏文發動了一場號稱為「質優價高日本製商品」（Made in JAPAN）的「價值策略」。鑑於日本中高年齡顧客仍對日本製品有很高的信賴感，雖然價格高幾千日圓，但仍會買其價值。因此，發動該公司 100 人商品採購人員，先在網站上召募日本優良生產技術廠商，共襄盛舉，以高品質與愛護日本的 Made in JAPAN「價值訴求」為戰略。接著展開全日本 35 個製造產地及 176 種主要品項，以及 1,000 名顧客調查，瞭解他們對「Made in JAPAN」優質價高產品的期待內涵，並由伊藤榮堂公司商品開發（MD）人員與產地廠商共同開發該公司賣場的獨家販售新商品。

例如，他們共同開發出 15,000 日圓的男性公事包的優質產品，價格雖然比低價產品還貴 5,000 日圓，依然頗為暢銷。這種優質日本製商品，是伊藤榮堂公司與產地的縫製廠、生產廠及原料廠等 4 家共同商品企劃、設計、試作、材料採購及銷售計畫的嚴謹程序所獲致的成果。

茲圖示其關係如下：

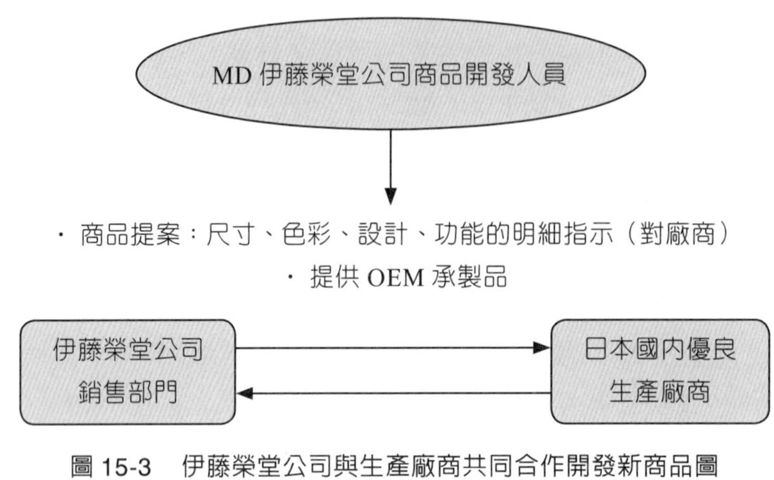

圖 15-3　伊藤榮堂公司與生產廠商共同合作開發新商品圖

鈴木敏文更宣示打破伊藤榮堂購物中心的產品結構，必須儘可能與其他競爭對手所賣的產品有所差異，否則會陷入低價惡性競爭的後果。所以，他提出的名言是：「打破全日本店的一律化商品」，其意是指伊藤榮堂全日本 177 家大型零售據點的商品，必須與競爭者有差異化及獨特性才可以。

〈案例 4〉日本花王公司（110 年歷史）商品開發祕訣

日本花王公司社長後藤卓也，對於日本花王公司連續 12 年營收額均能持續保持正成長的佳績，完全歸功於該公司高度重視新商品開發率，以及超人氣成功商品不斷推陳出新。此成為抗拒日本 12 年來持續低迷景氣的最佳寫照。

日本花王公司有六個不同功能的商品開發研究部門，以及六個不同功能的基層技術研究部門，但在面對同一個最新產品開發任務時，則成立一個共同派人加入的「同一個屋簷下」的專案工作小組，此即強調打破原有組織界限的任務導向小組，並以「成果主義」為至高要求。花王公司對於新產品成功上市，頒發該小組最高 1,000 萬日圓（約新臺幣 300 萬元）的團隊獎金，然後由小組成員再依功勞分配。

日本花王公司每年度商品研究開發費用，占總營收額比率達 4% ，足見對商品開發的重視。該公司最有名的清潔劑品牌，已經進行 20 次的產品與包裝改良任務，單一品牌經常保持新鮮，否則產品壽命很短。而在這過程中，花王公司亦很重視市場調查，包括各種電話訪問、家庭實地訪問、焦點團體座談會、網站意見蒐集等，務必周全與正確的蒐集目標顧客群真正不滿意項目與新需求的發現，而能提高新商品上市的成功率。

〈案例 5〉日本 Mantamu 男性美髮美容用品公司商品開發秘訣

日本知名男性美髮美容用品公司 Mantamu ，主要是透過內部所謂的「情報卡」，全年從日本各地營業店面傳送而來的訊息情報，高達「5 萬件」，這等於是在第一線營業的該公司員工傳遞的 5 萬個情報。這些情報卡內容包括：對商品改良、賣場改良、消費者意見，以及競爭對手動態等最新情報，每天都會從全日本各地湧到東京總公司的社長辦公室。這些員工所撰寫的大量情報內容，比現有的 POS 電腦系統還要完整與更具質化見解，因為 POS 只能提供一些結構比率與銷售金額概況，但是對於如何詮釋這些數字背後的內涵意見與決策看法，則並無幫助，因此，「POS ＋情報卡」才是二合一的最佳營運決策與商品力的來源。該公司每天也會立即整理有意義的情報內容，刊登在「情報卡速報」，隔天立即傳達給其他的營業據點，以求達到「情報共有化」的最高目標。

二、商品開發力成功的三項關鍵點

綜上各家日本公司商品開發的成功經驗來看，筆者可以歸納為三項關鍵點，如下：

1. 商品開發的組織變革是必要的，而且必須採取專責的開發小組，並賦予高度權力，透過跨部門、跨單位組成的矩陣式商品開發專案小組，可以有效打破既有組織的官僚與一言堂，形成有創意的任務組識，打破傳統組織框框，可將組織成員的潛能發揮到極致。
2. 商品開發是情報→假設→檢證（行動證明）的重要機制循環。而其重要前提在於商品開發要有很強的、正確觀點的、甚至是未來前瞻性的「情報力」才行。如此才會有正確的假設，然後檢驗的成功率也才會提高，而降低失敗率。因此，公司如何透過「POS 系統」、「情報卡」、「客服中心意見彙總」，以及各種量化與質化的「市調」作業，以獲致新鮮的情報，將是一種內功的培養。

3. PB（自有品牌）商品持續開發上市，力求創造與競爭對手的產品線差異化及獨自化，將是避免低價戰爭的最佳對策方案。透過強而有力的 MD 人員與各知名廠商的聯手緊密合作共同開發新商品，才可以不斷創新營收與獲利的成長，這也是領先對手的有力武器所在。日本 7-ELEVEN 現在已喊出 1 萬的「個店主義」，亦即在日本不同的地區、不同的都會鄉鎮、不同的地點與不同的時節，各店的商品構成內容也都要有不同的變化，才能滿足不同的消費者。

三、結語

心中永遠沒有「滿足」二字，而且永存「危機意識」

世界第一大、也是日本第一大的日本 7-ELEVEN 董事長鈴木敏文曾指出，在他的心中，永遠沒有「滿足」二字的存在。因為一旦滿足了，就代表事業不會再成長，獲利不會再增加，以及競爭力停止進步。而日本花王公司後藤卓也社長，也提出花王連續 12 年的正成長佳績，其根本主因就是該公司數十年來的總社訓：永存「危機意識」，然後就會不斷設定新的挑戰與領先的目標，並且努力去達成。日本花王的成功，就是在這種社訓理念下，一步一步奠基而成的。

是的，商品開發的成功，正是行銷活動成功的啟動引擎。不論是最高經營者或是行銷主管或是 MD 主管，心中永遠沒有「滿足」二字，而且永存「危機意識」，將是成功不墜的最佳守則與信念。

16 全球各大企業產品研發案例說明

壹　聯合利華商品開發案例

貳　全球最大食品公司瑞士雀巢公司的商品開發

參　ZARA 服飾公司的產品開發與創新

肆　P & G（寶僑／寶鹼）的商品開發

伍　巴黎萊雅（L'OREAL）在中國研發與創新中心的三個「核心使用」

陸　雅詩蘭黛（美國第一大品牌）的產品研發

柒　3M 公司的商品開發

捌　UNIQLO 的商品研發

壹 聯合利華商品開發案例

一、聯合利華主要品牌

二、聯合利華：大筆投資全球研發體系三級制

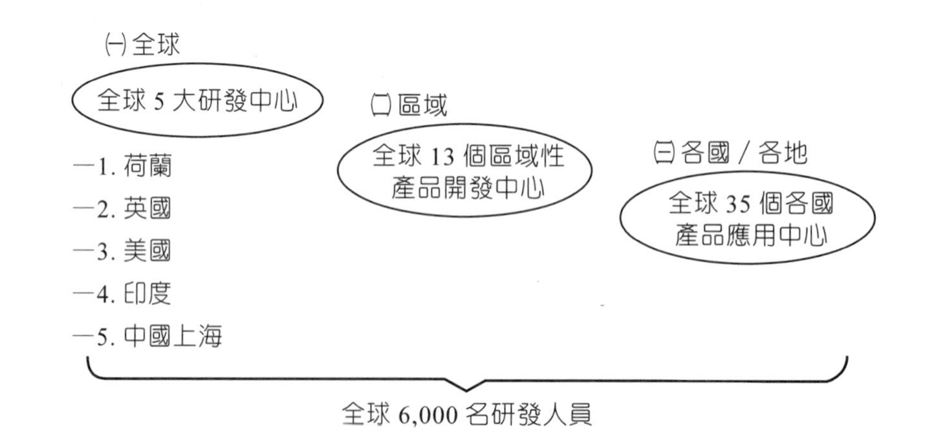

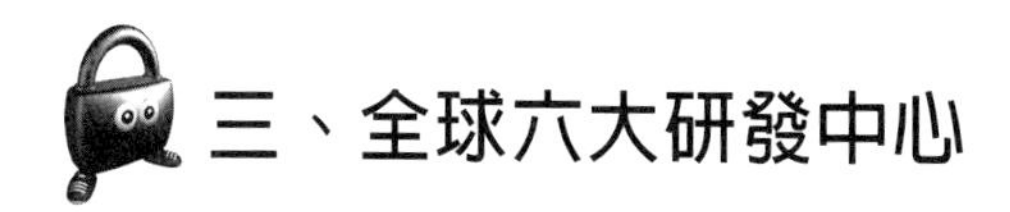

三、全球六大研發中心

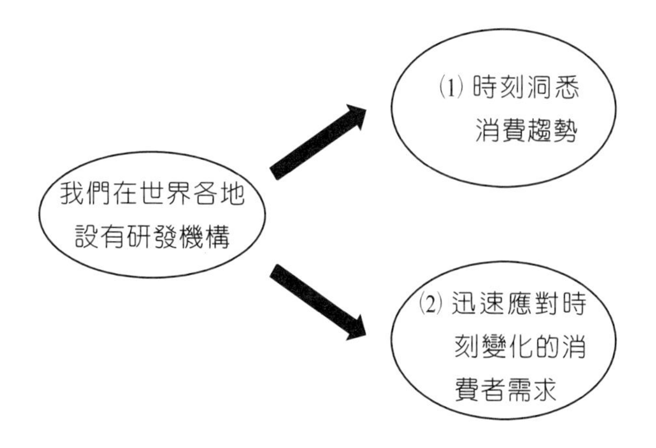

四、聯合利華創新求進

創新求進是驅策聯合利華成長的動力及事業的血脈，我們擁有比競爭者迅速為市場帶來更遠大創新的能力，未來前景無可限量。

五、聯合利華：三者合一串連

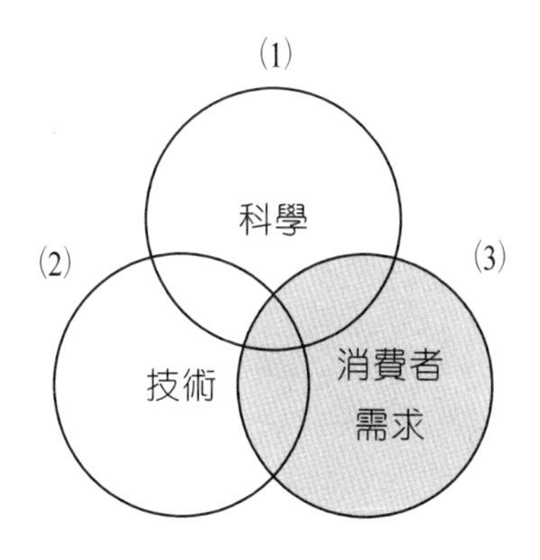

六、聯合利華：創新與改良並進

(一) 創新（新產品與組合）。

(二) 改良（更新現有產品）。

七、聯合利華的研發領導地位

支撐聯合利華品牌屹立 100 餘年的骨幹就是科學與技術

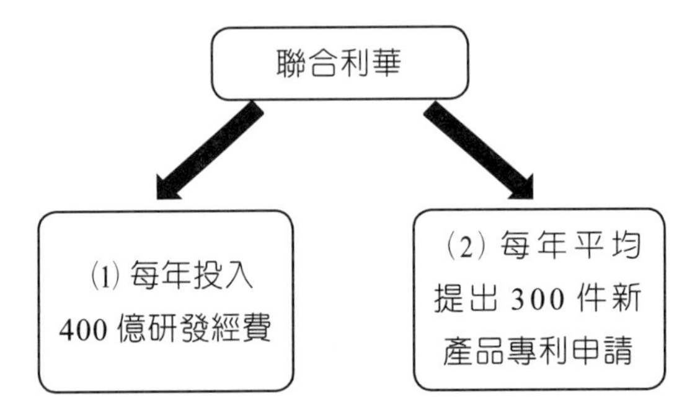

八、聯合利華不斷創新求進

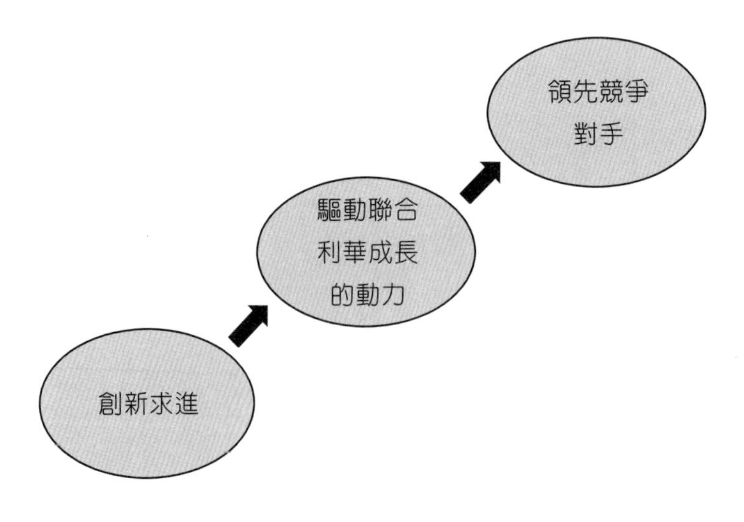

九、聯合利華：把研發視為重要投資

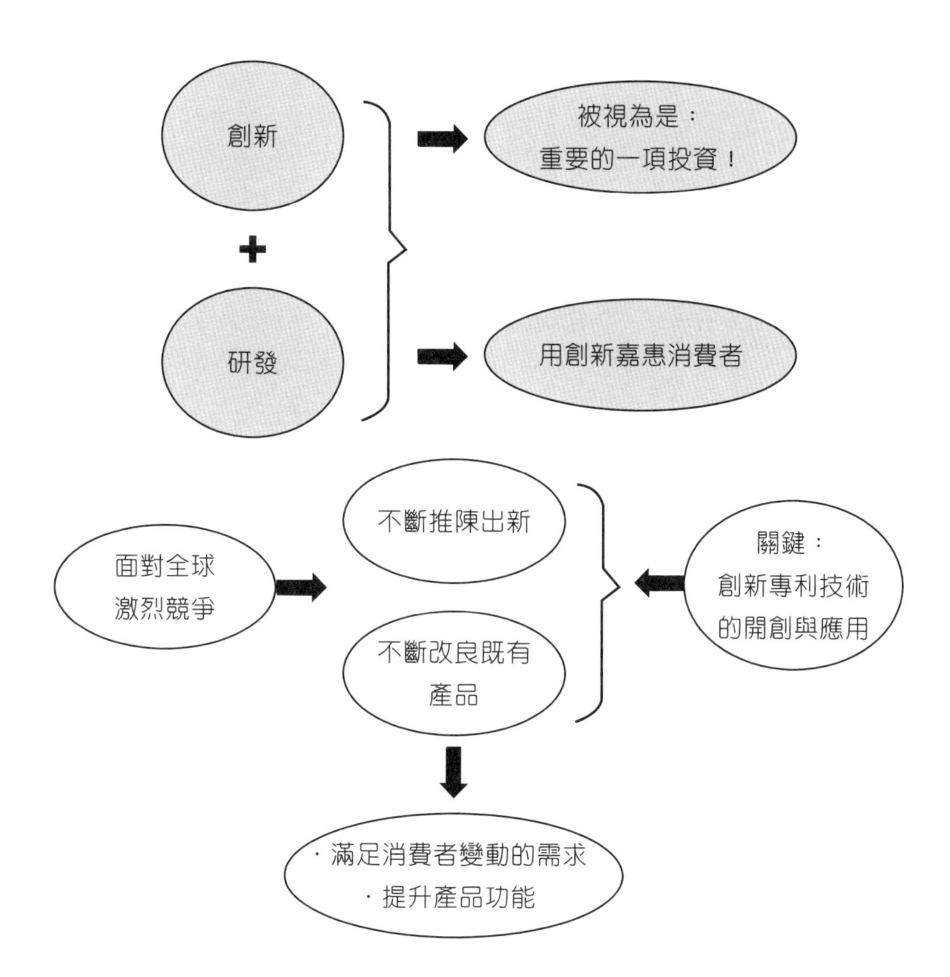

十、聯合利華：用研發嘉惠消費者

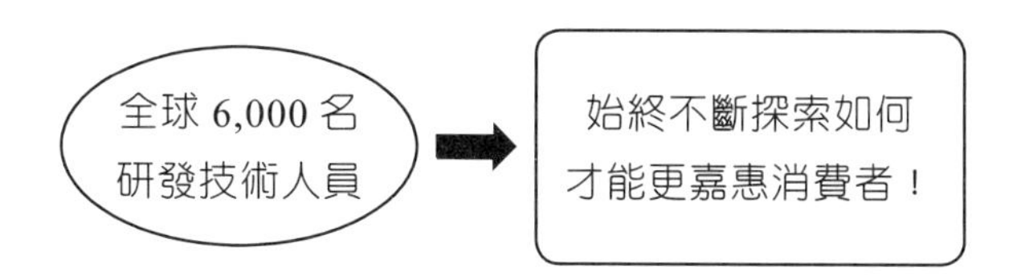

十一、聯合利華：我們的目的：追求卓越

我們的研發使命是「差異化、傳遞、永續與成長」，亦即創造確實能造福大眾的獨特新產品，滿足消費者真正的需求，而且只要做到這點，變能促使聯合利華永續成長！

十二、聯合利華：外部協力夥伴

在整個研發過程中，我們與學術機構和供應商等第三方密切合作，由內而外確實取得最卓越的科技，我們的分子資訊學者就是其中一例，與劍橋大學的合作已被廣泛公認為是產學合作共創科、商業與消費者福利的典範。

十三、聯合利華：以消費者利益為依歸

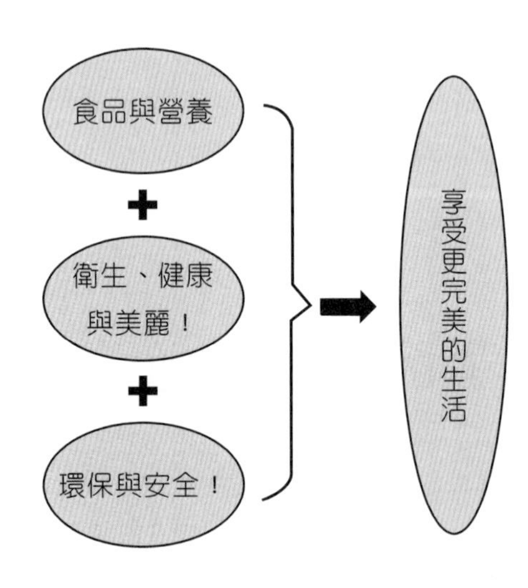

 十四、聯合利華：中國上海建立研發中心

(一) 投資 5,000 萬歐元（20 億新臺幣）。
(二) 任用來自全球 15 個國家的 450 位研發人員。
(三) 負責：基礎研究 + 產品開發。

 十五、聯合利華：如何瞭解消費者

(一) 行銷研究：行銷研究單位定期會為各品牌產品進行市場量測與消費者行為的調查，這部分屬於比較一般性的市場資訊，品牌經理可以另外以專案的方式委託行銷研究部門進行特定的研究調查。
(二) 消費者會議（All about Consumer Meeting）：每個品牌每個月都會有一次討論有關消費者問題的會議，聯合利華稱之為 All about Consumer Meeting，參加成員是與該產品有關的各部門負責人員。

 十六、聯合利華：如何瞭解消費者

(一) 家庭拜訪（Home Visit）：每個品牌都有目標市場與市場定位，品牌經理可以透過家庭拜訪的方式除了觀察消費者的使用行為外，並且與預設的消費者行為假設做比較！
(二) 通路觀察：品牌經理可以透過直接到各通路零售據點，觀察消費者的購買行為，甚至直接擔任產品展示服務，直接與消費者互動！
(三) 客戶服務中心（0800 服務專線）：客服中心每個月會整理一個月來的消費者意見與問題，彙整成報告後，交給品牌經理參考。

十七、聯合利華的「產品創新 SOP 流程步驟」

㈠ 第一步驟

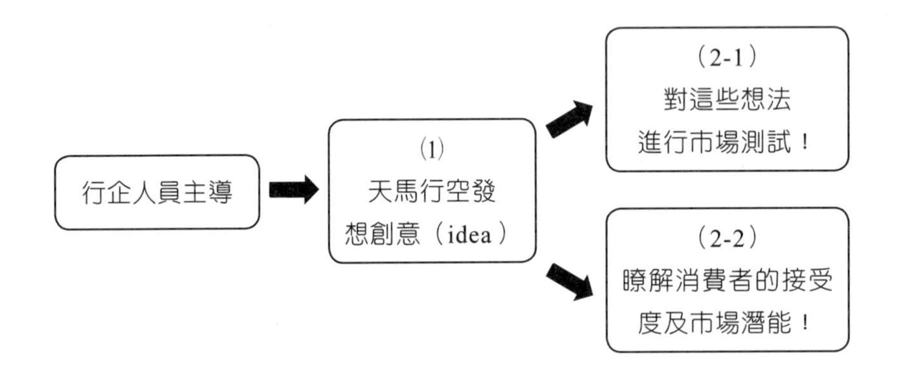

1. 在這個階段，產品可能連雛形都還沒有，只有寫在海報上的敘述性字眼而已。例如：五色蔬菜濃湯最初的發想，就是「不同顏色的湯」這樣簡單的概念。而再決定以「顏色」做為新湯品的開發重點後，歐洲企劃人員便提出各式各樣的產品訴求與構想，包括不同的顏色可以「代表大地不同的蔬果」、「表示不同的維生素與營養」、「帶縮不同人的好心情」、「吸引小孩喝湯」等等。
2. 針對不同的訴求，可以吸引不同族群的消費者，企劃人員接著又你出了十幾種提案，展開測試與評比，並且都必須接受許多檢核表（checklist）和KPI（關鍵績效指標）的檢視。比方說，先找來一群媽媽，詢問她們對「不同顏色的湯」有沒有興趣？如果有，又是哪一種訴求最能打動她們？
3. 透過這個「廣泛發想，仔細評估」的過程，就能將原始的創意，一步步朝著消費者感興趣的新產品發展。由於在測試中，企劃人員發現人們（尤其是年輕女性）對於「新鮮蔬果色彩鮮豔」、「攝取的蔬果種類越多，對身體越好」有著強烈認同於是就在反覆汰選中，做出最後定案；以紅橙黃綠白五色湯品，代表大地不同的蔬果營養，並且以不含防腐劑和味精的純天然路線為號召，目標族群鎖定在年輕都會女性。

在整個創意漏斗中，這個步驟其實是最困難的，因為要發掘能夠得到最多數人共鳴的想法，必須廣泛參考許多國家的資料，再因應在地人生活習慣加以修正，才能找出對的產品給對的人。

(二) 第二步驟

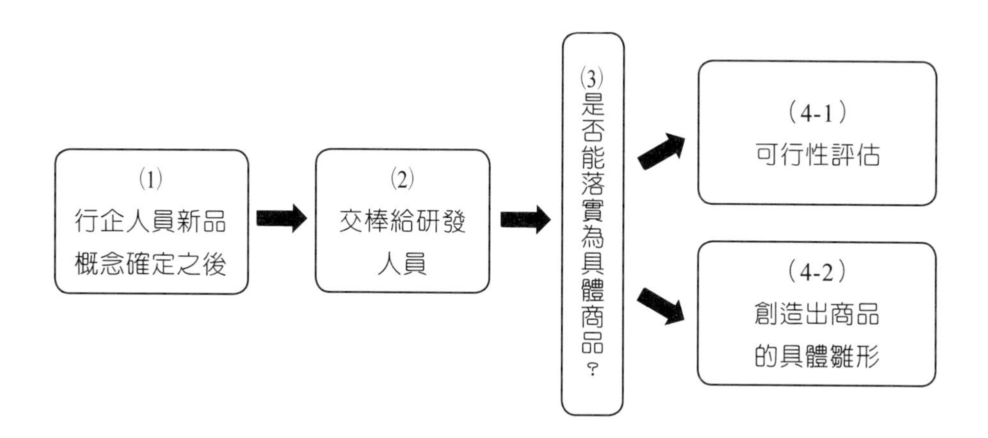

1. 在確定要研發五色蔬菜濃湯後，由研發部門與營養學家共同討論，決定出每一色湯品要由哪幾種蔬菜構成，才能符合「多元蔬果營養」的概念；又如何在不添加人工調味料之下，調配出符合消費者口味的濃湯。等到成品做出來後。還要請消費者測試是否滿足需求；若不符合，則再做調整甚至重回最初的發想階段。
2. 五色濃湯要引進台灣時，雖說是承繼了在歐洲確定可行的概念，但是在商品內容上，還是做了些調整。譬如，拿掉了臺灣人不熟悉的甜菜，還增加了「湯料」的份量（西方人對清湯接受度高，但臺灣人喝湯愛吃料），將歐洲味轉為臺灣味。
3. 第一個步驟成敗難料，第二個步驟也很容易喊卡要檢核的項目也最多，反而是越到後期，因為越來越確定與聚焦，也開始要投入更多資源，反覆修改的機會也就變小。剛開始可以天馬行空，但後期就得有十足把握是對的，才會投入。

㈢ 第三步驟

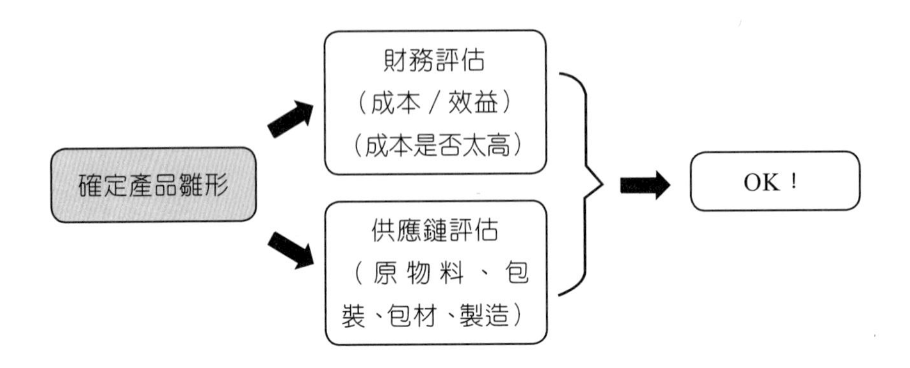

㈣ 第四步驟

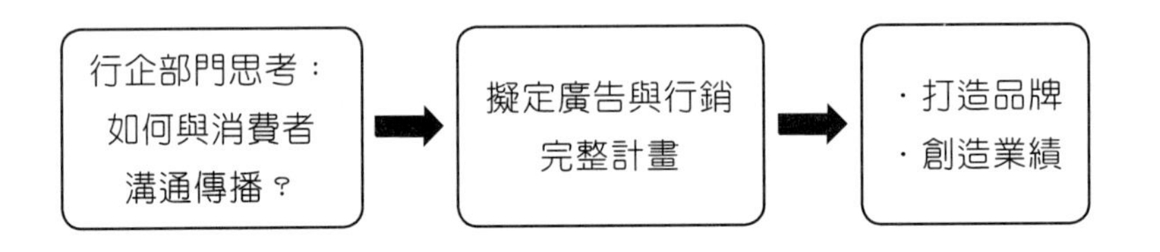

㈤ 第五步驟

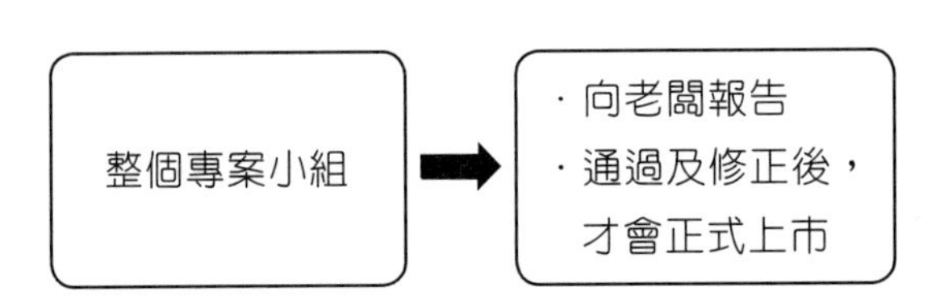

㈥ 第六步驟

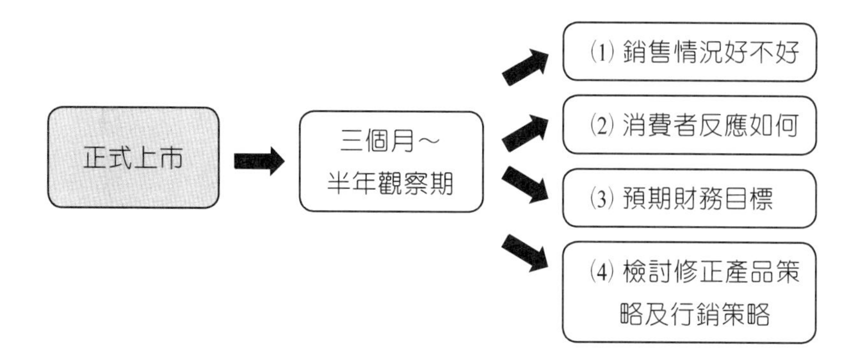

㈦ 第七步驟：守門人（董事會高階主管做裁決）

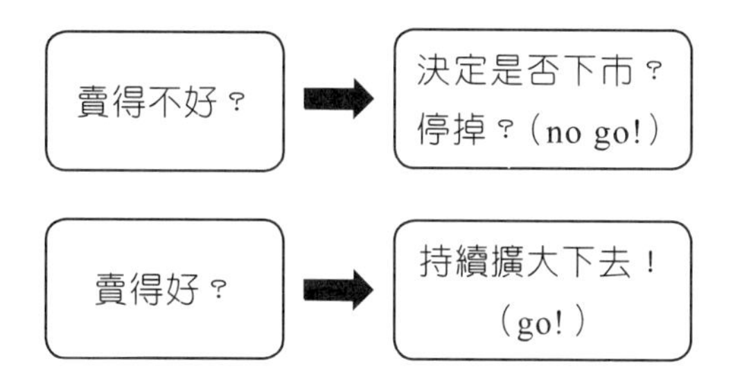

貳　全球最大食品公司瑞士雀巢公司的商品開發

雀巢擁有世界上最大的食品和營養研究網路，超過 5,000 名科學家及技術人員在研發領域工作，並與全球研究合作夥伴和大學保持著緊密的合作。

一、雀巢公司的四個基礎研究中心

㈠ 雀巢健康科學研究院：在瑞士洛桑 EPFL 大學的校園內，專注生物醫學研究，提供科學支持的個性化營養方案。

㈡ 雀巢研究中心：位於瑞士洛桑，位營養健康及產品創新提供科學基礎，擁有 600 名員工，其中包括來自 50 個不同國家的 250 名科學家。

㈢ 臨床研究中心：為公司全球的臨床實驗提供專業醫療知識。

㈣ 法國圖爾（Tours）研發中心：專業的植物科學研究中心。

 二、雀巢：全球 32 個研發中心

雀巢公司：
全球計有 32 個
研發產品中心

中國則占 4 個：
（北京、上海、廈門、東莞）

 三、雀巢：研發增添競爭力

每年投入 20 億瑞士法郎
（600 億臺幣）做 R & D 費用！

占全年度淨利潤 18% 之高

全球研發人員 5,000 人！

全球 480 家工廠

四、雀巢公司四大競爭優勢

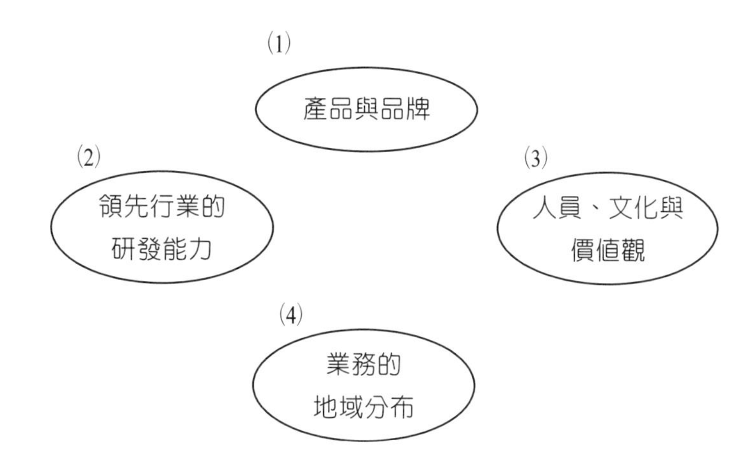

五、雀巢：開放的研發體系

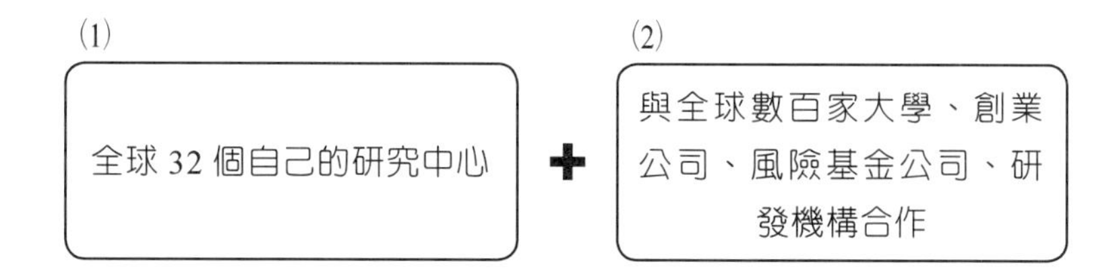

六、雀巢集團的研發體系：倒金字塔

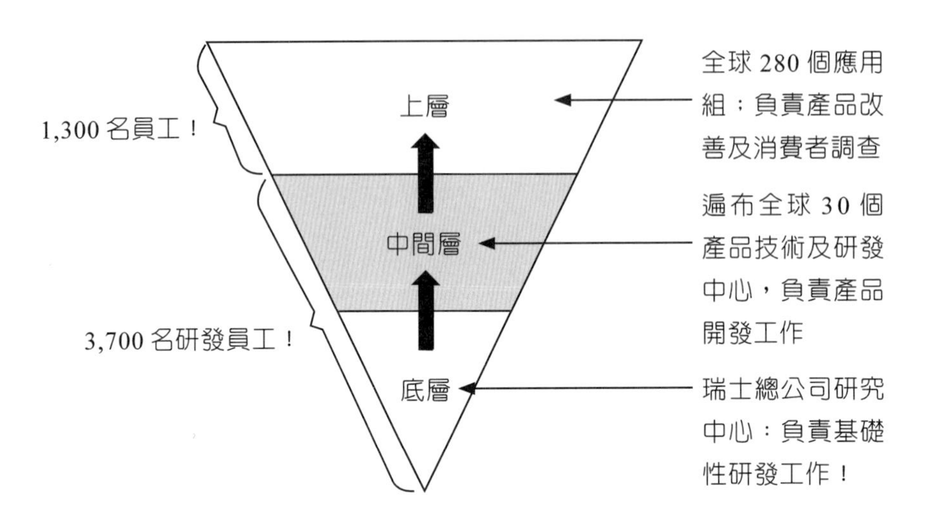

七、雀巢：研發成果到正式商業化要有三要件

總公司：
基礎研發中心

轉到

各國：產品技術開發中心

一是調查消費者是否有這方面的需求，二是透過試驗瞭解研發成果轉化為產品的技術工藝上是否可行，三是測算生產成本，分析產品是否能為企業帶來營利，三項條件都具備，中心便可以將研發出的產品轉交給乳品工廠，再由他們根據本地市場需求決定是否將其投放市場。

八、雀巢集團研發中心總經理表示

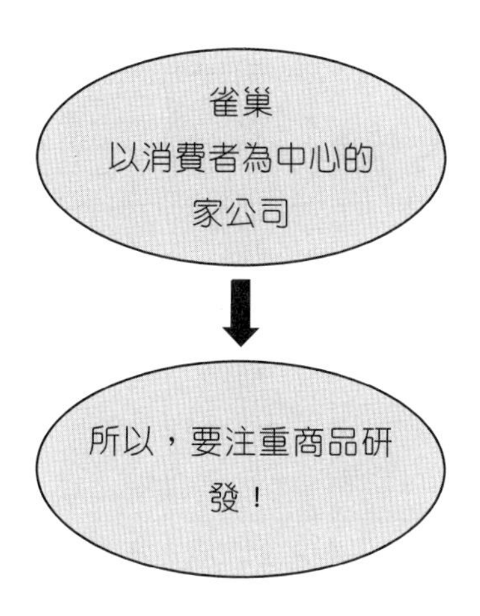

九、雀巢：產品創新的三個組成內容

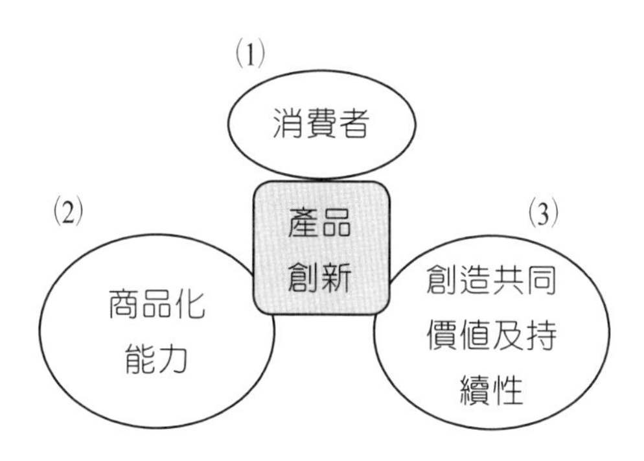

十、雀巢：150 年企業歷史成功之路的關鍵；持續性改良與創新

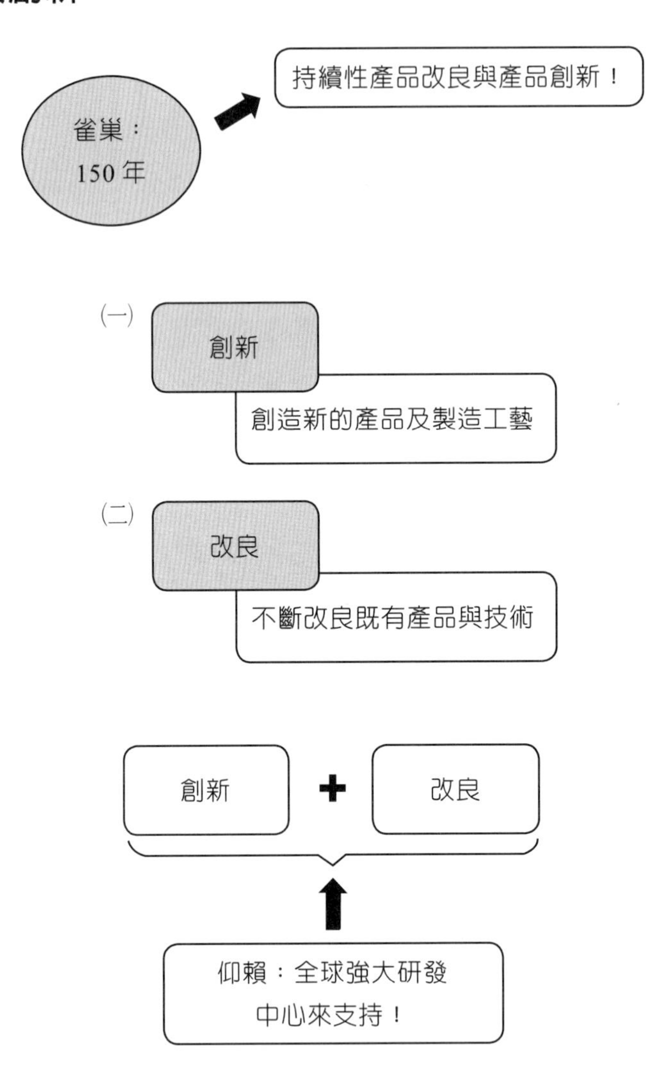

十一、雀巢研發：60/40 + 準則

在雀巢的研發中，有一條「60/40+」準則，即任何一款新研發的產品，首先要和市場上其他品牌的同類產品放在一起，在消費者中進行對比測試，只有當60% 以上的消費者在「盲試」中選擇了雀巢新產品，認可其口味後，這一產品才

算取得市場准入資格。之後，雀巢還要對產品進行多方面改進，為消費者增加營養價值，這就是「+」的涵養。提克先生指著展場中琳瑯滿目的各類產品說，它們都是經過這一嚴格考驗後，才進入市場的，從而保證了雀巢產品在上市後，口味能夠獲得消費者的喜愛。

參 ZARA服飾公司的產品開發與創新

一、ZARA西班牙總公司

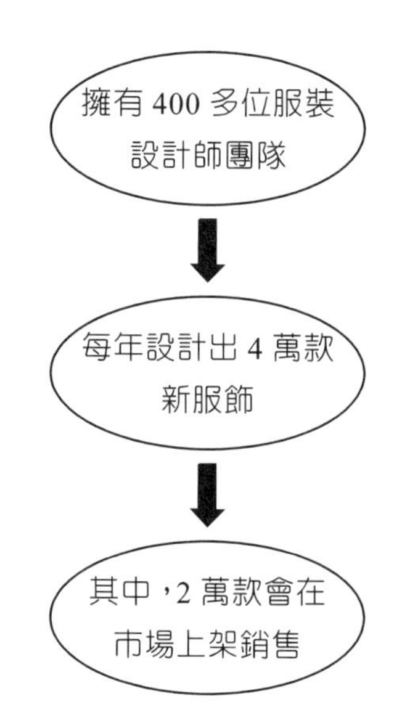

二、ZARA 設計模式：採三位一體產品開發管理

(一) 三個單位合為一體工作

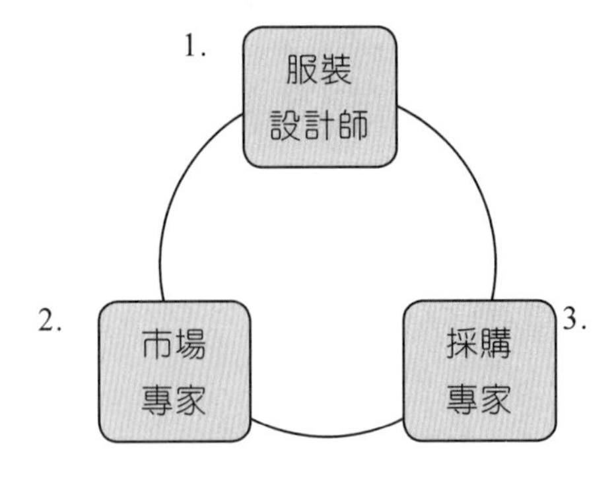

(二) 設計師繪出設計草圖，進行討論及修改

(三) 再決定布料、顏色、生產量、成本多少、定價等

(四) 交給生產部門

ZARA 400 多位設計師：
平均年齡 26 歲，非常年輕有活力團隊

從全球任何地方獲取靈感

1. 參展：米蘭、巴黎、紐約、東京
2. 各大城市現場觀察
3. 閱讀各種專業時尚雜誌

 三、ZARA 總公司有上百位市場專家

市場專家

與全球各地 ZARA 專賣店店長及區經理，透過電話聊銷售、聊產品、聊訂單、聊流行、聊顧客！

掌握全球各地消費者對流行服市的需求

 四、ZARA 總公司有上百位採購專家

採購專家

負責每一批訂單的生產規劃、分派及製造，然後透過全球快速物流體系，送到各國 1,000 多家店去！

 五、ZARA：每款服裝上架僅須二週時間

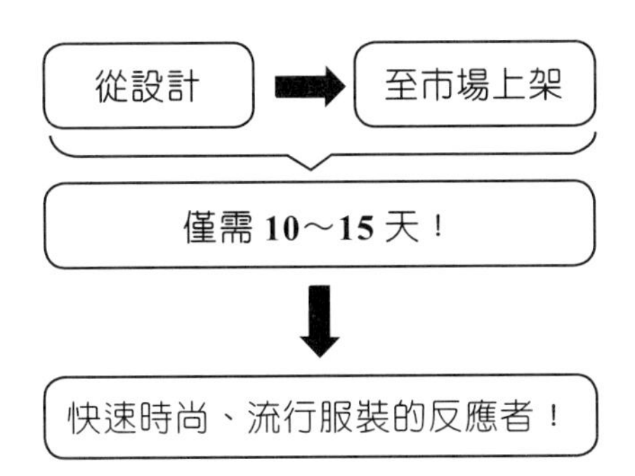

六、ZARA：蒐集市場流行資訊

也在香港設立專業公司，負責蒐集亞洲地區在不同市場的潮流與時尚趨勢，提供給西班牙總公司的設計部及市場部門做參考！

設立一支「時尚觀察員」的組織，廣泛的在各大百貨公司、娛樂場所、人行街道、服裝店、展覽場所……等地，給設計師不斷帶來新的靈感！

ZARA：時尚、潮流資訊的四大來源

- ⑴ 時裝發表會：（巴黎、米蘭、紐約、倫敦、東京、上海）
- ⑵ 流行地帶、場所、雜誌
- ⑶ 購買競爭對手在全球推出的最新款式
- ⑷ 全球直營門市店店長及區經理的反饋意見！

肆 P & G（寶僑／寶鹼）的商品開發

一、P & G 多品牌

二、P & G 總公司技術長表示

㈠ 產品研發是「整個團隊」緊密合作的結果！

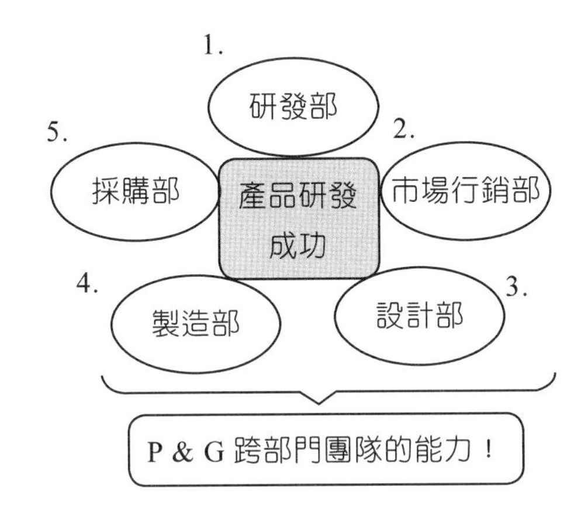

三、P & G：創新須以消費者為本

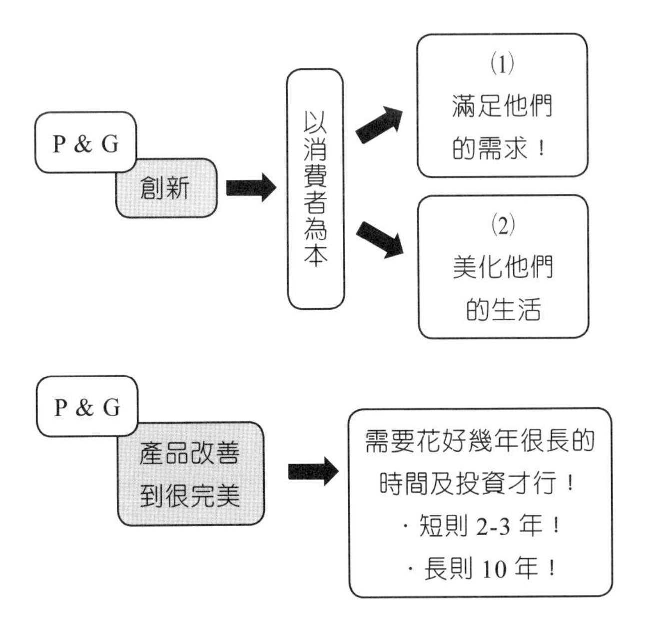

四、P & G：內部及外部創新併用

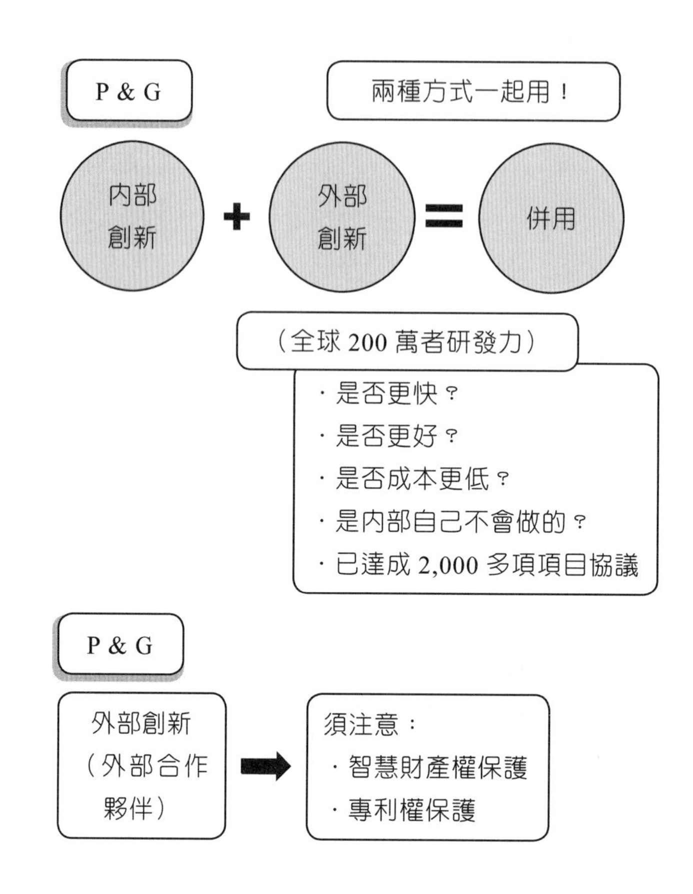

五、P & G：創新有區分三種類

㈠ 可持續性創新：是在現有產品領域裡不斷推陳出新，研發出新的技術與產品。

㈡ 帶有轉變性的可持續性創新：在前一種創新基礎上，它可以帶給消費者全新的功能，他們以前未接觸到的功能！

㈢ 顛覆性市場的創新：這個市場原本是空的，這種創新不是在現有技術上去發展，而是一個顛覆性創新！

六、P & G 中國北京研發中心的四大作用及特色

㈠ 中國 13 億人口，有助我們去瞭解範圍最廣、差異最大的城市消費群！

㈡ 中國消費群會告訴我們，他們需要什麼？想要什麼？這會帶給我們創意的想法。

㈢ 中國可以招聘到頂尖的科研人才。

㈣ 有機會接觸到全球一流的合作夥伴，帶給我們創新的更大進步！

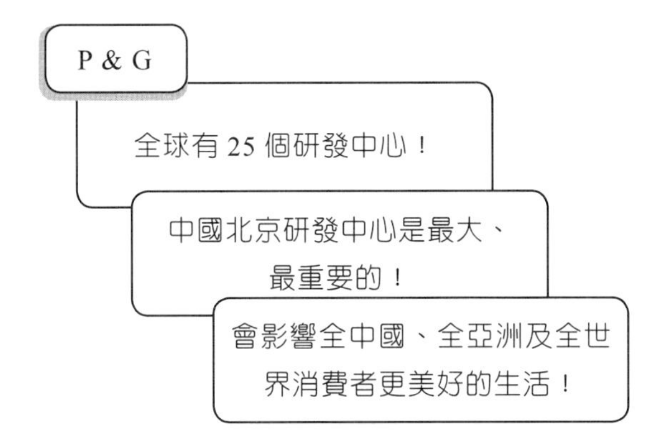

七、P & G：植基於消費者價值的創新

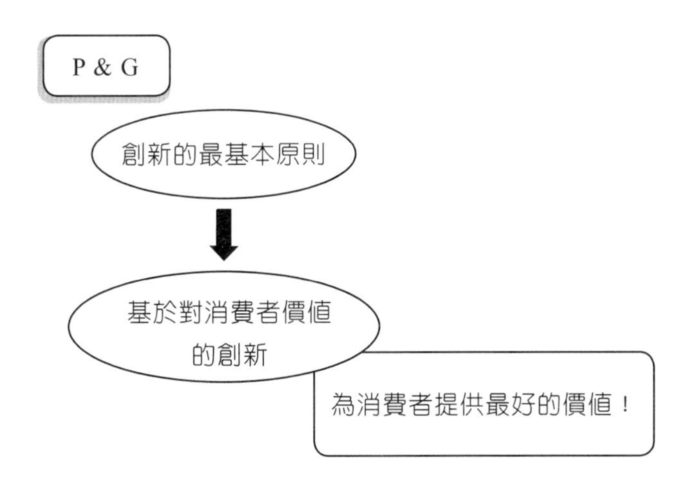

八、P & G：無所不在的創新

㈠ 產品創新。

㈡ 包裝創新。

㈢ 設計創新。

㈣ 業務模式創新。

㈤ 成本創新。

㈥ 組織營運創新。

九、P & G：創新要件—必須具備的五項核心優勢

㈠ 寶鹼對自己的顧客有深入的認識：每一年投入超過 2 億美元，設法瞭解自己的顧客需求。

㈡ 寶鹼創力並打造永續品牌：在 2015 年，寶鹼已經擁有 23 個市值達 10 億美元的品牌。

㈢ 寶鹼藉由與顧客和供應商的合作來創造價值，與零售商和供應鏈網絡建立了穩固的夥伴關係。

㈣ 寶鹼電話利用其規模不斷學習：善於將某個市場中的構想和見解，善用在其他市場上。

㈤ 創新是寶鹼的活力泉源。不斷推出比所有競爭對手都更新的新產品，也樂於和公司以外的創新者合作。

 十、P & G：內外並進的產品創新

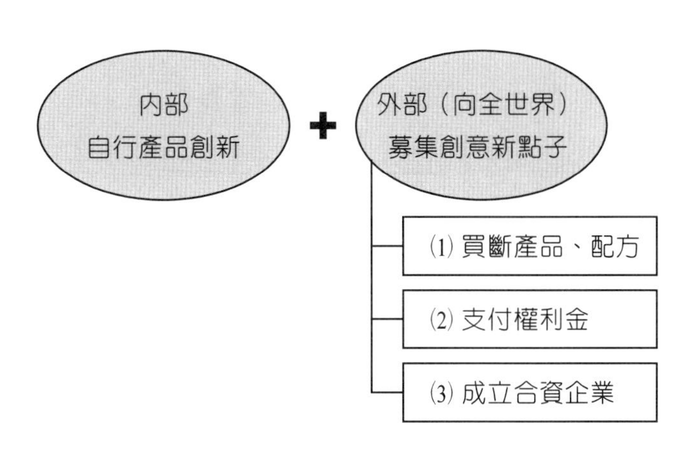

 十一、P & G：四大法則管理創新

四大法則

- 鑽石法則一：產品創新與科技策略。產品創新策略協助寶鹼決定要在哪一個領域推出新產品，並且分配資源。
- 鑽石法則二：產品開發流程系統。在每一項創新中，寶鹼都要相關的研究人員、設計師、生產、行銷相關人員組成一個團隊，共同編製產品出櫃，上市，並一起解決問題。
- 鑽石法則三：寶鹼承諾與管理。寶鹼將資源集中在一些新計畫中，並承諾給予被選定要發展的新商品一切所需資源。
- 鑽石法則四：有利創新的氣氛與環境。寶鹼內部的領導團隊、環境、文化，在在鼓勵員工創新，除了將發展商品列為每個事業主管的績效指標，寶鹼還有「設計、創新與策略」部門專司創新。另外，寶鹼也有「多元策略」，從供應商、員工到產品，組成都盡量多元化，才能滿足一百六十產銷不同國家的消費者需求。

十二、P & G：新產品上市的八個原則

㈠ 原則一：不把新產品當作當年銷售的增長點

這是一個關鍵的戰略問題，新產品正如一個新生的孩子，它的價值通常展現在上市 12 個月後，雖然，上市後，多少都會帶來一定的銷售，但是如果把它作為年度銷售的一個組成部分，由於年度目標的綱性，會導致為了實現目標而急功近利，揠苗助長。這就容易造成縮短上市準備時間，減省必要的工作流程，忽略產品的質量和完成性等情況。所以，在寶僑，新產品通常不作為實現當年度目標的一種手段，而是是作為下一年度市場增長所做的準備工作。

㈡ 原則二：建立以客戶價值為導向的管理流程

新產品之所以成功，從根本上來說，是因為客戶發現它具有比競爭產品有更大的價值或者比較獨特。因此，正確地發現和定義顧客價值就成為成功的關鍵。

寶僑在新產品上市流程中明確提出，新產品的本質是產品「概念」，而概念就是客戶的價值，在實際流程中，寶僑把開發產品「概念」作為整個產品開發的第一步，而產品開發及廣告，通路策劃都以產品概念作為依據。為了保證概念的質量，進一步建立了標準的七部概念及開發。

㈢ 原則三：科學地預測銷售額

在寶僑上式管理中，分別有四次對產品上市後 12 個月內銷售的預測，並且每一次都基於量化的市場調研數據。然後，基於四次預測，進一步預算進行估計。

許多企業在上市的過程中，由於缺乏科學的方法，往往採取最簡單的推算法。例如：某企業準備推出一種戒菸產品。領導者認為：中國有 3 億菸民，即使只有 1% 嘗試了這種產品，也有 300 萬人，以單價 100 元計，當年銷售應該在 2~3 億元。但是實際上市後，失望隨之而來，只有不到百分之一的人嘗試這個產品，兩年的銷售額只有可憐的 300 萬元，有位市場總監把這種上述過程生動地描述為。狂喜、覺醒、迷茫、悔恨、懲辦這五個過程。然而，寶橋的四次預測有效地減少了上市準備做的盲目性，並有效地幫助減少和糾正了上市中的錯誤決策。

㈣ 原則四：建立獨立的新產品上市小組，並充分授權

在中國，傳統的家長和領袖意識，使得許多企業核心的領導總是干涉產品上市的各種重大決策，由於位高權重，而一言九鼎，在這種情況下，權力往往替代了科學的調研與分析，而失敗也大多源於此。

寶橋為了避免這類問題的出現，對市場的每一個環節、概念、產品複合體、市場複合體、銷售複合體、步步都建立以市場調研為基礎的決策模型，為了保證上市產品得到全力以赴的投入，寶橋將新產品上市人員獨立出來，形成類似小型事業步的組織，並要求全體人員全職進行產品上市工作。而通常，負責產品上市的經理都是直接依據數據決策，高層管理者只是扮演著支持者的角色，在需要資源與協調時給予幫助。

㈤ 原則五：導入項目管理制

新產品上市是所有營銷活動中最複雜與複合的工作，通常會涉及公司中的各個部門，為了保證分繁複雜工作的質量，項目管理的方式是十分必要的。

寶橋在上市流程中導入全程的項目管理制，將所有工作模組分解為 80～100 巷工作任務，以一個新產品事務計畫將所有的任務進行統一規劃。每個任務都事先安排好時間、負責人、資源估計及量化目標。在管理過程中，運用項目會議的方式，每完成一個任務，都進行 QC 工作。

步步為營的管理方式使得上市工作有序而可靠。

㈥ 原則六：進行小規模市場測試

在全球推廣前，進行小規模市場測試是寶橋新品上市中的規定流程。測試通常會選擇一至兩個相對封閉的程式進行，測試時間一般為 3～6 個月。透過對策將市場進行分析，寶橋會不斷的修正與改進自己的營銷辦法。

事實上，在寶橋，儘管每一個新產品都是 100% 地認真完成了準備工作，也有近 30% 的新產品，在測試市場中發現問題，幫寶適嬰兒尿片就是在測試市場中發現了產品概念方面存在失誤，從而避免了全國推出的巨大宣傳損失。

(七) 原則七：使用量化的支持工具

在上市過程中，從目標市場確定到測試市場，涉及近 20 個關鍵決策點，任何一個決策點失誤，都會導致產品上市遭遇困難。為了避免這些問題，寶橋會透過各種科學的分析支持工具，比如概念測試、廣告播放前測試、包裝測試、目標市場需求研究、早期品牌評估研究等，對新品上市進行分析。這些測試都是以量化的方式進行的，而且大多都是標準化的！

(八) 原則八：果斷中止項目

新產品上是準備階段，由於對市場與產品逐步深入的瞭解有近 20% 機率會發現一些不可克服的問題。這時，即時果斷中止往往是最為明智的選擇。許多企業的新產品管理者往往很難克服面子和環境壓力，即使發現問題也抱著僥倖的心理強行上市，往往將一個原本 200 萬元的損失擴大為 5,000 萬元的損失。

伍 巴黎萊雅（L'OREAL）在中國研發與創新中心的三個「核心使用」

一、巴黎萊雅中國研發創新中心的第一個核心使命

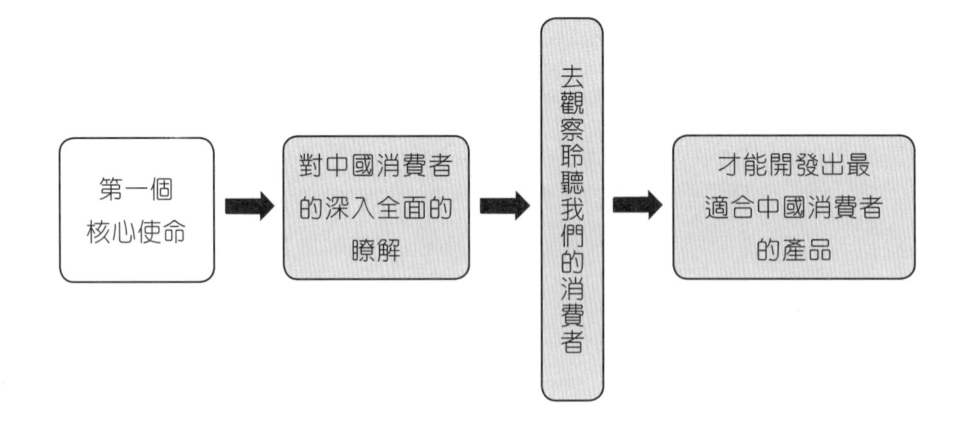

二、L'OREAL：深度理解中國消費者

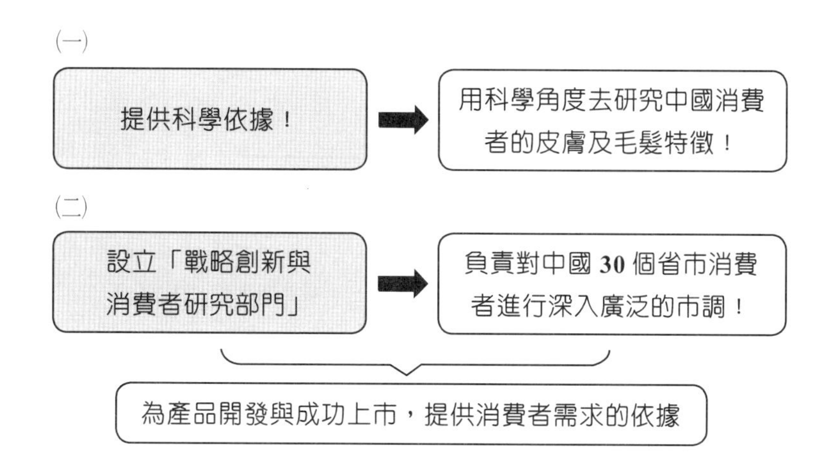

三、L'OREAL第二個核心使命—建立一個360度全方位研究平臺

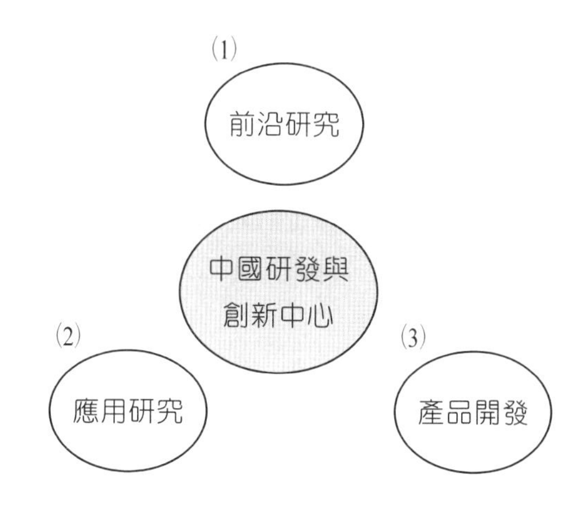

(一) 前沿研究

1. 創新性原料的開發。
2. 原料及配方的化學分析。
3. 與中國國內的科研機構建立廣泛的科研合作。
4. 建立並開展亞洲人皮膚體外重建工程。

5. 建立並開展前期臨床功效性評估工作。

(二) 應用研究

這一環節的主要是為了將基礎研究的成果轉化成創新性產品做初步的探索性工作。目前已經在中國成立專門研究小組和研究部門，針對全新的洗護類、美白類、防曬類等產品進行大量的創新行配方的探索工作。

(三) 產品開發

在這一階段中，利用來自應用研究甚至前沿研究所獲得的活性分子以及全新的配方技術，與消費者的需求緊密的合作，同時利用先進的科學評估手段，最終開發出最適合消費者的化妝品。

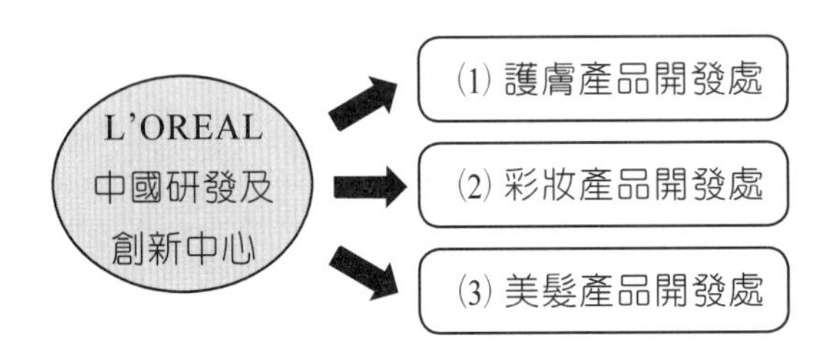

四、L'OREAL 第三個核心使命－全球雙向分享成果創新模式

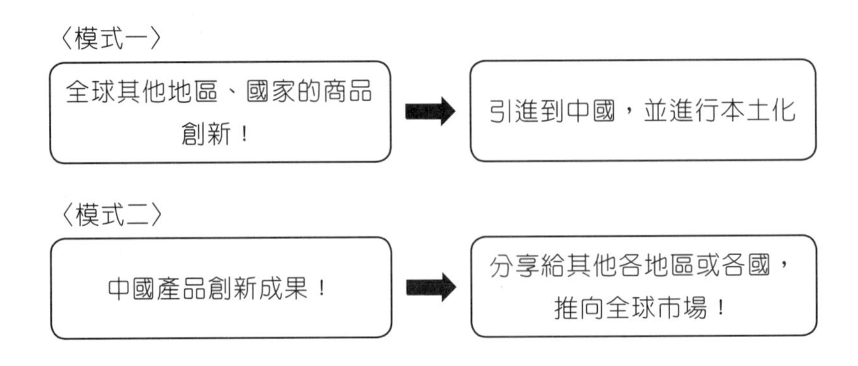

五、L'OREAL 巴黎萊雅：科研交流

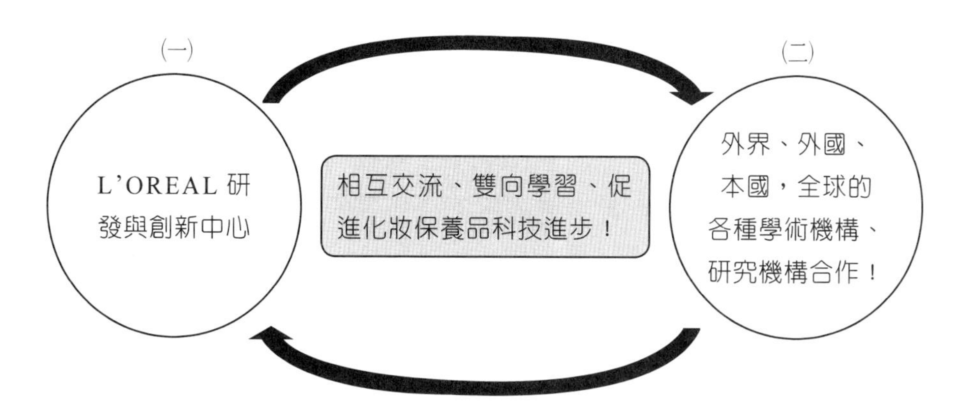

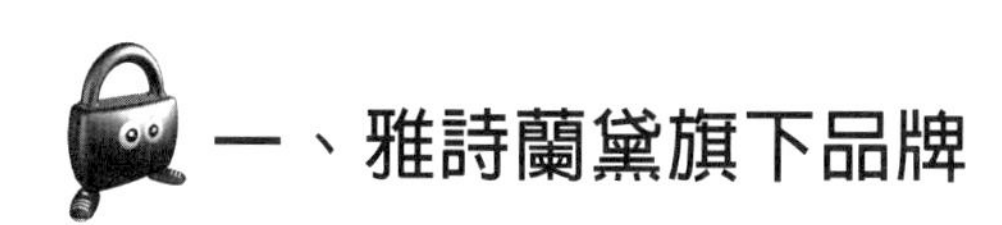

陸 雅詩蘭黛（美國第一大品牌）的產品研發

一、雅詩蘭黛旗下品牌

二、中國上海成立雅詩蘭黛集團亞洲研發中心—為中國及全世界創造出更好的產品

董事長致詞：

「中國消費者對於護膚有很高的標準，激勵我們開發出個別為中國及亞洲人膚質訂製的世界級產品。我們把美國最好的科技帶來，與中國優秀科學家和研發人員的卓越能力相結合。透過這種合作，我們可以充分瞭解中國消費者的眼光，能夠最近距離地瞭解這些對完美肌膚以及精緻、創新的護膚機制有最高要求的消費者。由此我們也將為中國消費者和全世界都創造出更好的產品。」

三、雅詩蘭黛：全球一體化的產品研發網絡

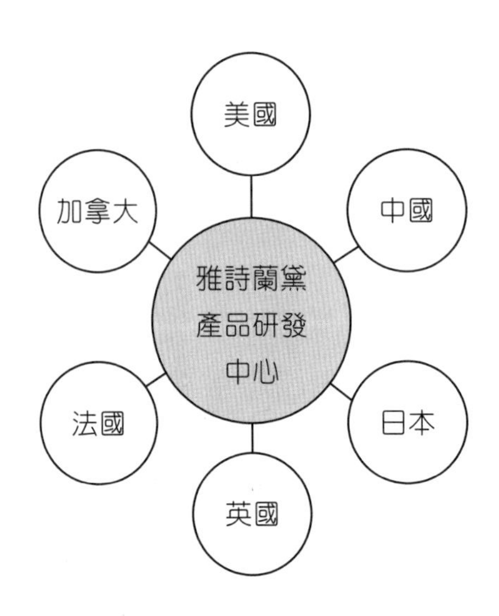

四、雅詩蘭黛創新準則

· 我們的工作是開發出吸引各種消費者注意力的創新產品，並將美容行業引進美與創新的方向。

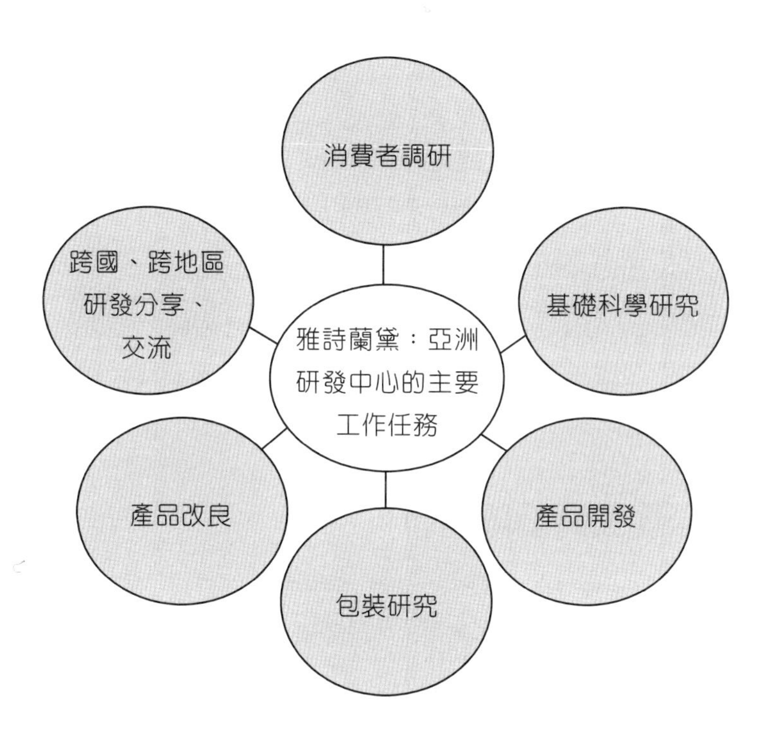

柒 3M公司的商品開發

一、3M：全球設有65個研發中心

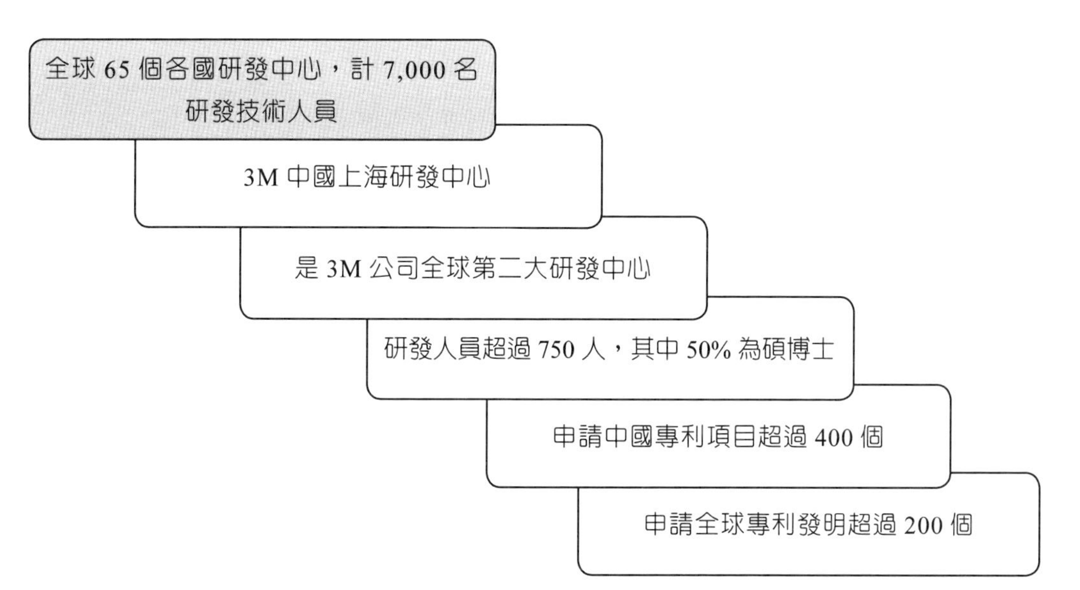

二、3M全球研發投資

每年R & D費用占總營收額5～6%

每年營收中，來自過去5年開發新產品的占比已達40%

三、3M公司強調團隊創新

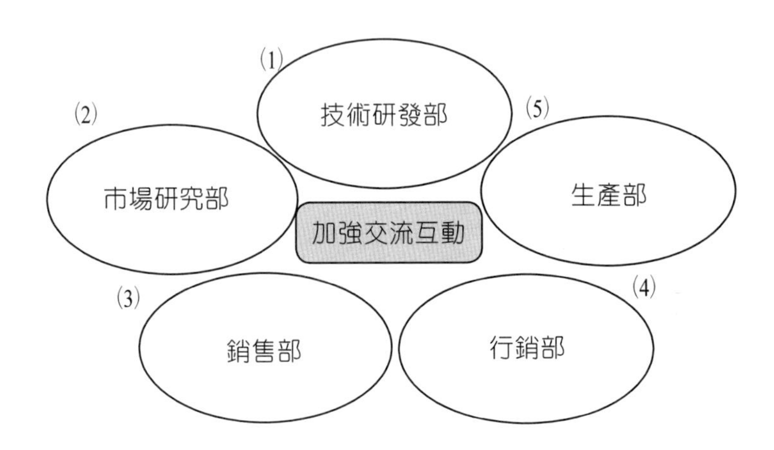

四、3M公司全球研發在地化

強調全球各國65家子公司擁有研發能力，成為發明創造的基地！

迎合、滿足
在地市場需求！

五、3M 公司：全球研發人員定期會議

全球研發人員，每年定期召開 3 次會議

全球性「技術交流研討會」

交流、分享、詢問、激盪出更多火花

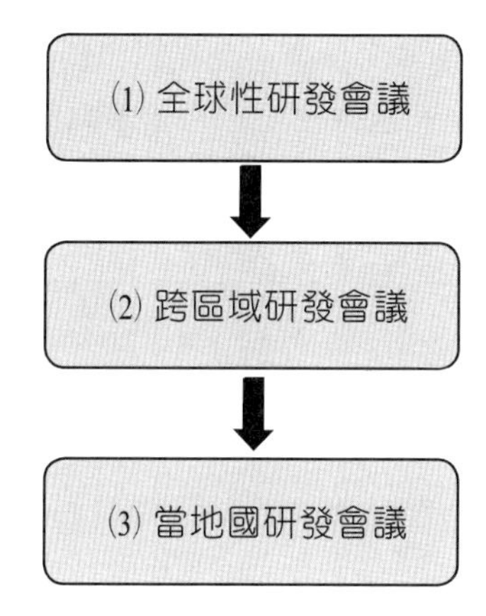

六、3M 臺灣子公司

以 3M 臺灣為例，每年秋天在楊梅實驗室舉辦一次開放式的技術博覽會。在這一天，實驗是開放給公司內所有的行銷及業務員參與，請他們來尋寶，目的是讓各部門同仁更瞭解公司的技術平臺，從參與博覽會中，找尋新產品開發的機會。同時，還會邀請其他子公司實驗室來參展，例如：邀請 3M 中國展出他們最近開發出的一項超親水塗料技術。

七、3M：產品生命週期管理（LCM）

3M 公司

產品生命週期管理
Life Cycle Management
(LCM)

3M 公司是首批採用生命週期管理（LCM）的公司之一。

3M 生命週期管理體系保證產品從原材料的購買和開發、及製造、到分銷和客戶使用，乃至最終廢氣處理整個流程中，系統地、全面地處理環境、節能、健康和安全問題及機遇。

3M 公司

每年推出 500 種產品

實踐生命週期管理（LCM）

- 從產品創意→過程商業化
- 從產品開發→到製造
- 從製造→到行銷
- 從使用→到廢棄

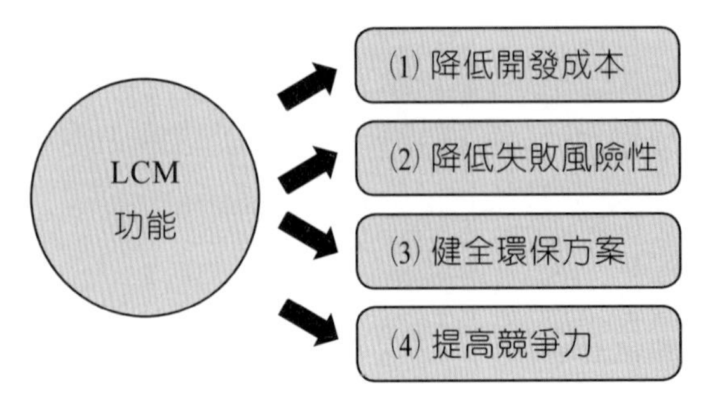

捌 UNIQLO 的商品研發

一、UNIQLO：全球商品研發

作為一個全球化品牌，為及早得到更大的發展，UNIQLO 在商品開發方面也正逐步實現全球化，依靠紐約和東京互相連動的全球 R & D 體制，進行商品的開發，從全球各地招募優秀的人才，第一時間獲取最新的潮流動態，並帶動起新一輪的潮流動態。在第一時間提出全新時尚潮流概念，引導全球動態。此外，針對，UNIQLO 最主力的基本款休閒服，不斷進行改良，確立全新概念的基本款休閒服是 UNIQLO 的目標所在。

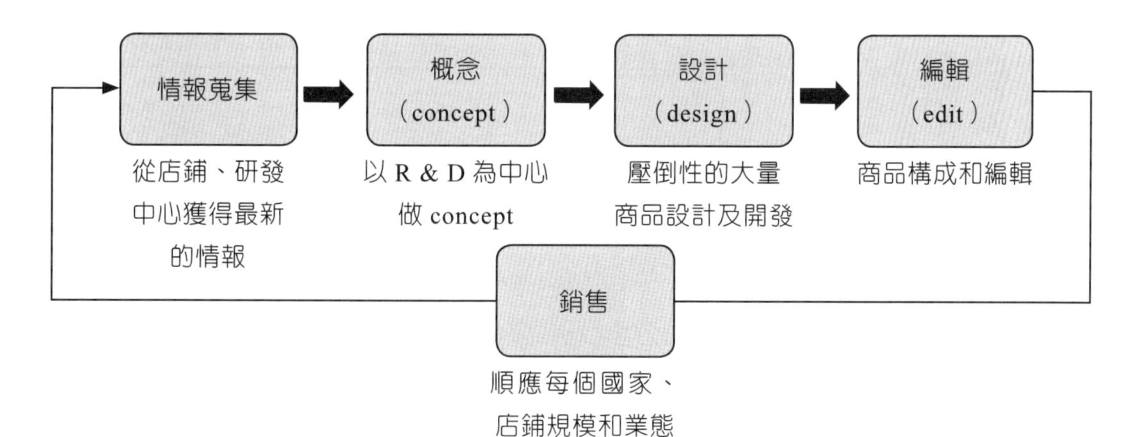

二、UNIQLO 商業模式

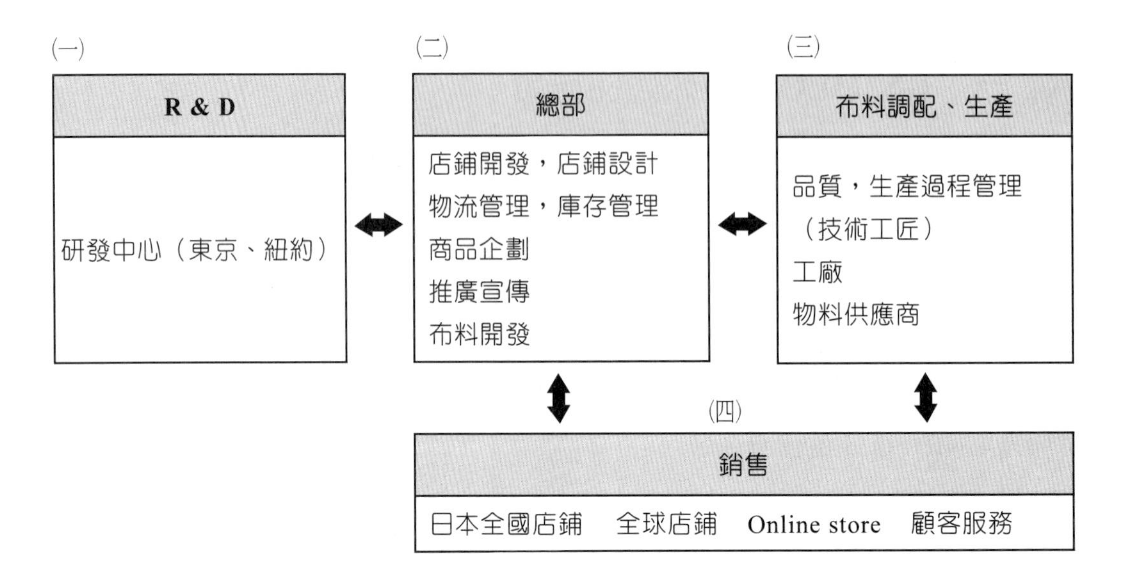

三、UNIQLO：R & D 中心

成為一個東京和紐約的 R & D 中心，致力於從各城市、各企業的店鋪及客戶身上，收集最新的潮流動向、顧客需求、生活型態和布料使用趨勢等訊息，根據收到的訊息，確定每一季度的核心主題，並由上述兩個城市同時開始設計工作，兼顧各國實際的市場需求，完成商品構成。

基本形式的商品開發體制，創造出 UNIQLO 的全新價值。

 四、UNIQLO：總公司（日本）

㈠ 店鋪開發、店鋪設計

以為顧客提供方便快捷的優質店鋪為目標，進行新店開發和店鋪設計。

㈡ 物流管理、庫存管理

為把庫存風險降至最低，適時調整價格變更的時機，提高庫存管理的能力。

㈢ 商品企劃（MD）、推廣宣傳（MK）

UNIQLO 根據從全世界各國蒐集而來的最新訊息，確定每一季度商品的核心概念，並以此概念為軸心，貫徹商品戰略的制定、商品企劃、宣傳推廣、銷售計劃和店內陳列（VMD）的各個環節，連同男裝、女裝、童裝、小物和內衣五大商品事業，拓展策略。

㈣ 布料開發

透過與世界各大布料供應商的直接溝通交涉，從而獲取高品質的一流布料，與供應商直接溝通是 UNIQLO 的強項所在，透過與東麗株式會社的業務合作，使 HEATTECH 這樣具有戰略意義的商品得以誕生。

 五、UNIQLO：布料調配及生產

㈠ 品質、生產進程管理（技術工匠）

為尋求生產委託工廠的品質提升和改善生產進度等，UNIQLO 派遣了資深的日本技工「工匠團隊」，進駐上海、深圳、胡志明市事務所，向中國夥伴工廠的技工傳授縫製、工廠管理等日本先進纖維技術。

㈡ 工廠

UNIQLO 的商品中，90% 為中國生產，以中國為重心，擁有約 70 家合作工廠，UNIQLO 站在長期的合作夥伴立場，在積極提供最新的技術支持的同時，也徹底完成項目品質上的管理，即使是以 100 萬為單位的大批量生產，也可以保證高品質。

㈢ 物料供應商

UNIQLO 利用全球約 800 家店鋪的大規模經營優勢，透過 100% 購買原材料的方式，成功降低整體生產的成本，在這背後，透過和東麗株式會社為首的世界各大纖維供應商的直接溝通交涉，積極拓展新布料的共同開發等業務。

六、UNIQLO：銷售與行銷

㈠ 日本全國店鋪

UNIQLO 以街面店和商場內店鋪為主，在日本全國共經營的約 760 家店鋪。

在日本以家庭購買為主要客層。

以「無論何時何地，只要是顧客需要的商品，都能確保在店鋪內提供合適的顏色和尺寸」為目標，無論是 150 平方米的小型店鋪，還是 3,000 平方米規模的超大型店鋪，都能為顧客帶來快捷便利的購物環境。

㈡ 全球店鋪

積極拓展海外事業，以 2001 年 9 月開設英國店鋪為首，分別在英國、中國大陸、中國香港特別行政區、韓國、美國和法國開設了 UNIQLO 店鋪，目前包括日本在內，總共 6 個國家，並分別於 2006 年美國紐約 SOHO 地區和 2007 年英國倫敦開設全球旗艦店，今後也將以世界各大時尚之都為中心，繼續拓展 UNIQLO 全球品牌戰略。

㈢ Online Store（網路營銷）

UNIQLO 的 online store 除了在店鋪內銷授權商品外，更僅有在 online store 銷售的特別企劃商品可供選擇（http://www.uniqlo.com ）。

㈣ 顧客服務

整理顧客的各種意見、建議和感想，並即時於商品、店鋪、服務和經營等各個範疇中回應與改進。

17 其他產品案例

〈案例一〉 OPPO 手機：品質至上，追求完美，後來居上！

〈案例一〉OPPO 手機：品質至上，追求完美，後來居上！

中國大陸本土手機品牌 OPPO 在 2016 年擊敗蘋果、三星，拿下手機市占率第一的寶座，而該公司創始人、CEO 陳明永的經營理念為，「要發自內心，做到一個好東西，要求完美，並且相信直覺。」

㈠ 拚市占，超越蘋果華為

1. 網易科技、創業家網報導，2016 年 7 月 26 日，Counterpoint 數據研究，OPPO 首次超越蘋果、華為以及小米，以 22.9% 的市占率居第一。

   OPPO 是廣東歐珀移動通信有限公司旗下品牌，成立於 2004 年，是一家全球性的智慧終端和行動網路公司，提供最先進的智慧手機、高級影音設備和行動網路產品與服務。業務涵蓋大陸、美國、俄國、歐洲、東南亞等廣大市場。

2. OPPO 的目標用戶年輕、未必富足、追求時尚、女性偏多。一位沿海女性 OPPO 手機用戶回憶其購買初衷，「造型可愛，性價比高。」

   與其他製造的手機下同，陳明永可能不太符合人們對美、酷、新銳的想像。47 歲，個兒不高，圓臉、短髮，眼神沉穩，深色商務 T 恤常年塞入牛仔褲或西裝褲裡。但他是個審美能力不俗的創業家。

   陳明永出生於 1969 年 7 月 3 日，籍貫四川省萬源市。畢業於浙江大學資訊與電子工程系，2001 年註冊 OPPO 品牌。憑藉著對視聽產業的熟稔，投入音樂播放器、DVD 播放機等。

3. 陳明永那時甚至還盯上液晶電視，不過，當時的液晶面板幾乎完全依賴進口，並占整體的八成成本，陳明永認為，OPPO 這樣的企業發揮空間太有限。同時，音樂播放器和 DYD 市場江河日下，陳明永於是思考 OPPO 該如何走。

   深圳華強北，以生產電子和通訊產品為主的工業區，在 2006 年發展成為大陸最大的電子市場。這一年，陳明永在華強北逛 5 個小時，都沒找到一款喜歡的手機，這讓他堅定了「我要做手機」的想法。

(二) 巨星代言打響知名度

1. 陳明永對材料質地和色澤的差異極為敏感，還曾一幀幀地審視 OPPO 的廣告畫面是否足夠美觀。OPPO 產品總監張璇說，「他可以靠直覺判斷東西好壞、指出外觀不合理的地方。」

   依靠創始人的個人嗅覺，OPPO 在進入 MP3、功能機等多個行業後，都迅速推出了明星產品。不過陳明永沒察覺到功能機向智能機轉型的第一步，他說，「知道大家都在做智慧手機，但能做成什麼樣是不知道的。」

2. 為了快速打開市場知名度，OPPO 手機的明星代言人令人驚豔，最早找好萊塢巨星李奧納多，到近期韓星宋仲基、臺灣歌手田馥甄等；廣告標語「充電五分鐘，通話兩小時」強調手機快速充電，「這一刻，更清晰」則說明夜拍精準度。年輕、功能化讓民眾對 OPPO 印象深刻。

   陳明永說，他從未將 OPPO 的經營目標設定為「要比某公司強」，自己一直想的是「把產品做得非常棒。」OPPO 歷次轉型，就是秉持「如果我做，可以做得更好的自信。」

3. 與陳明永合作 15 年的通訊設備主管說，產品有一些小毛病陳明永就要求召回，他對什麼東西都追求完美、極致，這麼一個人。從早年做 DVD 播放器就是如此。

   就是要求完美，踐行者稀少，所以 OPPO 成功了。營業額、淨利潤很重要，但陳明永相信那是把所有東西做好後的最後一個環節，「不要追著利潤走，要讓利潤追著你走。」

國家圖書館出版品預行編目資料

產品管理／戴國良著. －－四版. －－臺北市：
五南, 2017.09
面； 公分
ISBN 978-957-11-9159-1（平裝）
1.行銷學
496　　106005781

1FQB

產品管理

作　　者— 戴國良
發 行 人— 楊榮川
總 經 理— 楊士清
主　　編— 侯家嵐
責任編輯— 劉祐融
文字校對— 許宸瑞
封面設計— 盧盈良、姚孝慈
出 版 者— 五南圖書出版股份有限公司
地　　址：106台北市大安區和平東路二段339號4樓
電　　話：(02)2705-5066　　傳　　真：(02)2706-6100
網　　址：http://www.wunan.com.tw
電子郵件：wunan@wunan.com.tw
劃撥帳號：01068953
戶　　名：五南圖書出版股份有限公司
法律顧問　林勝安律師事務所　林勝安律師
出版日期　2008年5月初版一刷
　　　　　2011年10月二版一刷
　　　　　2015年3月三版一刷
　　　　　2017年9月四版一刷
定　　價　新臺幣560元